优质牛肉生产与品质评鉴

李艳玲　林　淼　丁　健　等　编著

中国农业科学技术出版社

图书在版编目(CIP)数据

优质牛肉生产与品质评鉴 / 李艳玲等编著 . --北京：中国农业科学技术出版社，2022. 7

ISBN 978-7-5116-5642-1

Ⅰ. ①优…　Ⅱ. ①李…　Ⅲ. ①肉牛-饲养管理②牛肉-品质-鉴定
Ⅳ. ①S823. 9②TS251. 5

中国版本图书馆 CIP 数据核字（2021）第 273828 号

责任编辑　张国锋
责任校对　李向荣
责任印制　姜义伟　王思文

出 版 者　中国农业科学技术出版社
北京市中关村南大街 12 号　　邮编：100081
电　　话　(010) 82106625 (编辑室)　(010) 82109702 (发行部)
(010) 82109709 (读者服务部)
网　　址　http://www.castp.cn
经 销 者　各地新华书店
印 刷 者　北京建宏印刷有限公司
开　　本　185 mm×260 mm　1/16
印　　张　17　　彩插 2 面
字　　数　440 千字
版　　次　2022 年 7 月第 1 版　2022 年 7 月第 1 次印刷
定　　价　98. 00 元

《优质牛肉生产与品质评鉴》编著人员名单

李艳玲　林　淼　丁　健　聂德超

张　卓　薛　峰

序

自改革开放以来，我国畜牧业一直保持快速、稳定的增长，成为农业经济的一个重要增长点，在国民经济中的作用显得越来越重要。肉牛养殖作为畜牧业的重要部分，是国家支持和鼓励发展的产业，对推动广大农牧民脱贫致富具有重要的意义。目前，我国肉牛存栏量和牛肉产量均居世界第三位，牛肉消费量仅次于美国，居全球第二位，肉牛养殖已成为我国畜牧业的支柱产业之一。但是，我国肉牛产业仍然存在许多问题，如缺乏专用肉牛品种，肉牛育肥技术落后，肉牛总体生产水平不高等，制约了肉牛养殖业的健康发展。如何建立高效的肉牛生产育种体系，怎样提高优质肉牛育肥技术，如何进行肉牛胴体品质评定和精细化分块切割，怎样开展牛肉分级与品质鉴定，如何进行牛肉的风味评价等，成为肉牛生产者和消费者日益关注的问题。然而，在全球范围内，不同国家的肉牛养殖技术及牛肉评价体系存在很大差异，一些肉牛养殖业发达的国家，由于具有相对完善的牛肉品质评定和牛肉分级体系，促进了本国牛肉的消费和肉牛产业的发展。而我国的牛肉分级标准及牛肉风味评价体系还很不完善，一定程度上制约我国牛肉消费市场的发展。为了提高牛肉产品的品质，促进肉牛业的持续、稳定和快速发展，就必须借鉴国外先进的技术和理念，尽快建立和完善肉牛产业的组织和技术体系，完善肉牛育肥体系、屠宰加工体系和牛肉分级体系的建设。

在我国目前缺乏关于肉牛生产与牛肉品质评鉴方面书籍的情况下，北京农学院李艳玲博士组织国内相关机构团队的几位专家编著了《优质牛肉生产与品质评鉴》一书，填补了这一领域的空白。该书作者团队成员长期致力于肉牛生产的研究和技术推广工作，在肉牛科研和生产领域具有丰富的经验，编写此书过程又查阅了大量国内外文献资料，并结合我国肉牛养殖生产实践，进行了全新的理论和实践总结。该书的编辑出版，对推动我国肉牛产业健康发展和牛肉分割与品质评鉴工作的技术进步，具有重要的理论价值和实际指导意义。本书综合了大量有关国外最新发表的优质牛肉生产与牛肉品质评鉴关键技术信息，可作为我国高等农业院校动物科学和食品科学相关专业的参考教材。

是为序。

中国农业大学动物科技学院教授

中国–加拿大肉牛产业合作联盟常务副理事长

2021 年 11 月

前 言

随着人民生活水平的提高及膳食结构和消费需求的变化，对优质牛肉尤其是高档牛肉的消费需求越来越多，发展优质牛肉生产逐渐引起全社会的关注。尽管我国肉牛产业发展取得了很好的成效，但同发达国家相比还存在着较大的差距，如缺乏专用肉牛品种、牛肉的综合品质不高等，要提高牛肉品质，保持肉牛业的持续、稳定、快速发展，就必须借鉴国外先进技术和理念，尽快培育、健全肉牛业的产业化组织体系，抓好肉牛育肥体系建设，抓好屠宰加工的现代化建设，抓好牛肉分级体系建设等。

本书围绕制约我国肉牛产业发展的瓶颈问题，从国内外肉牛产业发展、肉牛品种的选择、提高肉牛生产力的管理技术措施以及肉牛生产力的评定、肉牛营养、生产与管理等方面，介绍了世界各国的肉牛育肥生产体系，结合我国肉牛生产现状，为优质牛肉生产实践提供了大量可借鉴的模式。此外，针对目前我国牛肉分级体系不完善、牛肉品质评定及牛肉分级方面的书籍非常缺乏的现状，本书围绕肉牛屠宰与加工技术进展、牛肉品质评定技术和不同国家的牛肉分级体系以及牛肉风味评价、牛肉产品的加工与制作等方面内容进行了全面而系统的阐述，为丰富并完善我国肉牛生产体系及牛肉评鉴技术体系提供重要参考。

鉴于作者水平和掌握的资料有限，书中难免存在疏漏和不足之处，敬请广大读者批评指正。

编著者

2021 年 11 月

目　　录

第一章　国内外肉牛产业发展概况

第一节　世界肉牛产业发展

一、世界肉牛产业发展现状

牛是世界上分布最广、养殖历史最为悠久的反刍家畜之一。牛的饲养最初主要以役用为主。后来随着社会经济的发展、农业机械化进步和市场消费需求变化等多重因素影响，特别是在18世纪以后，普通牛经过不断选育和杂交改良，从役用向专门化方向发展。至近代，已逐渐形成以获得肉和奶为目的的专业化产业。因此，肉牛产业是一个悠久而又新兴的产业。自20世纪60年代以来，国际市场对牛肉需求量持续增长，世界肉牛产业蓬勃发展。

（一）世界肉牛养殖量

根据FAO（联合国粮食及农业组织）统计数据，自20世纪60年代以来，全球牛存栏量一直保持稳中有升的趋势（图1-1）。2020年，全球牛存栏数为15.3亿头，比2000年增长15.6%。牛存栏数排名前5位的国家/地区分别为巴西、印度、美国、欧盟和埃塞俄比亚；其中巴西作为肉牛第一养殖大国，2020年牛存栏量达2.18亿头，占全球存栏总量的14.2%（表1-1）。

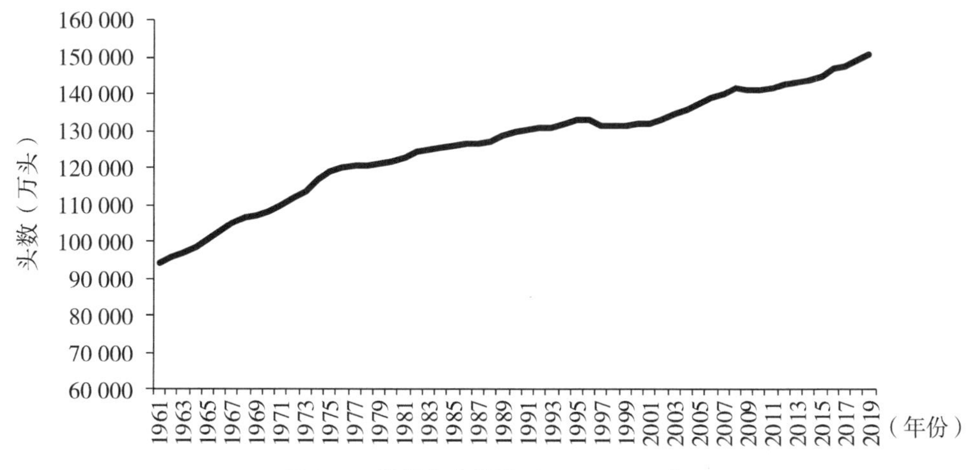

图1-1　世界牛存栏量（1961—2020年）

注：数据来源于FAO（www.fao.org/faostat/en/#data），不包括水牛。

表 1-1　2020 年牛存栏量排名前 10 位的国家/地区　（万头）

国家/地区	2016 年	2017 年	2018 年	2019 年	2020 年
巴西	21 819.1	21 500.4	21 380.9	21 466.0	21 815.0
印度	18 934.7	19 051.3	19 175.4	19 346.3	19 448.2
美国	9 188.8	9 362.5	9 429.8	9 480.5	9 379.3
欧盟（27）	8 003.2	7 960.2	7 784.0	7713.9	7 646.2
埃塞俄比亚	5 948.7	6 103.7	6 270.6	6 328.4	7 029.2
中国	6 353.9	6 198.7	6 341.8	6 354.2	6 097.6
阿根廷	5 263.7	5 479.3	5 450.8	5 446.1	5 446.1
巴基斯坦	4 280.0	4 440.0	4 608.4	4 782.1	4 962.4
墨西哥	3 377.9	3 427.8	3 482.0	3 522.5	3 563.9
乍得	2 621.1	2 760.3	2 907.0	3 061.2	3 223.7

注：数据来源于 FAO（www.fao.org/faostat/en/#data），不包括水牛。

（二）世界牛肉生产量

全球牛肉产量总体保持波动增长趋势。2020 年，全球牛肉产量为 6 788.3 万 t，比 2000 年增长 21.8%（图 1-2）。自 21 世纪以来，全球牛肉产量以年均约 1%的速度增长。从各国/地区产量来看，美国、巴西、欧盟、中国和阿根廷居世界牛肉生产前 5 位，2020 年其牛肉总产量占全球牛肉产量的 56.8%。美国作为全球最大的牛肉生产国，2020 年牛肉产量达1 235.7万 t，比 2016 年增长 7.7%，占世界牛肉总产量的 18.2%。排在第二位和第三位的巴西（1 010万 t）和欧盟（690.2 万 t），2020 年牛肉产量分别占世界牛肉总产量的 14.9%和 10.2%；其中巴西牛肉产量比 2016 年增长 8.8%；欧盟牛肉产量近几年基本保持稳定（表 1-2）。

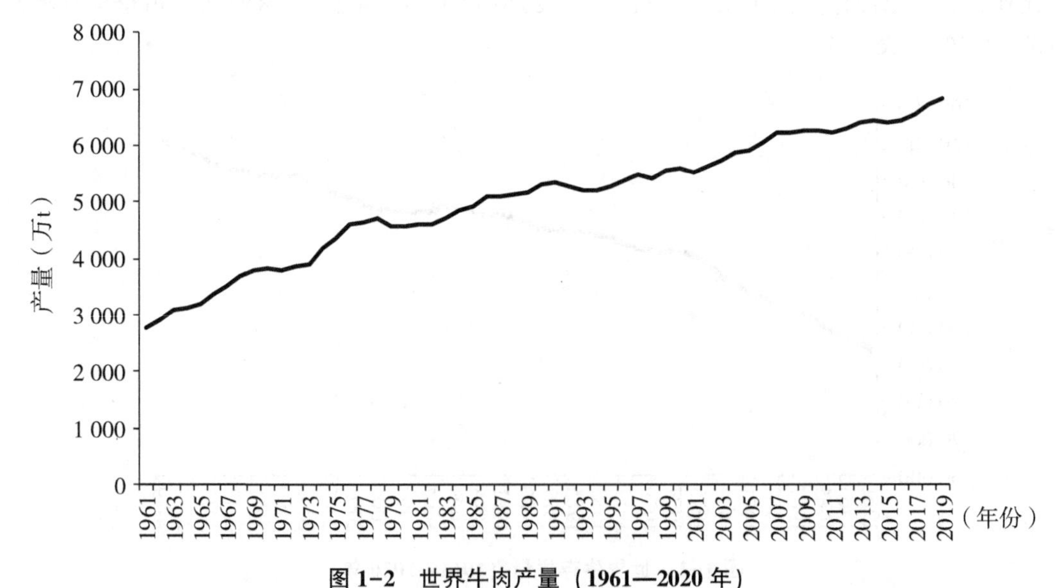

图 1-2　世界牛肉产量（1961—2020 年）

注：数据来源于 FAO（www.fao.org/faostat/en/#data），不包括水牛肉。

表 1-2　2020 年牛肉产量排名前 10 位的国家/地区　　（万 t）

国家/地区	2016 年	2017 年	2018 年	2019 年	2020 年
美国	1 147. 1	1 190. 7	1 221. 9	1 234. 9	1 235. 7
巴西	928. 4	955. 0	990. 0	1 020. 0	1 010. 0
欧盟（27）	696. 9	696. 5	706. 7	696. 4	690. 2
中国	556. 6	572. 6	581. 0	600. 2	604. 9
阿根廷	264. 4	284. 5	306. 6	313. 6	316. 8
澳大利亚	231. 6	206. 9	223. 8	235. 2	237. 2
墨西哥	187. 9	192. 7	198. 1	202. 8	208. 1
俄罗斯	158. 9	156. 9	160. 8	162. 5	163. 4
加拿大	111. 1	116. 8	132. 1	139. 4	138. 2
巴基斯坦	91. 5	105. 5	109. 5	113. 6	117. 9

注：数据来源于 FAO（www. fao. org/faostat/en/#data），不包括水牛肉。

（三）世界牛肉和活牛贸易量

1. 牛肉贸易

在贸易全球化和牛肉贸易不断开放的背景下，随着牛肉产量的持续增长，全球牛肉进出口贸易量呈快速增长趋势，成为农产品贸易的重要增长点。2020 年，全球牛肉和小牛肉进出口量分别为 955. 6 万 t 和 914. 0 万 t，分别比 2000 年增长 72. 6%和 73. 5%，2000 年以来，进出口量年均增长率均为 2. 8%，世界牛肉进出口贸易活跃（图 1-3、图 1-4）。

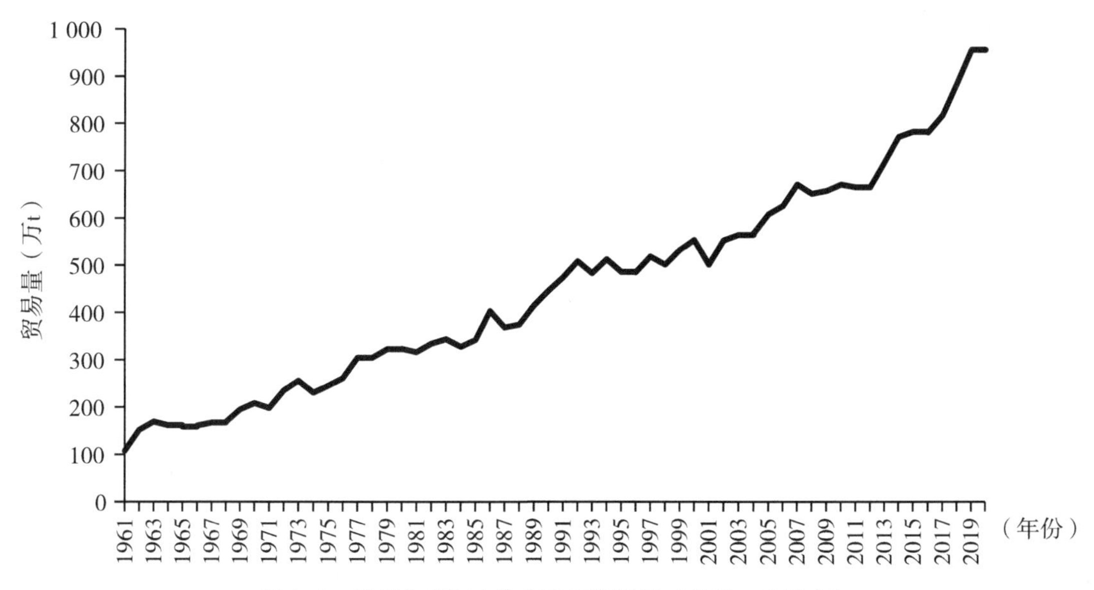

图 1-3　世界牛肉和小牛肉进口贸易量（1961—2020 年）

注：数据来源于 FAO（www. fao. org/faostat/en/#data），包括带骨和去骨的牛肉和小牛肉（鲜肉、冷肉和冻肉）。

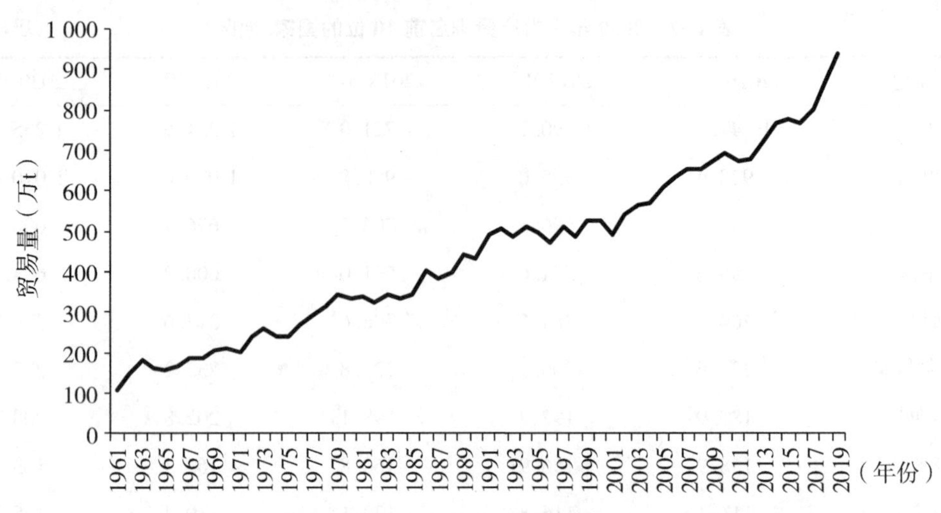

图 1-4　世界牛肉和小牛肉出口贸易量（1961—2020 年）

注：数据来源于 FAO（www. fao. org/faostat/en/#data），包括带骨和去骨的牛肉和小牛肉（鲜肉、冷肉和冻肉）。

从进口区域看，2020 年，牛肉进口量排名前 5 位的分别为中国（259. 7 万 t）、欧盟（201. 4 万 t）、美国（107. 2 万 t）、日本（60. 0 万 t）和韩国（44. 3 万 t），进口量占当年全球进口总量的 70. 4%。其中，中国是近几年牛肉进口增长速率最快的国家，2020 年进口量比 2016 年增长 146%，占全球进口总量的 27. 2%。欧盟 2020 年进口量占全球进口总量的 21. 1%，进口量较前几年有所下降。美国为世界第三大牛肉进口国，2020 年进口量占全球进口总量的 11. 2%，比 2016 年增长 11. 9%。排名第四和第五位的日本和韩国，2020 年进口量分别比 2016 年增长 19. 3%和 21%。其中，中国、日本和韩国三个亚洲国家 2020 年牛肉进口量占全球进口量的 38. 1%（表 1-3）。近年来，由于亚洲国家牛肉进口量快速增长，欧盟、美国牛肉进口量的全球占比逐渐下降，亚洲逐渐成为全球牛肉进口的主要区域。

表 1-3　2020 年牛肉进口量排名前 5 位的国家/地区　　（万 t）

国家/地区	2016 年	2017 年	2018 年	2019 年	2020 年
中国	105. 4	120. 3	160. 7	216. 3	259. 7
欧盟（27）	211. 5	218. 0	220. 7	221. 1	201. 4
美国	95. 8	97. 2	96. 7	97. 9	107. 2
日本	50. 3	57. 3	60. 7	61. 5	60. 0
韩国	36. 6	37. 9	41. 5	44. 4	44. 3

注：数据来源于 FAO（www. fao. org/faostat/en/#data），包括带骨和去骨的牛肉和小牛肉（鲜肉、冷肉和冻肉）。

牛肉出口方面，2020 年世界牛肉出口量排名前 5 位的分别为欧盟（230. 5 万 t）、巴西（172. 4 万 t）、澳大利亚（110. 4 万 t）、美国（94. 3 万 t）和阿根廷（61. 6 万 t），分别占当年世界牛肉出口总量的 25. 2%、18. 9%、12. 1%、10. 3%和 6. 7%，总计占世界牛肉出口总量的 73. 2%（表 1-4）。欧盟和美国既是世界主要牛肉进口国/地区，也是牛肉主要出口国/地区，但进出口量相对稳定。近年来，巴西和阿根廷等国牛肉出口量以较快速率持续上升，与2016年相比，增幅分别达60%和300%。

表1-4　2020年牛肉出口量排名前5位的国家/地区　（万t）

国家/地区	2016年	2017年	2018年	2019年	2020年
欧盟（27）	239.2	248.6	244.5	242.9	230.5
巴西	107.6	120.6	135.4	157.0	172.4
澳大利亚	108.1	105.1	117.7	130.5	110.4
美国	81.5	91.8	101.4	96.6	94.3
阿根廷	15.4	20.9	36.6	56.2	61.6

注：数据来源于FAO（www.fao.org/faostat/en/#data），包括带骨和去骨的牛肉和小牛肉（鲜肉、冷肉和冻肉）。

2. 活牛贸易

从全球活牛贸易数据看，2020年全球活牛进口数量为1 071.4万头，出口数量为1 086.7万头。其中欧盟和美国是全球两大活牛进口国/地区，2020年进口量分别为391.4万头和154.8万头，二者进口总量占到全球总进口量的51%。欧盟和澳大利亚是全球两大活牛出口国/地区，2020年出口总量占全球市场份额的59.1%。从数据可以看出，欧盟既是全球最大的活牛出口地区，同时也是最大的活牛进口地区，美国和加拿大的活牛进出口贸易也相对活跃（表1-5、表1-6）。

表1-5　2020年活牛进口量排名前10位的国家/地区　（万头）

国家/地区	2016年	2017年	2018年	2019年	2020年
欧盟（27）	335.6	395.4	449.7	453.5	391.4
美国	170.8	180.7	132.4	204.4	154.8
越南	37.7	33.4	35.2	52.1	53.6
印度尼西亚	65.3	64.4	68.2	80.9	51.0
土耳其	49.4	89.6	146.1	54.8	47.0
黎巴嫩	34.3	32.8	41.1	31.8	31.6
南非	26.3	33.6	31.4	22.6	29.3
加拿大	3.3	14.1	20.2	27.5	27.7
中国	14.4	13.7	18.0	22.7	26.5
老挝	23.5	16.1	22.4	17.2	23.8

注：数据来源于FAO（www.fao.org/faostat/en/#data），不包括水牛。

表1-6　2020年活牛出口量排名前10位的国家/地区　（万头）

国家/地区	2016年	2017年	2018年	2019年	2020年
欧盟（27）	478.1	532.0	601.7	525.8	530.8
澳大利亚	113.0	88.2	113.8	134.0	111.0
墨西哥	113.0	120.3	127.8	124.1	90.6

（续表）

国家/地区	2016 年	2017 年	2018 年	2019 年	2020 年
加拿大	76.6	64.2	63.1	72.5	67.5
马里	31.4	50.5	50.0	50.0	50.0
美国	7.0	19.3	24.4	30.6	32.1
泰国	25.1	18.8	25.2	33.3	32.0
巴西	29.3	40.7	65.3	50.0	30.8
哥伦比亚	8.4	6.7	6.7	10.2	26.3
乌克兰	5.1	8.8	7.1	8.1	12.4

注：数据来源于 FAO（www.fao.org/faostat/en/#data），不包括水牛。

（四）世界牛肉消费量

根据 USDA（美国农业部）统计数据，从牛肉消费情况看，近几年全球牛肉消费量保持稳中有升态势。2020 年，全球牛肉消费总量为 5 606.9 万 t，比 2017 年增长 4.0%。从消费区域看，美国、中国、巴西和欧盟为排名前 4 位的牛肉消费国/地区，消费量分别占全球消费总量的 22.3%、16.9%、13.6%和 11.6%。近几年，中国牛肉消费快速增长，2020 年比 2017 年增长了 31.1%；美国牛肉消费保持小幅增长，2020 年比 2017 年增长 4.0%；巴西和欧盟牛肉消费量近几年平稳震荡，2020 年消费量较前几年略有下降（表 1-7）。

表 1-7　世界牛肉和小牛肉消费量（胴体重当量，Carcass Weight Equivalent）（万 t）

国家/地区	2017 年	2018 年	2019 年	2020 年
美国	1 205.2	1 218.1	1 240.9	1 253.1
中国	723.7	780.8	882.6	948.6
巴西	780.1	792.5	792.9	760.9
欧盟	658.2	675.3	669.8	652.1
印度	244.4	272.9	277.6	247.6
阿根廷	255.7	256.8	237.9	236.5
墨西哥	186.8	190.2	190.1	189.8
俄罗斯	178.0	179.0	175.8	170.8
日本	125.4	129.8	131.9	129.5
英国	125.6	126.8	113.6	116.8
加拿大	98.8	101.4	102.9	104.7
其他国家	809.4	821.2	821.6	796.5
总计	5 391.3	5 544.8	5 637.6	5 606.9

注：数据来源于美国农业部 USDA（https://www.fas.usda.gov/data/livestock-and-poultry-world-markets-and-trade）。

（五）世界肉牛生产体系

世界畜牧生产体系按饲料来源及系统演变过程，总体上可分为放牧生产系统、农牧结合生产系统和集约化生产系统。不同的地域依据各自的自然条件、饲养习惯、技术水平、市场需求，形成了适宜的肉牛生产体系。

1. 放牧生产系统

人类最为早期的畜牧业生产是以草地为生产基础的，因此放牧生产系统是一类较为传统、相对粗放的畜牧业生产系统。该系统饲养的动物主要以牛、羊等草食反刍动物为主，放牧生产系统中动物饲料主要来自放牧草场。当前，全球约有 1/4 的土地可用于放牧，放牧生产系统为全球提供了约 30%的牛肉和 23%的羊肉。对于如南美洲等人口密度较低，城市化程度相对较高，草场资源丰富的区域，放牧生产系统是其重要的畜牧业生产方式之一。由于放牧生产系统动物的养殖数量在很大程度上依赖于草场资源数量，容易受到自然灾害等不良因素的影响。近年来，在一些地区，尤其在发展中国家，由于超载放牧等原因，导致草场退化和面积减少，牧场的可利用性正在减少，进一步增加载畜量的空间有限。因此，相对于其他生产系统，通过放牧生产系统生产的牛羊肉在全球的市场份额正在下降。

2. 农牧结合生产系统

该生产系统是在人类出现农作物耕作以后形成的一类农牧结（混）合的生产系统。在该系统内，饲养动物的饲料 10%以上来自农场（户）自产的农作物及其副产品。目前发展中国家及部分发达国家的小农场（户）的肉牛饲养多采用这一类畜牧业生产方式。据估计，农牧结合生产系统约提供了全球 65%以上的牛肉、69%的羊肉和 92%的牛奶。在该生产系统中，肉牛等反刍动物将高纤维含量的作物秸秆及副产品作为饲料，将其转化为优质的肉和奶，动物排出的粪尿同时为作物生长提供养分，形成了农作物种植和牲畜生产的良好循环互补关系，肉牛等反刍动物饲养在农牧结合生产系统中产生了较好的环境效益。鉴于农牧结合生产系统可以充分利用当地人类难以处理和利用的农作物副产物资源，有利于农牧生产的可持续发展，因此也被许多国际农业组织所积极倡导。

3. 集约化生产系统

该生产系统是在农牧结合生产系统基础上发展起来的。集约化生产系统是采用规模化的、高密度的畜牧养殖方式，设计出类似工业化生产过程的“高投入、高产出”的一类生产系统。在该系统内，饲养动物的饲料不足 10%是来自农场自己生产的饲料。这种饲养方式有效降低了自然环境对肉牛生产的影响，极大提高了动物生产效率。该生产系统是高度资本密集型的生产系统，可以形成较大的规模经济效益。当前，如美国等发达国家的肉牛生产是该生产系统的典型代表。但由于该系统对资金、技术和管理要求较高，高密度养殖产生的大量排泄物也给生态环境带来了挑战，故该系统在全球范围内的扩张也受到多种因素限制。

从当前世界畜牧业三大生产系统看，在肉牛生产中农牧结合生产系统仍处于主导地位，放牧生产系统因资源环境受限发展受到制约，集约化生产系统正处于发展阶段。

二、世界主要牛肉生产区域

当前，全球牛肉主产区域主要集中在美洲、亚洲和欧洲。据 FAO 统计数据（图 1-5），全球 49%的牛肉在美洲生产，其中美国和巴西是全球牛肉产量最高的两个国家；亚洲和欧洲次之，牛肉产量全球占比分别为 23%和 15%。在畜牧业生产发达国家，肉牛养殖通常都具有较长的历史。但各地区根据历史、自然和经济状况的不同，在畜牧业生产发展过程中形成了各具特色的肉牛生产及经营方式。

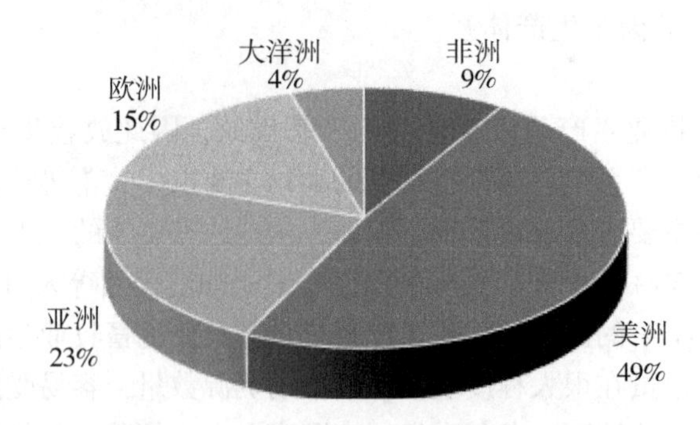

图 1-5　2020 年世界各洲牛肉生产占比

注：数据来源于 FAO（www. fao. org/faostat/en/#data）。

（一）北美洲肉牛产业特点

北美洲肉牛产业在全球肉牛产业中一直保持着领先的生产水平，在全球肉牛生产和牛肉贸易中占据重要地位，其中尤以美国、加拿大和墨西哥为代表。2020 年，这 3 个国家牛肉产量占到全球牛肉总产量的 23.3%，美国更是一直稳居世界第一牛肉生产大国，贡献了全球近 1/5 的牛肉。北美洲从牛养殖开始就以肉用以主。19 世纪末至 20 世纪初，北美洲工业化发展和种植业生产效率的快速提升解决了肉牛产业饲料短缺问题，同时农业机械化发展也为肉牛的固定饲养提供了条件，营养均衡的青贮饲料在北美洲肉牛养殖中的大规模应用彻底改变了原先的游牧生产，草原放牧生产体系得到重新构建，肉牛养殖机械化程度提高，不断向规模化、专业化和集约化发展，这也标志着北美洲肉牛产业逐渐步入现代肉牛产业生产阶段。经过长期的专业化发展，北美洲肉牛产业在肉牛品种、饲养技术、产品质量、生产方式、服务体系等方面均已居于世界领先地位，并且建立了一套完善且运行规范的生产体系，极大地提高了北美洲肉牛产业的生产效率。在肉牛生产中，出栏胴体重是衡量肉牛生产水平的一个重要经济指标，北美洲肉牛的出栏胴体重远超世界平均水平。以美国为例，近 10 年来出栏胴体重均高于 300 kg/头，为全球牛肉生产提高打下了坚实基础。

（二）南美洲肉牛产业特点

南美洲也是传统的牛肉生产区域。但与世界其他地区相比，南美洲肉牛产业发展相对较晚，是近代才发展起来的畜牧产业，但其对农业经济产生的影响重大。南美洲各国因历史、自然、经济状况等差异导致其肉牛产业发展轨迹有所不同，但总体发展历程较为相似。以巴西肉牛生产为代表，其草地资源丰富，90%的肉牛采用放牧饲养，生产成本较低。巴西肉牛养殖业近半个世纪以来飞速发展，肉牛存栏数持续增加，至 2010 年存栏量已突破 2 亿头。近年来，随着资源利用趋于饱和以及对热带雨林保护要求等因素影响，巴西肉牛存栏增速降低，但生产潜力仍然巨大。从总体看，与北美洲国家相比，南美洲肉牛生产在管理上仍然比较粗放，牛肉产量的增加在很大程度上依赖养殖数量的增多，在牛肉消费上更多注重数量，中高端牛肉产品较少。

（三）欧洲肉牛产业特点

欧洲是世界主要肉牛产地之一。欧洲国家，如法国、英国、意大利等拥有丰富的肉牛品种资源，培育出了多个世界著名肉牛品种，肉用性能和肉品质突出，对世界肉牛品种培育和牛肉生产影响巨大。欧洲肉牛生产主要集中在法国、德国、英国、爱尔兰、西班牙和意大利等国家，出栏总量占整个欧盟出栏量70%以上。其中法国出栏量居欧盟首位，占欧盟牛出栏量的1/4。从地域划分看，西欧的肉牛生产主要采用的是放牧生产体系，而中东部地区和地中海地区主要采用农牧结合生产系统。欧洲的肉牛饲养专业化程度较高，养殖技术和管理水平较为精细，在历史上一直保持着较高的生产水平，是主要的牛肉出口地区。但20世纪以后，由于政府逐步取消了农业补贴制度，激励政策也随之减少，使牛肉产量有所下降。当前由于动物疫病等潜在威胁，加之动物福利和环境保护等要求提高，给欧洲国家的肉牛生产带来一定的压力与挑战。

（四）亚洲肉牛产业特点

亚洲养牛历史悠久。但总体看，亚洲地区由于专业化肉牛产业起步较晚，受资源环境约束，养殖技术与管理水平等限制，虽然养牛数量多，但肉牛生产总体水平不高。据FAO统计数据，2020年亚洲牛存栏数量占全球的31%，比美洲（34.8%）略低，但牛肉产量却不到美洲的一半。2020年，亚洲牛肉产量为1 531万t，总体不能满足区域牛肉消费需求，亚洲已经成为全球最主要的牛肉进口区域。2020年，亚洲牛肉进口量达490万t，占全球进口量的51.3%。亚洲各国由于地理位置、自然资源、经济制度等差异较大，不同国家肉牛生产体系特点各异，生产水平差异较大。在亚洲国家中，日本和牛以其肉质富含肌间脂肪而闻名于世。日本作为亚洲的发达国家，农业占其国民经济比重较低，但畜牧业尤其是肉牛业在日本依然占有非常重要的基础地位。日本国土面积小，自然资源匮乏，决定了其肉牛生产只能向着集约化、规模化程度发展。2020年日本的牛肉产量为47.7万t，消费量为129.5万t，牛肉自给率较低，牛肉消费大部分依赖进口，是世界牛肉贸易中的主要进口国之一。

三、世界肉牛产业发展趋势

社会经济发展和科技进步促进了世界肉牛产业的迅猛发展。从近几年的发展情况看，世界肉牛产业总体发展趋势是养殖数量趋于平稳震荡，牛肉产量稳步提升，牛肉贸易活跃度持续上涨。未来，随着社会经济的发展和养殖技术水平的不断进步，必将带动世界肉牛产业向着优质、高产、高效及可持续方向发展。

（一）良种化程度不断提高

品种在肉牛生产中占有重要地位，肉牛产业发达国家都十分注重品种的选育和改良。随着肉牛育种与繁殖技术的不断进步，以及各国对肉牛育种工作的重视，肉牛的良种化程度将不断提高。肉牛品种的多元化将是世界肉牛产业的重要物质基础。20世纪60年代以来，随着消费者对牛肉消费需求的增长以及对牛肉品质要求的提升，体小、早熟、易肥的小型品种逐渐向大型肉牛品种转变。如法国的夏洛来牛、利木赞牛和意大利的契安尼娜牛、皮埃蒙特牛等，这些牛种体型大、增重快、瘦肉多、优质肉块比例高、饲料转化率高，深受国际市场欢迎。西方国家在肉牛育种上多实行开放型育种或引进良种纯繁，特别注重对环境条件适应性的选择，且多趋向于发展乳肉或肉乳兼用型肉牛品种。亚洲国家则通常采用杂交育种，利用地方的某些肉牛品种作为母本，引进国外优良的肉牛品种作为父本，通过杂交进行优良性状的选择，在保持本国品种特色的基础上提升肉牛生产水平。未来肉牛品种的遗传改良将主要围绕市场需求进行，以增加胴体重，提高生产效率，获得最大的经济效益为首要目标。此外，还要适当兼顾当地牛肉消费传统习惯，保持并发展某些特色性状的牛肉产品。

（二）集约化、专业化水平不断提高

由于资源、养殖成本、技术等因素影响，集约化的肉牛生产体系因其“高投入、高产出”的特点在未来肉牛产业发展中的比重将进一步提升。发达国家的肉牛养殖多实行集约化、工厂化生产管理。近年来，许多国家的肉牛养殖场数量总体呈下降趋势，但规模养殖场数量却在上升，表明肉牛产业规模化和专业化程度在不断提高。集约化、专业化的肉牛生产体系从饲料加工配制、饲喂、饮水、排泄物处理至疫病诊断和防控，易于全面实现机械化、自动化和科学化，易于把动物育种、动物营养、动物生产和机械、电子学科的最新成果有机结合起来，创造出良好的经济效益，为世界牛肉的有效供给发挥了重要作用。

（三）养殖服务体系不断健全

肉牛产业发达国家通常都拥有着健全的肉牛养殖服务体系，各单元之间通过共同利益联结在一起，形成了稳定的生产联盟。肉牛产业链各个环节的专业服务组织可以提供包括生产性服务、技术服务、销售服务、屠宰服务等多种服务，为肉牛养殖向资源密集型和资本密集型发展提供支撑。伴随着生产体系的不断完善，肉牛行业不断形成新的服务体系。以美国和加拿大为例，农场之间组成肉牛养殖协会，为农场提供技术培训、政策宣传、志愿帮助、市场拓展等服务，协会设有常务人员管理，统筹协会事务，各个农场通过协会抱团共同发展。完善的养殖服务体系有助于肉牛养殖户扩大养殖规模，并且获得规模化养殖效益。

（四）利用奶牛群发展牛肉生产

欧洲国家生产的牛肉有45%来自奶牛。美国是肉牛业最发达的国家，仍有30%的牛肉来自奶牛。日本肉牛饲养量比奶牛多，但所产牛肉55%来自奶牛群。利用奶牛群生产牛肉一方面是利用奶牛群产生的奶公犊进行育肥，过去奶公犊多用来生产小牛肉，随着市场需求的变化和经济效益的影响，目前小牛肉生产有所下降，大部分奶公犊被用来育肥生产牛肉；另一方面是发展奶肉兼用品种来生产牛肉，欧洲国家多采用此种方法进行牛肉生产。利用奶牛群及奶肉兼用牛群生产牛肉经济效益较高，在能量和蛋白质的转化效率上奶牛最高，奶肉兼用品种次之。

（五）注重肉牛产业可持续发展

在世界肉牛养殖过程中，由动物养殖排放、资源消耗引发的生态问题日益凸显，诸如排泄物导致的水污染，温室气体排放等问题受到广泛关注。许多国家采取了畜牧业可持续发展的一系列重要举措，以减少肉牛养殖对环境的影响。以美国为例，各级政府针对肉牛集约化饲养分别制订了相应的饲养操作规范，养殖户通过改进相应的饲养措施来减少对环境造成的污染。对于自然放牧生态系统，着重改善放牧对河流等水环境的污染，以及由过度放牧引起的草场退化问题。当前，实行生态环境保护以及资源可持续利用已经成为肉牛养殖产业的基本准则，是未来肉牛养殖可持续发展的基本方向。

第二节 我国肉牛产业发展

肉牛产业是我国现代畜牧业的重要组成部分，是改善和升级我国城乡居民膳食结构的重要产业，也是我国农业供给侧结构性改革中发展的重点产业。改革开放以来，随着社会经济的发展，人民生活水平的提高，对优质牛肉产品需求的增长，我国肉牛生产得到迅速发展，肉牛产业体系也日臻完善，为丰富城乡居民菜篮子做出了重要贡献。

一、我国肉牛产业发展概况

（一）肉牛产业发展阶段

我国养牛历史悠久，根据考古资料可追溯至公元前8 000年，即新石器时代我国就开始了对普通牛的驯化。之后，人们在饲养过程中逐渐发现了家牛的变异特性，并在长期的饲养过程中，通过不断的培育，积累了独特的选种和饲养管理经验，形成了我国丰富的牛种结构。但我国古代自牛驯养开始，其首要目的在于役用，其次才是利用肉和奶。由于特定的历史条件和宗教文化等影响，肉用牛在我国一直未获得发展。在20世纪50年代，我国养牛仍以耕地等役用为主。新中国成立后，我国开始重视畜牧业发展，针对畜牧业中存在的问题，发布并执行了一系列畜牧业发展政策，有计划地建立了国有农场、良种站，逐步发展奶牛等，我国养牛业得到了一定发展。至1979年，全国养牛数量有了显著增加，达到1949年的1.6倍。但鉴于经济、文化、市场、技术等诸多因素的影响和限制，我国在很长时期内并未真正培育发展专业化的肉牛产业。直到1979年，国家颁布《国务院关于保护耕牛和调整屠宰政策的通知》，明确允许菜牛、杂种牛等肉用牛育肥后屠宰，我国肉牛养殖业开始萌芽和起步。之后随着改革开放步伐的不断加快，社会经济的不断发展，人民生活水平的不断提高，对肉食消费的需求越来越高，我国肉牛业真正步入专业化发展轨道。纵观我国肉牛产业发展历程，自改革开放以来大致经历了3个发展阶段。

第一阶段（1979—1990年）为萌芽期，即起步期。该阶段始于改革开放初期，当时我国正处于计划经济体制向市场经济体制的转变过程，市场机制不健全，国家的政策导向仍以解决人民温饱问题为主。当时农业机械紧缺，牛仍以役用为主，加之居民收入水平较低，消费能力较弱，饮食结构上以粮为主，对牛肉的消费需求量不高。但社会对肉牛产业发展的探索实践不断深入。20世纪80年代后期国家开始实行“菜篮子工程”建设，畜牧业生产的重要性开始凸显。其间国家投资建设肉牛生产基地，启动秸秆养畜项目，开展牛种改良，逐渐形成了以饲养役用牛为主、肉用牛为辅的生产格局，国内开始出现千头以上的肉牛育肥场。至此比较完整的肉牛生产环节逐渐形成，我国开始形成真正意义上的肉牛产业。

第二阶段（1991—2006年）为快速发展期。20世纪90年代后，随着社会经济水平的提高，市场经济体制的建立和不断推进，农业机械化的发展以及种植业生产效率的提升，为肉牛产业的快速发展创造了物质基础。这一阶段，国家相继出台一系列肉牛产业扶持政策，“秸秆养畜”项目在农村得到迅速发展，青贮饲料开始大规模应用，我国肉牛养殖及出栏量进入一个快速增长期。从1992年起，国家在农区先后建立了113个秸秆养牛示范县，农区养牛业有了很大的发展。至 1995 年底，建立商品牛基地 88 个。至 2006 年，全国牛出栏量达4 222万头，约为 1990 年的4 倍。这一时期，我国牛肉产量的增加在品种上主要依靠改良的黄牛，如草原红牛、新疆褐牛等，成为现代肉牛产业的品种基础。进入21 世纪后，我国肉牛配套饲养技术体系开始形成，社会资本开始进入肉牛产业，肉牛屠宰、加工技术也有了很大发展，肉牛行业标准、牛肉分割标准等开始建立，肉牛产业发展步伐加快。

第三阶段（2007 年至今）为发展调整期。受经济、市场、环境、技术水平等综合因素影响，我国肉牛养殖和牛肉产量在这一时期趋于平稳，处于徘徊震荡期。2007 年，我国牛存栏头数达 1. 04 亿头，出栏头数4 307万头，牛肉产量为 626. 2 万 t。2020 年，我国牛存栏头数9 562. 1万头，出栏头数4 565. 5万头，牛肉产量 672. 4 万 t。我国肉牛产业进入产业结构优化调整期。这一时期，随着我国肉牛养殖技术不断进步与成熟，国家对牛羊产业规模化养殖的政策扶持，规模养殖企业不断涌现，我国肉牛规模化生产比重持续提高，肉牛产业素质和肉牛生产水平逐步提升。

纵观我国整个肉牛产业，在改革开放的 40 多年里得到了快速发展，但与欧美等肉牛产业发达的国家相比，与猪、禽、奶业等其他畜禽行业相比，肉牛产业在观念、效益、技术和人才方面都存在诸多短板，我国仍处于肉牛产业的初级探索发展阶段。

（二）肉牛和牛肉生产情况

改革开放以来，我国肉牛养殖和牛肉生产总体呈现增长态势。肉牛年出栏量从 1979 年的 296. 8 万头增长至 2020 年的4 565. 5万头。牛肉产量从 1979 年的 23 万 t 增长至 2020 年的 672. 4 万 t，年均增长率为 8. 6%。当前，我国已成为名副其实的肉牛养殖和牛肉生产大国。我国肉牛出栏量位居世界第一，牛肉产量位居世界第四，肉牛业总产值约为4 900亿元。从牛肉产量的发展趋势看，1999 年前我国牛肉产量增长速度快，1999 年达到 505. 4 万 t，是 1979 年的 22 倍，年均增长率达 16. 7%；2000—2007 年，牛肉产量增速放缓，年均增长率为 2. 7%；2007—2020 年，随着我国肉牛产业进入发展调整期，牛肉产量也进入震荡徘徊期，2011 年触底后开始缓慢回升（图 1-6、图 1-7）。

从肉牛生产区域分布来看，2020 年我国牛肉产量排在前 5 位的分别为内蒙古（66. 3 万 t）、山东（59. 7 万 t）、河北（55. 6 万 t）、黑龙江（48. 3 万 t）和新疆（44. 0 万 t）。前 5 省区牛肉产量分别占全国总产量的 9. 9%、8. 9%、8. 3%、7. 2%和 6. 5%，总量占全国牛肉产量的 40. 7%。

（三）肉牛养殖模式

1. 牧区养殖模式

我国西部和北部散布着五大天然牧区，储载着大量的草场资源，是早期我国肉牛主产区。传统的牧区肉牛养殖通常利用牧区丰富的草场资源，采用自由放牧的方式。牧区地域辽阔，养殖规模较大，动物排出的粪尿同时又作为牧草生长的有机肥料，形成一个有序的循环生态链。但由于牧区多地处偏远，养殖技术较为落后，导致肉牛养殖生产效率低，牛肉口感不佳等，制约了牧区肉牛产业潜力的充分发挥。传统牧区的牛肉生产，多以满足当地需求为主，牛肉外供能力不足。21 世纪以来，由于牧区人口和牛羊饲养量的增加，草原出现过度开垦，草场超载放牧，草原严重退化，导致草原面

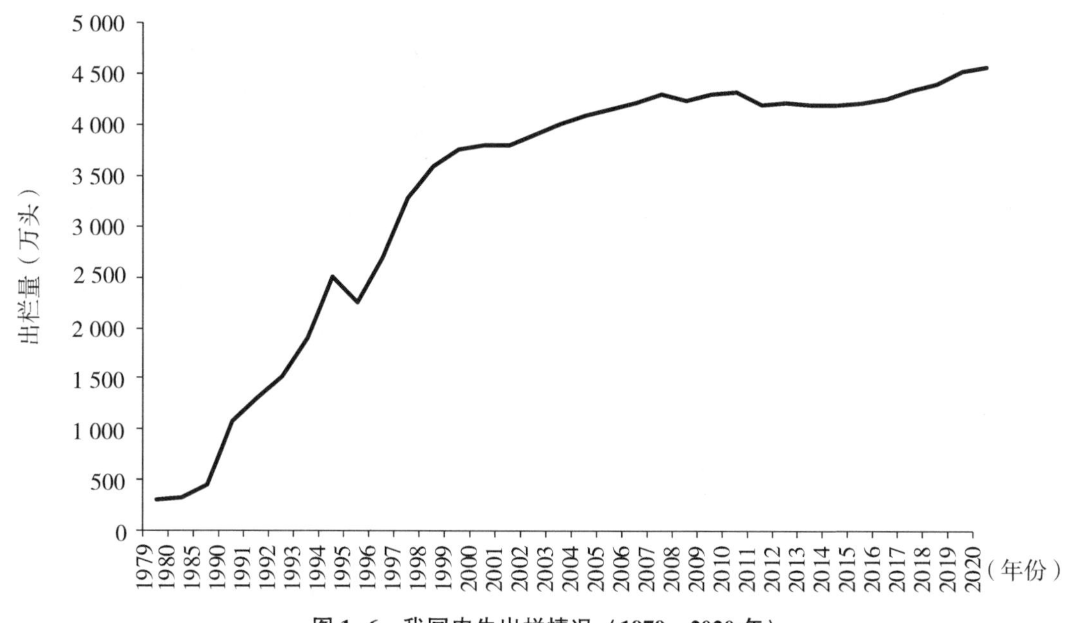

图 1-6　我国肉牛出栏情况（1979—2020 年）

注：数据来源于《中国畜牧兽医统计（2020）》。

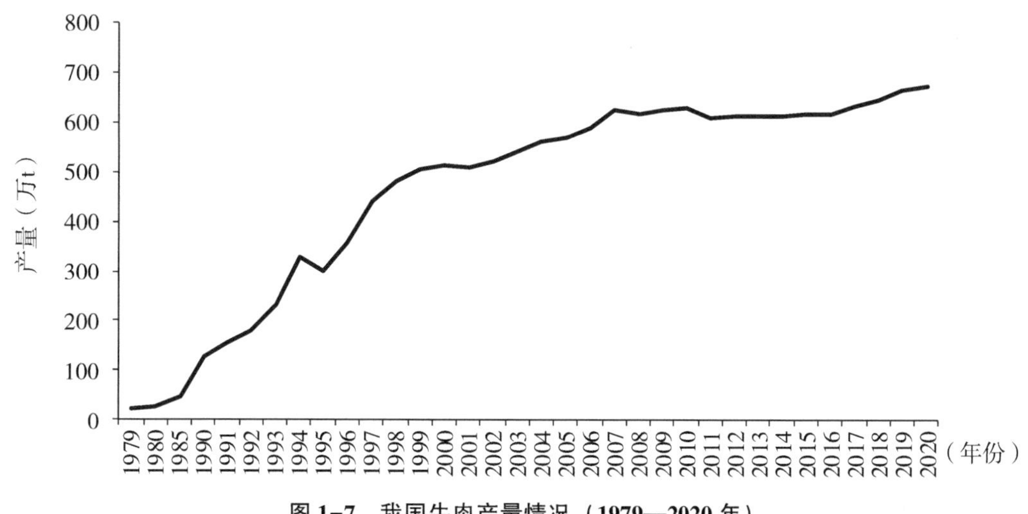

图 1-7　我国牛肉产量情况（1979—2020 年）

注：数据来源于《中国畜牧兽医统计（2020）》。

积不断减少和草原生态不断恶化等问题凸显，传统放牧模式也越来越受到资源环境的挑战和约束。在国家对草原生态环境保护等政策要求下，近年来草原畜牧业生产方式加快转变，放牧+舍饲、舍饲+半舍饲、围栏育肥等新型饲养模式在牧区推行。新的饲养模式在不破坏草原生态环境的前提下，既保持了适度利用天然草场资源的传统优势，又弥补了传统放牧导致的肉牛精料补充不足和养殖效率及牛肉品质低下的不足，牧区肉牛养殖的生产效率及牛肉品质得到提升。

2. 农区养殖模式

随着肉牛饲养技术发展，肉牛的饲料来源不再仅仅局限于牧草，逐步转向农作物秸秆等方面发展。由于农区具有良好的自然条件和丰富的饲料资源，逐渐成为肉牛产业发展的重要承接区，20 世纪 90 年代后期农区肉牛养殖迅速发展。早期的农区肉牛养殖模式主要是农户利用役用牛和奶牛养殖中的淘汰牛，利用农区秸秆作为饲料资源进行的肉牛养殖。其优势在于秸秆资源丰富，以秸秆作为饲料使养殖成本相对较低，且农区地理位置优越，市场需求旺盛。但传统农区的肉牛养殖主要以农户散养为主，受资金投入限制，养殖规模一般较小，养殖水平不高，故肉牛生长速度较慢，出栏率、屠宰率和牛肉品质等性状指标和经济指标较低。随着农户经济水平、农业生产规模化和机械化程度的不断提高，肉牛育种技术的不断进步，传统的以淘汰牛和役用牛为主的农区养殖模式因无法满足人们对牛肉快速增长的需求而逐渐退出历史舞台，农户散养和小规模饲养逐渐开始向专业化肉牛饲养发展。

3. 规模化养殖模式

随着改革开放后我国对肉牛养殖模式和养殖技术的不断实践和探索，牛肉消费市场需求的刺激以及国家的政策扶持，专业化和规模化的肉牛养殖模式发展迅速。相较传统的放牧和农户散养模式，规模化养殖模式具备肉牛存栏和出栏数量较大，饲养技术相对先进，肉牛出栏速度快，产出效率较高，牛肉品质好、经济效益高等诸多优势，有效提升了肉牛养殖的竞争力。近年来，通过“公司+基地”“公司+合作社”“公司+家庭农（牧）场”等产业化经营模式稳步发展，草畜联营合作社等新型生产经营主体不断涌现，我国肉牛规模化水平不断提高。2020 年，我国肉牛年出栏 50 头以上规模养殖比重为 29.6%，较 2003 年提高了 16.1 个百分点。

（四）肉牛生产区域布局

为充分发挥区域比较优势和资源优势，加快优势区域肉牛产业的发展和壮大，提高牛肉产品市场供给保障能力和国际市场竞争力，在综合考虑优势区域的资源优势、区位优势、产业优势等多方面因素基础上，我国着力推进肉牛产业优势区域布局和发展，形成了包括中原肉牛区、东北肉牛区、西北肉牛区和西南肉牛区共 4 个肉牛产业优势区域。

肉牛优势区域建设始于 2003 年，国家发布《优势农产品区域布局规划（2003—2007 年）》，提出建立中原、东北 2 个肉牛优势产区。中原肉牛优势产区主要布局于河南、山东、河北、安徽 4 省的 7 个地市 38 个县市。东北肉牛优势产区主要布局于辽宁、吉林、黑龙江、内蒙古 4 省区的 7 个地市 24 个县市（旗）。肉牛优势区域布局规划发布后，中央和优势产区各级政府相继出台了一系列扶持政策措施，加大扶持力度，地方积极跟进，推进规划有效实施，优势区域肉牛产业得到持续稳步发展，牛肉产量显著提高。2007 年，优势区域肉牛存栏数占比达全国的 35.0%，牛肉产量占比达 40.7%。

为巩固肉牛产业优势区建设成果，进一步加快我国肉牛产业发展，构筑现代肉牛生产体系，提升肉牛产业竞争力，2008 年国家发布《全国肉牛优势区域布局规划（2008—2015 年）》。二期规划根据各地肉牛产业发展变化情况，对优势区域进行了调整，扩大了优势区域的覆盖范围，增加了优势区县域数量，进一步明确了优势区域牛肉产品的市场主导地位。在一期规划基础上，又新增了 2 个肉牛优势产区，形成了包括中原肉牛区、东北肉牛区、西北肉牛区和西南肉牛区共4个肉牛产业优势区域，涉及17个省（区、市）的207个县市。

1. 中原肉牛区特点

中原肉牛区是我国肉牛产业发展起步较早的一个区域。该区域包括河北、安徽、山东、河南4个省的51个县，是我国最大的粮食主产区。区域内农副产品资源丰富，为肉牛产业发展奠定了良好的饲料资源基础。除1 240万亩（1亩约为667m^2）可利用天然草场面积外，还有年产3 860多万t的各种农作物秸秆，其中50%有待开发利用。中原肉牛区紧靠“京津冀”都市圈、“长三角”和“环渤海”经济圈，区位优势突出，产销衔接紧密，具有很好的市场基础。鉴于肉牛饲养的传统积累，该区域还具有丰富的地方良种资源，也是我国最早进行肉牛品种改良并取得显著成效的地区。

2. 东北肉牛区特点

东北肉牛区是我国肉牛业发展较早，近年来成长较快的一个优势区域，包括辽宁、吉林、黑龙江、内蒙古、河北（北部）5个省区的60个县。该区域既有丰富的天然草场资源，同时也是我国的粮食主产区之一，肉牛养殖的饲料资源丰富，原料价格低，养殖成本优势大。该区域具有可利用草场面积8.85亿亩，年产各种农作物秸秆约5 900万t，其中有50%以上未被开发利用。区域内肉牛良种资源较多，肉牛生产效率较高，平均胴体重高于其他地区。从区域位置看，该区域紧邻俄罗斯、韩国和日本等世界主要牛肉进口国，发展优质牛肉生产区位优势明显。

3. 西北肉牛区特点

该区域包括新疆、甘肃、陕西、宁夏4个省区的29个县市。该区域的特点是天然草原和草山草坡面积较大，有可利用草场面积约1.2亿亩。新疆同时被定为我国粮食后备产区，饲料和农作物秸秆资源也比较丰富，年产各种农作物秸秆1 000余万t，约40%的秸秆尚未得到利用。该区拥有新疆褐牛、陕西秦川牛等地方良种，近年来引进一些国外优良肉牛品种对地方品种进行改良，取得了较好的效果。从区域位置看，新疆牛肉对中亚和中东地区具有出口优势，为发展外向型肉牛产业创造了条件。但该区域发展肉牛产业的主要制约因素是开展肉牛育肥时间较短，饲养技术以及肉牛屠宰加工等方面基础相对薄弱。

4. 西南肉牛区特点

该区域包括四川、重庆、云南、贵州和广西5个省（区、市）的67个县市，是我国近年来正在成长的一个新型肉牛产区。该区域拥有天然草场面积1.4亿亩，年产3 000余万t各种农作物秸秆，其中超过65%的秸秆有待开发利用。该区域农作物副产品资源丰富，草山草坡较多，青绿饲草资源也较丰富；同时由于三元种植结构的有效实施，饲草饲料产量将会进一步提高，为发展肉牛产业奠定了物质基础。该区域发展肉牛产业的主要限制因素是肉牛产业基础薄弱，地方品种个体小，生产能力相对较低。

经过多年的发展，我国四大肉牛养殖优势区肉牛产业持续稳步发展，牛肉产量显著提高。2020年，我国四大肉牛优势区覆盖的17个省（区、市）中有12个牛年出栏达150万头以上，17省（区、市）全年牛出栏量、年末肉牛存栏量及牛肉产量分别占全国的80.1%、69.9%和84.5%（表1-8）。

表 1-8　2020 年肉牛优势产区 17 个省（区、市）肉牛和牛肉生产情况

地区	全年牛出栏量（万头）	年末牛存栏量（万头）	年末肉牛存栏量（万头）	牛肉产量（万 t）
全国	4 565. 5	9 562. 1	7 685. 1	672. 4
内蒙古	397. 0	671. 1	538. 3	66. 3
山东	275. 7	278. 7	192. 2	59. 7
河北	335. 2	358. 6	222. 5	55. 6
云南	335. 9	858. 8	810. 4	40. 9
四川	296. 4	880. 3	547. 8	37. 0
黑龙江	289. 4	515. 8	402. 5	48. 3
新疆	266. 3	528. 1	412. 5	44. 0
吉林	238. 7	285. 5	270. 5	38. 7
河南	241. 2	391. 7	270. 0	36. 7
甘肃	228. 6	482. 0	450. 3	24. 9
辽宁	195. 8	279. 7	246. 0	31. 0
贵州	176. 1	517. 7	488. 6	23. 1
广西	131. 2	349. 1	124. 6	13. 6
宁夏	72. 0	178. 0	120. 7	11. 4
陕西	58. 8	151. 2	122. 5	8. 7
安徽	64. 6	94. 8	76. 7	9. 9
重庆	55. 5	104. 5	88. 6	7. 4

注：数据来源于《中国畜牧兽医统计（2020）》。

（五）牛肉消费情况

2020 年，我国人均牛肉占有量为 4. 8 kg，较 1979 年的 0. 2 kg 有了巨大提升（图 1-8）。随着我国人民生活水平的提高和饮食结构的调整，牛肉作为肉类消费中的中高档产品，以高蛋白、低脂肪、低胆固醇等营养特点正越来越受到消费者关注，牛肉类产品成为人们动物性蛋白的主要来源之一。近几年我国牛肉消费需求呈现逐年上升趋势，2020 年人均牛肉消费量达 6. 3 kg。受经济发展水平、饮食结构、传统文化、宗教信仰等影响，我国不同地区之间牛肉消费量差异较大。但总体来说，我国牛肉消费水平与发达国家相比还存在较大差距，目前我国人均牛肉消费量仅占到世界平均水平的 69%，未来还有不小的增长空间。

（六）牛肉贸易

近年来，我国牛肉进口急剧增长，出口长期处于低位。2000 年，我国牛肉进口量为 11. 7 万 t，2013 年起进口呈井喷式增长态势，当年进口量达 71. 9 万 t，2020 年进口量增加至 259. 7 万 t。2000—2020 年，我国牛肉进口量年均增长率为 16. 8%。牛肉出口量长期处于低位波动，2020 年牛肉出口量仅 1. 2 万 t，比 2015 年下降 89. 6%（图 1-9）。

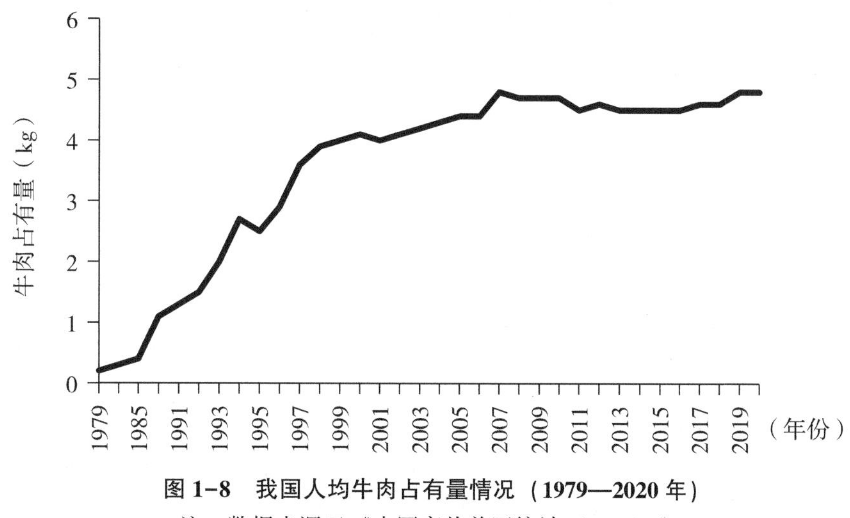

图 1-8　我国人均牛肉占有量情况（1979—2020 年）

注：数据来源于《中国畜牧兽医统计（2020）》。

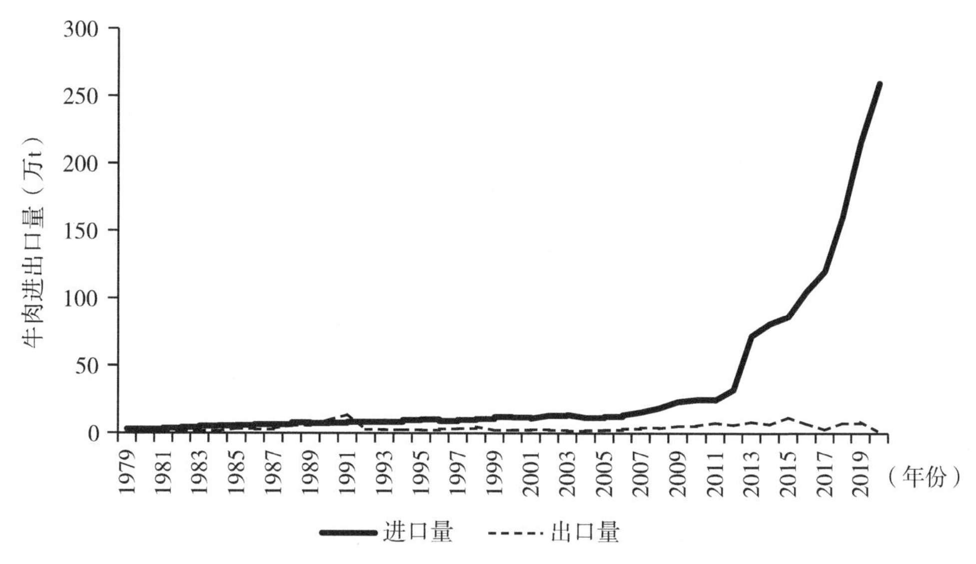

图 1-9　我国牛肉进出口贸易走势（1979—2020 年）

注：数据来源于 FAO（www. fao. org/faostat/en/#data），
包括带骨、去骨牛肉和小牛肉（鲜肉、冷肉和冻肉）。

（七）规模化、产业化情况

近年来，随着肉牛养殖模式、养殖技术的进步以及国家的产业政策扶持，我国肉牛规模化水平总体呈上升趋势，肉牛产业的规模化生产比重在不断提高。2020 年，我国肉牛饲养年出栏 50 头以上规模比重为 29. 6%，较 2010 年提高了 6. 4 个百分点；年出栏 1～9 头的散户养殖比重较 2010 年下降 10. 8 个百分点。但从我国肉牛业的发展阶段看，目前乃至今后相当一段时间内，我国肉牛生产仍将以散户为主。2020 年，我国年出栏 1～9 头的规模养殖比重为 47. 6%，年出栏 1～9 头场（户）数为 707. 5 万户，占肉牛养殖场（户）总数的 93. 5%（表 1-9）。

表 1-9　全国肉牛饲养规模比重变化情况　（%）

项目	2010 年	2015 年	2018 年	2019 年	2020 年
年出栏 1~9 头	58.4	53.4	53.0	50.9	47.6
年出栏 10 头以上	41.6	46.6	47.1	49.1	52.4
年出栏 50 头以上	23.2	28.5	26.0	27.4	29.6
年出栏 100 头以上	14.1	17.5	16.9	17.6	18.7
年出栏 500 头以上	6.2	7.3	7.1	7.6	7.6
年出栏 1 000 头以上	2.6	3.5	3.9	4.3	4.1

注：数据来源于《中国畜牧兽医统计（2020）》，此表比重指不同规模年出栏数占全部出栏数比重。

（八）相关产业政策

为促进我国肉牛产业发展，改革开放以来国家针对肉牛产业出台了一系列产业发展规划与扶持政策，为我国肉牛产业的发展指明了方向，注入了发展动力。改革开放以来我国肉牛产业取得的一系列成绩与国家政策扶持及制度保障密不可分。

1. 产业规划引领

如果说 1979 年国家颁布《国务院关于保护耕牛和调整屠宰政策的通知》促进了我国肉牛养殖业的萌芽和起步，那么我国畜牧业中长期规划则是每个阶段我国肉牛产业发展的重要顶层设计。改革开放以来，在我国畜牧业五年规划中都针对每个时期我国社会经济水平、产业基础及市场需求的不同，对各阶段肉牛产业的发展环境、发展思路、主要任务、畜种结构与区域布局、重大建设项目等做出科学的设计与布局，稳步推进了我国肉牛产业发展。为优化我国肉牛产业发展区域布局，2003 年和 2008 年国家两次出台肉牛优势区域布局规划，充分依托不同地域的资源优势、区位优势，利用十年时间，合理、有序地引导和推进了我国肉牛优势区域布局和建设，有效促进了我国肉牛产业的生产力水平和竞争力。随着我国经济发展进入新常态，消费个性化和多样化成为消费主流，畜牧业也由规模速度型粗放增长转向质量效益型集约发展的新阶段，迫切需要调整产业结构。为加快发展草食畜牧业，促进畜牧业转方式调结构，推动供给侧结构性改革，从而构建起粮经饲兼顾、农牧业结合、生态循环发展的种养业体系，有效满足社会不断增长和提高的消费需求，国家专门出台《农业部关于促进草食畜牧业加快发展的指导意见》《全国牛羊肉生产发展规划（2013—2020 年）》《全国草食畜牧业发展规划（2016—2020 年）》等文件，成为指导我国肉牛产业发展的重要纲领性文件。“十四五”时期是全面推进乡村振兴、加快农业农村现代化的关键 5 年，也是我国畜牧业转型升级、提升质量效益和竞争力的关键时期。为推进畜牧业高质量发展，国家发布了《“十四五”全国畜牧兽医行业发展规划》《“十四五”全国饲草产业发展规划》等文件。文件对“十四五”时期我国肉牛产业的发展目标、重点布局和重点任务进行了科学规划和总体布局，明确要做好标准化规模养殖，扎实推进良种繁育体系建设，夯实饲草料生产基础，强化质量安全监管与疫病防控，促进新型业态健康发展。

2. 产业政策扶持

改革开放以来，国家针对肉牛产业出台了一系列扶持政策措施，这些政策有些是阶段性的，有些是长期性的，但都对促进我国肉牛基础产能稳定发展和养殖技术进步起到了积极推动作用。在国家层面，20 世纪 80 年代我国开始实行“菜篮子工程”建设，启动了秸秆养畜项目，在国内投资建设肉牛生产基地。21 世纪以后，我国开始启动全国性的肉牛产业扶持计划。陆续启动了包括肉牛肉羊标准化规模养殖场建设项目、肉牛基础母畜扩群增量项目、南方现代草地畜牧业项目、良种补贴和良种工程项目、牛羊调出大县奖励政策等扶持项目，为产业稳定发展创造了良好的政策环境。为推动农业供给侧结构性改革，2016 年国家启动“粮改饲”试点项目，重点以调整玉米种植结构为主，大规模发展适应于肉牛、肉羊、奶牛等草食畜牧业需求的青贮玉米，以全株玉米青贮为重点，以发展草食家畜规模养殖为载体，实施“以养定种、种养结合、草畜配套、草企结合”发展战略，推进草畜配套，为肉牛产业发展创造新的契机。除国家层面外，一些地方政府还结合本地发展实际，出台了地方性的能繁母牛补贴、引进母牛补贴、扶贫养牛奖补、养牛保险及补贴等扶持政策。这些扶持政策对我国肉牛产业发展均起到了重要促进作用。

二、我国肉牛产业发展面临的挑战与机遇

改革开放以来，在良好的经济、市场和政策环境下，我国肉牛养殖得到了蓬勃发展，肉牛产业在养殖规模和质量水平上都达到了前所未有的高度。但与欧美等肉牛产业发达国家相比，我国肉牛产业在专业化水平、组织化程度、技术支撑度等方面都存在着较大差距，应该说我国肉牛产业仍处于大而不强的初级发展阶段。当前，我国正处于畜牧业产业结构调整与优化的关键时期，在面临国际国内政治和经济形势复杂多变，资源和生态环境约束以及人民消费需求升级的大背景下，肉牛产业应加快转变发展方式，尽快从拼资源消耗、拼生态环境的粗放经营转到质量和效益并重的集约经营上来，确保肉产品供给和畜产品质量安全，努力走出一条中国特色的可持续发展道路。

（一）我国肉牛产业发展面临的挑战

1. 环境承载能力约束，环保压力大

近年来，随着我国畜牧养殖规模增长，集约化饲养模式的转变，畜禽粪污产生量增长，但与之配套的土地消纳能力和处理能力不足，导致畜牧养殖业粪污已成为我国主要的污染源之一，严重制约了我国畜牧业可持续发展。据估算，1 头牛每天排放的废水量超过 22 人生活产生的废水。我国畜牧养殖业全年粪便排放总量超过 30 亿 t。目前我国农区的肉牛饲养以中小规模养殖户为主，由于中小规模养殖场（户）粪污处理的基础设施条件及处理能力较弱，无法有效处理养殖带来的粪污排放，造成周边环境污染的压力较大。在牧区，由于缺乏科学管理导致的过度超载放牧，也使草原资源受到破坏，草地退化沙化现象严重，导致草原生态系统比较脆弱。2013 年，中央一号文件提出要“加强畜禽养殖污染防治”要求，此后几年的中央一号文件持续聚焦农业环境污染治理问题。近年来，随着各项环保政策的实施，城镇周围多数地区被划定为水源保护地、禁养限养区，肉牛养殖多转向边远山区，水电路等基础设施配套不完善，运输成本提高。由于环保压力及禁养限养区的划分，肉牛养殖建设用地越来越紧张，肉牛产业发展受到制约。

2. 养殖水平低，产业体系不健全

目前，我国肉牛产业仍以散户小规模养殖为主，集约化体系不完善，整体呈现“小规模，大群体”的特点。由于我国肉牛养殖一直采取的是养、加、销各环节分散的产业链模式，衔接不紧密，“利益共享、风险共担”的利益联结机制不健全，龙头企业对农户

肉牛养殖的带动性不强。由于肉牛养殖周期长、投入多、风险高，取得收益比较慢，近年来由于养殖成本及环保压力增大，农户养殖积极性正在下降，散养户持续选择退出，青年母牛大量被宰杀导致基础母牛存栏数量大幅锐减，犊牛价格上涨，架子牛供应严重短缺，出现全国性“牛荒”。肉牛繁育模式也由传统的架子牛育肥变为直线育肥，延长了肉牛养殖周期，提高了养殖风险。受肉牛市场供应短缺等因素影响，全国主要屠宰加工企业普遍开工不足；肉牛产业龙头企业精深加工产品少，缺乏主导品牌，高附加值产品更少。肉牛产业社会化管理服务体系薄弱，金融、保险、技术等体系不完善，大幅压缩了产业效益空间，产业发展基础不实。

3. 良种化水平低，牛肉品质不高

在肉牛良种繁育体系建设方面，多年来通过肉牛新品种培育，肉牛种公牛站和肉牛核心育种场等的建立，人工授精技术的推广应用等技术措施，大幅提升了我国肉牛良种生产和推广能力，肉牛良种繁育体系已初步形成，对我国肉牛产业发展起到了重要的推动作用。我国培育的夏南牛、延黄牛、辽育白牛等专门化肉牛品种在生长速度、饲料转化率、胴体重等方面比地方牛种都显著提高，为我国肉牛产业化发展打下了基础。但无论是与肉牛业发达国家相比，还是与我国肉牛产业转型升级的需求相比，我国肉牛产业的良种繁育体系仍然存在一些突出问题。如肉牛主要品种的育种思路不清晰，用于牛肉生产的品种参差不齐，良种化水平不高；遗传改良的基础条件较差，杂交改良规划性不强，良种肉牛扩繁滞后，产肉性能、生长速度、肉质、饲料转化率等指标与世界专用肉牛品种还有差距，导致我国优质牛肉和高档牛肉产量较少，比较效益低，制约了肉牛产业发展。

（二）肉牛产业发展面临的机遇

1. 市场需求旺盛，发展潜力大

当前，我国人均国内生产总值突破 1 万美元，城镇化率超过 60%，中等收入群体超过 4 亿，人民对美好生活的需求不断提升，对牛肉消费的刚性需求强劲，牛肉市场消费潜力巨大。从全球看，世界发达国家/地区牛肉占消费肉类比例超过 50%，而我国目前仅占 10%左右。从牛肉人均占有量看，发达国家/地区在 50 kg 以上，世界人均约 10 kg，而我国却不足 5 kg，特别是南方一些地区不足 2 kg。当前，我国已全面建成小康社会，随着饮食结构的调整及年轻一代饮食观念和文化的改变，可以预见对牛肉尤其是优质牛肉的需求将与日俱增，这将为我国肉牛产业的发展提供广阔的发展空间，肉牛产业发展潜力巨大。

2. 草食家畜发展，符合我国国情

我国是一个资源短缺国家，资源短缺已经成为我国社会经济发展的瓶颈。保障粮食安全一直是我国的基本国策，我国用世界 7%的耕地养活了世界 22%的人口，创造了农业奇迹。习近平总书记在不同场合多次强调：“中国人的饭碗任何时候都要牢牢端在自己手上。”虽然 21 世纪以来，我国粮食连年丰收，但粮食安全仍不稳固，粮食供需仍将长期处于紧平衡状态。据统计，目前我国人均耕地面积已下降到 1.3 亩，预计至 2030 年，我国人口将达到 16 亿人，人均耕地面积将再减少 25%。要满足未来农业发展的需求，必须转变传统的农业结构，调整生产方式，提升生产效益。牛是草食动物，能将饲草等粗饲料转化为优质动物蛋白，属于节粮型家畜。大力发展牛羊等草食家畜生产是建立我国节粮型畜牧业结构的一个重要途径，同时也是优化我国肉类结构的有力保障。我国草地资源丰富，全国草地总面积达 2.64 hm^2，其中天然草地 2.13 hm^2。在南方丘陵地区，草山草坡较多，拥有丰富的青绿饲草资源。在农区，还具有丰富的农作物秸秆副产物，每年可收集的秸秆资源量近 8 亿 t，其中 50%以上未被有效、合理利用。发展肉牛等草食家畜养殖，对我国丰富的粗饲料资源进行有效利用，增加优质动物蛋白的产出，对缓解我国人畜争粮和粮食供需紧平衡具有重要意义。

3. 政策环境好，各方积极性高

肉牛产业的健康发展离不开国家的政策支持。改革开放以来，国家下大力气扶持肉牛产业，多措并举，多管齐下，对肉牛养殖出台了一系列扶持政策，应该说我国肉牛产业目前正处于最好的政策环境中。良好的环境就是生产力，在政策支持和引导下，充分发挥政、产、学、研、金、用各方主体的积极性，我国肉牛产业必将建立起稳定、有序的产业秩序，确保产业健康可持续发展。

三、我国肉牛产业发展对策

当前，我国正处于农业供给侧结构性改革的关键时期，也是我国肉牛产业转型升级的重要机遇期。肉牛产业发展任重道远，机遇和挑战并存。我们应当借鉴国内外的先进经验和技术，结合我国国情，探索出一条符合我国国情的肉牛养殖模式和产业发展道路。

（一）健全优质肉牛良种繁育体系

种业是国家战略性、基础性核心产业，良种是肉牛产业发展的先决条件和核心要素。良种作为肉牛产业的源头，决定了产业链的质量和效率。为加快牛群遗传改良进程，完善我国肉牛良种繁育体系，提高肉牛生产水平和经济效益，国家于 2011 年发布《全国肉牛遗传改良计划（2011—2025 年）》，明确了我国肉牛遗传改良总体思路和具体工作措施。2021 年中央一号文件指出，要坚决打好我国种业翻身仗，深入开展种业技术攻关。新时期，要根据各优势区域品种和资源特点，以提高个体牛生产效率和牛肉品质为主攻方向，高效利用世界优秀的牛种资源，利用基因组合等高新育种技术，培育出一批适合我国环境条件和饲养模式的肉牛新品种。要以纯种繁育为基础、杂交改良为主要手段，加快良种扩繁，加大良种推广力度；要加强基础母牛供应能力建设，形成性能优良的基础母牛群，实现基础母牛扩群增量，不断提高育肥用犊牛质量；要加快建设一批肉牛核心育种场、种公牛站、肉牛良种繁育场和人工授精站，逐步建成现代肉牛繁育体系，保障肉牛产业可持续发展。

（二）建立优质安全的饲草料供应体系

饲草料资源是肉牛产业发展的物质基础。要创新思路和方法，充分利用各种先进技术，建立优质安全饲草料供应体系。要进一步提高农作物秸秆等农副产品的利用率，形成秸秆综合利用配套技术，指导和培训养殖企业利用好秸秆资源，扩大肉牛生产的饲料来源。要以北方农牧交错带为重点继续实施粮改饲，加强青贮饲料设施建设，研制开发与各种青贮方式相配套的机械设备，提高青贮饲料在肉牛养殖中的使用率。要鼓励肉牛主产区在坚持生态优先的原则下，建立专用饲料作物基地，大力推广三元种植结构，开展天然草地改良，扩大人工种草面积，适度建设人工饲草基地，增加青绿饲料生产，培育和推广适合各优势区光热条件的优质高产牧草。

（三）完善肉牛标准化饲养技术体系

标准化养殖是提高牛肉产量及品质，增强市场竞争力的有效措施。要大力发展标准化、规模化养殖，支持规模养殖场、家庭牧场和专业合作组织基础设施改造，提高肉牛养殖的设施化和集约化水平，促进养殖粪污资源化利用。要鼓励规模养殖场采纳标准化生产及管理技术，支持散养户参与专业合作组织带动实现标准化养殖。完善肉牛标准化饲养技术体系，建立适应各优势区特点的集营养、饲料、牛舍设计、模式化饲养管理于一体的肉牛标准化技术生产体系和技术规程。大力推行农户繁育小牛、规模化集中育肥的生产模式，积极发展农牧结合的阶段饲养、易地育肥等饲养模式。要尽快健全我国肉牛饲养、分割、销售等各环节标准；逐步建立牛肉产品质量安全可追溯体系，提高牛肉产品质量安全水平。鼓励地方政府牵头，科研机构参与，依据各地区生产实际情况，开展标准养殖技术研究，制定地方性标准化管理体系，推动产学研一体化发展。

（四）完善肉牛产业化链条体系

支持家庭农场、合作社、企业等新型经营主体参与或扩大养殖规模。针对当前我国肉牛产业以农户散户为主的特点，大力发展以养殖户为基础、基地为依托、企业为龙头的肉牛产业化经营方式，通过发展“公司+基地+农户”“专业合作社”“联户养殖”等养殖模式，充分发挥龙头企业对小农户带动作用，促进散养户与标准化、规模化养殖有效衔接，推进发展方式转变，提高肉牛养殖专业化程度，形成肉牛产业链各环节共同发展的格局；加快完善产业链各环节利益联结机制，确保母牛养殖、育肥、加工等环节合理利益。鼓励肉牛屠宰加工企业通过订单收购、建立风险基金、返还利润、参股入股等多种形式，与养殖户结成稳定的产销关系和紧密的利益联结机制，发挥好龙头企业带动作用。要积极扶持肉牛养殖合作社等农民专业合作组织的发展，提高肉牛养殖组织化程度。

（五）积极发展肉牛协会组织

欧美等肉牛产业发达国家的发展经验告诉我们，肉牛协会团体组织可为肉牛生产提供产前、产中、产后全方位的系统服务，在肉牛产业发展中发挥重要作用。当前，我国已经成立了一些与肉牛产业相关的团体组织及技术合作组织，如中国畜牧业协会牛业分会、中国林牧渔业经济学会肉牛经济专业委员会、中法肉牛研究与发展中心、中加肉牛产业合作联盟等。这些团体组织和机构在肉牛产业服务、技术交流、宣传推广、培训服务方面开展了大量工作。未来，伴随着我国肉牛产业体系的不断完善，肉牛行业对专业化的社会服务也会有新的需求，有必要进一步培育和发展专业化肉牛团体组织，通过承担组织生产、技术研发、统一标准、人才培训、政策协调等职责，积极推动肉牛产业的技术进步、交流合作、市场拓展、信息和资源共享，促进我国肉牛产业健康有序发展。

（六）建立肉牛产业预警机制

在健全信息网络和服务平台的基础上，加强对肉牛产业趋势、供求变化和成本效益的分析预测，使农牧民及时了解统一、权威的市场信息，指导广大生产者合理安排生产，加强产销衔接，化解农民可能遇到的生产和经营风险，增强肉牛产业抗风险能力。

（七）加大政策扶持力度

要加大对肉牛良种繁育体系建设支持力度，继续实施畜禽良种工程，加强肉牛核心育种场和种公牛站等基础设施建设，完善基层肉牛人工授精等品种改良服务网点。扩大良种项目补贴实施范围，对选择肉牛优质冻精实施人工授精的养殖场户给予补贴。争取扩大标准化规模养殖工程实施范围，支持肉牛优势区域发展标准化肉牛养殖场和养殖小区。协调有关部门，争取为肉牛产业提供更多的财税和金融支持，适当降低或减免加工企业税收，帮助规模养殖场（小区）解决用地难问题。要强化中小农户养殖粪污处理等支持政策，提升金融服务中小农户水平，营造促进中小农户健康发展的良好氛围。

当前，我国经济已进入高质量发展阶段，社会制度优势显著，治理效能显著提升，经济长期向好，社会大局稳定，物质基础雄厚，人力资源丰富，市场空间广阔，肉牛产业继续向好发展具有多方面的优势和条件。我国肉牛产业要依靠肉牛养殖的科技进步，多措并举，切实破解我国资源环境约束的现实瓶颈，在保障不影响国家粮食安全，同时又有利于在生态环境可持续发展的前提下，通过优良的肉牛品种、科学的饲养管理、有效的疫病防控、精细的屠宰加工、完善的产品存储和上下游市场的有效衔接，实现产业增产增质，不断满足人们日益增长的牛肉产品需求，使肉牛产业走上又快又好的可持续发展轨道。

第二章　肉牛品种选择

第一节　品种分类与选择

一、牛的分类

在动物分类学上，驯养牛包括牛亚科、牛属中的普通牛、瘤牛、牦牛，以及牛亚科、水牛属中的亚洲水牛等。全球牛养殖历史悠久，但有组织、有计划地开展牛品种培育和改良主要在18世纪以后。随着肉牛产业的蓬勃发展，经过不断的选育和杂交改良，形成了许多专用品种。牛种的分类按不同的分类方法和依据而各异，按经济用途分，驯养牛可分为以下4类。

（一）肉用牛品种

是指专门用于生产牛肉的牛。其主要特点是生长速度快，产肉率高，肉品质好。国际上按品种来源、体型和产肉性能，又分为以下三类。

第一类：中小型早熟品种。其特点是生长快，体脂肪多，皮下脂肪厚，体型较小。一般成年公牛体重550~700 kg，母牛400~550 kg。主要品种如海福特牛、安格斯牛、南德文牛、肉用短角牛等。

第二类：大型肉用品种。其特点为体型大，肌肉发达，脂肪少，生长速度快，但较晚熟。成年公牛体重可超过1 000 kg，母牛可超过700 kg。主要品种如夏洛来牛、利木赞牛、皮埃蒙特牛、契安尼娜牛等。

第三类：含瘤牛血液的品种。其特点是对炎热、潮湿的适应性强，耳大下垂，肩峰高耸，皮表面积大，是热带地区特有的牛种。主要品种如婆罗门牛、辛地红牛等。

当前，肉牛品种选育的国际总体趋势是由体型小、易肥、早熟型品种向大型、瘦肉型品种发展。

（二）乳用牛品种

是指饲养后主要用于牛奶生产以及奶制品制作的牛，其特点是产奶量高。主要品种有荷斯坦牛、爱尔夏牛、娟姗牛、更赛牛等。在实际生产中，奶牛生产的奶公犊通常被用于育肥，进行牛肉生产。

（三）兼用牛品种

是指兼具两种或两种以上主要经济用途的牛，或兼具两种或两种以上主要生产性能的牛，如乳肉兼用型牛、肉役兼用型牛等。主要品种如西门塔尔牛、兼用型短角牛、德国黄牛、瑞士褐牛、蒙贝利亚牛等。其中西门塔尔牛是目前全世界分布最广、生产性能最好的现代兼用型牛之一。

（四）役用牛品种

是指在生产实践中用于耕作或驮运货物的牛。其特点是皮厚骨粗，肌肉强大、结实，有较强的挽力。主要品种如中国的黄牛和水牛等。随着农业机械化的进步，现代牛的役用功能越来越弱化，专门的役用牛趋于消失，转而用于肉用、乳肉兼用等。

二、肉牛品种的选择原则

品种的选择是肉牛生产的关键要素之一。肉牛养殖要想获得理想的生产效益与经济效益，必须结合当地的地理特征、气候条件、环境资源、生产方式、生产系统和市场需求等诸多因素，综合分析不同品种的适应性、生产力等特点，选择适宜的牛种，以适应养殖需要。具体可遵循以下原则。

（一）适合当地区域特点

肉牛品种的选择必须与当地的自然资源、环境条件、养殖模式相适应。如养殖地处于潮湿炎热的地区，应选择耐热、耐湿品种。在放牧生产系统中，若为山地、丘陵放牧，则宜选择体型小、草料需求量低、蹄质结实、适合爬坡的品种。若为平原放牧，则可以选择体型较大、生长速度较快的品种，同时需要结合精料补饲的频次和数量，选择能充分发挥生产性能的肉牛品种。在精粗料等饲料资源充裕，育肥条件较好的农区地带，或集约化生产场，可以选择大型、生长速度快、胴体重量大的品种，以获得良好的经济效益。

（二）适应市场消费需求

要将市场需求作为品种选择的一个主要关注因素。要关注目标消费群体的饮食习惯和购买需求，考虑产出的牛肉产品是否具有市场优势，从而提高肉牛养殖的经济效益。不同地域或不同人群结构对牛肉品质有不同偏好，从而会形成不同的市场需求。如有的地区或人群结构喜食高瘦肉率、低脂肪的牛肉；有的地区则偏好脂肪含量高、口感较嫩的牛肉产品；有的群体则追求鲜嫩多汁的具有大理石花纹的高档牛肉产品。肉牛养殖者一定要密切关注市场需求，以市场需求为导向，明确牛肉产品定位，从而选择适宜的肉牛品种。若市场需求低脂肪含量的牛肉，可选择皮埃蒙特牛、夏洛来牛、比利时蓝牛等大型品种，或者选择荷斯坦牛的公犊育肥。若市场需求脂肪含量较高的牛肉，可选择中小型早熟品种，或一些地方优良品种，通过增加日粮能量水平，也可获得脂肪含量较高的胴体。

（三）选择最优的生产性能

在满足上述两个条件的同时，肉牛养殖要想获得最佳的经济效益，应尽可能选择生长速度快、产肉性能好的牛。当前，随着肉牛育种技术的不断提高，利用杂种优势培育出的优良杂交后代，具有生长速度快、抗病能力强、适应性强、胴体品质好等优点。此外，杂交后代的饲料转化率高，可降低饲养成本。另外，肉牛性别也会造成生产性能的差异。通常公牛的生长发育速度要比母牛和阉牛快，在生产瘦肉率高的牛肉时应优先选择；母牛肉中的脂肪含量较高，在生产高脂肪牛肉时则可以育肥母牛为主。若选择架子牛育肥，则选择在3~6月龄去势的阉牛，可减少应激，提高产肉率与胴体品质。

第二节　肉用牛品种

一、国外肉用牛品种

肉牛品种是肉牛业发展的基础。全球专业化的肉牛育种始于欧洲，如法国、英国、意大利等国家具有丰富的牛种资源，肉牛育种历史悠久，培育出的众多优秀肉牛品种为世界肉牛产业发展做出了巨大贡献。近代以来，世界各国根据各自的资源条件、生产方式等，经过不断的品种选育和杂交改良，形成了各自不同的优势肉牛品种。当前，世界知名的肉牛品种有夏洛来牛、利木赞牛、安格斯牛、海福特牛、皮埃蒙特牛、西门塔尔牛、短角牛、南德文牛、比利时蓝牛、日本和牛、瑞士褐牛、德国黄牛、婆罗门牛（瘤牛）、金色阿奎丹牛、契安尼娜牛、蒙贝利亚牛、盖洛威牛、威尔士黑牛等。

随着全球经济的发展、科技水平的提高以及牛肉产品市场一体化程度的不断增强，全球牛种资源的相互引进更加频繁。20 世纪以来，我国先后从全球引入十多个世界知名肉用和乳肉兼用牛种，并利用这些外来种群的优良基因对本地牛种进行杂交改良或品种培育。经过杂交试验和测试，其中西门塔尔牛、夏洛来牛、利木赞牛、安格斯牛、皮埃蒙特牛等多个品种获得了理想的改良效果，已成为我国肉牛杂交的主要父本，经过多年引进杂交，已经形成了较大的杂交群体。国外优良品种的引进对提高我国肉牛生产效率，促进我国肉牛产业发展起到了重要作用。

（一）西门塔尔牛（Simmental）

西门塔尔牛原产于瑞士西部阿尔卑斯山区，是世界上分布最广、数量最多的乳肉兼用品种之一，现分布于世界 90 多个国家。西门塔尔牛产乳和产肉性能均很出色，适应性强，耐粗放饲养管理，易放牧，适于在多种不同地貌和生态环境地区饲养。在肉用性能方面，其体格大，生长快，肌肉多，胴体瘦肉率高；牛肉色泽鲜红，纹理细致，富有弹性，大理石纹分布适中，牛肉等级明显高于普通牛肉。

西门塔尔牛参与了很多合成系的培育，对世界肉牛产业做出了重大贡献。20 世纪 50—80 年代，我国先后从不同国家引入西门塔尔牛，在全国各地广泛养殖，已成为许多地区的经济支柱产业。用西门塔尔牛改良我国本地黄牛效果显著，其杂交一代牛生产性能一般提高 30%以上。我国还以西门塔尔牛和本地牛为基础培育出了中国西门塔尔牛。此外，西门塔尔牛对我国三河牛的形成也做出了重要贡献。

（二）夏洛来牛（Charolais）

夏洛来牛原产于法国中部的夏洛来和涅夫勒地区，是举世闻名的大型专门化肉牛品种，是法国肉牛群体数量第一大的牛种。夏洛来牛体躯高大，全身肌肉发达，后臀肌尤其发达，具有双肌特征；肉用性能良好，生长速度快，净肉率和眼肌面积大，肉质好，脂肪含量较低，牛肉受到国际市场广泛欢迎。

夏洛来牛是世界公认的经济杂交父本，现在世界 80 多个国家养殖。夏洛来牛在改良我国黄牛生长速度慢、体格小等方面具有较大优势；但由于夏洛来牛个体大，与体型较小的本地牛杂交时易造成难产，初产牛多需助产。我国先后多次从法国、加拿大和美国等引进夏洛来种牛、胚胎和冻精，用于改良我国本地黄牛，其杂交后代体格明显增大，生长速度加快，产肉量增多，肉用性能提高明显。目前，夏洛来纯种牛和杂交牛主要分布在我国东北、西北和南方各省区，是仅次于西门塔尔牛的第二大引进牛群体。

（三）利木赞牛（Limousin）

利木赞牛原产于法国中部的利木赞高原，现主要分布于法国中部和南部的广大地区。利木赞牛属中大体型专门化肉牛品种，是法国肉牛群体数量第二大的牛种，数量仅次于夏洛来牛。利木赞牛体质结实、适应性强，尤其适合精养（集约化饲养）；早期生长速度快，产肉性能好，胴体质量高，瘦肉率高；肉色鲜红，肉质细嫩，纹理细致、大理石花纹适中，肉香浓郁，牛肉等级明显高于普通牛肉。

利木赞牛现分布于全球70多个国家。自20世纪70年代以来，我国从法国、澳大利亚和加拿大等国引入利木赞种公牛、冻精和胚胎，在辽宁、山东、宁夏、河南、山西、内蒙古等省区用于改良当地黄牛的肉用性能，效果良好。利木赞牛作为黄牛改良的父本，与本地黄牛杂交的后代杂种优势明显，体型增大，肉用体型特征明显，生长速度和饲料转化率显著提高，同时还保留了本地黄牛适应性强、耐粗饲、抗病力强的特征，在高寒地区增重效果也很出色。

（四）安格斯牛（Angus）

安格斯牛是英国最古老的肉用牛品种之一，被认为是世界上肉用牛品种中肉质最优秀的品种之一。该牛种原产于英国的阿伯丁、安格斯和金卡丁等郡。目前世界上很多国家都饲养安格斯牛，在美国、加拿大和澳大利亚都是当地的主流肉用牛种。安格斯牛属于中小型早熟品种，后躯产肉量高，眼肌面积大，且胴体品质好，肌肉大理石纹明显，肉质细嫩，风味独特，是世界上唯一一个用品种名称作为牛肉品牌名称的肉牛品种。

安格斯牛体质结实，抗病力和适应性强，适于精养，繁殖力强，极少难产，泌乳性能好，遗传性能稳定，在国际肉牛杂交体系中被认为是较好的母系。自20世纪70年代以来，我国先后从英国、美国、澳大利亚和加拿大等国引入安格斯种牛和胚胎，在新疆、内蒙古、东北、山东、陕西、宁夏等北部地区以及湖南、重庆等省（区、市）饲养，用于改良当地牛种或纯种繁殖。

（五）德国黄牛（German Yellow Cattle）

德国黄牛的中心产区位于德国巴伐利亚州的维尔次堡、纽纶堡、班贝格、特里尔和卡塞尔等地区。德国黄牛最初从役用、肥育性能方面进行选育，后又集中产乳性能进行选育，最后育成了体重大、较早熟的乳肉兼用牛种。德国黄牛体型大，生长速度快，肌肉含量高，瘦肉率高，优质肉产量高。除良好的产肉性能外，德国黄牛繁殖力强，易产性好，难产率低，哺乳能力好，是综合性能非常突出的兼用品种。

20世纪90年代，我国许多地区开始引进德国黄牛改良地方黄牛，取得了较好的效果。德国黄牛与我国黄牛杂交后，其杂交后代在各月龄体重、屠宰性能方面有大幅度提高。

（六）南德文牛（South Devon）

南德文牛原产于英格兰西南部的南德文郡和康沃尔郡。早期为乳肉役兼用品种，后经选育成为肉用品种，目前在世界许多国家都有分布。南德文牛属大型肉牛品种，体格硕大，肌肉丰满；生长快、饲料转化率高；肌肉纤细，脂肪沉积适中，肉质鲜嫩，呈明显大理石纹，是生产高档牛肉的品种之一。

南德文牛具有良好的生长性能和早熟性，耐粗饲、抗病力强，是良好的杂交父本，在改良肉质、屠宰率、胴体等级等方面效果突出。20 世纪 90 年代，我国引进南德文牛作为改良本地黄牛的杂交父本，在与我国南阳牛、早胜牛等地方品种牛的杂交试验中，杂交后代在生长性能、屠宰率等方面表现出良好的改良效果。

（七）皮埃蒙特牛（Piedmontese）

皮埃蒙特牛原产于意大利西北部皮埃蒙特地区。原为役牛，后经长期选育成为专门化肉牛品种。皮埃蒙特牛体型较大，肌肉高度发达，肉用性能好，屠宰率和瘦肉率高，胴体骨骼比例小；牛肉肉质细嫩，胆固醇含量较一般牛肉低。

皮埃蒙特牛具有双肌基因，适合精养，作为肉用牛种具有较高的泌乳能力，在哺育犊牛方面有显著优势，已被世界 30 多个国家引进，用于杂交改良。我国于 20 世纪 80 年代从意大利引进了皮埃蒙特牛冻精和胚胎，利用胚胎移植技术生产的种公牛作为父本，开展我国黄牛的杂交改良工作。皮埃蒙特牛与我国南阳牛杂交改良试验效果良好，杂交后代在日增重、屠宰率、眼肌面积上都有较好的表现。目前，皮埃蒙特牛已在我国多个省市推广。

（八）短角牛（Short Horned Cattle）

短角牛原产于英格兰北部的诺森伯兰郡、达勒姆郡、约克和林肯郡等。其培育始于 16 世纪末 17 世纪初，先后向肉用和乳用方向选育，至近代逐渐形成了乳肉兼用型短角牛和肉用短角牛两种类型。肉用短角牛早熟性好，肉用性能突出，增重快，产肉量高；牛肉大理石纹好，肉质细嫩，但脂肪沉积不够理想。乳肉兼用短角牛的肉用性能与肉用短角牛相似。

短角牛杂交效果好，与其他引进品种相比，其在适应性、毛色、泌乳量方面有优势。短角牛及其杂交后代可广泛适应我国各种地理和饲养条件。用短角牛对我国黄牛进行杂交改良，生长、产乳、产肉性能都得到显著提高。我国还利用引进的兼用型短角牛作为父本，育成了“中国草原红牛”，在中国北部的肉牛生产中发挥了重要作用。

（九）海福特牛（Hereford）

海福特牛也是英国最古老的肉牛品种之一，原产于英格兰的海福特县，属早熟中型肉用牛品种。海福特牛分为英系海岛型和北美型，海岛型体型较小，北美型体型较大。海福特牛体质强壮，生长快，产肉率高，肉质细嫩、多汁，大理石纹好。

海福特牛具有早熟易肥，饲料转化率高，繁殖力强；较耐粗饲、适于放牧饲养，适应性好，抗旱耐寒耐热，被许多国家引入，在世界肉牛业发展中发挥了重要作用。我国最早曾于 1913 年和 1965 年引入海福特牛，用于对本地黄牛杂交改良。2018 年以后，随着国内牛肉市场需求增大，又开始大量引进海福特牛。

（十）日本和牛（Japanese Black Cattle）

日本和牛是日本利用本地牛和引进牛种进行杂交改良，于 20 世纪 70 年代末培育形成的适合当地自然条件的肉牛新品种。日本和牛牛肉多汁细嫩，肌肉脂肪中饱和脂肪酸含量低，风味独特，大理石花纹明显，具有典型的“雪花肉”特征，肉用价值极高，是当今世界公认的品质最优秀的良种肉牛之一。日本和牛主要包括四种类型：黑毛和牛、褐毛和牛、无角和牛和短角和牛。其中黑毛和牛是日本养殖范围最广、数量最多的品种，占到了九成左右。

目前，国内一些龙头企业（如海岛和牛、雪龙黑牛等）开展和牛及改良牛的养殖。国内和牛改良主要是利用纯种和牛冻精作父本，与本地肉牛基础母牛进行杂交，然后择优进行饲养培育。

（十一）比利时蓝牛（Belgian Blue）

比利时蓝牛原产于比利时，是比利时的当家肉牛，分为肉用型和兼用型，目前更集中于肉用型群体的选育。该牛种已被引入至美国、加拿大等 20 多个国家。比利时蓝牛体格高大，早熟，早期生长速度快。因肌肉生长抑制素基因突变，肌肉异常发达，典型的比利时蓝牛为双肌臀，其腰部、臀部、肩部、背部的肌肉都比一般牛发达，可比其他品种牛多提供 18%~20%的牛肉。牛肉肉质细嫩，脂肪含量比其他牛种低 30%，胆固醇含量较低。

比利时蓝牛适应性强，在生长速度、屠宰率、净肉率、眼肌面积和肉质方面等具有优势，在改良我国黄牛生长速度慢、体格小等性状上具有较大优势。我国在 2000 年前后引进比利时蓝牛冻精，其杂交后代在产肉、肉质、繁殖性能上有明显改善。

（十二）婆罗门牛（Brahman）

婆罗门牛原产于美国西南部，是用印度瘤牛、欧洲瘤牛、美洲瘤牛及部分英国肉牛培育而成的一个适应热带、亚热带气候，且最适于全放牧饲养的专门化肉牛品种。当前，在阿根廷、巴西、巴拉圭、美国、哥伦比亚和澳大利亚等地广泛饲养，是世界上饲养量最大的牛种之一。婆罗门牛体型中等，生长速度快，产肉率高，胴体品质优良，育肥后屠宰率可达 70%以上，肉质鲜美。

20 世纪以来，美国育成的婆罗门牛已出口至世界 60 多个国家。20 世纪 70 年代，我国广西首次从美国引进婆罗门牛公牛，并与闽南黄牛、广西黄牛等进行杂交，有力促进了我国南方本地黄牛的改良进程。婆罗门牛与我国黄牛产生的杂交后代杂交优势显著，耐热、抗蜱、抗焦虫病能力强，适应南方环境条件及炎热气候，在肉用性能、产奶性能和役用性能等方面均有提高。目前，在我国南方热带、亚热带地区大量利用婆罗门牛杂交改良本地黄牛的肉用性能。

（十三）瑞士褐牛（Brown Swiss）

瑞士褐牛原产于瑞士阿尔卑斯山地区，由当地的短角牛经过长期选种选配育成，属乳肉兼用品种。美国于 1906 年将瑞士褐牛育成为乳用品种。

瑞士褐牛体型较大，以乳用为主的瑞士褐牛具有较好的产奶特性，产奶量中等。倾向于肉用性能的瑞士褐牛常用于杂交育种。瑞士褐牛较晚熟，耐粗饲，适应性强，在美国、加拿大、德国、波兰、奥地利等国均有饲养。瑞士褐牛对我国新疆褐牛的育成有重要作用。

二、我国肉用牛品种

我国牛地方品种资源丰富，牛种结构多样。2021 年发布的《国家畜禽遗传资源品种名录（2021 年）》中共包括普通牛、瘤牛、水牛、牦牛、大额牛等 132 个牛品种。其中以黄牛数量最多，被广泛应用于畜牧业生产，在我国肉牛产业可持续发展中发挥着重要作用。

（一）黄牛地方品种

黄牛是对我国固有的、长期以役用为主的黄牛群体的总称。我国养殖的牛亚科动物中黄牛品种和数量最多、分布地域最广，饲养地区几乎遍布全国。黄牛毛色多以黄色为主，均为短角型，役用性能强，肉质鲜美，利用秸秆类低营养价值的粗饲料能力强，耐干旱、抗性好，是我国肉牛遗传改良的重要资源。黄牛早期在农区主要以役用为主，半农半牧区役乳兼用，牧区则乳肉兼用。

我国黄牛地方品种资源丰富，拥有黄牛地方品种 50 多个，其中秦川牛、南阳牛、鲁西牛、延边牛和晋南牛是我国五大良种黄牛，遗传性能稳定，体格高大，挽力强，肉用性能好，是我国畜禽遗传资源保护的重点。我国黄牛品种分布地域特征明显，与品种形成有密切关系。《中国畜禽遗传资源志（牛志）》中将我国黄牛划分为四种类型，分别为北方型、中原型、南方型和培育品种。其中北方型牛种体格中等，包括分布在华北、西北和西南地区的品种，如延边牛、复州牛、蒙古牛、西藏牛、阿勒泰白牛、哈萨克牛等；中原型牛种体格大，有肩峰但不明显，包括分布在中原和华北地区以及华南北部的品种，如秦川牛（早胜牛）、南阳牛、鲁西牛、晋南牛、郏县红牛、渤海黑牛、冀南牛、平陆山地牛等；南方型牛种体格偏小，肩峰明显，具有瘤牛特征，包括分布在华东南部、华南、西南地区的品种，如锦江牛、大别山牛、枣北牛、巫陵牛、隆林牛、舟山牛、凉山牛、川南山地牛、闽南牛、蒙山牛、台湾牛、拉萨牛等；培育品种是我国利用外来品种与地方品种杂交培育而成的品种。目前，我国已培育出包括乳用品种、兼用品种和肉用品种在内的共计 11 个牛品种。

（二）培育肉牛品种

20 世纪 60 年代前，我国一直未对黄牛开展系统选育和专门化培育，本地黄牛大部分处于原始品种或地方品种状态。自 20 世纪 60 年代，我国开始有组织、有计划地开展对地方牛品种的改良工作，但当时的目标主要是提高其役用性能，同时在小范围内兼顾肉用和乳用。直至 20 世纪 80 年代，黄牛役用功能逐渐退出，国民对牛肉需求不断增加，为适应这一发展形势，各地纷纷推动黄牛改良工作，在遗传改良上转向以肉用和乳用为主。

我国利用引进的肉用和兼用牛品种作为肉牛杂交的主要父本，通过将我国地方品种与国外优良性状的肉牛品种进行杂交改良等方式，培育出了多个适合我国养殖环境和条件的肉牛品种。目前，我国培育的肉牛品种包括兼用品种 5 个，分别为中国西门塔尔牛、新疆褐牛、中国草原红牛、三河牛和蜀宣花牛；专门化肉牛品种 5 个，分别为夏南牛、延黄牛、辽育白牛、云岭牛、华西牛。这些品种在生长速度、饲料转化率、胴体重等方面比地方牛种均有显著提高，不仅提升了我国肉牛的生产性能，也为我国肉牛产业化发展打下了基础。

1. 中国西门塔尔牛（Chinese Simmental）

中国西门塔尔牛为大型乳肉兼用型培育品种，是由引进的德系、苏系和奥系西门塔尔牛在中国的生态条件下与本地牛进行级进杂交后，对高代改良牛的优秀个体进行选种选配培育形成的品种。中国西门塔尔牛分为草原、平原和山地类群，主要分布于我国内蒙古、河北、吉林、新疆、黑龙江等20多个省区。

中国西门塔尔牛体型高大，结构匀称，体质结实，肌肉发达，生长速度快，肉用性能好，牛肉质量好；母牛乳房发育良好，产奶量高。该牛种适应性强，在亚热带至北方寒带气候条件下都能表现出良好的生产性能，尤其适合我国牧区、半农半牧区的饲养管理条件。中国西门塔尔牛种质好，母牛可作为肉牛杂交生产过程中的理想母本，公牛也可直接作为肉用杂交的父本，具有良好的发展潜力。

2. 三河牛（Sanhe）

三河牛是我国培育的优良乳肉兼用品种，主要分布于内蒙古额尔古纳市的三河地区及呼伦贝尔市、兴安盟、通辽市等地区。三河牛是利用多个品种杂交后经选育而成的，在育成过程中受西门塔尔牛影响最大。

三河牛具有乳肉兼用型外貌特征，体格高大结实，骨骼粗壮、结构匀称；生长发育较快，肌肉发达，乳脂率高，乳肉兼用性能好。三河牛耐粗饲，耐寒，抗病力强，适应性好，抗逆性强，可以向高海拔地区引种，对我国各地黄牛的改良都取得了较好的效果。

3. 新疆褐牛（Xingjiang Brown）

新疆褐牛属乳肉兼用型培育品种，是以新疆当地哈萨克牛为母本，与瑞士褐牛、阿拉托乌牛及少量的科斯特罗姆牛与之杂交改良，经过长期选育形成。

新疆褐牛体格中等，体质健壮，结构匀称，骨骼结实，肌肉丰满；生长发育速度较快，具有良好的产肉潜力；肉质好，具有大理石纹，肉质细嫩，风味佳。新疆褐牛耐粗饲、耐寒，抗逆性强，适宜山地草原放牧，适应性强，在牧区用新疆褐牛改良当地黄牛取得较好效果，深受牧民喜爱。

4. 中国草原红牛（Chinese Caoyuan Red）

中国草原红牛是以乳肉兼用型短角牛为父本，与当地蒙古母牛长期杂交，在放牧条件下育成的乳肉兼用型培育品种。主要分布于吉林、内蒙古和河北等地。

中国草原红牛体型中等，体质结实紧凑，结构匀称，骨骼较细致，肌肉附着良好；肉质鲜美细嫩，风味独特；母牛乳房发育良好，牛奶乳脂率高。中国草原红牛具有适应性强，耐粗饲、耐寒，抗病力强，育肥性能好，遗传性能稳定等特性，适合我国北方草原地区放牧饲养，在放牧加适当补饲的条件下具有较好的产肉和产奶性能，对本地牛有良好的改良效果。

5. 夏南牛（Xianan）

夏南牛是以法国夏洛来牛为父本，以我国地方良种南阳牛为母本，培育形成的我国第一个具有自主知识产权的专门化肉牛品种。主要分布于河南省驻马店西部、南阳盆地东隅。

夏南牛体格较大，早熟性强，生长发育快，易育肥；产肉率高、肌肉嫩度好，适宜生产优质牛肉和高档牛肉。夏南牛耐粗饲，适应性强；舍饲、放牧均可；既适应粗放、低水平饲养，也适应高营养水平的饲养条件，尤其在高营养水平条件下，生产潜能发挥更优；在黄淮流域及以北的农区、半农半牧区都能饲养，具有广阔的推广应用前景。

6. 延黄牛（Yanhuang）

延黄牛是以延边牛为母本、利木赞牛为父本培育的专门化肉牛品种。其主产区位于吉林省东部、长白山脉北麓。

延黄牛体躯呈长方形，结构匀称，背腰平直，肉用特征明显。延黄牛体质健壮，耐寒、耐粗饲，抗逆性强；具有优良的产肉性能，饲料转化率高；牛肉具有独特的肉质和风味，是延边地区主要的肉牛品种，也是我国目前较好的肉牛品种之一，在我国北部和东部推广前景较好。

7. 辽育白牛（Liaoyu White）

辽育白牛是以从法国、加拿大和美国引进的夏洛来牛为父本，以辽宁本地黄牛为母本培育形成的专门化肉牛品种。主要分布在辽宁省东部、北部和中西部地区。

辽育白牛体型大，体躯呈长方形，体质结实，肌肉丰满，生长速度快，宜肥育，产肉性能突出；肉质较细嫩，肌间脂肪含量适中，优质肉和高档肉切块率高。辽育白牛除继承夏洛来牛高肉用性能的特点外，还具有当地黄牛耐粗饲、抗逆性强的优点。其早熟性和繁殖力好，适应能力强，易饲养，采用舍饲、半舍饲半放牧和放牧方式饲养均可；耐寒性较强，适应东北、西北和华北地区的气候条件。辽育白牛既可以用作纯繁生产优质牛肉，又可替代进口夏洛来牛与当地其他品种牛杂交，在经济杂交中用作第二父本或终端父本，推广应用前景广阔。

8. 蜀宣花牛（Shuxuan Cattle）

蜀宣花牛是以宣汉黄牛为母本，选用原产于瑞士的西门塔尔牛和荷兰的荷斯坦牛为父本培育形成的乳肉兼用型品种。主要分布于四川省宣汉县及四川境内的12个市州。

蜀宣花牛体型中等，体躯宽深，背腰平直，结构匀称，体质结实；肌肉发达，生长发育快，具有良好的肉用性能；母牛乳房发育良好，表现出较高的泌乳能力，平均乳脂率较高。蜀宣花牛具有乳肉性能佳，抗逆性强，耐湿热气候，耐粗饲的特点，其适应范围广，能有效适应我国南方高温高湿和低温高湿的自然气候，是我国南方第一个具有自主知识产权的新品种。蜀宣花牛作为种用、肉用、乳用牛，现已推广至育种区外的贵州、云南、西藏、重庆、甘肃、江西、广东等省（区、市）。

9. 云岭牛（Yunling Cattle）

云岭牛是我国利用婆罗门牛、莫累灰牛和云南黄牛3个品种杂交选育而成的专门化肉牛品种。主要分布于云南省昆明、楚雄、大理、德宏、普洱、保山、曲靖等地。

云岭牛体型中等，结构紧凑，肌肉丰厚；早期增重快，脂肪沉积好，可用于生产大理石纹较好的优质牛肉，牛肉多汁、风味好。云岭牛具有适应性广，抗病力强，耐粗饲，性成熟早，繁殖性能好，肉质优等显著特点，是我国肉牛品种中对自然生态环境适应性最强的品种之一。其不仅能够适应热带、亚热带的气候环境，且在高温高湿条件下表现出较好的生长速度和繁殖能力，同时对南方冬春季的冰雪天气也有较强的适应性，是南方高温高湿地区的首选肉牛品种。云岭牛适宜全放牧、放牧加补饲、全舍饲等饲养方式，尤其是在粗放管理条件下仍能保持较高的繁殖力，是杂交肉牛生产的优秀母本，与本地黄牛杂交效果显著。

10. 华西牛（Huaxi Cattle）

华西牛是我国2021年12月批准的，以西门塔尔牛为父本，以蒙古牛、三河牛、西门塔尔牛、夏洛来牛组合的杂种后代为母本培育而成的肉牛新品种。

华西牛具有体型结构均匀、紧凑，生长速度快，屠宰率和净肉率高，繁殖性能好，且耐粗饲、易管理和抗逆性强等特点，符合肉牛产业发展和市场需求，可提升我国肉牛生产性能水平和供种能力。内蒙古乌拉盖管理区为华西牛育种群体的主要供种基地，占全国华西牛总存栏的64%。华西牛适应性广，目前已在内蒙古、吉林、河南、湖北、云南和新疆等省区试推广。

（三）水牛

水牛在动物分类学里属于牛亚科、水牛属。水牛属中的水牛种又分为亚洲水牛和非洲水牛，二者间不能繁殖，非洲水牛至今仍处于野生状态。据FAO统计，全球家水牛养殖超过2亿头，其中96%分布在亚洲。印度、巴基斯坦和中国是三个主要的水牛养殖大国。亚洲水牛大致可分为2个类型：沼泽型水牛和河流型水牛。沼泽型水牛体型较小，主要为役用；河流型水牛体型较大，以乳用为主，也可兼用。我国养殖的水牛多属于亚洲水牛中的沼泽型水牛。

我国现存栏水牛2 700多万头，居世界第三位，主要分布在南方18个省，水牛乳产量约300万t，肉产量67.3万t。水牛乳营养价值高，各项营养指标均高于普通牛奶，风味浓郁，还可用于生产干酪、酸奶制品，被誉为“奶中之王”，有较好的市场前景。水牛肉与普通牛肉相比，能量较低，水分和蛋白质含量高，脂肪含量低，大理石纹明显，具有较好的肉类加工特性。作为适应热带、亚热带气候的家畜，水牛为南方地区的农业经济和社会发展做出了巨大贡献。

我国驯养水牛已有7 000多年历史，水牛种质资源丰富。《国家畜禽遗传资源品种名录（2021年）》公布我国水牛地方品种27个，分别为海子水牛、盱眙山区水牛、温州水牛、东流水牛、江淮水牛、福安水牛、鄱阳湖水牛、峡江水牛、信丰山地水牛、信阳水牛、恩施山地水牛、江汉水牛、滨湖水牛、富钟水牛、西林水牛、兴隆水牛、德昌水牛、涪陵水牛、宜宾水牛、贵州白水牛、贵州水牛、槟榔江水牛、德宏水牛、滇东南水牛、盐津水牛、陕南水牛、上海水牛。我国地方品种水牛按体型大致可分为大、中、小三类，东部沿海地区体型较大，华南热带、亚热带地区体型较小，其他江、淮沿岸平原、丘陵、高原地区体型居中。

我国饲养的沼泽型水牛具有耐粗饲，消化力强；适应性强，分布广；性情温驯，便于管理；抗病力强，役用性能好等特点。但长期以来，我国水牛饲养以役用为主，品种成熟晚，生长速度慢，乳肉生产性能差。新中国成立后，由于水牛的役用性能逐渐减弱，水牛一度处于闲养状态，经济效益不佳。为充分提高水牛养殖的经济效益，我国引进河流型水牛，对地方水牛品种进行杂交改良，提高其奶用和肉用性能。我国于1957年和1974年分别从印度和巴基斯坦引进了世界著名的乳用水牛品种摩拉水牛和尼里–拉菲水牛，2012年又从澳大利亚引进了地中海水牛。这些引进的水牛适应性强，育成率高，疾病少，生长发育快，产奶性能优良，用于改良我国沼泽型水牛，大幅提高了我国水牛的生长速度和泌乳性能，乳质和肉质也得到改善。

（四）牦牛

牦牛是青藏高原及其毗邻地区的特有牛种，对高海拔、高寒草场有着极强的适应能力，是其分布区域农牧业的重要支柱产业。我国牦牛存栏约1 500多万头，占世界牦牛总数的95%，主要分布于西藏、青海、四川、甘肃、新疆、云南等地。鉴于其分布区域的地理生态条件，牦牛在漫长的进化过程中对高山草原生态环境形成一系列适应特性。典型的特征是胸部发育良好，气管粗大，心肺发达。牦牛肉呈深鲜红色，肉质鲜美，具有高蛋白、低脂肪、低热量、氨基酸平衡的特点。牦牛奶乳脂率高，脂肪球大，是加工乳制品的上等原料。牦牛还具有一定的产绒性能，绒纤维细、保暖性能好。牦牛作为兼用型品种，在产肉、产乳、产毛的同时还可役用，是青藏高原不可替代的品种。

我国牦牛种质资源丰富，《国家畜禽遗传资源品种名录（2021 年）》中公布我国牦牛地方品种 18 个，分别为九龙牦牛、麦洼牦牛、木里牦牛、中甸牦牛、娘亚牦牛、帕里牦牛、斯布牦牛、西藏高山牦牛、甘南牦牛、天祝白牦牛、青海高原牦牛、巴州牦牛、金川牦牛、昌台牦牛、类乌齐牦牛、环湖牦牛、雪多牦牛、玉树牦牛。2021 年 12 月，新疆的帕米尔牦牛和西藏的查吾拉牦牛通过鉴定。此外，我国还培育牦牛品种 2 个，分别为大通牦牛和阿什旦牦牛。

为加强对牦牛种质资源的保护和利用，新中国成立以来我国就采取科学的技术措施对牦牛进行遗传改良，主要目标为提高牦牛的生产性能和种群供种能力。牦牛与黄牛杂交生产的杂交一代为犏牛，其具有明显的杂种优势，产奶量可提高 3~4 倍，产肉性能可提高 1 倍，役用性能也有明显提高。为进一步提高种间杂交效果，我国又引入了乳用牛和肉用牛品种与牦牛进行杂交繁育，其种间杂种的乳、肉生产性能比与黄牛杂交生产的犏牛成倍提高。由于高原地区的特殊生态条件，牦牛的杂交改良很难通过直接引种解决。20 世纪 80 年代，通过联合攻关，采用良种公牛的冻精与牦牛进行人工输精杂交取得成功，加快了我国牦牛杂交改良速度。此外，在牦牛品种改良上，还充分利用了野牦牛适应性强、生长发育快、体格大、繁殖能力强等独特的生物学特性，建立了野牦牛公牛站为核心的野牦牛杂交繁育体系，培育出新的牦牛品种。如含有 50%野牦牛血统的培育品种大通牦牛，产肉量比家牦牛提高 20%，繁殖率提高 15%~20%，产毛、产绒量提高 12%。但牦牛养殖区域生存条件严酷，人工授精覆盖面小，育种群规模小，制种供种能力低，改良工作与其他牛种相比难度较大。

（五）奶公牛

在奶牛养殖过程中形成的奶公犊、淘汰母牛和公牛等，均是用来育肥生产优质牛肉的重要来源。在奶业发达国家，牛肉生产的总量中有很大一部分是来源于乳用牛群。用乳牛生产牛肉，饲料利用率和经济效益较高。奶公犊具有生长快、育肥成本低的优势，过去多用来生产小牛肉。但随着市场需求的变化和经济效益的提高，目前小牛肉生产有所下降，大部分奶公犊被用来育肥生产高档优质牛肉。

21 世纪以来，我国奶业稳步推进与发展。2020 年，我国奶牛存栏量为 1 043.3 万头，据估计全国每年奶公犊的出生数量超 200 万头，奶公牛资源丰富。在 20 世纪，由于受市场认知、饲养管理技术缺乏等因素限制，我国对奶公牛用途没有重视，奶公牛肉用率较低。进入 21 世纪以后，在奶业市场波动和效益下滑、肉牛牛源不足等多重因素影响下，我国对奶公牛的资源开发利用日益重视，奶公牛用于育肥的比例逐渐提高。我国奶牛养殖主要品种荷斯坦牛公牛育肥终体重大，屠宰率与肉用品种相当；优质肉块产率高，牛肉多汁性、嫩度、风味与肉用牛无显著差别。奶公牛育肥肉用为肉牛牛源和牛肉供应提供了一个新的途径，也为农民增收开辟了一条新路子，同时还为消费者增添了一个有特色的牛肉品种，具有较好的经济价值和市场前景。

第三章　肉牛生产力的评定

第一节　肉牛体表部位识别

一、牛体各部位的名称

通常将肉牛的躯体分为头颈部、前躯、中躯和后躯 4 个部分。牛的各个部位名称见图 3-1。

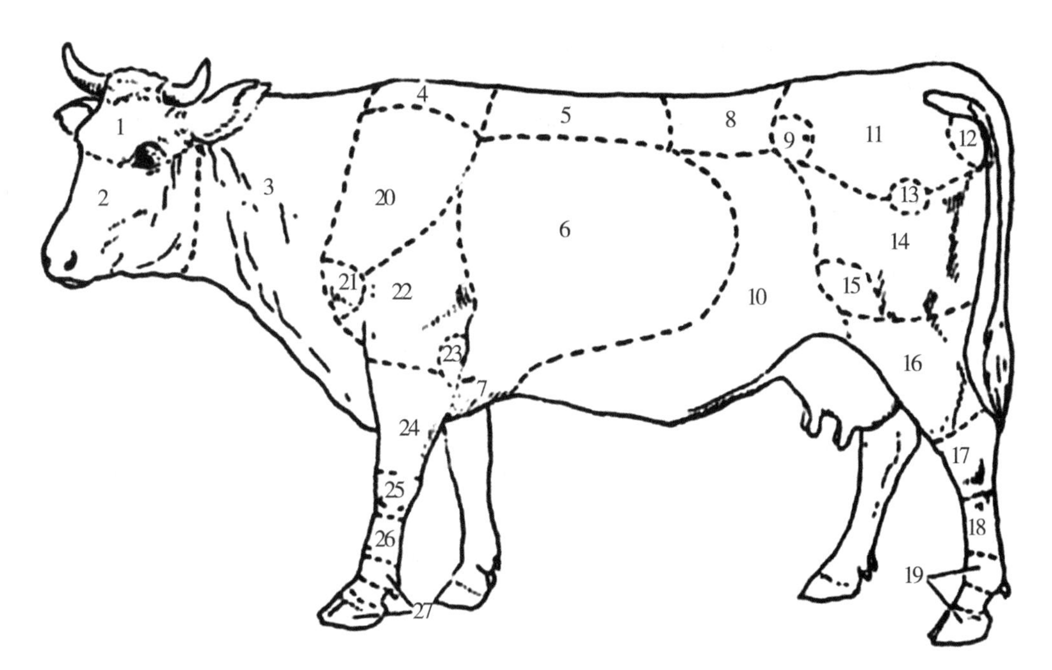

1. 颅部 2. 面部 3. 颈部 4. 鬐甲部 5. 背部 6. 肋部 7. 胸骨部 8. 腰部 9. 髋结节 10. 腹部 11. 荐臀部 12. 坐骨结节 13. 髋关节 14. 股部 15. 膝部 16. 小腿部 17. 跗部 18. 跖部 19. 趾部 20. 肩胛部 21. 肩关节 22. 臂部 23. 肘部 24. 前臂部 25. 腕部 26. 掌部 27. 指部。

图 3-1　牛体各部位名称

（一）头颈部

头颈部位于躯体的最前端，它以鬐甲和肩端的连线与前躯分界，又分为头部和颈部。

头部以整个头骨为基础，以枕骨脊为界与颈部相连。头部可以反映出牛的生产类型、品种特征、性别及年龄等情况。颈以 7 个颈椎为基础形成。具体见图 3-1。

（二）前躯

前躯指颈之后、肩胛软骨后缘垂直切线之前，以前肢诸骨为基础的体表部位，包括鬐甲、前肢和胸等部位。鬐甲是以第二至第六胸椎棘突和肩胛软骨为基础组成的体表部位，它是颈、前肢和躯干的连接点。前肢包括肩、臂和下前肢。胸位于鬐甲下方和两前肢之间，后与腹部相连。胸腔内有心、肺等重要器官。具体见图 3-1。

（三）中躯

中躯指肩胛软骨后缘垂直切线之后至腰角垂线之前，以背椎、腰椎和肋骨为支架的中间躯段。其中，以第七至第十三胸椎为基础形成背，腰以 6 个腰椎为基础，腹部位于背腰下方，腹内有主要的消化器官。具体见图 3-1。

（四）后躯

后躯是腰角以后的躯段，是以荐骨、骨盆及后肢诸骨为基础的体表部位，其中以骨盆、荐骨和第一尾椎为基础构成尻部。具体见图 3-1。

二、牛体各部分的特征

从侧面看，颈短而宽，垂皮发达，前胸突出，胸深、尻深，背线和腹线平行，股后平直，肋骨弯曲，呈圆筒形。从背面看，鬐甲宽平，背腰宽，尻部平而广阔，肋骨弯曲，腹部充实，形成圆筒形。从前面看，鬐甲宽平，胸宽而深，胸底部稍平，两侧肋骨开张，呈圆筒形。从后面看，尻部宽而平，后裆宽，股间肌肉丰满而深，呈圆筒形。肉牛的侧视、背视、前视和后视体躯都呈圆筒形。

（一）头部

牛的头形有轻重、长短、宽窄和粗细之分。所谓轻重，是指头的大小与体躯大小相适应的程度。头的大小是由头的长短和宽窄决定的，头既长且宽则为大，反之为小。头显大则头重，反之则为头轻。头的长短是头的长度与体（斜）长相适应的程度。头长为体长的 34%以上为头长，小于 26%的为头短。头的宽窄是头宽与头长相适应的程度。头的宽度可用角间宽、额小宽、额大宽表示，它们与头长之比的正常范围分别是 29%～34%、37%～40%、47%，低于下限为窄头，高于上限为宽头。角细致光滑，角形反映的是牛的品种特征，与生产性能无关，但角质的细致光滑或粗糙无光，与牛的营养、年龄有关。眼睛大而明亮，鼻孔大，口裂深。

（二）颈

颈有长短、粗细、平直与隆起、有无皱纹等之分。颈长一般为体长的 27%～30%，少于 27%为短颈，大于 30%为长颈。肉牛的颈宽短，与鬐甲、肩结合平滑丰满。

（三）鬐甲

鬐甲有长短、宽窄、高低、尖岔之分。鬐甲与背成一直线为低鬐甲；突出于背线，形成弧状的为高鬐甲。若营养不良，肌肉不发达，弱体质时会形成尖鬐甲；背椎棘突发育不良、胸部两侧韧带松弛引起体躯下垂、胸部过度发育时会形成分岔鬐甲。通常要求鬐甲宽厚多肉，与背腰成一条直线。

（四）前胸

胸有长短、宽窄、深浅之分。肋骨间隙宽、前裆宽、肋骨长分别表示胸的长、宽、深，可进一步说明胸的容积，肋骨长且开张度好时，胸的体积大。通常要求前胸饱满，突出于两前肢之间，垂肉高度发育。肩直立，肋骨长而弯曲，使胸深而宽，肋间肌肉充实。肩颈、肩胸结合平滑丰满，肋骨外观不明显。狭胸、浅胸是生产性能低、体质衰弱、发育不良的表现。

（五）背腰腹

背有长短、宽窄、平直和凹凸之分。背椎体长与椎体间隙大则形成长背，反之为短背；肋骨开张度好为宽背，反之为窄背；椎体间结合不良、背椎肌肉及韧带松弛可引起背部凹凸。凹背、凸背或波浪背均为不良类型。腰的情况与背相似，也有长短、宽窄、平直和凹凸之分。腰椎体长短及间隙大小决定腰的长短，腰椎横突长短决定腰的宽窄，腰椎体结合的紧密程度、肌肉和韧带是否松弛决定腰的平直与否。腹有充实、平直、卷腹、草腹和垂腹之分。充实腹式的腹下线呈浅弧状，并在肷部以下后方开始逐渐紧缩，为理想型腹部；平直腹式的腹下线与地面几乎平行，直至肷部下后方也不显紧缩状态；卷腹式在腹部后方显得过分紧缩，呈下垂状态。腹部容积大小是消化器官发达与否的象征。

通常要求背腰宽广、丰满，脊柱两侧和背腰的肌肉由于非常发达而呈复背、复腰，腰角宽。腹部大小适中，不下垂，不卷腹，腹壁厚，肷窝丰满。

（六）尻部

尻部有高低、长短、平斜、宽窄、方尖和屋脊尻之分。后躯比前躯高的为高尻，反之为低尻；尻长大于体长的1/3为长尻，反之为短尻；尻平是用尻角度反映，指腰角与同侧坐骨端连线和水平线所形成的角度。当腰角高于坐骨结节时，其连线与水平线所形成的角度为正角度；当腰角低于坐骨结节时，所形成的角度为负角度。通常要求肉牛的尻长、宽、平，坐骨端宽，肌肉及皮下脂肪发达，呈复臀。股后肌群、腹内肌群都十分发达，呈“大象臀状”。

（七）四肢

前肢包括肩、臂和下前肢。肩部以肩胛骨为其解剖基础，形态取决于肩胛骨的长短、宽窄、着生状态和附着肌肉的丰满程度。肩有狭长肩、短立肩、广长斜肩、肥肩、瘦肩和松弛肩等。肩部狭长，肌肉欠丰满为狭长肩；肩部短直为短立肩；肩部长而宽广，适当倾斜为广长斜肩；肩胛棘显露、棘两侧凹陷成沟为瘦肩；肩胛丰满圆润，富于脂肪为肥肩；肩胛骨上缘突出、软弱无力、伴随分岔鬐甲为松弛肩。臂以肱骨为解剖基础，有长短和肥瘦之分。下前肢包括前臂、前膝、前管、球节、系和蹄等。前臂应长短适中，肌肉发达，与地面垂直；前膝应无前屈后弓和内外弧等形态；前管应粗细适中，筋腱明显；球节要大而结实有力；系要长短适中，长系软弱无力，易形成卧系，短系多直立无弹性；蹄要大而圆，蹄形正，蹄质紧密结实，光滑有裂缝，内外蹄大小一致。系和蹄与地面的角度均应为40°~50°。畸形蹄有亲子蹄、猪蹄、剪刀蹄、山羊蹄等。

后肢包括大腿、小腿、飞节、后管、球节。大腿以股骨为解剖基础，宜宽而深，肉牛后肢的厚度宜厚，肌肉丰满，充满于两股之间并向后突出。小腿以胫骨为解剖基础，长度适当，胫骨和股骨的角度为100°～130°，飞节的角度以145°为宜，以便后肢行走畅快。飞节角度接近180°为直飞节，小于145°为曲飞节。后管是以跖骨为解剖基础，介于飞节与球节之间。后管应长短适中，宽而薄，顺飞节角度自然延伸至蹄。

（八）尾

尾是用来维持机体运动的平衡并兼有驱赶蚊虫的作用。尾根不宜过粗，附着不能过前，尾粗细适中，尾梢长短符合品种要求。

第二节　肉牛外貌鉴别

肉牛的外貌与生产力有密切的关系，通过外貌可以直观初步判断肉牛的健康状况和生产水平。标准的肉牛外貌应头宽短多肉、体躯低垂、皮薄骨细、全身肌肉丰满、疏松而匀称，属细致疏松体质体型。

一、肉牛的外貌鉴别方法

肉牛的外貌鉴别可以参照我国制定的纯种肉牛外貌鉴定评分标准（表3-1至表3-4）。

表3-1　肉牛外貌鉴定评分

部位	鉴定要求	评分（分）	
		公	母
整体结构	品种特征明显，结构匀称，体质结实，肉用体型明显，肌肉丰满，皮肤柔软、有弹性	25	25
前躯	胸深宽，前胸突出，肩胛平宽，肌肉丰满	15	15
中躯	公牛腹部不下垂	15	20
后躯	尻部长、平、宽，大腿肌肉突出伸延，母牛乳房发育良好	25	25
肢蹄	肢蹄端正，两肢间距宽，蹄形正，蹄质坚实，运步正常	20	15
合计		100	100

注：表3-1适用于海福特牛、夏洛来牛、利木赞牛等纯种肉牛。引自莫放（2010）。

表3-2　肉牛外貌等级评定　（分）

性别	特等	一等	二等	三等
公	85	80	75	70
母	80	75	70	65

注：表3-2适用于海福特牛、夏洛来牛、利木赞牛等纯种肉牛。引自莫放（2010）。

表 3-3　我国良种黄牛外貌鉴定评分

项目	满分标准	评分（分）	
		公	母
品种特征及整体结构	根据品种特征，要求具有该品种特征的被毛、眼圈、鼻镜、蹄趾等的颜色，角的形状、长短和色泽 体型结实、结构匀称、体躯宽深，发育良好，皮肤粗厚，毛细短、光亮、头型良好，公牛有雄相，母牛俊秀	30	30
躯干	前躯：公牛鬐甲高而宽，母牛较低但宽。胸部宽深，肋弯曲扩张，肩长而斜	20	15
四肢	健壮结实，肢势良好，蹄大、圆、坚实、蹄缝紧，动作灵活有力，行走时后蹄能赶过前蹄	20	20
合计		100	100

注：引自莫放（2010）。

表 3-4　黄牛外貌等级评定　（分）

性别	特等	一等	二等	三等
公	85 以上	80	75	70
母	80 以上	75	70	65

注：①凡品种特征不符合上表规定者，不予鉴定，但基本符合品种特征要求，而与标准尚有一定差距者，可根据表现程度在“品种特征及整体结构”中适当扣分。

②在评分时，为了便于掌握，每一大项可先按三级初步定出最低分数，如“品种特征及整体结构”，公牛三级为 21 分（30×70%），然后根据该项外貌表现程度，适当增减分数。其他各项均可按照此法进行评分。凡具有狭胸、靠膝、交突、跛行、凹背、凹腰、尖尻、立系、卧系等缺陷且表现严重者，在母牛只能评为二级以下（包括二级），公牛只能评为三级以下（包括三级）。

引自莫放（2010）。

二、肉牛的体重测定方法

测定肉牛体重的最直接方法是用地磅或电子秤称量肉牛的重量，通常选择在早晨饲喂前或放牧前进行称重，连续两天在同一时间称重，并取平均数，获得肉牛的体重。但在实际操作中，如果没有称量设备或者由于某些原因无法实现称重，则可使用体尺测量的方法来估测肉牛的体重。体尺测量除可用于估测肉牛体重外，还可计算体尺指数，为生产提供参数。

（一）体尺测量与计算分析

1. 体尺测量方法

进行体尺测量时，应使牛站立于平坦的地面上，姿势端正，四腿成两行。从前往后看，前后腿端正；从侧面看，左右腿互相掩盖。背腰不弓不凹，头自然前伸，不左顾右盼，不昂头或下垂，待体躯各部呈自然状态后，迅速、准确地进行测量。测量工具主要有测杖、卷尺、圆角器、测角计等，见图 3-2。

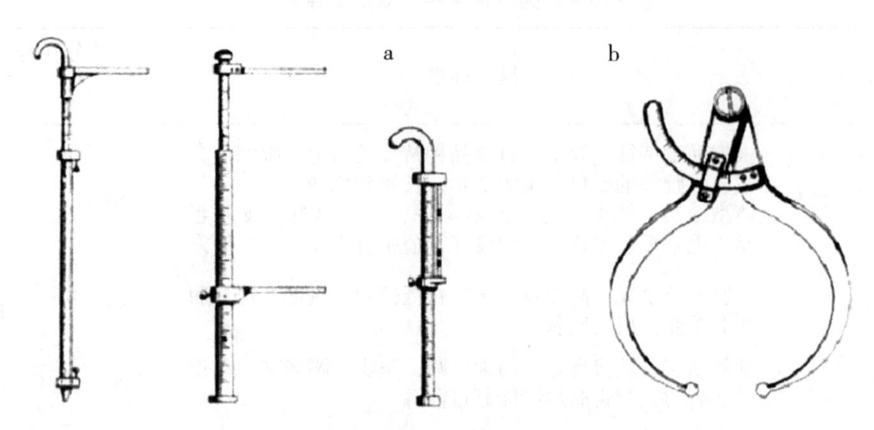

图 3-2　体尺测量工具（a 图为测杖，b 图为圆测器）

测定部位的多少因目的不同而定。最常用的指标包括体高、体长、胸围和管围。具体指标见表 3-5。

表 3-5　体尺测量指标及测量方法

项目	测量方法	工具
鬐甲高	又称体高。从鬐甲最高点垂直到地面的高度	测杖
胸围	在肩胛骨后缘处做一垂线，用卷尺围绕 1 周测量，其松紧度以能插入食指和中指上下滑动为准	卷尺
体长	又称体斜长，从肩端到坐骨端的距离	测杖或卷尺
管围	前肢胫部上 1/3 处的周径，一般在前管的最细处量取	卷尺
头长	额顶（角间线）至鼻镜上缘的距离	卷尺或圆测器
体直长	从肩端至坐骨端后缘垂直线的水平距离	测杖
背高	最后胸椎棘突后缘垂直到地面的高度	测杖
腰高	亦称十字部高。两腰角的中央（即十字部）垂直到地面的高度	测杖
尻高	荐骨最高点垂直到地面的高度	测杖
胸深	在肩胛骨后方，从鬐甲到胸椎的垂直距离	测杖
胸宽	即肩胛骨后缘胸部最宽处的宽度	测杖或圆测器
颈长	枕骨脊中点到肩胛骨前缘下 1/3 处的距离	卷尺
额小宽	颞颥（头颅两侧靠近耳朵的部分）部上面额的最小宽度	圆测器
额大宽	两眼眶的最远点距离	圆测器
臀端高	坐骨结节至地面的高度	测杖
后腿高	在胫骨粗隆上端（后膝）量取的高度	卷尺
前腿高	在肘突后缘上端量取的高度	卷尺

（续表）

项目	测量方法	工具
背长	从肩端垂直切线至最后胸椎棘突后缘的水平距离	测杖或圆测器
腰长	从最后胸椎棘突的后缘至腰角前缘切线的水平距离	测杖或圆测器
尻长	从腰角前缘至尻端后缘的直线距离	测杖或圆测器
后躯宽	又称腰角宽，左右两腰角（髋结节）最大宽度	测杖或圆测器
髋宽	左右髋部（髋关节）的最大宽度	圆测器
坐骨端宽	左右坐骨结节最外隆突间的宽度	圆测器
腿臀围	右侧后膝前缘绕胫骨间至左侧后膝前缘的半圆周径	卷尺

2. 体尺指数

体尺指数，反映各部位是否发育完全，是否匀称和符合某一生产类型、品种的特征。具体指数见表 3-6。

表 3-6　体尺指数及计算公式

体尺指数（%）	计算公式	含义
体长指数	$\frac{体斜长}{体高} \times 100$	长和高的相对发育程度。肉牛的体长指数一般高于奶牛。胚胎期发育不全，该指数高于品种的平均值，若出生后发育受阻，该指数低于平均值。该指数还随年龄增大而增大
尻宽指数	$\frac{坐骨端宽}{腰角宽} \times 100$	表示尻部的发育匀称情况
管围指数	$\frac{管围}{体高} \times 100$	表示骨骼的相对发育程度。役牛最大，奶牛次之，肉牛最小
额宽指数	$\frac{额大宽}{头长} \times 100$	表示头部宽与长的相对发育程度。一般肉牛最大，役牛次之，奶牛最小。早熟品种较晚熟品种大
头长指数	$\frac{头长}{体高} \times 100$	表示牛头的相对发育程度
体躯指数	$\frac{胸围}{体斜长} \times 100$	表示躯干容量的发育程度，即牛的躯干是“粗短”还是“修长”。一般肉牛的体躯指数大于奶牛
肢长指数	$\frac{体高-胸深}{体高} \times 100$	表示四肢的相对长度。四肢特别长是在生长发育期发育不良的指标之一，四肢特别短是牛在胚胎期发育不良的特征之一
髋胸指数	$\frac{胸宽}{腰角宽} \times 100$	表示胸部与髋部的相对发育程度。一般役牛和肉牛的较大
胸宽指数	$\frac{胸宽}{胸深} \times 100$	表示胸部宽与深的相对发育情况。一般役牛和肉牛比奶牛的大
胸围指数	$\frac{胸围}{体高} \times 100$	多用于役用牛，表示役用能力的大小

（续表）

体尺指数（%）	计算公式	含义
腿围指数	$\frac{后腿围}{体高} \times 100$	也称产肉指数，表示后肢肌肉的发育程度。它的变化与肉牛年龄关系很小，与净肉率关系较大。一般肉牛的腿围指数最大，役牛次之，奶牛最小
尻高指数	$\frac{尻高}{体高} \times 100$	表示前后躯在高度上的相对发育。一般尻高为幼龄牛的特征，随着年龄的增长而下降。如果成年牛该指数数值较高则说明该牛的犊牛培育阶段发育不良

体尺指数随牛的品种和类型而不同（表 3-7）。机体的各部位在不同的生长发育阶段其发育是不平衡的，因此其体尺指数也随年龄的不同而发生变化。某一类型、品种、品系的牛某阶段的体尺指数具有一定的范围，超过此范围则为异常。不同类型牛的体尺指数有明显的差别。

表 3-7　不同类型牛的体尺指数

名称	肉用型（短角牛）	肉乳兼用型（西门塔尔牛）	役用型（秦川牛）	乳用型（荷斯坦牛）
肢长指数	42.2	48.2	48.7	45.7
体长指数	122.5	118.4	112.7	120.8
髋胸指数	83.5	85.5	86.6	80.2
胸宽指数	73.6	68.8	56.4	61.8
体躯指数	132.5	121.3	121.7	118.2
尻高指数	102.5	103.2	99.6	100.9
尻宽指数	69.0	69.2	57.6	67.8
管围指数	13.9	15.1	13.5	14.6
额宽指数	—	46.1	44.7	44.6

注：引自莫放（2010）。

3. 活重估测

在无称量设备的情况下，可通过测量牛的体尺用计算公式来估计牛的体重。牛体可被视为一个近似的圆柱体，利用计算圆柱体积的公式（R^2H）可以近似计算肉牛的体积。体积乘以牛体的比重，即为牛的体重。具体公式如下。

（1）6 月龄肉牛　体重（kg）$= \frac{胸围（cm）^2 \times 体斜长（cm）}{12\ 500}$

（2）18 月龄肉牛　体重（kg）$= \frac{胸围（cm）^2 \times 体斜长（cm）}{12\ 000}$

（3）育肥肉牛　体重（kg）$= \frac{胸围（cm）^2 \times 体斜长（cm）}{10\ 800}$

（4）未育肥肉牛　$体重（kg）=\frac{胸围（cm）^2\times 体斜长（cm）}{11\ 420}$

不同类型牛的体型有很大不同，因而计算牛体重的公式不同，必须根据牛的品种类型选择合适的估算公式，结果才准确。

三、肉牛的年龄鉴别方法

产犊记录是确定牛年龄的最准确方法。在缺乏该记录的情况下，可根据外貌鉴定、角轮鉴定和门齿鉴定的方法来鉴别其年龄。

（一）外貌鉴定

幼龄牛头短而宽，眼睛活泼有神，眼皮较薄，被毛光润，体躯浅窄，四肢较高，后躯高于前躯。嘴细，脸部干净。

壮年牛皮肤柔软，富于弹性，被毛细软而光泽，精力充沛，举动活泼。

年老的牛清瘦，被毛粗硬，干燥无光泽，绒毛较少，皮肤粗硬无弹性，眼盂下陷，目光无神，举动迟缓，嘴粗糙，面部多皱纹，黑色牛眼角周围开始出现白毛，进而颈部、躯干部也出现，褐色、棕色、黄色牛躯体内侧、四肢及头部被毛变浅，体躯宽深。

此方法只能判断出牛的老幼，无法确定其确切的年龄，只能作为鉴定年龄的参考。

（二）角轮鉴定法

犊牛出生后 2 个月长出角，长度约 1 cm，直至 20 月龄，每个月大约长 1 cm。因此，沿着角的外缘测量，从角根到角尖的厘米数加 1，就是该牛的大致月龄。在 20 月龄以后，角的生长速度减慢，大约每月长 0.25 cm，这时再根据角的长度判断牛的年龄就不准确了。此外，母牛在妊娠期，特别是妊娠后期，胎儿发育速度快，造成母牛营养不足而影响角组织的生长，在牛角的表面形成一轮凹陷，称作角轮。母牛每产 1 犊出现 1 个角轮。因此，可以根据角轮的数目判别母牛年龄，其计算方法是：母牛年龄=该牛第一次产犊年龄-1+角轮数。通常母牛多在 2.5 岁或 3 岁首次产犊，但由于空怀、流产、饲料不足及疾病等因素的影响，这种方法并不是十分准确。牧区的牛由于冬春枯草季节营养供应不足也会出现 1 年 1 层的角轮。角的生长速度也受品种、营养和个体遗传因素的影响，因此这个方法不完全可靠。

（三）牙齿鉴定法

牙齿的变化可以作为肉牛年龄的直接指标，根据牙齿鉴别牛的年龄较为准确，还可以反映老龄肉牛的有效放牧能力。但由于肉牛的牙齿磨损规律略有不同，且尽管鉴别者具备丰富的经验也会存在鉴别能力的差异，因此，牙齿鉴定法也仅作为年龄鉴别的参考。

表 3-8 描述了我国黄牛不同年龄的牙齿生长、更换和磨损情况。鉴定年龄通常依据下腭的牙齿，即前面 4 颗切齿的生长情况。牛的上腭没有切齿，通常也不用臼齿作为年龄鉴别的参考。图 3-3 展示了不同年龄肉牛切齿的生长和磨损情况。此外，如果放牧草场的牧草低矮且草场沙化，也会加快牙齿的磨损。为了便于记忆，用牙齿法判断年龄的常用口诀是：2 岁一对牙，3 岁两对牙，5 岁新齐口，6 岁老齐口，七八岁看齿线，9 岁一对星，10 岁两对星，11 岁三对星，12 岁四对星。

表 3-8　黄牛牙齿的变化与年龄之间的关系

年龄	牙齿变化	年龄	牙齿变化
出生	1~3 对乳门齿	3~4 岁	永久内中间齿长出
0.5~1 月龄	乳隅齿长出	4~5 岁	永久外中间齿长出
1~3 月龄	乳切齿磨损不明显	5~6 岁	永久隅齿长出
3~4 月龄	乳钳齿与内中间齿前缘磨损	7 岁	门齿齿面齐平，中间齿出现齿线
5~6 月龄	乳外中间齿前缘磨损	8 岁	全部门齿都出现齿线
6~9 月龄	乳隅齿前缘磨损	9 岁	钳齿中部呈珠形圆点（齿星）
10~12 月龄	乳切齿磨面扩大	10 岁	内中间齿中部呈珠形圆点（齿星）
13~18 月龄	乳钳齿与内中间齿齿冠磨平	11 岁	外中间齿中部呈珠形圆点（齿星）
18~24 月龄	乳外中间齿齿冠磨平	12~13 岁	全部门齿中部呈珠形圆点（齿星）
2.5~3 岁	永久钳齿长出		

注：引自莫放（2010）。

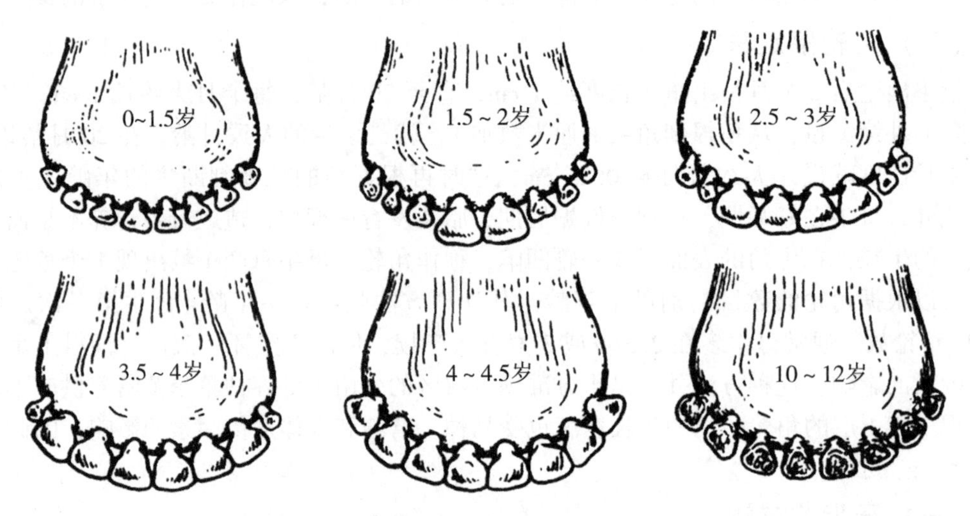

图 3-3　不同年龄肉牛的切齿生长和磨损情况

注：引自 Thomas（2016）。

第三节　肉牛育肥度的鉴别

肉牛育肥度外貌鉴别是关于肉牛外貌评定的特殊判定方法，这种外貌评分被认为对具有中、高遗传力的指标实用性强。此评分法比屠宰法经济，并可以用于早期选种和快速育肥，肉牛育肥度评定可不屠宰活畜，能补充肉用性能的评定。肉牛育肥度外貌评分有体型、肌肉发育度、肥度、早熟程度等。

一、体型

体型与早熟程度有关。如安格斯牛在同一年龄与大体型牛相比，显得成熟，如腿短、臂短、体型比较粗短。而大型牛则腿长、臂长，要在年龄较大时才显示出粗壮的外形。前者的体躯很丰满而肌肉发育不具优势，屠宰率不一定低但瘦肉率不太高。大骨架的牛晚熟，幼龄时肌肉不发达，幼龄时屠宰率较低。牛的体型可以培育得很大，但太大的体型常伴随着粗糙的体质、低劣的牛肉品质、松弛的外形和晚熟。大多数情况下中等体型的牛无论是适应性、活力，还是繁殖性能、泌乳能力、长寿性和市场需求，可能都是最为有利的。

体型大小的含义即牛体腰部的高度和肩峰至尾根的长度。青年繁殖牛与阉牛应长高而不过肥，这也是其能继续生长的标志。公牛不应过早表现出性征，因为动物性征越强，说明雄性激素分泌越多。雄激素除有繁殖方面的作用外，还有抑制长骨生长的作用。因此，性早熟的公牛不一定往后能快速生长并达到大的成熟体型。

1. 体型极大的公牛

由于公牛持续快速生长，性成熟晚，可能形成大的成年体型，体高而长。

2. 超出平均体型的公牛

目前先进的纯种和商品牛生产者选用此类型。

3. 小于理想体型的公牛

体太短且高度不足。

4. 体型小的公牛

雄性特征最明显，具有最明显的颈峰。但因雄性激素的分泌抑制长骨的生长，致使成年体格小，体矮而短。

二、肌肉发育度

肉牛单条肌肉或一群肌肉的重量与胴体总肌肉重的相关系数为 0.93～0.99。肉牛臂、前臂、后膝和后腿上部肌肉发达则全身肌肉发达。肌肉发育度要通过观察牛体肌肉分布最多而其他组织最少的部位来评定，如前臂、后膝和后腿上部肌肉。在进行肌肉发育度评定时应注意区别牛体的肌肉与脂肪。当动物行走时，可观察到肩部和后膝部肌肉的运动和突出状态，而脂肪仅悬于牛体内和摆动部位。另外，与胸围和腰部相比，肩和后躯较狭窄。肌肉发达程度随年龄的增长而加强，达到一定年龄后肌肉的发育就超过骨的生长。如果青年阶段牛的体型较大，肌肉发育度有一定的表现，说明它较晚熟。体躯长对肉用性能发挥较为有利，这种犊牛通常生长期较长，在进行育肥时，比体格小而肌肉已经很发达的牛有更大的长势。选牛时要特别注意，由于肌肉发育度是雄性特征性状，因此对公牛和阉牛较母牛更为重要。但应避免选择肩部肌肉发达的种牛，因为此类表现通常与难产有关。

（1）肌肉极发达的公牛　前臂、后膝和后腿上部肌肉突出，丰满的背腰和大腿，大腿肌肉间的沟痕均为估计肌肉总产量的重要参考部位。由于背最长肌突出于脊椎骨两侧，故沿背线可见明显的沟痕。当牛行走时还能见到肌肉的运动。

（2）超过平均肌肉发育度的公牛　是目前先进的纯种和商品种牛生产者选用的类型。

（3）低于平均肌肉发育度的公牛　好于肌肉发育度很弱的公牛。

（4）肌肉发育度很弱的公牛　狭、直、平的前臂、肩部、后腿上部、后膝不出现突出，扁平的腰，下陷的大腿。

三、肥度

肥度在体型评定上通常是指皮下脂肪着生程度，膘的增长常由后肋阴囊等处沉积脂肪的程度来表现。一般晚熟品种的牛在幼年时沉积脂肪较少，有过多脂肪的种牛通常繁殖率较低，屠宰价值也降低。对肥度的评定可以使用育肥度评分。肉牛的育肥度评分用于评估肉牛的肌肉含量，有助于预测其经济价值。主要从牛体侧面和后面进行观察评估。通过观察对比肌肉的厚度可以划分为从 A（肌肉非常发达）到 E（肌肉非常不发达）5 个评分标准（图 3-4）。

A. 肌肉非常发达：后膝关节很厚，肌肉间的缝隙或凹陷明显，“苹果肌”——从侧面看后腿及臀部凸出部位像“苹果”，蝴蝶背线——两侧背最长肌通常高于脊椎。

B. 肌肉发达：后膝关节较厚，从后面看，大腿呈圆弧状，从侧面看后腿及臀部有凸起，背部平坦且宽阔——肌肉与脊椎的高度相同。

C. 肌肉中度发达：从后面看，大腿肌肉平面向下，没有弧度；背部基本平坦，但背中线脊椎略有突出。

D. 肌肉不发达：站姿腿间距离较小；大腿平直向下；后膝关节较瘦；背中线脊椎突出明显。

E. 肌肉非常不发达：很瘦，背中线脊椎突出非常明显；后膝关节基本没有厚度；站立时后腿并拢，大腿肌肉凹陷。

在区分两个评分标准之间的微小差异时，五分制评价系统可以进一步扩展到十五分，给每个字母加上正负号（A+到 E-）。

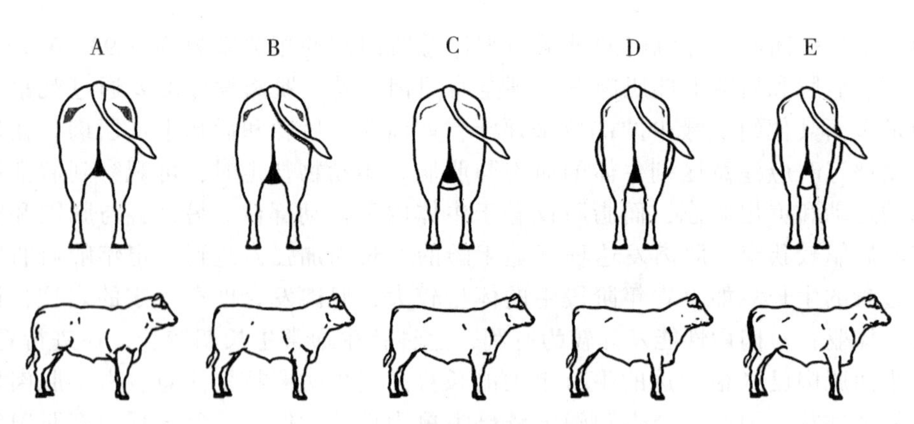

图 3-4　育肥度评分示意

体况评分（BCS）是一个通过客观标准对动物进行主观测量的过程。BCS 系统通过在 0～30 m 距离连续和动态的视觉评估过程，对肉牛某些组织部位和整体状况做出评分。美国国家科学院－工程院－医学科学院（The National Academies of Science Engineering

Medicine，NASEM，2016）采用9分制BCS系统来描述肉牛机体能量储备，对母牛体况评分的描述和决策树见表3-9和表3-10。

表3-9 母牛体况评分（BCS）的描述

BCS	描述
1	极瘦：处于1分值段的母牛体况严重消瘦虚弱。肩骨、肋骨、脊柱棘突、脊椎横突、腰角和臀角的骨骼结构触感尖锐并且易见。绝对看不到脂肪沉积或正常肌肉。属于这个评分下体况的肉牛相当少见，通常见于患疾病和/或寄生虫病。这种体况的母牛胴体通常在美国农业部（USDA）市场分类中属于“轻（lights）”型。空体脂肪含量大约为3.8%
2	很瘦：处于该分值段的母牛体况与1分的一样消瘦，但不虚弱。肩部、腰部、臀部及整个后腿肌肉明显萎缩，脊柱和脊椎突起，腰角和臀角触感尖锐并且易见，肋骨清晰可见。这种体况的母牛通常根据胴体大小在美国农业部（USDA）市场分类中属于“瘦（leans）”型或“轻”型。空体脂肪含量大约为7.5%
3	瘦：处于该分值段的母牛看起来瘦，胸部没有脂肪沉积。肩部、腰部、臀部及整个后腿肌肉萎缩，但是在肩、腰和臀部有脂肪开始沉积的现象。前部肋骨有少量的脂肪沉积，但是最后3根或更多的肋骨（第11、12和13根）可见。脊椎骨易见并且通过触摸能够逐个分辨清楚。在突起之间的空隙有少量的脂肪沉积。腰部和臀部的骨骼结构明显。这种体况的母牛通常根据胴体大小在美国农业部（USDA）市场分类中属于“瘦”型或“轻”型。空体脂肪含量大约为11.3%
4	微瘦：处于该分值的母牛体况看起来瘦，最后两根肋骨（第12和13根）易见，尤其是成年母牛肋骨外扩，肋骨宽而平。肩部、腰部及整个后腿肌肉萎缩，但是接近正常。当动物运动时，肩部的肌肉活动明显。看不出背部脊柱的棘突和肋骨边缘，以及腰角和最后一根肋骨之间的脊椎横突，但是轻压即可感受到，触感圆润而非尖锐。腰部和臀部很明显有少量脂肪覆盖。这种体况的母牛通常根据胴体大小在美国农业部（USDA）市场分类中属于“瘦”型或“轻”型。空体脂肪含量大约为15.1%
5	中等：母牛胸部有少量的脂肪沉积。肩部、腰部、臀部及整个后腿肌肉正常。肩部覆盖有薄薄的一层脂肪，当动物运动时，肌肉和肩胛骨的活动不明显。最后两根肋骨（第12和13根）只有当牛饥饿时才能看到，沿着背部脊柱的棘突和肋骨边缘，以及在腰角和最后一根肋骨之间的脊椎横突光滑并且看不到，但是用一定的压力能触摸到。腰部和臀部覆盖有一层脂肪，但是仍然可以辨认出来。尾根两侧相当光滑，但无隆起。这种体况的母牛胴体通常在美国农业部（USDA）市场分类中属于“骨感”型（boners）。空体脂肪含量大约为18.8%
6	微胖：母牛胸部脂肪沉积明显。全身光滑没有肌肉萎缩的现象。肩部的肌肉上有脂肪层覆盖，运动时肩部呈流体运动。位于肩后面的前部肋骨呈明显的海绵状。青年母牛的肋骨被脂肪层充分覆盖，不易观察到。月龄稍大的母牛平而宽的肋骨可以被观察到。沿着背部脊柱的棘突，在腰角和最后一根肋骨之间的脊椎横突镶嵌在肌肉和脂肪组织中，只有用一定的压力才能触摸到。腰部镶嵌在脂肪中，看起来很圆润。臀部镶嵌在脂肪中，尾根两侧呈明显的松软状。这种体况的母牛胴体通常在美国农业部（USDA）市场分类中属于“骨感”型。空体脂肪含量大约为22.6%
7	丰满：母牛胸部充实但不膨胀。肩部的肌肉上覆盖着一层脂肪，运动时肩部看起来呈流体运动。肋骨平滑，从第一根到最后一根肋骨上有脂肪层均匀覆盖。沿着背部脊柱的棘突，在腰角和最后一根肋骨之间的脊椎横突镶嵌在脂肪组织中，并且背部开始呈现出方形外观。臀部包裹在一层松软的脂肪中，尾根两侧有块状脂肪形成。这种体况的母牛胴体通常在美国农业部（USDA）市场分类属于“圆桶（breakers）”型或“骨感”型。空体脂肪含量大约为26.4%，这与USDA胴体分级中分在“优级（Choice）”中的阉牛或青年母牛的胴体脂肪含量相当

（续表）

BCS	描述
8	肥胖：母牛颈部短粗，胸部因充满脂肪而膨胀。肩部、背部、腰角或臀角看不到骨骼结构。肩部有厚厚的脂肪层覆盖，肩部肌肉的运动不明显。动物的背部呈现出方形和块状外观、背部两侧平滑。肩部、背部和肋骨都覆盖有脂肪，视觉和触觉都比较松软。尾根两侧的臀角包裹在块状的脂肪中。乳房内有明显的脂肪沉积。由于过于肥胖，动物的运动相对减少。这种体况的母牛胴体通常在美国农业部（USDA）市场分类中属于“圆桶”型。空体脂肪含量大约为30.2%
9	过胖：母牛非常胖，生产中很少见。动物的背部呈现出明显的方形和块状外观，背部两侧平滑，全身松软。看不出动物的骨架结构，颈部短粗，胸部充实而膨胀。尾根的两侧和上面的臀角镶嵌在块状的脂肪组织中。乳房内有极其明显的脂肪沉积。由于过度肥胖，动物的运动严重减少。这种体况的母牛胴体通常在美国农业部（USDA）市场分类中属于“圆桶”型。空体脂肪含量大约为33.9%

注：引自孟庆翔等（2018）。

表3-10　母牛体况评分（BCS）决策树

参考要点	体况评分								
	1	2	3	4	5	6	7	8	9
机体虚弱	是	否	否	否	否	否	否	否	否
肌肉萎缩①	是	是	一些	轻微	否	否	否	否	否
胸部沉积脂肪	否	否	否	否	轻微	一些	充满	膨胀	极度
肩部沉积脂肪	否	否	否	否	轻微	一些	是	是	是
明显可见肋骨，数量	全部	全部	3~5	1~2	或许1~2	看不见	看不见	看不见	看不见
明显可见脊柱棘突（沿着背线）	是	是	是	轻微	否	否	否	否	否
明显可见脊椎横突（在腰角和最后一根肋骨之间）	是	是	是	轻微	否	否	否	否	否
明显可见腰角/臀角	是	是	是	是	是	一些	轻微	否	否
尾根块状脂肪	否	否	否	否	否	轻微	一些	是	极度
乳房沉积脂肪	否	否	否	否	否	否	轻微	是	是
运动能力	差	临界	好	好	好	好	好	临界	差

注：①腰部、臀部和后腿呈现凹面，表明肌肉组织损失。
引自孟庆翔等（2018）。

四、早熟程度

牛的肉用体型首先受躯干和骨骼大小的影响。如颈脊宽厚是肉牛的特征，与乳用牛的颈部清秀瘦薄形成对比。鬐甲部浑厚、腰背平整且向后延伸到后躯仍保持宽厚，是肉用体型的表现。

肉牛骨架评分法见表3-11。

表 3-11　公牛骨架评分

月龄	公牛骨架评分（十字部高，cm）										
	1	2	3	4	5	6	7	8	9	10	11
5	85	90	95	100	105	110	116	121	126	131	137
6	88	93	88	104	108	114	119	124	130	135	140
7	92	97	102	107	112	117	122	128	133	138	143
8	95	100	105	110	114	120	125	131	136	141	146
9	98	102	107	113	117	123	128	133	138	144	149
10	100	105	110	115	119	125	130	135	140	146	151
11	102	107	112	117	122	128	133	138	143	148	153
12	104	109	114	119	124	130	135	140	145	150	155
13	106	111	116	121	126	131	137	142	147	152	157
14	108	113	118	123	127	133	138	143	148	154	159
15	109	114	119	124	129	135	140	145	149	155	160
16	110	116	121	126	130	136	141	146	151	156	161
17	112	117	122	127	131	137	142	147	152	157	162
18	113	118	123	128	132	138	143	148	153	158	163
19	114	119	124	129	133	139	144	149	154	160	165
20	115	120	125	130	134	140	145	150	155	160	165
21	116	121	126	131	135	140	146	151	156	161	166
成年期											
24	118	123	128	133	137	142	147	152	157	163	168
30	120	125	130	135	139	145	150	155	160	165	170
36	122	127	132	137	141	146	151	156	161	166	171
48	123	128	133	137	142	147	152	157	162	167	172

在我国，小型早熟品种以本地南方小黄牛为代表，骨架评分 FS1～FS4，中型中熟以本地中型品种（如鲁西黄牛、延边黄牛、秦川黄牛和国外品种如安格斯、海福特）为代表，骨架评分 FS5～FS8，大型晚熟品种以国外品种（如西门塔尔、夏洛来、利木赞等）为代表，骨架评分 FS9～FS11。对早熟、中熟和晚熟品种的成年体重分类，见表 3-12。以生长育肥牛和母牛来分类，生长育肥牛中包括肉用阉牛、肉用公牛、荷斯坦阉牛和荷斯坦公牛。母牛中包括育成青年母牛、怀孕后备青年母牛和成年母牛。

表 3-12　不同体型和成熟度类型肉牛的成熟体重

分类	成年体重（kg）		
	小型早熟	中型中熟	大型晚熟
生长育肥牛			
肉用阉牛	360	650	900

（续表）

分类	成年体重（kg）		
	小型早熟	中型中熟	大型晚熟
肉用公牛	400	750	1 000
荷斯坦阉牛			900
荷斯坦公牛			1 000
育成青年母牛	275	500	680
怀孕后备青年母牛	275	500	680
成年母牛	275	500	680

第四节　肉牛生产力评定

一、肉牛生长发育规律

生长是指动物成年前的重量和体尺的增长。细胞数量增加、细胞体积增大、机体组成物质沉积等都是生长的表现。发育是指动物达到成熟前所有生理过程的综合反应，包括生长、细胞分化、体格和体型的变化等。与其他动物相同，肉牛的生长发育最早的是中枢神经系统，之后是骨骼（和腱）、肌肉组织、脂肪组织（肌间脂肪和皮下脂肪）。肉牛的生长发育受到营养、遗传、健康状况和环境因素的影响，同时肉牛的生长发育影响胴体品质和经济效益。

（一）出生前

出生前的生长发育分 3 个阶段：受精卵、胚胎和胎儿。出生前胎儿的头部发育最早，在胚胎发育早期占比最大。随后，躯干和四肢开始发育。妊娠期的最后 3 个月是胎儿体重增长速度最快的时期（图 3-5）。这个时期肌肉的生长发育以肌纤维体积增大为主。

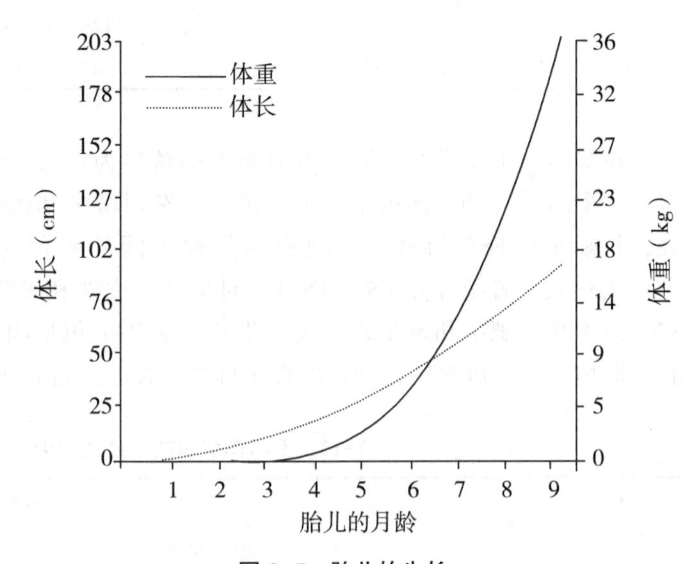

图 3-5　胎儿的生长

注：引自 Thomas（2016）。

（二）出生后

出生后肌纤维的数量不再显著增加，而肌纤维体积的增大是肌肉增长的主要方式。初生犊牛头较大，腿较长，躯干比例较小。但是在达到成熟之后，头部和四肢的比例较小，躯干比例较大。犊牛初生重、四肢长度和体高分别为成年牛的6%～8%、60%和50%。

补偿生长，指的是生长期动物在营养水平较低时生长缓慢，当恢复营养水平并饲喂更高营养水平日粮时，其生长速度比通常水平更快的现象。在冬季或旱季优质饲草饲料资源缺乏地区，以及饲料资源价格较高的时期，可以利用这种补偿生长规律，最大限度地利用饲料资源，以降低生产成本。具体规律见图3-6。由图3-6可见，以高营养水平持续饲喂（实线），动物的生长为常规的"S"形缓慢上升曲线直至成熟体重；若将高营养水平转为低营养水平饲喂（虚线），动物生长速度减慢，但恢复为高营养水平后，生长速度加快，并达到成熟体重的年龄与持续高营养水平饲喂的相近。但是，需要注意的是，如果在胎儿时期或动物较早生长阶段进行过度的限制饲养，补偿生长无法实现，导致动物生长受阻，出现矮小牛或僵牛。因此，补偿生长的前提是依赖于动物在恢复高营养水平时能有较高的采食量，保证体重的迅速增加。

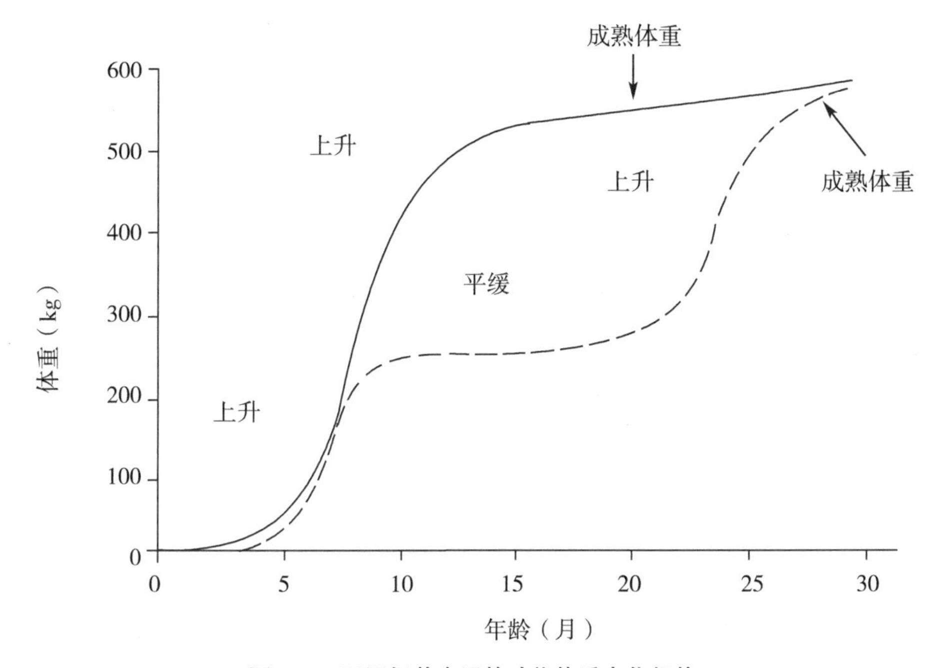

图3-6　不同饲养水平的动物体重变化规律

注：实线代表以高营养水平持续饲喂，虚线代表从高营养水平转为低营养水平后再恢复到高营养水平饲喂。引自Clive（2010）。

在肉牛生长育肥过程中，随着体重的增加，骨骼、肌肉和脂肪占体重的比例具有特定的变化规律（图3-7）。脂肪的增加在肉牛生长发育初期非常缓慢，但随着肉牛进入育肥阶段，脂肪呈指数增长趋势。与脂肪和肌肉的生长速度相比，骨骼的发育较缓慢，骨骼和肌肉的生长速度比为1：2。

饲喂高能量水平日粮的肉牛体脂肪沉积量高于低能量水平日粮，即肉牛脂肪沉积受到能量水平的影响。此外，其他营养水平、遗传和环境也会影响脂肪的沉积。脂肪的沉积部位与其经济价值有关。通常，可形成大理石纹的肌内脂肪和皮下脂肪、腹腔脂肪、肌肉束

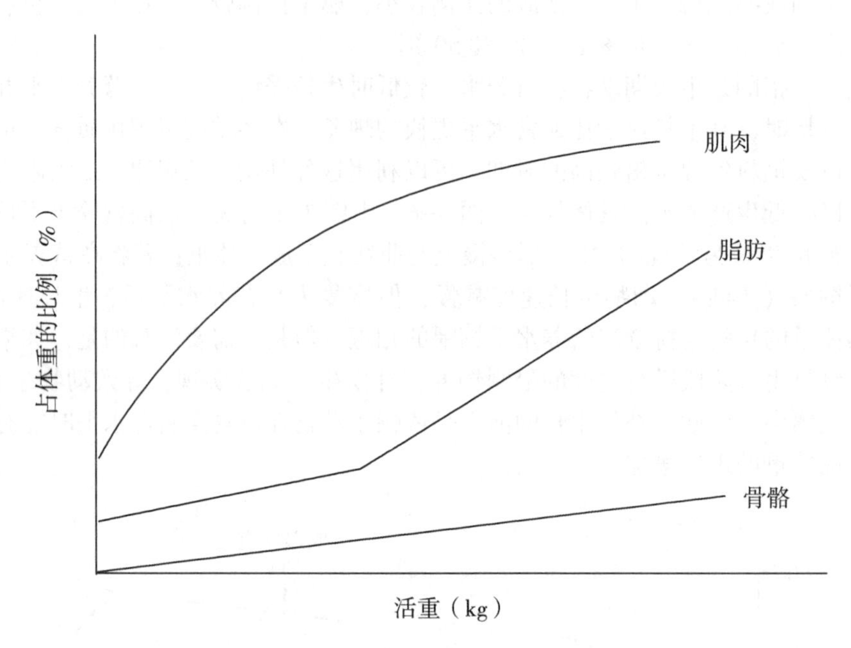

图 3-7　骨骼、肌肉和脂肪随体重的变化规律

注：引自 Thomas（2016）。

间脂肪是生产者希望的沉积部位，因为这些脂肪的沉积可以使分割肉达到品质等级标准，提高肉块的经济价值。为了达到提高肉产量和质量的目标，可以充分利用品种内和品种间的差异。早期及时育肥，肉牛的皮下脂肪转化为肌间脂肪的比例较高，否则皮下脂肪很难转化。肾脏、骨盆和心脏脂肪（统称为 KPH）的沉积速度与体脂沉积速度相同，但也存在不同品种、性别和营养水平的差异影响。在肉牛育肥阶段，KPH 的沉积速度快于皮下脂肪的沉积速度；乳用牛比专业化肉牛品种的内脏脂肪沉积速度快，皮下脂肪沉积速度慢。如果日粮能量充足，肉牛从尾根开始沿着腰、肋至侧腹部和胸部，沉积大量脂肪。由于前肢和后膝关节的脂肪沉积量最少，基本不受脂肪组织沉积量的影响，因此也成为评估肌肉生长的重要部位。

胴体肌肉组织的比例与脂肪组织不成正比，但当脂肪组织比例高时，肌肉组织比例低。肌肉组织的生长速度高于骨骼，且肌肉组织占活重的比例高于脂肪组织和骨骼（图 3-7）。从不同部位肌肉的生长速度来看，新生犊牛后腿肌肉生长速度相对较快，随着年龄的增长，从臀部到颈部的肌肉生长速度逐渐提高，且肩胛带和颈部肌肉在所有肌肉中生长速度最快。随着肉牛体重的迅速增长，前肢肌肉的生长发育速度逐渐超过后肢，腹部和胸部肌肉的生长速度相对较高。

在生长发育过程中，不同活重与饲料转化率之间存在曲线关系，见图 3-8。由图可见，母牛的饲料转化率（料肉比）最高，而公牛的料肉比最低，即公牛达到目标体重消耗的饲料量最少，阉牛的饲料转化率居中。阉牛也是产出大理石纹的首选肉牛类型。阉割可以降低雄性动物的好斗性，但是阉割降低了生长速度，提高了用于维持的需要，进而降低了用于育肥的饲料转化率。此外，阉割可以提高牛肉的脂肪含量。母牛比公牛和阉牛更早地沉积脂肪，体型也较小。因此，在同等出栏体重下，母牛的屠宰年龄较小，牛肉脂肪含量较高。

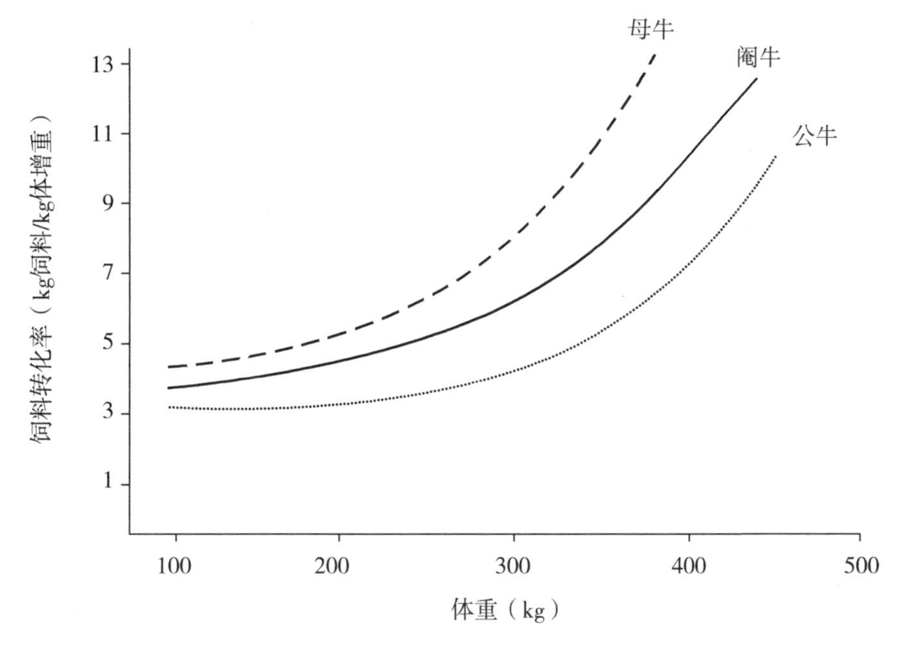

图 3-8　动物与体重相关的饲料转化效率

注：实线代表阉牛，虚线代表母牛，点线代表公牛。引自 Clive（2010）。

饲料转化效率是肉牛重要的经济指标。提高饲料转化率可以为生产者缩短饲养周期、降低饲养成本（尤其是饲料成本），肉牛表现为日增重提高、维持所需的饲料量减少。因此，为了提高饲料转化率，生产者可以采取以下措施。①减少粗饲料比例，提高日粮能量浓度。但高能日粮存在发生瘤胃酸中毒、营养性蹄病等营养代谢病的风险，因此高能日粮饲喂时间不宜过长，且对动物健康的监测要更细致。②对谷物类饲料进行加工处理。蒸汽压片、高水分青贮都是很好的加工方式，但需要投入经济成本。③使用饲料添加剂和生长促进剂。④适时育肥和屠宰。沉积 1 kg 脂肪比沉积 1 kg 肌肉消耗的饲料量更高，因此过早或过晚育肥出栏，都会降低育肥效果。⑤尽量避免育肥牛遭受来自气候因素的应激。热应激、冷应激甚至圈舍地面的泥泞，都会降低肉牛的饲料转化效率，因为提高了维持的需要，导致肉牛增重速度减慢。⑥选择具有快速增重遗传力的肉牛。食欲是提高饲料采食量的关键因素之一，通过对食欲的遗传选择，能提高饲料转化效率。⑦性别也能影响饲料转化率。青年母牛的饲料转化效率低于阉牛和公牛，公牛的饲料转化率高于阉牛。

二、育肥性能指标及测定

（一）体重

1. 初生重

肉牛从出生开始，体重就作为重要的评价指标，用于测定肉牛的生长发育和育肥效果。初生重是犊牛出生后被毛擦干且首次哺乳前实际称量的体重，是衡量胚胎期生长发育的重要指标，具有中等遗传力，也是遗传选育的一个重要指标。初生重的测定使用的是体重秤称量，估测法不准确。初生重主要受性别和母畜年龄的影响。公犊牛初生重高于母犊牛，2 岁母牛所产犊牛的初生重低于成年母牛（5~10 岁）。采用 BIF 年龄校正，可以将初生重标准化用于比较，见表 3-13。对 2 岁后备母牛产犊初生重的评价很关键。实际初生重反映了难产的程度，但校正后初生重可更好地衡量遗传差异。

表 3-13 初生重的母牛年龄校正增加值

母亲年龄（岁）	初生重[①]校正增加值（kg）
2	3.6
3	2.3
4	0.9
5~10	0
11 或以上	1.4

注：[①]标准初生重公犊 34 kg，母犊 32 kg，某些大体型品种的公犊初生重可达 41~42 kg。
引自 Thomas（2016）。

2. 断奶重

断奶重是肉牛断奶时的体重，通常是 6 月龄体重，在母育犊饲养体系中断奶时间会延长至 9 个月或更长时间。因此，衡量断奶重的最适指标是校正 205 日龄断奶重，即犊牛应尽量在 205 d 左右称重，如在 160~250 日龄内也是可接受的。超出这个时间范围，犊牛体重无法和其他准确的性能数据进行有意义的比较。称重应在晨饲和饮水前进行，连续称重 2 d 取平均值。断奶重不仅反映母牛的泌乳性能，还在一定程度上决定犊牛的增重速度。

断奶重应根据犊牛自身日龄和母牛的年龄进行校正，计算公式如下。

$$\text{校正 250 d 断奶重（kg）} = \frac{\text{实际断奶重}-\text{初生重}}{\text{日龄}}\times 205+\text{初生重}+\text{母牛年龄校正值}$$

断奶重需要根据母牛的年龄进行校正，是因为不同年龄的母牛产奶量不同，具体数值见表 3-14。

表 3-14 断奶重的母牛年龄校正增加值

母牛年龄（岁）	断奶重校正增加值（kg）	
	公犊牛	母犊牛
2	27.2	24.5
3	18.1	16.3
4	9.1	8.2
5~10	0	0
11 或以上	9.1	8.2

注：引自 Thomas（2016）。

3. 周岁体重

肉牛从断奶到性成熟阶段，体重增加很快，是提高产肉性能的关键时期，要抓住这个时期提早育肥出栏。为了比较断奶后增重，通常采用校正的 1 岁（365 d）体重（即周岁体重）作为断奶后增重的指标计算。

$$校正365日龄体重(kg)=160\times\frac{实际周岁体重-实际断奶重}{两个体重称重的间隔天数}+校正205日龄体重$$

4. 母牛成年体重

母牛成年体重是经济上重要的遗传性状，如果考虑将母牛与其经济、饲养环境及其后代胴体重相匹配，它与繁殖性能相关。

（二）日增重

日增重是测定牛生长发育和育肥效果的重要指标，通常多有哺乳期平均日增重和育肥期平均日增重。平均日增重指的是测定初始体重和末体重之差除以间隔天数。

$$平均日增重=\frac{末重-始重}{间隔天数}$$

在科学饲养条件下，肉牛的日增重与品种、年龄密切相关，12 月龄之前日增重较大，15 月龄之后日增重下降。因此，育肥出栏年龄在 1~2 岁最适宜。

（三）饲料转化率

饲料转化率是衡量经济效益和品种质量的一项重要指标。根据饲养期内总增重、净肉重、饲料消耗量计算每千克增重和净肉的饲料消耗量，作为评价肉牛经济效益的指标。饲料转化率与增重速度之间有正相关关系。在生产成本中，饲料成本的占比最大，降低单位增重的饲料消耗量是肉牛育肥及育种的一项重要任务。

$$饲料转化率=\frac{体增重量}{消耗饲料干物质总量}$$

或

$$饲料转化率=\frac{净肉量}{消耗的饲料干物质总量}$$

此外，在实际生产中，也常见将饲料报酬作为肉牛重要的经济性状。饲料报酬是指每消耗 1 kg 饲料所能产生的体增重或净肉重，与增重速度之间有负相关关系。

$$饲料报酬=\frac{消耗饲料干物质总量}{体增重量}$$

或

$$饲料报酬=\frac{消耗的饲料干物质总量}{净肉量}$$

（四）剩余采食量

剩余采食量（Residual Feed Intake，RFI）是 Koch 等于 1963 年提出的一种估测畜禽饲料效率的指标，是畜禽实际采食量（actual feed intake）与根据其体型大小和生长速度预期的采食量（expected feed intake based on its size and growth）的差值。RFI 是畜禽实际采食量与用于维持和增重所需要的预测采食量之差。RFI 反映的是肉牛本身由遗传背景决定的代谢差异。对于生长肉牛来说，决定 RFI 差异的因素主要与代谢产热、产甲烷、增重的成分和消化率等有关。

RFI是通过肉牛在有效时段内（至少70~84 d）进行饲养试验得出的数据来计算的。在试验中，需要精确记录每头牛的日采食量以及增重数值。根据条件，可采用基于无线射频识别（RFID）的电子设备识别和记录动物的个体采食量，也可以分组测定采食量。但是，这两种测定方法的采食量结果存在差异。RFI测量费时、费力，且在一般饲养条件下难以实现，这也是RFI指标不易被广泛采用作为饲料转化率指标的原因之一。试验结束后，利用肉牛个体或分组的干物质采食量（DMI）、试验期中间阶段的代谢体重和平均日增重（ADG）结果进行线性回归分析，计算出肉牛的预期采食量。根据预期采食量模型，验证其模型方程的截距是否显著。若截距显著，则可根据此模型计算出预期采食量。实际采食量减去预期采食量即为剩余采食量。饲料效率高的肉牛实际采食量低于其预期采食量，此时RFI为负值，反之，饲料效率低的肉牛其RFI为正值。

RFI是基于肉牛饲料实际采食量与预期采食量的差值，可作为评定肉牛饲料转化率的敏感指标。一些研究表明，肉牛RFI值的遗传力为0.14~0.44，意味着RFI具有与动物某些早期生长发育指标一样高的遗传力。RFI来源于基因型变异的贡献虽然不高，但具有足够进行基因改善的潜力。动物生长阶段对RFI的选择无显著影响。利用断奶犊牛得到的RFI值和利用成年母牛得到的RFI值的相关系数为0.98，说明在犊牛阶段选择RFI值低的牛，可以获得在成年阶段RFI值也较低的牛。另外，在青年牛阶段选择RFI值较低的牛，其在随后生长的任何阶段都可降低饲料成本。

生产中应用剩余采食量的目的是，通过选择低采食量的牛群提高饲料转化率和降低饲料成本，进而提高肉牛养殖的经济效益。RFI具有中等遗传力，因此，可通过不断的基因选择获得RFI理想值的牛群。RFI与采食量、消化率、体组织代谢、活动量、体温调节等生理因素有密切关系。动物生长阶段对RFI的选择无显著影响。在犊牛和青年牛阶段选择RFI较低的牛，其在随后生长的任何阶段都可降低饲料成本。

三、产肉性能指标及测定

1. 屠宰率

屠宰率指的是胴体重占宰前空腹活重的比例，是表明肉牛生产性能的常用指标。宰前空腹活重是指屠宰前绝食24 h，临宰前的实际体重。宰后重是指屠宰放尽血后的重量。

胴体重=宰前活重-［血重+皮重+内脏重（不包含板油和肾脏）+头重+尾重+腕跗关节以下的四肢重］

$$屠宰率（\%）=\frac{胴体重（kg）}{宰前活重（kg）}\times 100$$

肉牛屠宰率超过50%为中等，超过60%为较高。

2. 净肉率

净肉率指的是净肉重占宰前空腹活重的比例。产肉性能较好的肉牛一般在45%左右。

$$净肉率（\%）=\frac{净肉重（kg）}{宰前活重（kg）}\times 100$$

3. 胴体出肉率

胴体出肉率指的是胴体净肉重占胴体重的比例。一般为80%~88%。

$$胴体出肉率（\%）=\frac{净肉重（kg）}{胴体重（kg）}\times 100$$

4. 肉骨比

肉骨比指的是胴体净肉重和与胴体骨骼重的比例。

胴体骨骼重=胴体重-净肉重

$$肉骨比=\frac{胴体净肉重（kg）}{胴体骨骼重（kg）}$$

对剔骨有精细的要求，骨上带肉不超过1.5 kg，记录时要注明是热肉还是冷肉。青年牛的肉骨比为2∶1左右，通常成年后肉用牛、兼用牛和乳用牛的肉骨比大约分别为5.0∶1、4.1∶1和3.3∶1。

5. 肉脂比

肉脂比是指胴体净肉重与胴体脂肪重的比例。

$$肉脂比=\frac{净肉重（kg）}{脂肪重（kg）}$$

6. 皮下脂肪厚度

（1）背脂厚　背脂厚是指第5~6胸椎处背中线两侧的皮下脂肪厚度。

（2）腰脂厚　腰脂厚是指第12肋骨处的皮下脂肪厚度。

7. 熟肉率

熟肉率是指取腿部肌肉1 kg，水浴煮沸120 min，测定生熟肉之比。

8. 优质切块

（1）牛柳　也称里脊，其重量占肉牛活重的0.83%~0.97%。

（2）西冷　也称外脊，其重量占肉牛活重的2.00%~2.15%。

（3）眼肉　其重量占肉牛活重的2.3%~2.5%。

（4）大米龙　其重量占肉牛活重的0.7%~1.1%。

（5）小米龙　其重量占肉牛活重的0.6%~0.9%。

（6）臀肉　其重量占肉牛活重的2.6%~3.2%。

（7）膝盖圆　也称和尚头，其重量占肉牛活重的2.0%~2.2%。

（8）腰肉　其重量占肉牛活重的1.5%~1.9%。

（9）腱子肉　分前后腱子肉，1头牛一共4块，其重量占肉牛活重的2.7%~3.1%。

第四章　肉牛营养、生产与管理

第一节 肉牛育肥生产体系

一、国外主要肉牛生产国的育肥生产体系

（一）美国

美国牛肉生产一直保持较高水平，是全球第一大牛肉生产国，也是世界牛肉进出口大国。肉牛业占美国畜牧业总产值的25%，也是其中最大的生产部门。私营农场是肉牛生产的主要方式。2017年，美国农业部统计数据表明，96%的美国农场为家庭农场。小型肉牛场占比54%，中型肉牛场占比14%，大型和超大型肉牛场占比分别为12%和14%。存栏100头以下的牧场存栏量达到总数的19%；100～1 000头的牧场存栏量占总数的43%；1 000头以上的牧场存栏数占总数的38%。美国肉牛业分布较广，产地相对比较集中。中西部地区，包括堪萨斯、内布拉斯加、南达科他、俄克拉荷马、科罗拉多、密苏里等州；西部地区，主要包括加利福尼亚、华盛顿、俄勒冈等州；东部地区的田纳西、明尼苏达、宾夕法尼亚、佛罗里达等州；中南部地区的得克萨斯州。得克萨斯州、俄克拉荷马州、密苏里州、内布拉斯加州、南达科他州等均是肉牛的集中产地，分别占美国肉牛总产量的14.7%、6.7%、6.5%、6.1%、5.7%，其中得克萨斯州的养牛业最发达，肉牛存栏量为美国第一。近年来，美国肉牛养殖场数量总体呈下降趋势，但500头以上规模肉牛养殖场数量逐年增加，说明美国肉牛业的规模化程度在不断提高。中小养殖规模存栏比重虽然呈下降趋势，但存栏比重仍然很高。美国自身的地理、气候、环境、种植业、经济条件形成了完善的肉牛育种、杂交生产、饲养管理、加工销售技术体系。

1. 育肥生产环节

美国的肉牛品种种类丰富，主要由70多个品种及杂交品种组成，其中饲养量最多的是安格斯牛50%（黑安格斯牛43%，红安格斯牛7%）、夏洛来牛10%、海福特牛10%、西门塔尔牛7%、利木赞牛4%，其他品种牛合计19%。有60%以上的杂交肉牛受到安格斯牛血统不同程度的影响。肉牛品种按其来源可以分为3类：英系、欧系和以婆罗门为基础培育的品种。英系肉牛品种包括安格斯牛、海福特牛、短角牛等；欧式肉牛品种包括西门塔尔牛、利木赞牛、夏洛来牛等；以婆罗门牛为基础培育的品种如婆罗门牛、婆罗安牛、肉牛王、圣格特鲁地斯莱牛等。美国南部地区都为安格斯牛、海福特牛和婆罗门牛杂交，而东部地区则以安格斯牛和海福特牛杂交为主。

美国肉牛的遗传改良主要是围绕市场需求进行，重点提高生产效率，以获得最大的经济利益为目标。通过不断调整育种目标，利用现代信息技术、生产性能自动测定技术、遗传评估等技术提高育种水平。美国农业部数据显示，美国现肉牛存栏量与 1958 年基本相同，但牛肉产量翻了一番，平均胴体重量 374.85 kg，以每年 5 kg 的速度上升，这是美国肉牛育种的贡献。肉牛品种间杂交优势利用技术也得到了广泛应用。采用轮回杂交、“终端”公牛杂交、轮回杂交与“终端”公牛杂交相结合 3 种杂交方式。两品种的轮回杂交可使犊牛的初生重平均提高 15%，三品种轮回杂交可提高 19%。两品种轮回与“终端”公牛杂交相结合，可使犊牛初生重提高 21%，三品种轮回与“终端”公牛杂交相结合，可使犊牛初生重提高 24%。为了提高南方品种牛的生产性能和北方快速生长品种牛在南方的适应性，多数品种牛在引入南方时都开展了与婆罗门牛的杂交，如婆罗格斯牛、婆罗海福牛、西门婆罗牛等。

肉牛生产体系的产业模式在很大程度上依赖于其丰富的饲草和农产品资源。美国中部玉米产业带所产玉米多用于肉牛精料，西部天然草场为育犊母牛和周岁架子牛提供丰富廉价的牧草。此外，人工种草也为肉牛业发展提供了一定的支持。美国是草原和草原畜牧业大国。草原面积 2.35 亿 hm^2。草原在美国农牧业生产和环境保护中占有重要地位，不仅是畜牧业生产的重要生产资源，更是维持可持续发展的战略性生态资源。美国丰富的土地资源和主要饲料原料玉米的价格优势是美国牛肉成本低廉的主要原因。在美国，选择建造牛场地点的重要依据，一是可灌溉小麦地，提供粗饲料；二是饲养密度合理，要留有足够的料槽空间和运动空间。

北美地区最为广泛认可和采用的生产体系是传统的肉牛生产体系。该生产体系分为育犊母牛饲养、架子牛饲养和围栏育肥 3 个环节。育犊母牛环节主要涉及纯繁牛群和商业化牛群（杂交）两大类。架子牛饲养和规模化围栏育肥环节也涉及奶牛肉用的问题。传统的肉牛生产体系是依赖技术得以发展的，如采用埋植剂、饲料添加剂和抗菌剂等。经过广泛试验证明，只要按照说明书的要求规范使用，这些技术不仅可以安全高效地生产健康的牛肉，而且对环境资源损害也最低。

（1）育犊母牛养殖环节　美国的肉牛育肥体系受饲料资源和气候的地域性影响，各地的生产体系略有差异。大多数是母牛育犊体系。育犊母牛的饲养方式为散养，在这一生产体系中，养殖用地大多是遍布于北美大陆不适于谷物籽实和原料作物（大豆、玉米、小麦、高粱、大麦、燕麦、棉花、向日葵、油菜等）生产的土地。在不适于耕作的土地上进行放牧或采食作物再生植株，在玉米主产区的秸秆再生地上放牧母牛，也是很常见的饲养方式。美国母牛群的平均养殖规模大概为 40 头，母牛加上犊牛的总数约为 74 头（根据 85%产犊率计算得出），其中有 35.8%的农场中母牛存栏量低于 10 头，84.5%的农场母牛存栏量低于 50 头，96.3%的农场母牛存栏量低于 100 头。美国肉牛生产的基本单元为个体农场，饲养规模达到千头以上的养殖场提供了 80%以上的牛肉。饲养方式为人工种植牧草，收割后青饲或干饲，栅栏式舍饲饲养。美国的肉牛带正好与其玉米带相吻合，肉牛精料以自产的玉米和大豆为主。在美国东部、南部，小型农场和牧场逐渐趋于主导地位，这些牧场广泛使用外购的粗饲料（一年生或多年生牧草及作物秸秆等）。而在美国的西部，利用天然牧草和植物的大型牧场占主导地位。在美国，有 34.5%（约 728 000 个农场）养殖肉用母牛，这些母牛和犊牛的销售额占农产品销售总额的 19%以上，位居所有销售商品之首。

美国国家农业统计局发布2020年肉牛育犊母牛数为31 338 700头，2021年为31 257 600头，下降了1%（National Agricultural Statistics Service，NASS）。截至2021年2月，肉牛屠宰体重低于272 kg的有335 000头，273~317 kg的有295 000头，318~362 kg的有465 000头，363~408 kg的有409 000头，409~453 kg的有125 000头，454 kg以上的有55 000头。总头数比2020年下降了2%（USDA）。根据全国牛群统计结果，母牛每年淘汰率平均为15%~20%。大约72%的母牛被淘汰的原因与繁殖障碍、老龄化、牙齿问题或整体上生产力丧失有关。剩余约28%的母牛被淘汰是由于产出的犊牛体重较轻（典型的原因是产犊延迟或产奶量下降）；另外，淘汰母牛的原因还有性情暴躁、乳腺炎、眼病等；也有经济原因导致群体规模缩减（如干旱、市场行情差、成本投入增加等）而被淘汰。母牛使用年限是肉用母牛群很重要的经济性状之一。养殖企业出售母牛，除繁殖问题（淘汰）外，还必须考虑其他目的，如只有15.6%的母牛在年龄小于5岁时被淘汰，31.8%的母牛在5~9岁时被淘汰，而52.6%的母牛是在其10岁甚至更大的年龄才被淘汰。种牛饲养场主要为育犊母牛饲养场提供周岁小公牛、精液和人工授精服务，促进种牛的遗传改良和牛群推广。详细的种牛系谱登记和性能等级评估通常由美国相应的肉牛育种协会来进行。

美国约60%的犊牛在每年的2月、3月和4月出生，这段时间通常也被称为春季产犊期。选择在这个时期产犊的主要原因是：①可充分利用处于生长季的牧草来维持母牛的泌乳；②可降低母牛在7月底、8月和9月初产犊时高温对繁殖率造成的负面影响。通常还有一部分犊牛（10%~15%）是在秋季产犊期（9—11月）出生。剩余的犊牛（25%~30%）可能在全年任一时间出生，即这部分犊牛会有一部分进入春季或秋季产犊期出生。

肉用犊牛一直跟随母牛直至5~9月龄断奶，断奶时体重可达175~300 kg。这些经历断奶预处理程序饲养的犊牛随后要接受疫苗接种（两次）、驱虫、阉割、去角处理，并且接受饲槽采食和饮水槽饮水的训练。青年母牛和公犊牛一旦被确定为后备牛，从断奶到第一个繁殖期开始的时间内，通常会使用高粗料日粮饲料，以促进骨骼发育和瘦肉组织的增长，并最大限度地降低脂肪沉积。由于牧草种类、品种、成熟期及环境条件的不同，导致不同来源的牧草在可利用养分的组成方面差异极大。因此，后备牛饲喂以粗饲料为基础的日粮通常需要添加其他饲料来提供额外的能量、蛋白质、维生素和矿物质，用以满足其从断奶到第一个配种期开始期间0.45~0.9 kg日增重的营养需要，从而实现其在13~15月龄体重达到成年体重的55%~65%。从繁殖性能方面看，该目标体重是后备牛正常发情和获得最佳繁殖率的关键。后备母牛继续饲喂高粗料日粮，使其在第一个产犊期（22~24月龄）体重达到成年体重的80%左右，而到4~5岁时达到成年体重。

当发生干旱时，通常建议对犊牛实施早期断奶，以延长母牛群采食饲草的时间，减少母牛用于泌乳哺育犊牛的营养需要，并改善母牛在妊娠期营养需要量较低时的体况。当给初产母牛所产犊牛实施早期断奶时，母牛的干物质采食量比正常断奶母牛降低36.6%（DM；5.7 kg & 9.0 kg）。当犊牛实施早期断奶时，母牛的饲养密度提高25%。早期断奶犊牛的饲料转化率较高，在某些情况下，还可以改善其胴体品质。报道称，与周岁牛相比，早期断奶犊牛的肌内脂肪沉积速率比皮下脂肪更快，且当预测的热胴体重小于300 kg时，胴体肌内脂肪沉积量更大。这些结果不仅表明肉牛肌内脂肪的沉积是遵循非线性规律的，而且表明肉牛生命早期的管理和营养供应在决定胴体品质方面，与育肥期实施管理同等重要。

（2）架子牛养殖环节　架子牛养殖阶段，涉及阉牛和非后备青年母牛饲养，是工业化育犊母牛养殖环节过渡到围栏育肥环节的“桥梁”阶段。饲养架子牛的目的是使肉牛的体型达到育肥所需，保证屠宰前有理想的增重速度，同时更好地利用饲草资源。在美国，断奶犊牛通常会被放到粗饲的架子牛养殖场中，以便更均衡地为下游围栏育肥场提供牛源。犊牛出生的饲养场还会回购架子牛在本场继续育肥和屠宰。架子牛饲养模式包括2种：集约化饲养模式和放牧饲养模式。粗饲的饲养体系使牛只能够在牧草生长季节更多地在天然草地上放牧或采食购入的牧草，而冬季则更多饲喂收获的牧草。在美国东南部和南部平原地区，进入冬季以后，温暖的气候条件及较少的降雪延长了放牧期。在美国北部平原、中西部地区，牧草通常以干草的形式收获或青贮加工，用以满足冬季的饲料供应。对于体型较小的牛种来说，架子牛阶段对于其进入围栏育肥之前提高瘦肉和骨骼的生长量尤为重要。在这一生长阶段，根据饲粮中牧草或粗饲料品质的优劣，肉牛日增重水平通常为0. 35～1. 15 kg，并且在12～15月龄阶段进入围栏育肥时正常活体重应该达到300～400 kg。通常架子牛初始目标体重是181～227 kg，日增重0. 8～1. 1 kg/d，这样育肥前的体重能达到318～340 kg。美国的牛肉生产还有一部分来自奶公犊的育肥，奶公犊育肥使用3种方式：①新生犊牛屠宰的公牛；②饲喂到19～22周龄，体重195～215 kg屠宰的公牛；③使用后备牛饲喂方式饲养到650 kg屠宰的公牛。

（3）围栏育肥牛养殖环节　围栏育肥阶段的牛通常被饲喂高能量（以谷物和谷物副产品为基础）饲粮，而在围栏育肥环境下，尽可能以最低成本配制的饲粮获得生长率、饲料转化率、动物健康与福利，以及胴体品质最佳的效果。围栏育肥场的谷物来源主要是玉米，主要饲喂形式是蒸汽压片、高水分谷物和整粒饲喂。选用何种谷物进行饲喂，主要由其价格和供应量所决定。美国绝大多数围栏育肥场一次载畜量都小于1 000头，这导致它们在销售上市待宰牛市场上占有的份额也相对较小。相比之下，那些载畜量超过1 000头而数量不足围栏育肥场总量5%的大型围栏育肥企业，却销售占全国总量80%～90%的上市屠宰牛。载畜量为32 000头或更多的围栏育肥牛企业销售了大约占全国总量40%的上市屠宰牛。整个围栏育肥产业向少数大型专业化育肥企业方向的转变目前仍在继续，而且这些育肥企业还不断地与上游的育犊母牛养殖企业及下游的屠宰分割企业垂直合作，以生产安全优质的牛肉产品。一个典型的围栏育肥场能对30 000～50 000头肉牛进行育肥。1年运行2～2. 5个饲养周期，美国肉牛育肥通常分为3个阶段：第一阶段，始重约350 kg（1岁左右），日粮中玉米占8%，日增重约1 kg，饲养100 d后转入第二阶段；第二阶段，始重约450 kg，日粮中玉米占50%，日增重约1. 5 kg，饲养30 d后转入第三阶段；第三阶段，始重约500 kg，日粮中玉米占60%～70%，日增重1. 5 kg以上，饲养100 d后出栏。美国统计局发布了2021年体重227 kg以上的阉牛、公牛和犊牛的存栏量分别为16 597 800头、2 210 500头、14 188 100头。

由于天气等因素会影响肉牛的舒适度和生产性能，通过牛舍设施、设备以及饲养环境的改善，可减少肉牛应激，增加舒适度，提高肉牛生产性能。美国的肉牛育肥设施各式各样，主要包括4种形式的肉牛场设计：有防风墙的开放牛场，有遮阴的开放牛场，深垫料卧床牛舍，漏缝地板牛舍。一份肉牛中心的调查显示，已建成的肉牛育肥场中51%是有遮阴的完全开放场地，24%是没有遮阴的场地，19%是有垫料牛舍，4%是深粪沟肉牛舍。在每个系统中，设计和规划都可能有很大的区别。当然还有很多其他的设计，结合了美国不同区域应有建筑的特点。

2. 疫病防控概况

为了保证对疫病的防控，减少因传染性、遗传性和代谢性疾病造成的经济损失，美国成立了几个监测和实验机构：动物健康监测（Animal Hearlth Surveillance，AHS）、动物寄生虫病实验室（Animal Parasitic Diseases Laboratory，APDL）、国家动物健康检测系统（National Animal Health Monitoring System，NAHMS）、国家动物疾病中心（National Animal Disease Center，NADS）、国家兽医服务实验室（National Veterinary Services Laboratories，NVSL）。AHS 旨在及时发现对动物健康有威胁的疫病，监测有助于迅速发现外来疾病和新出现的问题，监测和证实地方性疫病的有效信息并衡量重要贸易疾病的地区流行性。目前，AHS 针对牛和野牛制订了“国家结核病根除计划”和“国家布鲁氏菌病根除计划”，同时持续评估和监测牛海绵状脑病的状况变化。建立了应急相应项目（Emergency Response Program），着重于为口蹄疫等外来动物疫病的暴发做准备。此外，还发布了主要的寄生虫病现状及应对方案，包括牛热蜱（Cattle Fever Tick）、长角蜱（Slonghorned ticks）、新大陆螺旋虫（New World Screwworm）和热带扁虱（Tropical Bont Ticks）。美国在动物健康研究中制订了“动物健康国家计划”，主要针对生物防御、抗生素耐药性、人畜共患细菌病、呼吸疾病、优先生产疾病、寄生虫病和传染性海绵状脑病开展了计划研究。

口蹄疫、牛结核、牛海绵状脑病、布鲁氏菌病、牛病毒性腹泻、牛副结核等疾病严重影响养牛业健康发展，美国已根除口蹄疫，是世界动物卫生组织（OIE）认可的口蹄疫非免疫无疫国家。牛结核目前在美国已基本得到了控制。目前，除了加利福尼亚州和密歇根州外，美国各州均已无牛结核感染病例出现。2013 年，OIE 将美国列为牛海绵状脑病风险可忽略地区。截至目前，美国 50 个州、波多黎各以及美国维尔京群岛均已无布鲁氏菌病的发生，但该病对美国的爱达荷州、蒙大拿州和怀俄明州的牛群仍具有潜在危险。牛病毒性腹泻曾造成重大的经济损失，目前仍是影响美国养牛业发展的重要病原。

3. 政府机构及行业协会

美国农业部（U. S. Department of Agriculture，USDA）是政府机构。

美国养牛者协会（National Cattlemen's Beef Association，NCBA）是美国 100 万养牛户和牧场主的营销组织和行业协会，承担着美国国内大部分肉牛的生产协调、技术研发与指导、政策协调等多方面职责；协会还经营牛业年会和贸易展。美国肉类出口协会（USMEF）的主要作用是牛肉产品的市场出口销售、牛肉产品的国际市场开拓，消除恶性竞争。美国各个品种的肉牛协会承担着美国国内大部分肉牛的生产协调、技术研发与指导、政策协调等多方面职责。美国协会的部分资金来自会费，部分通过牛肉检查费。

综上，美国肉牛育肥生产体系的优点是美国的肉牛育肥生产体系非常成熟，以犊牛-架子牛-育肥牛的模式最常见。育肥多采用全舍饲方式，利用饲养站统一分配日粮。该国拥有优秀的肉牛良种，并配有品种协会，保障了品种的繁育改良。

（二）巴西

巴西 80%的国土面积处于热带地区，其余在亚热带地区，气候湿润，光照充足，适宜牧草生长，为畜牧业的蓬勃发展提供了优良条件。所以畜牧业比较发达，特别是养牛水平位列世界前列。近几十年，巴西肉牛养殖业再次持续增加。巴西国内牛肉消费占总产量的79.6%，人均年消费牛肉量达42.12 kg，仅次于阿根廷人均消费量，居世界第二位。巴西拥有独特的自然资源优势，如大片的草场，适宜牧草生长的气候，肉牛养殖以放牧、自然繁育为主。近10年，逐步建立了配套齐全的肉牛养殖设备设施和完善的科技服务体系，产业趋向规模化、集约化，产学研链条逐步完善。因为保护亚马孙热带雨林与发展畜牧业矛盾突出，促使政府部门也高度重视草地的承载能力和自然资源的保护，加大科技研发投入推广和应用，确保肉牛养殖业的健康可持续发展。

在缩小育肥牛的出栏年龄、提高牛肉品质方面做了大量工作，高度重视肉牛育种，应用体外受精、胚胎移植等快速繁育技术，选择性早熟、增重快、繁殖力强的品种并且兼顾牛肉品质等。巴西90%的牛放牧饲养，草地面积是巴西最大的农地面积，全国草地面积为1.9亿 hm^2，其中自然草场占0.74亿 hm^2，人工草场占1.16亿 hm^2。因养牛业快速发展，人工草地面积继续增加，天然草场退化等，草地面积也在减少。从草地资源分布来说，主要集中在中西部地区，与肉牛养殖区域基本吻合。巴西是世界牛肉生产量和出口量较多的国家，而且生产成本低。2018年，草场面积为1.62亿 hm^2，肉牛存栏数量2.14亿头，1 hm^2载畜量为1.32头，单位面积肉牛饲养量增加。

巴西大多数（80%）的牛是耐热瘤牛品种或者具有瘤牛血统。另外20%是欧洲普通牛品种。欧洲牛品种主要来源于欧洲的安格斯牛和海福特牛。瘤牛主要是肉用的内罗尔牛和肉乳兼用的吉尔牛。内罗尔牛、安格斯牛和海福特牛杂交品种在巴西南部也极为常见。巴西因地理位置和气候条件差异，导致肉牛养殖区域分布不同，尤其是北部和中西部养殖量快速增加，南部、东南部和东北部数量基本保持稳定。而且，大多数集中在巴西中西部肉牛养殖带。巴西肉牛育种和改良重视的主要性状是早熟性（性成熟和生长性能）、增重速度、繁殖性能和育犊能力，对肉质性状的选择，如皮下脂肪、肌间脂肪、肌内脂肪的选择也是育种的主要目的。巴西肉牛早熟性的选育取得了巨大成功，以往1头母牛5年才能出栏育肥的生产周期，现在已经缩短到了2.5年。此外，巴西高度重视体外受精、胚胎移植等快速繁育技术，婆罗门牛和日本和牛等种群之所以能在巴西得以快速扩繁，与这些技术的应用密不可分。

巴西的养殖模式，主要是放牧和低投入，因此饲养时间长，增加了1 kg产品的甲烷排放量。牛肉行业正面临着缓解气候变化的压力，尤其是来自牛生产的压力，其温室气体排放量占了巴西温室气体排放总量的25%，包括甲烷、氮氧化物和其他相关气体。然而，评估生产系统的环境可持续性不应仅仅根据1 kg肉类或产品的温室气体排放量来评估，还应评估其他影响，如水和能源的使用。此外，如果农业生产系统被认为是可持续的，盈利能力是最重要的。

1. 育肥生产环节

（1）放牧养殖　巴西肉牛养殖模式主要以放牧养殖为主，集中育肥为辅。放牧型企业按规模分为3种：①年出栏小于500头的小企业；②年出栏小于1 000头的中型养殖场；③年出栏超过4 000头的大型企业。放牧养殖克服了舍饲养母牛高成本的问题，因此基础牛群大、架子牛来源充足、品种相对固定。但由于其大多数没有经过强度育肥，加上出栏年龄偏大（31月龄以上），牛肉以中低档为主，高等级牛肉较少。集中育肥一般在每年的冬季，此时雨水相对较少，牧草质量不高，为了保证出栏牛的膘情而采用短期（3 个月）集中育肥。一般采用电围栏方式，没有牛棚或牛舍，中间有活动高地。巴西肉牛在放牧补饲和集中育肥中注重利用丰富的农副产品。集中育肥虽然饲养成本高于放牧，但集中育肥的比例低（2%）。肉牛屠宰加工企业参股养殖场分摊了集中育肥资金的压力。粗放饲养管理虽然成本低，但弊端也明显，不容易控制出栏时间，到了出栏淡季（5—11 月），往往因牛肉价格上升等影响国内牛肉市场的稳定。

（2）集中育肥　在巴西，集中育肥分为围栏育肥、半围栏育肥和冬季牧草育肥 3 种模式。①围栏育肥是用铁丝网、电围栏、栅栏等围成一定面积的格栅。使用饲槽饲喂高蛋白、高能量的饲料，进行大群体的育肥。该育肥模式与美国的围栏育肥相似。在巴西特别是在冬季（5—11 月）宰前 90~120 d 使用，育肥期间日增重 1.2~1.8 kg。②半围栏育肥是对放牧中可以育肥出栏的牛增加饲喂量，饲喂高能量、高蛋白饲料的育肥，比围栏育肥方式成本低，更能节约饲养管理费。但育肥期间的日增重仅为 0.6~0.8 kg，育肥时间较长。③冬季牧草育肥是在巴西南部的冬季（平均气温约为 16℃），来自南方的寒流有时会对牧草造成伤害，一般牧草不能正常生长。因此，该地区采取在放牧地播种抗寒性强的牧草，如裸麦和豆科植物的方式，作为冬季育肥牛的高蛋白原料。该技术在围栏育肥技术成熟之前，便广为应用。冬季牧草补饲育肥期间的日增重为 0.6~0.8 kg，与半围栏育肥效果一样。围栏育肥的收益受架子牛价格、育肥成本和育肥牛销售价格 3 个要素的影响。另外，由于巴西土地辽阔，影响牛和饲料运输成本的道路交通状况也是重要因素。巴西的集中育肥方式多种多样，各牧场都会根据所处的环境和各自的条件，如架子牛和土地的价格、牛肉市场价格和育肥场到饲料原料产地的距离、饲料单价等进行选择。

自然繁殖条件下的生产周期较长，生产周期是决定肉牛生产效率的关键点之一。巴西肉牛的繁殖方式是自然繁殖，3 岁时怀孕，4 岁分娩，生产周期是美国的 2 倍多，这也是与美国相比巴西肉牛存栏规模与牛肉产量不成比例的原因之一。巴西肉牛生产成本比澳大利亚低 60%，比美国低 50%，平均屠宰年龄在 4 岁，屠宰率 21%。而美国平均为 2 岁和 37%。低成本规范屠宰、精细分割和副产品高度利用成为巴西养牛业发展的一大特色。与我国相比，巴西肉牛屠宰企业设施规范、管理先进、生产效率高、车间规模不是很大，但屠宰量大，能够进行标准化、规范化生产。因此，巴西单头牛屠宰成本比我国低，巴西规范化肉牛屠宰企业的月屠宰能力约为 290 万头，产业集中度很高。

巴西具有非常完备的满足肉牛养殖需要的配套设施设备，各种设施设备不仅设计先进，而且非常实用。另外，巴西的肉牛产业服务体系非常完善，大型的牧草种植企业、大学和科研单位联合进行牧草新品种的培育、推广并承担技术推广任务，专门的公司负责肉牛专用饲料添加剂和专用设备生产。肉牛集中育肥和屠宰也均由专业企业进行。肉牛养殖户仅需进行简单的围栏放牧管理，从而实现肉牛养殖的专业化分工和高效生产。除通过公司+养殖户的方式提供牧草、矿物添加剂等服务外，还可以通过自身的新闻媒体中心开展远程教育、技术服务。巴西肉牛养殖模式主要以放牧为主，管理较为精细，重视草场改良，实施测土配方施肥，自觉执行围栏放牧和以草定畜。不仅有效避免了草场退化，还实现了粪尿的自然消纳，避免环境污染。草地围栏放牧规模一般为 100 头/栏，设有补饲槽和自动饮水设备。巴西大草原的发展涉及大量技术的产生与使用，这些技术使其成为世界上最大的谷物和牛肉产区之一。开发的技术最初侧重于土壤和植物，包括牧场，然后是农场动物，包括牛肉和奶牛。其中，最重要的技术涉及土壤肥力改良、生物固氮、新品种和杂交种、免耕制度和综合农畜制度。

2. 疫病防控概况

巴西政府也非常重视牛疫病防控。巴西有2亿多头牛，每年30%需要转运，疾病传播风险也相对大，政府和企业共同研制了标准的运牛车来降低运输应激和防止牛体损伤，并防止疾病的传播。同时，政府在牛病控制方面做了大量工作，如兽医注册和农场注册信息化建设，应用GIS技术通过地图直观地预警牛发病信息和状态，在控制口蹄疫方面起到重要的作用，也建立了牛结核病、肝片吸虫等传染性疾病监控系统。

3. 政府机构和行业协会

巴西农业畜牧和供应部（Ministério da Agricultura，Pecuária e Abastecimento）是政府管理机构。

巴西家畜出口协会（ABEG）由巴西最大的4个家畜出口公司联合创立，覆盖巴西出口市场的97%。它们主要促进国家畜产品贸易、促销巴西畜产品，并且对反对出口、提出征收出口关税的意见进行反驳和整合资源，提高生产效率。他们主要聚集出口领域相关资源、维护权益和产品立场，协助政府提供参考和适当补贴，必要时还代表出口商。另外，还推广课程、科研、辩论和讲座等，促进与联邦州和市政府对接信息的理解，与相关协会保持技术、经济和社会交流。制定出口牲畜在运输过程中寻求动物福利的保证方案，制定出口牲畜向国家市场的质量保证方案。

巴西牛肉出口协会（Associação Brasileira das Indústrias Exportadoras de Carne，ABIEC）注重牛肉出口业绩，捍卫自己的特殊利益，在国际贸易法规、卫生要求和开放市场等领域成为行业的主要代表。ABIEC向其成员发声，并促进与各国政府国际组织的合作。除了维护会员的利益，从企业那里促进专业和社会的技术发展，ABIEC还通过技术委员会与州和联邦政府合作实施卫生项目，如公共卫生和动物卫生。从基因上看，牛、精液和胚胎都是优等品种，对行业产值有重要贡献，可提高生产率。部分大型肉牛企业和协会对巴西肉牛的良性发展有重要帮助和引导作用。大量的企业协会和科研院所也对肉牛养殖、生产技术产生巨大的促进作用，如培育生产性能更好的品种，提高牛肉品质，为推广饲喂营养技术、牧场机械等做了大量的工作。

综上，巴西肉牛育肥生产体系的优点是肉牛育肥生产体系成熟，以放牧为主，集中育肥为辅，机械化程度很高。因以自然繁殖为主，该国肉牛出栏时间较美国晚些。尽管品种协会不如美国的丰富，但也建立了多个由企业联合创立的非政府协会，促进巴西肉牛生产链的发展。

（三）澳大利亚

澳大利亚是世界上农业以畜牧业为主导，畜牧业以肉牛产业为主导的国家。牛肉产量占全国肉类总产量的70%以上，肉牛业产值占全国农业总产值的11%～19%，牛肉出口量约占全国肉类总产量的35%。同时，肉牛业又是澳大利亚农业中地域分布最广的产业，在整个澳大利亚国民经济中具有举足轻重的地位。澳大利亚农业土地面积约385万km^2，其中畜牧业土地面积约317万km^2（主要是草场）。昆士兰州拥有澳大利亚最大的畜牧土地面积，是肉牛的主产区，其次是新南威尔士州和维多利亚州。昆士兰州、西南威尔士州和维多利亚州一直是澳大利亚最重要的3个肉牛养殖区域，存栏量占全国总量的80%以上。澳大利亚气候的基本特点是干旱区面积比较大，年降水量呈半环形分布和全大陆普遍暖热。

澳大利亚形成了独具特色的草饲为主、谷饲为辅的发展模式。采取围栏放牧、分区放牧和休牧相结合的方式，结合天然草地和人工草地的承载能力来考虑载畜量。澳大利亚是世界天然草原面积最大的国家。牧场面积占世界牧场总面积的 12.4%，天然草场占国土面积的 55%。澳大利亚人工草地高达 2 580 万 hm^2，占全国可利用草地总面积的 5.63%。澳大利亚人工草场一般是以 70% 的黑麦草和 30% 的红白三叶草籽混播。三叶草喜温暖气候，夏季生长旺盛，其固氮作用能促进黑麦草生长，而黑麦草在寒冷或潮湿的冬、春秋都能生长。这种科学的结合，能使全年草产量比较均衡。人工草场每半月可以轮牧 1 次，每公顷可饲养的动物数量比植被好的天然草场高五六倍，在放牧补饲的情况下，肉牛 18 月龄体重可达 350 kg 以上。澳大利亚在改良草场时，首先根据顺序的采食对象从口感、耐践踏、具有良好的再生能力等方面，选择了适合养殖的牧草品种，同时依据牧草的营养成分、生长状况等进行合理的搭配，建设一定数量的混合草地。澳大利亚种植的牧草品种主要有紫花苜蓿、豌豆、三叶草、细叶冰草、猫尾草等。其中，紫花苜蓿、豌豆、猫尾草主要用于调制青干草和饲料。每公顷草产量可达 1.5 t，三叶草和细叶冰草混播草地，用作放牧场。其次，澳大利亚的牧场主一般都通过合理的规划来建设草地，利用人工播种、施肥、灌溉、补播等技术使草地实现良性循环，而在草地使用的过程中，澳大利亚的牧场会根据草地生长和使用情况来定期进行维护或改良。通过维护和改良提高了草地牧场的质量和产量，极大减轻了天然草场的压力。

澳大利亚有近 40 个肉牛品种。按照来源可以分为 3 类：第一类是从欧洲引入的安格斯牛、海福特牛、夏洛来牛、西门塔尔牛、短角牛、利木赞牛、德国黄牛等品种（活畜、冻精和胚胎）；第二类是从美国等热带及亚热带国家引入的婆罗门圣塔牛、格特鲁牛、非洲瘤牛、沙西华牛和辛红牛等；第三类是利用引进品种育成的新品种，主要有以安格斯牛和短角牛杂交育成的墨累灰牛，为适应热带和亚热带环境而育成的抗旱王，以西门塔尔牛、海福特牛、夏洛来牛分别与婆罗门牛杂交形成的西婆罗牛、海婆罗牛、夏婆罗牛以及劳莱恩小型肉牛。这些品种为澳大利亚优质、高产、高效、分工细致的肉牛业奠定了种源基础。澳洲充分利用来自欧洲、亚洲和非洲的多元牛基因库，通过使用基因改良方案和标记技术，扩展肉牛基因库，采用先进的遗传和繁殖技术提升肉牛的生产能力，培育肉牛优良品种。澳大利亚主要采用定期发情、超数排卵、胚胎移植，甚至利用活体采卵、克隆等技术进行体外胚胎生产，从而实现优秀品种的扩繁。澳大利亚目前使用范围最广、影响力最大的育种技术体系是“育种计划（BREEDPLAN）”。它集合了澳大利亚、新西兰、泰国、纳米比亚和菲律宾等国家的肉牛育种信息，不仅为澳大利亚肉牛养殖者提供所有种群的遗传信息，也被美国、英国、加拿大、南非、匈牙利和南美地区等多个肉牛生产国家所使用。育种计划收集了肉牛个体的血统和生产信息，包括其后代和近亲信息，还记录了基因与生产表现的关系。利用最佳线性无偏预测（BLUP）技术联合多性状分析程序，将记录的信息按不同品种的生产特性估测育种值。这样就可以在特定群体中找到平均值作为某一生产性能的标准，参考这个标准判断单个动物的某一生产指标的优劣。育种计划的根本任务是在大的群体中找到更多优秀的基因，并通过人工繁育技术培育更多的优秀品种，澳大利亚肉牛育种计划的主程序及其配套产品是由新英格兰大学、新南威尔士农业部门以及

MLA 联合完成的，目前这一计划得到了国际肉牛产业的认可，成为国际领先的育种体系，并得到了来自澳大利亚政府和许多企业的资金支持。育种计划可以分别为单独的养殖人员、规模化生产企业，甚至国际上的基因评测组织提供不同形式的技术支持。根据先进的育种理念，预先制订细致的育种计划，从产犊的难易程度、生长和母性、繁殖力和胴体等方面进行严格选育，积累育种数据，采用科学的方法进行育种值评估。经常从美国、加拿大、新西兰等国家引进种公牛，而且把胚胎移植技术作为重要的育种手段，每年都从上述国家引进优质胚胎进行移植，优化现有种群，选育优质种公牛。依靠完备的胚胎生物技术公司，对最优质的种牛开展克隆和基于活体采卵基础上的胚胎生产，通过胚胎移植进行扩繁。

澳大利亚肉牛良种繁育体系健全，包括原种场、扩繁场和育肥场。原种场主要进行纯种繁育，一般为下一个种畜场饲养 2 个或 2 个以上肉牛品种，主要任务是为扩繁场提供纯种的公牛和后备母牛；其次，还开展新品种的选育工作。扩繁场的主要任务是饲养纯种和杂种母牛，并利用其他品种公牛开展二元或三元杂交，生产商品肉牛。在澳大利亚南部主要开展安格斯牛、海福特牛、西门塔尔牛二元和三元杂交；北方主要开展以婆罗门牛为主的杂交生产。由于肉牛人工授精的难度大于奶牛，因此大多数牧场采用种公牛自然交配的方式繁殖后代。因此，澳大利亚除了在育肥牛营养方面不断作出调整外，还增加了精料比例。建立了数字化平台，为肉牛生产者提供实用、可靠的信息。国家繁育体系也会根据市场需求制订相应的繁殖计划。这反映出澳大利亚繁育体系对市场信息的敏感度。澳大利亚的肉牛繁育体系为现代化的肉牛养殖、繁育提供了优秀典范。

1. 育肥生产环节

澳大利亚是世界上生产牛肉最高效的国家之一。澳大利亚全国有牧场 6.7 万多个，草地利用方式均以放牧为主。养殖成本主要体现在基础设施投资和资料等方面。澳大利亚肉牛养殖场投资的主要资金来源是举债。2014—2015 年，澳大利亚农场的平均负债是 46 万欧元，而且一般农场规模越大负债越高。但由于产出能力强，其负债比反而较低。澳大利亚肉牛育肥分为架子牛饲养和集中育肥 2 个阶段，全程生产周期 20 个月以上。犊牛在 4 月龄左右断奶，之后在天然牧场放牧饲养，根据需要确定是否补充饲喂麦秸及少量玉米、大麦和小麦等精料，进行不超过 1 年的架子牛生产阶段，进入集中育肥阶段，饲粮变为以大麦、小麦、燕麦等精料为主，适当添加青贮玉米、干草等粗饲料。一般多采用 TMR 日粮。根据市场需求，采取不同的育肥时间，普通育肥牛主要是安格斯与婆罗门等品种的杂交后代，育肥牛入栏体重 300 kg 左右，育肥时间为 70~150 d，日增重 1.2~2.0 kg，出栏体重 500 kg 左右，主要生产普通牛肉。

澳大利亚肉牛产业的饲养形式分为放牧型和密集饲养型，放牧饲养的肉牛约占总数的 60%。肉牛养殖企业根据生产方式可分为北部牧场和南部农场。在北部地区拥有大面积的牧场，以公司形成的大型肉牛养殖企业为主，其中大型肉牛企业通常拥有大量牧场，而这些牧场环境千差万别。通过将肉牛送往饲草资源更丰富的牧场或更靠近市场的地段来饲养，虽然增加了货运成本，但显著降低了养殖风险。通常在南部地区耕地较多，养殖场多以密集饲养为主，饲养较小规模的牛群，基本为家庭经营。

（1）放牧饲养型　澳大利亚的肉牛产业主要是以天然放牧为主，其肉牛饲养从业者具有管理各种类型草场及放牧的专业知识，并且配有专门的科研团队通过模拟试验以及经济评估等方式积极推行科学围栏放牧和牧草种植，发展永久性或者一年生草场。同时，它们还具有完善的污水和排泄物管道系统，利用生物技术进行废弃物处理，真正做到绿色无污染。

饲料补充料在动物生产中扮演着重要的角色，养殖人员可以根据不同的生产环境，选择不同的补充料，为动物生长补充必需的营养物质，克服由自然环境造成的营养不良。澳大利亚典型的饲料补充料为糖蜜、谷物和尿素。根据不同需求添加不同功能的补充料。为了提高反刍动物对蛋白质的利用，就需要提供足够的能量来源，固体补充剂需要用谷物充当载体，液体补充剂需要用糖蜜进行包被。糖蜜等液体补充剂也可以充当蛋白质或矿物质添加剂的载体，但是当投喂过多的谷类饲料时，需要注意酸中毒现象，适时调整粗饲料的比例。在澳大利亚的不同地区，矿物质分布各有不同，但磷可能是该国最为缺乏的矿物质元素。在草食动物生长阶段应该及时补充磷，另外还需要补充铜、硒等其他矿物质元素，以免造成生产上的损失。这种利用充沛的饲草资源，采取放牧育肥或适当补饲的饲养方式生产的肉牛产品主要供应国内市场，这种饲养方式在澳大利亚约占60%。

（2）密集饲养型　密集饲养的肉牛通常情况下被固定在牛栏中，相比放牧条件下的牛群，整个生长阶段都会饲喂质量较高的饲料。由于长期在畜舍中生活，所以澳大利亚的养殖者更加注重畜舍环境卫生和排泄物的处理。同时还要避免热应激的发生。

密集饲养的牛群需要有合适的营养水平来保证所需的营养需要。澳大利亚的养殖者会根据市场需求指定相应的饲料配方以最大限度地提高增重。给予较高的能量饲料，配合一定比例的粗饲料，最大能量饲料比例可以达到85%。澳洲谷饲牛行业通过全国育肥场认证项目对谷饲牛肉最低标准的鉴定和技术规范进行管理。例如，澳大利亚一些繁育场会在饲喂初期的15~20 d少量添加精料，之后逐渐升高，这样可以避免酸中毒等不良反应的发生。

采用精粗混合后，每天多次投喂的饲喂方式保证足够的采食量，并且提供足够的水源。饲喂的粗饲料一般为干草，长度至少5 cm，以保证瘤胃正常的发酵。除了在满足蛋白质、能量、矿物质等需求外，一些养殖场会根据市场情况给予激素生长促进剂，以提高饲料转化率。任何饲料配给量应包含粗饲料（干草或青贮饲料）、谷物和矿物质。通常澳大利亚养殖场饲喂的过程是粗饲料饲喂2 d，然后在几天内逐渐增加谷物在日粮中的比例。谷物喂养的百分比可以每2 d增加5%。通常的做法是将谷物水平增加到约日粮的40%或50%，并保持在该水平几个星期。然后在完成阶段再次将谷物增加到70%或80%。这种谷饲育肥的方式，主要目的是增加体重、改善肉质、促进肌内脂肪沉积，提高牛肉大理石纹的水平，产品主要满足日本、韩国、欧盟等国家和地区对牛肉产品的需求。由于市场需求不断变化，消费者对肉牛品质，尤其是对谷饲育肥牛肉产品的需求逐渐提高。

2. 疫病防控概况

牛呼吸道疾病是澳大利亚育肥场最常见的疾病，致死率达到50%~90%。该疾病多发生在牛进入畜舍后4周内，为了降低该病的发病率，养殖场主采取直接从育种场采购肉牛，采购刚断奶的犊牛，接种疫苗，避免食物和水的突然变化，定期检测牛的呼吸道疾病早期症状，疑似呼吸道疾病的牛及时转移至动物医院进行治疗等多种措施，控制该种疾病的发生。另外，在澳大利亚，一些寄生虫病和场区内的蚊蝇也是降低牛群生长速率、影响牛群生产性能的主要原因之一，通常养殖者会采取一定的生物和化学方法来控制场区内的病虫害，并在场区建设时考虑排水、料槽和水槽以及粪便处理。

澳大利亚疾病防控体系是在疾病评估的基础上组织和实施的。以经济评估重要的地方性疾病对澳大利亚肉牛产业的影响为前提，结合经济评估结果确定优先级疾病列表，并综述疾病流行率、分布、风险因素及缓解的需求。针对解决相对局部问题的弊端，以及疾病在原有防控体系下的变化，对于肉牛产业而言，需要经常对最常见的流行疾病进行客观评估。从调研结果分析得出牛疾病优先级列表，主要疾病排名初稿需要参考所调查牲畜生产者的意见，然后通过顾问团和MLA代表组织讨论，一致同意后产生牛疾病优先级清单。

3. 政府机构和行业协会

澳大利亚农业水利和环境局（Department of Agriculture Water and the Environment）是澳大利亚政府部门，工作宗旨是通过合作和监管来促进澳大利亚的农业、独特的环境遗产、水资源的保护和发展。澳大利亚加强人工草地建设和草地改良、合理利用草场以保护天然草场；注重畜牧品种，不断引进欧美优良品种，注重高产优质牧草的选育工作；从品种选育、动物疾病防控、畜牧业机械、生产经营等注重融入高科技元素，鼓励广大农牧场主、企业集团等开办农业继续教育培训机构，使教育、科研和推广紧密相连；建全法治对畜牧产品饲料与兽药生产都作出了严格的质量要求。

澳大利亚饲养者协会（Australian Lot Feeders' Association，ALFA）是代表澳大利亚肉牛育肥场行业的最高国家机构，就饲喂肉牛的数量而言，ALFA会员占澳大利亚总饲养场的70%以上，代表了超过50个行业委员会，涵盖了谷饲育肥肉牛行业的所有领域，包括贸易、消费者营销、研究和开发、动物健康和福利、计划和公司事务。该协会致力于通过开展代表性和战略性的征费投资，行业发展活动和会员协助来提高肉牛场的盈利能力、专业水平和社区地位。国家育肥场认证计划（The National Feedlot Accreditation Scheme，NFAS）由ALFA制定，是针对澳大利亚肉牛饲养行业的独立审核的质量保证计划。经NFAS认证的饲养场才能以谷饲青年牛或谷饲育肥牛来销售牛肉。因此，农户和企业在建肉牛养殖场前，必须经过认证，确保其能遵守相关法规。获得NFAS认证的企业，可以通过出口谷饲牛肉获得更高利润，获得保险和环境税的折扣；在经营中更好地规避风险；有助于行业对市场的改善，并防止政府和/或客户对行业施加额外的要求和成本。ALFA每年还举办一系列研讨会、培训和会议，旨在提高澳大利亚肉牛饲养者的饲养水平。ALFA制定《国家育肥场环境工作手册》（National Beef Catile Fecdlot Environmental Code of Practice）和《国家肉牛育肥场指南》（National Guidelines for Beef Cattle Feedlots）。ALFA还制定了一系列谷饲育肥肉牛标准和规范（Grain Fed Beef Standards and Specifications），除了NFAS外，还有国家家畜识别计划（National Livestock Identification Scheme，NLIS）、畜牧生产保证（Livestock Production Assurance，LPA）、国家供应商声明（National Vendor Declarations，NVD）等。

澳大利亚牛业协会（Cattle Council of Australia，CCA）是代表澳大利亚肉牛生产者的最高生产者组织，汇总了代表养牛者和经营肉牛企业的个体成员的所有州级农民组织。CCA发布行业计划（Industry Programs）和能力计划（Capacity Programs）。行业计划包括畜牧生产保证（Livestock Production Assurance，LPA）、国家牲畜识别系统（National Livestock Identification System，NLIS）、澳大利亚肉类标准（Meat Standards Australia，MSA）、国家残留物调查（National Residue Survey，NRS）、放牧牛保险系统

(Pasturefed Cattle Assurance System, PCAS),养牛者可以注册成为会员。能力计划旨在激发、授权和支持对澳大利亚肉牛行业充满热情的年轻人,为他们提供直接参与的机会。该计划中设有 NAB 农业综合企业崛起冠军计划(NAB Agribusiness Rising Champion Initiative),为参与者提供与澳大利亚主要牛肉行业领导者建立联系的机会。该协会还为肉牛生产者提供行业内的研究和开发问题的建议,旨在提高农场和相关非农场的生产效益,改善对产业的研究支出,提高出口生产率;提供涉及草木支出费用的司法协助和开发计划的战略指导监督。该协会也发布关于动物健康、福利和生物安全方面的规定。关于这方面的具体标准可在澳大利亚动物福利标准和指南(Australian Animal Welfare Standards and Guidelines)网页中查询。

澳大利亚牛业工业基金会(Australian Beef Industry Foundation, ABIF)致力于对年轻人、教育和信息进行投资,以发展牛肉行业。通过教育、奖学金和其他计划,为牛肉行业的各职业提供支持。

澳大利亚肉类和牲畜协会(Meat & Livestock Australia, MLA)是澳大利亚影响力最大的行业协会之一,是红肉行业的服务提供商,不代表行业或游说团体。MLA 集前沿创新研究、提供营销和信息咨询等服务于一身。该协会的职能是建立畜产品质量安全体系、开拓市场、协助国家和州政府制定产业发展方针政策等,其与澳大利亚政府和红肉行业合作,为澳大利亚红肉工业的可持续性和全球竞争力做出了贡献。MLA 有 41 973 个认证饲养场/农场,42 家授权牛肉生产企业,包括餐饮业、超市、批发商等在内的 3 676 个终端用户,并有 120 个 MSA 认证的牛肉品牌,涵盖了家畜饲养者、肉类加工商、出口商和零售商。MLA 市场信息服务可以提供准确、及时和独立的市场信息,帮助企业做出最佳决策,提高市场利润;全国家畜报告服务提供牛羊生产和销售价格的统计信息。协会通过政府返回的大部分牛羊交易税,与农场和加工企业联合申报科研推广项目,通过收取服务费等形式获取运行经费。协会发布了《2025 战略计划》,概述了 MLA 的长期投资重点和成果,该计划使用澳大利亚红肉行业的 10 年战略计划和"红肉 2030"作为其基础。

在澳大利亚每个主要肉牛品种都建立了专门的育种协会。协会根据每个品种的情况制订有针对性的选育计划,建立了以肉牛繁育计划为基础的遗传评估体系,通过评定体重、繁殖和胴体性状等主要指标估计育种值。协会还负责登记优良种畜的个体信息、组织种畜场间的交流合作、推动牛肉产品出口等工作。

综上,澳大利亚肉牛育肥生产体系的优点是除了有广阔的天然草场外,还有集中育肥场,可以开展草饲和谷饲的肉牛生产。该国有成熟的良种繁育体系,对优秀肉牛品种的引进和本国的品种繁育非常重视且水平很高,肉牛良种率可达 100%。原种场、扩繁场和育肥场紧密衔接,肉牛育肥模式成熟,多以精料为主的育肥方式提高牛肉大理石纹等级。该国有成熟的品种协会和肉类协会,为优良种畜的登记、交流和出口提供了保障。

(四)新西兰

新西兰是发达国家中唯一以农牧生产为主的国家。新西兰全国 2/3 的土地适宜农牧业生产,耕地面积为 17.8 万 km^2。新西兰草地资源丰富、草地面积达 14 万 km^2,占国土面积 51.8%,草地与耕地面积之比为 32∶9,乳制品与肉类是最重要的出口产品。新西兰属于大洋洲,位于太平洋西南部,介于南极洲与赤道之间,西隔塔斯曼海与澳大利亚相望。新西兰的草地 65%以上为人工改良和种植的草地,并且人工种植和改良草地还在以每年

0.2 万~0.3 万 km^2 的速度递增。主要种植牧草有禾本科和豆科，如黑麦草、鸭茅、绒毛草、紫花苜蓿、三叶草、百脉根等。虽然新西兰的平原草场占比不大，却是畜牧业高度集中和发达地区。此外，在控制和利用过剩牧草方面，新西兰牧羊草场多数都饲养有肉用母牛，旨在利用牛吃掉草场上的老化和枯死的牧草，牛、羊比为 1∶2 左右，这样的组合对牧场发展十分有益。

新西兰肉牛业经过多年的选育和不断地引进欧美优良品种，目前饲养的肉牛品种主要有安格斯牛、海福特牛、夏洛来牛、肉奶兼用西门塔尔牛等优良品种，这些牛种体型大、增重快、瘦肉多、脂肪少、优质肉比例大、饲料报酬高，深受肉牛养殖者和消费者欢迎。新西兰饲养的畜种已全部实现良种化。这些优良的家畜品种为新西兰牛肉生产和出口品质优良、数量众多的畜产品提供了最基本的条件。牲畜全部良种化，并按各地的雨量、温度与自然条件饲养不同畜种，实行区域化、专业化生产。目前，新西兰北岛北部以肉牛生产为主，南部以奶牛饲养为主，南岛以生产羊肉、羊毛为主。目前有近 3/4 的牧场以经营某一产品为主，专业化生产有效提高了劳动生产率。机械化代替了繁重的体力劳动，如牧草的种植和管理、饲料加工、挤奶、剪羊毛、屠宰、加工、运输、冷冻等，主要依靠机械设备完成。

育种的农场单纯育种，不养殖商品畜种；商品育肥生产的农场只进行育肥，不育种，并且种公畜、种母畜由不同的农场生产，以避免近亲繁殖、品种退化。从国外引进家畜品种到新西兰必须经过严格的隔离、检疫、选育等过程，一般需要 5 年的时间才能确定是否可以在生产中推广应用。各农场为追求效益的最大化，在日常饲养管理中非常注意及时观察、淘汰生产性能较差的家畜个体，通过长期选择确保家畜品质水平得到不断提高。同时，在家畜拍卖市场拍卖家畜时，外形好、体况佳、毛色正、质量优的家畜拍卖价格明显较高，在客观上通过市场引导促进了良种化水平的进一步提高。根据不同气候、饲养条件，因地制宜进行杂交组合，如在温暖、平原地区主要发展体型较大的品种；寒冷、高山地区主要发展体型相对较小且耐寒的品种；饲养条件较好的地区主要发展生长较快品种；饲养条件较差的地区则主要发展耐粗饲的品种等。

1. 育肥生产环节

新西兰肉牛养殖农场主要分布于北岛的马纳瓦图、怀卡托、霍克湾和南岛的坎特伯雷等地。养殖者依据肉牛出栏活重需求的不同，其管理目标和饲喂策略有很大灵活性。春季时草场的牧草高度能达到 6~8 cm，肉牛每天 1 kg 的增重速度是可以维持的；夏天和秋天草场的牧草重量只能达到 0.5~0.75 kg/d。新西兰的育肥生产环节主要包括集中配种和产犊、放牧饲养。

（1）集中配种和产犊　肉牛繁育要求的平均初生重以品种划分。如安格斯牛 28 kg、海福特牛 33 kg、夏洛来牛 42 kg。在新西兰，肉牛配种季节是春末至初秋 10~12 周时间。犊牛出生后 6~7 月龄断乳，18 月龄屠宰，出栏体重 225~240 kg，屠宰率约 60%。在新西兰，繁殖性能高的母牛必须具备以下条件：均在配种期的前 3 周发情，在配种期怀孕率达 90%~95%，平均产犊间隔为 365 d。公牛的配种年龄一般为 2~6 岁，母牛为 2~8 岁，也有少数牧场，1 岁龄公、母牛即开始配种，但要求体重至少 250 kg 以上才允许。公母牛比例一般为 1∶30。利用年限公牛为 6~8 年、母牛为 8~10 年。用切除输精管的小公牛（6~8 月龄）试情，一般可试情 100 头 1 岁龄的后备母牛。肉牛的受胎率为 90%~95%，产犊率为95%，成活率为96%。

（2）放牧饲养　新西兰被誉为“世界最大的牧场”，新西兰以家庭农牧场为主，牧场经营规模虽小，但经营方式集约化。肉牛采用围栏放养的方式，没有畜舍，牛群昼夜都在栅栏内自由活动，不需人看管。必要时，靠农场主培训的牧羊犬驱赶或骑摩托车亲自驱赶。这种放牧方式，不仅比舍饲节省大量劳动力，生产成本低，而且产品的品质和风味优良，在国际市场上颇具竞争力。放牧饲养在动物福利方面更加有利，牛群能更好地表达自然天性。新西兰放牧方式主要是分片轮牧（划区轮牧），采用永久性围栏与临时性电围栏相结合，实现“以栏管畜、以畜控草”。每个农场都根据自己草地资源情况以及各个季节家畜放牧需求，以固定围栏的形式将草地划分为若干区域。在围栏区域内再以电围栏划分更小区域，有计划进行分区轮牧，确保草地不过牧和草地利用后尽快恢复。采用以畜管草，充分利用牛羊采食牧草的不同特性来管理草地。新西兰的农场一般都会牛羊结合饲养，即使是专门的养羊场通常也会饲养几头牛。羊喜欢吃嫩草，牛喜欢吃老枯草，羊吃过的草地再让牛吃，不仅提高了草的利用率，而且也有利于防止杂草。这样的管理模式避免出现因过牧而使草场退化，或因轻度放牧而出现牧草老化、浪费、利用率不高的现象。草地畜牧业是新西兰的立足之本，高质量的牧草、高水平的牧场管理，使新西兰的牛、羊、鹿等草食家畜获得理想的高产，使畜产品的增长主要依靠单产的增长。各农场都会依据全年牧草生长曲线，认真核算各季节及全年的牧草生长量，并以此确定各季节家畜的适宜载畜量，以及为牧草生长淡季所应提前贮备的牧草量，以实现全年牧草供应的平衡。

新西兰重视饲养管理，认为只有良好的饲养管理才能有好的生产效益。每天都会对家畜进行称重，以便及时发现和淘汰不良家畜。及时将出生后的幼畜与母畜分开，进行分群饲养、集中保暖、哺乳，并且设置单独的草地供幼畜放牧，这不仅有利于增加幼畜的饲养水平，也有利于提前断奶，促进母畜的生长和发情。重视牛只的生理特性，结合其行为特点进行管理。例如，牛感知距离和运动速度的能力很差，在行进过程中地面上的异物、阴影或道路的变化就会使牛感到不安并停止行进；倾向于向光亮处行进而不会主动进入暗区；对噪声和外来物敏感；对不良驱赶方式记忆明显等。因此，新西兰人在饲养管理中会结合这些行为特点改进管理方法，如尽量减少路面变化、合理用光促进牛行进、控制机械噪声、减少电击驱赶等。新西兰重视对牛群的训练。在训练过程中会遵循“stockmanship”的训练方法，这种方法旨在通过综合动物行为、训练技巧、饲养管理等方面技术来减少放牧过程中可能产生的应激，保证动物福利。例如，在放牧过程中引入工作距离概念，即指牛开始远离饲养员或犬的距离。进入和退出工作距离可以增加牛移动的速度。同时利用牛颈肩线和脊柱线两个动线，控制牛的进退及方向。新西兰重视牧草利用。牛的饲料需求曲线与牧草生长曲线一致时才能最有效地获得牛奶及收益。春天牧草茂盛，夏天稍差，秋天稍好，冬天则降到基础水平。在牧草开始生长时产犊的牛，泌乳高峰恰在牧草生长最好时期。新西兰人尽可能使分娩季节和牧草生长同步，以有效利用牧草，获得更大收益。

新西兰畜牧业的机械化程度非常高，肉牛的放牧、疫病的防治及牧草种植的全过程基本均已实现机械化，并且有专门的机构和专业的技术人员提供服务。他们不仅能够提供农机销售、配件供应、修理保养、机械作业等服务，并且具有种类齐全、型号多样、性能先进的机械装备，能够满足不同牧场、不同生产环节的需要。农机公司建立有相关责任奖惩制度，确保项目农户在第一时间获得优质服务。新西兰畜牧业经营的规模化、服务社会化大大提高了养殖设备的使用效果。新西兰十分重视从业者的专业技能培训。农场主和雇工等从业者必须经过严格的岗前培训以获得所需理论和实践知识，包括牧草种植、牧草营养、饲养管理等理论知识和实际操作技能，并通过考核，取得相应的证书才能从业。

2. 疫病防控概况

新西兰地理上与世隔离，造就了新西兰独特的生态环境和生物物种，没有世界其他地区常见的各种动植物病虫害。农牧业是新西兰经济的支柱产业，仅一种动植物病虫或杂草的传入就会给新西兰带来灾难性的后果，因此为了保护新西兰的农业、园艺和森林，农林部执行非常严格的动植物检疫制度，实行极为严格的动物及动物产品入境检疫规定，对内建立了由政府、州（领地）政府及当地（相当于县级）政府组成的三级防控体系，全面实施动物疫病的防疫、监控及净化工作。新西兰是世界上重要的畜产品生产国和出口国之一，畜牧业在其国民经济中占有举足轻重的地位。其安全卫生的动物及动物产品一直在竞争激烈的国际环境中享有较高的盛誉，其生产的动物及其产品可以不受限制地在全球贸易。并计划于 2030 年前全面停止使用抗生素，将不需要抗生素来维持动物的健康和福利。这得益于其健全的外来动物疫病防控法律法规、完善的管理体系以及经济有效的疫病防控技术。迄今为止，没有或少有世界其他地区流行的重大动物疫病。

新西兰动物疫病防控体系有良好的法律保障。1993 年 8 月 26 日农林部生物安全局颁布了防控外来物种入侵的指导性法律《生物安全法》，目的是对有害生物进行禁入限制、根除和实施有效管理。其中涉及动物及动物产品的入境卫生标准 290 项、风险分析 8 项、临时和隔离场所标准 21 项、动物福利 15 项。1999 年颁布的《动物产品法》也包含动物检疫方面的法规，新西兰农林部生物安全局并根据此法建立了活动物和动物种质进口的标准。新西兰外来动物疫病防控计划——《153 系列标准》是疫病防控方面最主要的法规，该法规分别对农林部、各级应对中心和生产加工企业等有关部门均做了具体规定。

新西兰从未发生过牛海绵状脑病、牛瘟、小反刍兽疫、牛结节性疹。新西兰政府根据流行状况实施了极具特色的牛结核病根除计划，达到 OIE 的牛结核病官方无疫要求。新西兰已经消灭的疾病：传染性牛胸膜肺炎、牛布氏杆菌病、包虫病、牛地方流行性白血病。近年来监测到的疾病：牛传染性鼻气管炎、牛结核（TB）、副结核、牛病毒性腹泻、支原体病、钩端螺旋体病、地方流行性白血病等，尤以牛传染性鼻气管炎（IBR）发病率较高，个别农场高达 80%~90%。

寄生虫病是新西兰放牧牛羊的主要疾病，可分为内、外寄生虫病。内寄生虫病主要有蛔虫、肺线虫、绦（带）虫、胃肠道寄生虫和肝片吸虫病，采取牛羊定期灌药的办法来防治。羔羊每月灌药 1 次；成年羊每年 2~3 次；犊牛每隔 2 个月灌药 1 次；成年牛无须灌药。外寄生虫病主要是虱，采用药物喷洒、药浴和涂药 3 种方法进行防治，需要在秋天开始药杀，经 3 周后再药杀 1 次。

3. 政府机构和行业协会

新西兰第一产业部（Ministry for Primary Industries，MPI）是政府机构。其职能首先是根据国际市场需求，由法定机构确定出口产品，制定法律法规，农场主必须严格按照产品质量标准和欧盟、美国制定的卫生标准进行生产加工。其次是主管出口许可证签署，并支持科研活动，开发高新技术，推广科研成果。新西兰的科研与推广机构基本上是一体化的组织形式，即研究所或大学、其他形式的咨询机构、公司等都具有组织科研项目和成果推广的机构设置、专业人员与运用系统。由于新西兰的特殊地理位置，可持续农业对新西兰非常重要。

新西兰农业研究所由奶业与肉牛研究部、鹿生产研究部、草地研究部、动物卫生研究部和技术转让系统5个部门组成。其主要职责：首先是根据政府制定的科研政策、市场需求和商业价值确定科研项目；其次是按照科学技术基金会（新西兰年均科研费为3.5亿新元）规定的程序和要求向基金会申报，参与科研项目竞争；再次是组织科研项目实施，大多数项目必须自负盈亏，即项目费用必须包括人员工资、运行费用、管理费用和适度利润；最后是科研成果转让或推广。农场主是畜牧业生产管理的主体，通过他们的生产经营为市场提供源源不断的畜牧产品。无论是农场主还是雇用工，都有着丰富的理论和实践知识。农场的雇用工都必须经过严格的岗前培训，并取得相应的证书才能被雇用。在农场就业最低必须持有三级培训证书（最高为六级），级数与薪酬成正比。大学任教的许多畜牧方面的教授专家都有在农场长期工作过的经历，有的甚至目前还是农场主。丰富的实践知识为他们开展教学提供了良好的支撑，他们知道生产中最需要什么，知道哪是难点和重点，知道怎样有效解决问题，使其授课有很强的针对性，学生听得懂、喜欢听、学后就能用。

新西兰动物生产协会（New Zealand Society for Animal Production）参与了肉牛生产和科研的各个方面，包括动物生产与管理、动物营养、肉质、动物福利、动物育种和动物遗传等，畜种涵盖了绵羊、山羊、鹿和牛。在新西兰，几乎各个牛品种都有各自的品种协会，主要负责本品种的选育工作。新西兰主要的育种企业有 Beef+Lamb New Zealand Ltd.（新西兰牛羊肉有限责任公司），为农场提供育种、市场信息、遗传资源和人才等方面的技术支持。

综上，新西兰肉牛育肥生产体系的优点是唯一一个全放牧育肥生产体系的国家，放牧技术非常成熟，草场管理水平很高，机械化程度很高，饲养区域较集中。拥有成熟的肉牛良种，对引进品种有严格的选育制度，需要较长时间才能引进该国。且该国除了有协会支持外，科研院所与农场结合较为紧密。

（五）印度

印度是世界上传统的农业国家，印度天然草地少，非常重视现有草地的保护、改良和利用。优质饲草料有效供给不足是制约印度草食畜牧业发展的一个重要因素。为解决这个问题，印度在不同农业气候带建立了若干个地区性牧草试验场，以科学方法培育优质牧草。科学规划优质牧草种植区域及适宜的品种，精准计算轮牧时间及载畜能力，如在干旱、半干旱地区种植抗旱耐牧的优质野生牧草——蒺藜草，1~3年后可提高牧草产量8~10倍。在湿热地区种植抗热、抗旱优质豆科牧草，如三叶草、苜蓿等。除开垦荒地种植饲草外，还实行粮食和饲草轮作、套作，同时采用开辟林间牧地、利用农作物收获后的休闲地及村边和田边地角放牧，以解决饲料不足的困难。此外，在农村建立饲草和牧场示范基地，为农民提供饲草种子及种植饲草所需的工具。随着农业用地的萎缩，印度大部分地区面临着严峻的饲料短缺问题。

印度已经确定品系的纯种水牛仅占总数的20%~30%，其余均是未分型或品种迁移过程中形成的杂种牛。为了提高印度水牛平均日产奶量，印度开始加强育种管理、开展遗传改良以进一步提高整体生产性能。印度水牛的育种管理主要由印度农业研究理事会（ICAR）进行统筹协调。ICAR 下辖中央水牛研究所、国家奶业研究中心和国家动物遗传资源局等机构，主要参与印度水牛的后裔测定和遗传改良等工作。印度绝大部分邦和县也都建立了水牛科研推广机构。据估算，印度每年需要 5 000~6 000 头公牛用于精液生产才能满足人工授精普及率达到 20%的需求。印度是全球牛存栏量最多的国家，品种较多，包括印度瘤牛、印度野牛、辛地牛（Sindhi）、翁戈牛（Ongle）、康克来其牛（Kankrej）、吉尔牛（Gir）、摩拉水牛等。摩拉水牛是印度饲养水牛数量最多的品种，占印度水牛的 47%。

1. 育肥生产环节

印度属于热带雨林气候，一年四季温度较高。即使在印度北部，平均气温也要高于广西大部分地区。印度各邦牧养的肉牛数量比例不同，主要分布于北方邦、中央邦、安得拉邦、马哈拉施特拉邦、拉贾斯坦邦、比哈尔邦和旁遮普邦等地。北方邦、安得拉邦、中央邦、古吉拉特邦和马哈拉施特拉邦的水牛所占比例较大，而比哈尔、西孟加拉、泰米尔纳德及其他各邦牛的比例则更大。北方邦以水牛为主，拥有全国水牛总数的 28. 17%，居各邦之首；其次是拉贾斯坦邦，占全国水牛总量的 11. 94%；安得拉邦、古吉拉特邦、中央邦的水牛数量分别占全国水牛总量的 9. 77%、9. 55%、7. 53%。在水牛存栏中，母牛存栏最多的是北方邦，占全国总量的 27. 77%，第 2~5 位依次为拉贾斯坦邦、古吉拉特邦、安得拉邦、中央邦，分别占比 12. 31%、10. 31%、10. 01%、7. 46%；公牛存栏最多的北方邦，占全国水牛公牛的 30. 52%，其次依次为拉贾斯坦邦、安得拉邦、中央邦、比哈尔邦，分别占比 9. 78%、8. 39%、7. 97%、6. 06%。在黄牛的存栏中，中央邦所占比例最多，10. 27%，第 2~5 位依次为北方邦、西孟加拉邦、马哈拉施特拉邦、拉贾斯坦邦，分别占比 10. 24%、8. 65%、8. 11%、6. 98%。母牛存栏前 5 位的地区依次为北方邦、中央邦、西孟加拉邦、拉贾斯坦邦、比哈尔邦，占全国母牛存栏的比例分别为 11. 91%、9. 25%、9. 10%、8. 18%、7. 39%；公牛存栏前 5 位的地区依次为中央邦、马哈拉施特拉邦、奥里萨邦、西孟加拉邦、北方邦，占全国公牛存栏的比例分别为 12. 11%、10. 64%、8. 57%、7. 84%、7. 22%。

印度非常重视科学技术在畜牧业生产中的重要作用。在黄牛和水牛生殖生理、胚胎生物工程、遗传工程、动物疫病防治、微生物学、动物营养与动物生产力及畜产品质量关系等方面的研究取得了许多重要成果，都达到了国际先进水平或处于国际领先地位，并在畜牧业中推广使用。印度水牛遍布全国，在育种管理、饲养管理和胚胎生物技术方面具有一定的优势。

印度水牛场的水牛舍基本都是棚式结构，除了挤奶时间外，其余时间都是放开饲养。为了在夏天高温闷热环境下降温，棚内一般有水喷淋装置。印度水牛的饲料主要以农作物秸秆和青草为主，适当辅以精料和矿物添加剂。农作物秸秆是印度水牛粗饲料的最重要来源，农作物秸秆利用是印度水牛业中非常重要的问题。据统计，全国青饲料缺口 36%、干饲料缺口 40%、浓缩饲料缺口 57%。印度农业部的评估机构认为，仅用农地的 4%来生产全国所需的饲料是远远不够的。

2. 疫病防控概况

印度是全球口蹄疫流行最严重的国家之一，口蹄疫也是对印度水牛业威胁最大的疾病，目前主要通过疫苗定期注射来预防，通过建立无疫区（Disease Free Zone）并逐步扩大无疫区范围来控制。口蹄疫的防控由印度农业研究委员会下的口蹄疫项目指挥部负责，由各邦、地区政府畜牧部门具体实施完成口蹄疫防控计划。口蹄疫防控的技术支撑机构还有印度兽医研究所、动物健康国家研究所，以及兽医流行病学和疫病信息国家研究所。

3. 政府机构和行业协会

印度农业合作和农民福利部（Department of Agriculture，Cooperation & Farmers Welfare，DACFW）是政府机构，是兽医行业最高主管部门，下设畜牧和渔业部。目前，印度还没有组建与美国、巴西、澳大利亚和新西兰同等功能的权威协会，对肉牛产业的监督和管理多由政府部门执行。印度中央和各邦政府相继在全国范围内成立了一大批畜牧科技站和储存外国种牛精液的人工授精站。并在北方邦、古吉拉特邦、拉贾斯坦邦等 15 个邦成立了种畜饲养场和牲畜饲养培训班；印度政府制定了总体的奶畜育种策略并进行分类指导。为加快新成果推广应用，加快遗传改良速度，印度政府配套推出了“关键村”计划。在每个关键村都建立了育种中心，内设配种站，配备优良种公牛和人工授精设施。每个育种中心站还负责管辖 4 个关键村（凡一村或附近有 5 000 头 3 岁以上的能繁母牛，即被定为关键村）的饲草饲料供应、疫病防控、牲畜及畜产品（包括牛奶及奶酪）的销售等工作。这样的中心站作为政府及科研机构的桥梁，通过实地试验示范，将技术推广给养殖户，提高了科技水平，解除了农民的后顾之忧，增加了农民收入，经济效益明显提升。

综上，印度肉牛育肥生产体系的优点是拥有水牛育肥良种，放牧多在收获农作物后的耕地上以母育犊的形式开展。农作物秸秆的利用比例较高。该国没有很成熟的协会，但政府成立了多个畜牧站，帮助农户解决肉牛生产问题和技术推广。

（六）日本

日本活牛（肉牛+奶牛）养殖主要集中在九州和北海道地区，全国肉牛饲养户共有 5.44 万户，户（场）均养殖 47.8 头，饲养 500 头牛以上的户数有 1 740 户。日本肉牛业从业实体 2.33 万个。农业面积 364.5 万 hm^2，其中水田 243 万 hm^2，旱地 204 万 hm^2，草地面积 36.95 万 hm^2，饲料种植面积 10.49 万 hm^2，饲料种植经营实体 2.60 万个，牧草专用种植面积 51.41 万 hm^2，饲草种植经营实体 3.10 万个。

日本肉牛主要品种为黑毛和牛，目前主要采用人工授精技术进行繁殖。一般来说，日本和牛一生能产 15~16 胎，但是为了保证母牛和犊牛的健康，一般产到 10 胎左右就停止配种。为此，给良种母牛注射促卵泡素，使其一次性排出多个卵母细胞，在牛发情时，选择优秀的种公牛精液进行人工授精，人工授精 7 d 后，采集受精卵。取出来的受精卵进行显微镜检查，并进行吸管、冻结等操作，然后将受精卵移植到受胎牛，通常情况下，受胎牛为最初筛选的母牛的子代。在日本，常把生产高品质牛肉的黑毛和牛的受精卵移植到荷斯坦奶牛体内，以荷斯坦奶牛为母体生产黑毛和牛犊牛。日本肉用牛分为肉牛、乳用和杂种牛（F_1）。肉牛是以生产牛肉为目的改良培育而来的肉牛专用品种；乳用是对奶牛养殖业副产物（公犊、淘汰母牛和种公牛）进行育肥生产牛肉的牛；杂种牛是指用奶牛母牛与肉牛公牛杂交生产的 F_1 犊牛进行育肥的牛，杂种牛在肉质上优于乳用。

1. 育肥生产环节

日本肉牛产业总体上将呈现高度专业化、集约化、规模化养殖等特征，但 100 头以下肉牛繁殖经营户仍将长期存在，一直以来，日本肉牛业的重点任务之一是继续优化肉牛品种，提高个体产肉量和牛肉品质。

日本肉用牛养殖企业多为育肥企业，主要集中在北海道、九州等远离都市圈的地区。育肥用犊牛主要来源为家畜拍卖市场，进行工厂化规模化育肥生产。由于饲养方法比较特殊，需要花费比普通牛更多的时间，所以黑毛和牛一直以小型农场方式饲养。育肥期主要根据体重变化，饲养以精饲料、水稻或者干草，每日早晚 2 次饲养。除此之外，由于饲料米在日本的广泛推行，很多研究开始倾向用饲料米代替部分精饲料育肥和牛，并取得了一定成效。在日本国内，很多研究机构也在大力研发新型饲料资源和一些未利用的具有饲料潜在价值的资源，例如一些水果残渣等，有部分牧场开始使用这些新型饲料，并表现出了良好的饲养成绩。

（1）肉用牛育肥　日本的肉用牛品种主要是黑毛和牛。公牛和母牛都有用于育肥。由于阉牛的肉质好于公牛，且打斗倾向少，目前日本肉用牛多为阉牛。未经产的母牛通常从 9.5 月龄、体重 270 kg 左右开始育肥，在 30 月龄前体重达 600 kg 以上出栏。经产牛以产 1~2 胎的经产牛育肥效果最好，育肥时间以 8~10 个月为宜。

（2）乳用牛育肥　在日本，奶公犊、不被用作后备牛的未经产母牛，以及淘汰的经产牛是日本育肥牛资源的重要来源，为日本国内牛肉产量的 1/4 以上。荷斯坦去势公牛的牛肉生产有 2 种方式：①犊牛-育成-育肥的方式；②6~7 月龄青年牛持续育肥。未经产母牛多从 7 月龄左右开始育肥直至出栏。经产淘汰牛大多是因为没有繁育能力或产奶性能差，而转为育肥屠宰。通常胎次越高需要的育肥时间越长：初产牛需要 1 个月，3 胎牛需要 2.5 个月，5 胎牛需要 4.5 个月，7 胎牛需要 7 个月。胎次越高，育肥效果越差，因此老龄牛多不用作育肥。

（3）杂交牛育肥　日本的杂交牛中，用黑毛和牛的公牛与荷斯坦母牛生产的杂交牛的利用最广泛。这种 F_1 代杂交牛的脂肪酸组成与黑毛和牛一样，1 价不饱和脂肪酸的比例比荷斯坦牛的高；该杂交牛的育肥效果偏向接近于黑毛和牛。杂交公牛的育肥方式和乳用公牛的相似，也包含 2 种模式。杂交母牛多用于直接育肥。

2. 疫病防控概况

在日本，和牛的饲养繁殖，特别重视犊牛的疾病预防，由于环境变化，犊牛自身抵抗力较弱，容易发生疾病，特别是腹泻。犊牛易患伤风等呼吸道疾病。原因是空气传染和在鼻子或者气管黏膜附着的细菌或者流行性病毒侵入而发病，因此主要预防措施要将犊牛置于通风良好的舍内，并保持清洁，避免灰尘、氨等刺激性气味产生。在日本，目前疾病的预防通常采用的方法是定期疫苗接种，在牛场严格控制外来人员进入，特别是境外人员，例如从境外入境日本的人员必须隔离 15 d 以上才能进入养牛场。入场时也必须进行常规消毒。

3. 政府机构和行业协会

日本农林水产省（Ministry of Agriculture，Forestry and Fisheries，MAFF）是政府机构。

全国肉牛振兴基金协会联合了 17 个相关协会，旨在促进肉牛价格制度稳定健康发展，促进生产者的经营稳定，改善国民饮食习惯，促进肉牛生产。全国肉牛商业合作社（Japan Cattle Industry Cooperative）对农民进行生产性的指导，主要包括生产计划的制订、生产技术的咨询与农产品结构的调整等。日本农协包括基层农协、县级联合会与全国联合总会3个组成部分。各个组成部分之间进行协同合作，各自承担各自的职能，共同完成一项任务，与其他国家的农业合作社不同，日本的农业合作社并不是农民占主体的经济组织，而是属于农户的政治经济社会组织，具备一定的社会组织色彩。政府在其中发挥着管理与协调的作用，政府对农户开展农业技术方面的培训，不断发展现代化农业。通过农业联盟等形式来推广农业技术。同时，政府也会给农业合作社以资金与政策支持。农业合作社可以通过商业银行获得大量的融资资金。因此，政府的财政资金与银行的信贷资金是农业合作社的主要资金来源。

综上，日本肉牛育肥生产体系的优点是该国拥有全球最出名的生产高档牛肉的纯种和牛，采用人工授精进行繁育，通过育肥企业的舍饲育肥来实现生产。研发的饲料米是该国精料的特色原料。

（七）法国

法国畜牧业产值占农业总产值的70%以上，其中肉牛业产值占全国农业总产值的10.74%。肉牛业是法国畜牧业的主导产业，有50%以上的土地用于种草养牛，每公顷载畜量2~3头。法国肉牛存栏量和牛肉产量均为欧洲第一。法国十分重视研究先进的繁殖技术、地方肉牛品种的选育和推广。法国在肉牛育种、繁殖技术、养殖体系和管理制度、饲料配方体系、肉牛身份识别和牛肉产品可追溯系统技术领域均处于世界先进水平。法国已经形成了完整的养殖到餐桌的经营体系。法国属于海洋性气候，冬季多雨雪，夏季凉爽湿润。法国草场面积有1 490万 hm^2，占农业土地总面积的53%，草场面积中永久性草场1 100万 hm^2，主要用于养牛。放牧草地是经人工改良后形成的永久性草地，牧草品种多为人工播种的黑麦草、高羊茅、三叶草、苜蓿混播，生长期在5年以上。

法国肉牛生产所用品种的60%为专门化肉牛品种，剩余的来自乳用品种。法国牛肉主要销往国内市场。目前，肉牛主要品种是夏洛来、利木赞和金色阿奎丹，这3个专门化的肉牛品种共同的特点是粗饲料利用率高、生长速度快、瘦肉率高。其中，夏洛来的养殖主要在法国中部地区，利木赞的养殖主要在中部高原和西部草原，金色阿奎丹主要在西南地区。法国肉牛群的杂交群体很少，绝大多数是纯种牛。在法国，保证动物福利是政府引导畜牧生产的优先事项。动物福利往往转化为5个个体自由基本原则，即没有饥饿、口渴和营养不良，没有恐惧和苦恼，没有身体和/或应激，无疼痛、伤害和疾病，具有表达动物正常行为的自由。

1. 育肥生产环节

与其他国家不同的是，从肉牛性别上，法国母牛屠宰量最高，其次是青年公牛，阉牛屠宰量排全国第三。肉用母牛存栏量为400万头左右。法国肉牛养殖成本中，饲料成本占40%，燃料成本占10%，肥料成本占12%以上，折旧占30%以上，育肥牛生长的保险费及场地租金费较高。由于法国肉牛屠宰率很高，且肉质鲜嫩、色浅、脂肪含量低，在国内和周边各国的销售价格较高。

（1）育犊母牛养殖　肉用母牛多采用夏季放牧、冬季舍饲的方式饲养。舍饲以粗饲料为主，搭配谷物和糟粕类精料。母牛冬季产犊后，育犊至少6个月断奶后母子分离。

95%的母牛育犊期间，都是在草场上放牧完成的，如果季节好，没有任何额外补饲。这种母牛育犊存栏量占法国总存栏量的52%左右。犊牛6月龄后根据不同的目的被售卖：有2/3的犊牛被送到育肥场育肥至1~3岁屠宰，其中有一半出口至意大利的育肥场；1/4的公母犊牛用于后备母牛群的更新，保证良好的繁殖性能；6%的犊牛可直接育肥生产犊牛肉；剩下的公牛也会被阉割，在草场上育肥至出栏。

（2）青年牛持续育肥　通常对青年公犊牛采用强度育肥方式，在肉牛生长速度很快的年龄阶段饲养，出栏年龄小于20月龄。青年牛持续育肥不采用放牧，而是全期舍饲饲喂高能量饲料。此外，法国的牛肉标签上，常见2种描述：1岁以上未产过犊牛的母牛；12~24月龄的青年公牛。根据牛源品种的不同，乳用品种出栏年龄和体重分别为15~17月龄和600~700 kg，专门化肉牛品种及其杂交后代的出栏年龄和体重分别为15~19月龄和650~750 kg。

（3）放牧补饲育肥　阉牛和母犊一般采用放牧加舍饲混合育肥，2~3岁出栏。这种方式可最大限度利用草场，放牧育肥时间长（18个月至2.5年），舍饲育肥时间短（1~6个月）。法国草地畜牧业放牧多采用电围栏划区轮牧，部分永久性草场收割后也做干草或青贮饲料。法国生产的牛肉色浅、脂肪含量低，受到国内和周边国家消费者的喜爱。

（4）淘汰母牛育肥　淘汰母牛为法国提供了近1/2的牛肉。这些母牛既来自乳用品种牛群，也来自肉用品种牛群。由于品种、年龄、胎次、营养水平、养殖方式的不同，淘汰母牛间的差异很大。来自肉牛群的母牛，只要身体状况和繁育性能良好，它们就会被一直留在牛群中，而来自乳用牛群的母牛平均屠宰年龄较低。淘汰母牛通过舍饲或放牧方式育肥。生产上大约55%的淘汰泌乳母牛在泌乳末期出栏，其中2/3的母牛不需要特别育肥。相反地，如果母牛体况偏瘦，就需要先育肥再出栏。

2. 疫病防控概况

法国实行典型“垂直”的官方兽医管理制度，兽医管理涉及动物饲养-屠宰加工-市场流通和出入境检疫的全过程监控。农业部公布的动物疫病，卫生兽医部门必须严格实行防疫。真正落实以防为主的政策，疾病少，疫病更少。基本消灭了口蹄疫、结核和布病等疫病。一旦发生疫情，处理非常迅速。不仅生产成本低，产品品质也安全可靠，市场竞争力强。

3. 政府机构和行业协会

法国粮农渔业部（Ministry of Agriculture and Food）是政府机构。法国特别重视可持续发展，政府主导性调控发挥重要作用。随着畜产品过剩、草原资源消耗严重，为实现农业生产的高效益和市场供给的平稳，在依靠市场调节的同时，政府通过制定农业发展政策，实施补贴，严格控制生产规模，同时注重对资源和生态的保护，强调可持续发展。针对养牛的补贴，有繁殖母牛补贴、繁殖母牛补充津贴（各地不同）、草场农业环境补贴（以草场面积计算）、屠宰补贴、困难地区畜牧业补贴。每项补贴都有不同的计算标准。法国还严格执行欧盟农业共同政策，主要体现在实施农业补贴政策上。

法国国家食品环境和劳动卫生安全局（ANSES）是一个在卫生部、农业部、环境部、劳工部和消费者事务部监督下的公共机构。从农场到消费点的一切工作都由肉类部门的专门人员承担，并由专门机构人员监督实施，保证提供给消费者肉类的食品安全。ANSES

的任务是进行风险评估，向主管当局提供有关这些风险的所有信息，以制定立法、监管规定所需的科学技术、专业知识和风险管理措施。

法国肉牛养殖区域规划十分明显，不同区域养殖不同品种肉牛，且成立了养殖协会。如利木赞养殖协会，由 17 个利木赞繁育场组成的利木赞基因服务协会组织，以及拥有 700 户利木赞养殖户和肉类加工企业组成的利木赞合作社。法国塞西亚公司（Sersia-Evolution International）是法国最大的肉牛育种公司，主要为国内外提供优良的肉牛冻精、胚胎和种牛。养殖协会由法国养殖户联合组织国际合作办公室，专门为发展养殖反刍动物而设立的高资质鉴定机构。法国国家肉类与畜牧业跨行业组织是法国最大的协会组织，该行业组织作为政府和经营主体之间的联系中介和行业代表，实行自我管理与协调、维护市场竞争秩序、交流生产经验，同时也对政府政策的制定发挥影响，为政府政策的实施提供了平台。行业组织与政府可以有效沟通，对维护市场竞争秩序和实施政府政策提供了平台，在国际交流合作中发挥了政府难以替代的作用。法国农业科学研究院研发出世界先进水平的反刍动物饲料配方体系（INRAtion 软件），最大限度利用粗饲料来满足动物的营养需要。

综上，法国肉牛育肥生产体系的优点是犊牛 6 月龄之前都在草原上跟着母牛放牧饲养，之后按目的育肥。法国拥有成熟的肉牛良种。母牛和青年公牛屠宰量很大，牛肉瘦肉率高。非常重视动物福利，并严格监管。

二、我国的肉牛育肥生产体系

我国肉牛生产模式多样化，但基本的生产体系相似，均为母牛繁殖育犊饲养体系，在散养户饲养母牛，繁殖犊牛，培育犊牛和架子牛，母畜或杂交后代母畜留作繁殖，不作为肉畜。肉牛生产基本采用自繁自育和易地育肥两种模式，具体农区和牧区模式有差异。我国肉牛产业还处于发展的初级阶段，牛肉产量远远不能满足人民的消费需求。因此，发展我国肉牛产业是任重道远的事业。

我国肉牛产业化、规模化和机械化的模式与国外产业发达的国家之间还存在较大的差距，但自 20 世纪 80 年代以来，我国也逐渐形成了自己的特色布局和生产方式。

第一，区域化布局。肉牛养殖不断向优势产区集中。区域化生产格局已形成，我国肉牛养殖形成了以中原肉牛带、东北肉牛带、西南肉牛带和西北肉牛带为主的肉牛养殖格局，来自主产区牛肉产量占全国牛肉产量的 60%以上，肉牛产业成为主产区的重要支柱产业，并成为主产区农民增收、带动区域农业经济增长的关键产业，在一些县市甚至已经成为支柱产业。

第二，规模化生产。规模化饲养程度有所提高，产业化进程大大加快。全国各地将发展肉牛规模养殖作为促进产业增长方式转变和提高产业综合生产能力的重点来抓，并建设了一批规模养殖示范场。我国肉牛主产区已形成了“以千家万户分散饲养为主，以中小规模育肥场集中育肥为辅”的肉牛饲养模式。但是我国养牛业产业化组织体系不健全，依然是畜牧业发展中组织化程度较低的产业之一。近年来，由于肉牛业生产收益低，散养农户数量急剧减少，规模化养殖逐步扩大。

第三，产业化经营。以“公司+农户”为主要经营形式的肉牛产业化组织得到了快速发展，肉牛业龙头企业大量涌现；同时为了适应市场的发展要求，各地相应创办各种形式的肉牛养殖合作社和养殖协会，如母牛养殖合作社，育肥肉牛生产合作社，将当前单家独户分散养殖经营的肉牛养殖有效地联合起来，增强了产品的市场竞争力，进一步促进了农民的增收。通过中介组织或龙头企业，将分散的小农场与育肥场、屠宰厂、市场连接起来，组成利益共同体。

1. 育肥生产环节

我国多采用农牧户分散饲养繁殖母牛和架子牛，肉牛育肥主要是小规模或专业养殖户，少部分为肉牛育肥场集中育肥，适度规模经营的方式。我国肉牛业的生产现状是以农户、牧户分散饲养为主，小规模饲养和中等规模育肥场育肥为辅，大规模饲养很少；以地方品种生产为主，杂交改良生产为辅。一般每户饲养3~5头，多的也只有十几头或几十头。一些专业化的大型肉牛育肥场和饲养规模较大的肉牛育肥专业户出栏的屠宰牛数量十分有限，占总出栏量的比例也很小。肉牛散养可以充分利用家庭的各种资源，如劳动力、闲散资金、农作物秸秆等，有效地降低饲养成本，提高家庭经济收入。此外，肉牛的育肥根据饲料资源分为以精料为主；以酒糟、甜菜渣等副产品为主，精料为辅等方式。依据育肥牛的年龄和性别有小公牛育肥、成年牛育肥和淘汰母牛育肥等。

（1）草原肉牛育肥体系　肉牛生产环节中包括繁殖母牛、犊牛、架子牛、育肥牛的饲养都在草原上完成。基本采用“放牧+补饲”方式，其生产性能与草地的质量密切相关。一般来说，效率较低，牛只出栏晚，产肉量低，肉质也较差。放牧饲养主要依靠草原、山地、草山、草坡、河滩、海滩等饲养肉牛，在牧区利用草地放牧适用于各个年龄和生产目的的牛，在农区主要是利用江滩、海滩、草山、草坡放牧饲养繁殖母牛和架子牛。

放牧与舍饲结合的方式在很多地区均可使用，在牧草生长旺盛的夏秋季节可采用放牧为主，适当补饲精料的方法，即白天放牧、晚上收牧补饲，而在冬季枯草期必须完全舍饲。在南方热带亚热带地区，因为夏季牧草丰盛，可以满足肉牛生长发育的需要，而冬季低温少雨，牧草生长不良或不能生长，需要补饲；在华北、西北、东北地区，也可采用这种方式。这种方式的肉牛育肥时间最长，通常超过12个月，甚至达到20个月。

（2）农区肉牛育肥体系　在农区饲养的母牛繁殖犊牛，犊牛断奶后继续饲养，直到出栏屠宰。犊牛、育肥牛直到出栏都在农户家中，或以半放牧半舍饲或全舍饲的方式饲养。舍饲饲养方式能按照饲养者的要求，合理调节饲料喂量和饲喂方法，便于创造一个合理的牛舍环境，抵御自然条件的不良影响，减少因放牧行走的营养消耗，提高饲料转化率。舍饲是集约化产业化生产时常用的饲养方式，具有生产快、经济效益高的特点。肉牛舍饲方式可分为不拴系群体饲喂、拴系通槽饲喂和拴系独槽饲喂等，以群饲（不拴系）较好。这种方式通常需要7~12个月。

①不拴系群体饲喂。每头肉牛占有圈舍面积4~6 m^2，食槽为通槽，肉牛可以自由采食和饮水，15~30头为1圈。这种方式饲喂肉牛，节省劳动力，肉牛采食有竞争性，增重较好。②拴系通槽饲喂。其特点是能造成肉牛采食的错觉竞争采食，有利于增重，但拴系影响肉牛的活动，容易造成肉牛长期的紧张。③拴系独槽饲喂。适合小规模饲养，最大的优点是便于控制肉牛的采食量和增重，易于检查病患，缺点是每头肉牛占地面积大，采食无竞争性，影响采食量。

（3）易地育肥体系　易地育肥牧区和农区相结合的育肥体系。牧区地域广，饲养群体规模大，但是到了冬季牧草资源匮乏，导致此时肉牛饲料资源短缺。如果从外地购买饲料，成本更高。因此，将这些肉牛转移到农区，集中育肥，可以缓解牧区草原过牧和肉牛数量大的压力，并利用农区丰富的农副产品资源，加快牛群的周转和利润的获取。在通常情况下，是将牧区的架子牛在集中交易场上售卖，运输到易地的育肥场育肥饲养后出栏。集中育肥的肉牛场多在气候、饲养、销售条件较好的地区，生产效率较高。在有先进饲养管理技术、交通便利、宜于销售的地区，建立规模育肥场，购买架子牛进行集中育肥和销售，在我国较为普遍，对减轻牧区草原负担，增加农民收入，提升肉牛生产质量，有效地促进母牛基地养殖的建设有积极作用。但是，母牛繁育和犊牛养殖基地与易地育肥场之间的联系较松散，受市场供求影响较大；地区间运输增加成本，且不利于防疫。这种育肥模式所用时间较短，通常不多于6个月。

2. 疾病防控概况

我国对疫病的防控遵循的是《中华人民共和国动物防疫法》。该法根据动物疫病对养殖业生产和人体健康的危害程度，规定了一类、二类和三类疫病。一类疫病，是指口蹄疫、非洲猪瘟、高致病性禽流感等对人、动物构成特别严重危害，可能造成重大经济损失和社会影响，需要采取紧急、严厉的强制预防、控制等措施的；二类疫病，是指狂犬病、布鲁氏菌病、草鱼出血病等对人、动物构成严重危害，可能造成较大经济损失和社会影响，需要采取严格预防、控制等措施的；三类疫病，是指大肠杆菌病、禽结核病、鳖腮腺炎病等常见多发，对人、动物构成危害，可能造成一定程度的经济损失和社会影响，需要及时预防、控制的。一、二、三类动物疫病具体病种名录由国务院农业农村主管部门制订并公布。国务院农业农村主管部门应当根据动物疫病发生、流行情况和危害程度，及时增加、减少或者调整一、二、三类动物疫病具体病种并予以公布。发生疫病，要依照该法和当地畜牧兽医站发布的条例执行。

根据当地兽医行政主管部门制订的免疫计划，结合本场疫病流行特点，及时做好免疫接种工作。不用毒性大、残留期长、严重危害人畜健康和国家明令禁止的各类兽药。养殖场要有严格的兽医卫生防疫制度。预防各类中毒事故发生，不用霉烂变质及有毒有害的饲草料喂牛。需要淘汰和屠宰的家畜，须经当地官方兽医检疫，确认无传染病，对人和动物无害，出具相关检疫证明后方可进行。

3. 政府机构和行业协会

中华人民共和国农业农村部是我国的政府机构，贯彻落实党中央关于“三农”工作的方针政策和决策部署，在履行职责过程中坚持和加强党对“三农”工作的集中统一领导。我国的《中华人民共和国畜牧法》“第四章 畜牧养殖”中提出：“国家支持草原牧区开展草原围栏、草原水利、草原改良、饲草饲料基地等草原基本建设，优化畜群结构，改良牲畜品种，转变生产方式，发展舍饲圈养、划区轮牧，逐步实现畜草平衡，改善草原生态环境。”

全国畜牧兽医总站是承担全国畜牧业（包括饲料、草业、奶业）良种和技术推广，畜禽、牧草品种资源保护与利用管理，畜牧业质量管理与认证，草地改良与生物灾害防治等工作的国家级技术支撑机构。中国林牧渔业经济学会肉牛经济专业委员会是由中国社会科学院主管的专门从事肉牛经济研究，推动肉牛产业发展，面向全国的国家级专业学术组织。

综上，我国肉牛育肥生产体系尚处于初级发展阶段，拥有自己的本地良种，但产肉性能不如国外引进品种，我国也正在开展良种杂交和本地纯种的改良工作。

第二节　肉牛的营养需要与饲养标准

一、肉牛营养需要

肉牛饲养标准（NY/T 815—2004）是我国颁布的一套肉牛饲养标准，至今尚未颁布修订版。随着我国肉牛饲养体系和技术的快速发展，科研人员针对肉牛的饲料资源利用和养殖技术做了大量的研究，我国的肉牛营养需要有待更新。目前的营养需要更多借鉴国外的研究数据。美国国家科学院-工程院-医学科学院（The National Academies of Science Engineering Medicine，NASEM）组织编撰的《肉牛营养需要》（第8版修订版）于2016年出版，并由孟庆翔等翻译，于2018年出版。下面主要介绍中国和美国的肉牛饲养标准。

（一）肉牛的能量需要

能量是动物所有生命活动必需的。肉牛所需的能量来自饲料，其中碳水化合物是最主要的能量来源。肉牛的能量需要包括维持需要和生产需要。其中，生产需要根据不同生理阶段还包括增重需要、妊娠需要和产奶需要。我国肉牛饲养标准（2004）推荐的能量价值计算公式为：1 kg 标准玉米［二级饲料玉米，干物质 88.4%，粗蛋白质 8.6%，粗纤维 2%，粗灰分 1.4%，消化能 16.4 MJ/kg DM，Km（饲料消化能转化为维持净能的效率）= 0.6214，Kf（饲料消化能转化为增重净能的效率）= 0.4619，Kmf（饲料消化能转化为净能的效率）= 0.5573，NEmf（饲料综合净能）= 9.13 MF/kg DM］所含的综合净能为 8.08 MJ，即为1个肉牛能量单位（RND）。

1. 维持净能需要

当肉牛摄取的能量超出其维持需要时，剩余的能量会用于生长、繁殖和泌乳过程。

（1）我国肉牛饲养标准（2004）　推荐维持净能的需要量计算公式如下。

$$NEm = 322 \times LBW^{0.75}$$

式中，NEm 为维持净能，kJ/d；LBW 为牛的活重，kg。此公式适合于中立温度、舍饲、有轻微活动和无应激环境条件下使用。当气温低于 12℃时，每降低 1℃，维持能量消耗增加 1%。

（2）NASEM（2016）　以 Mcal 表示肉牛的维持净能需要量，计算公式如下。

$$NEm = 0.077 \times SBW^{0.75}$$

式中，SBW 为绝食体重，kg（通常为饱腹体重的 96%）。该公式由在无应激的舍饲环境饲养的英系品种生长阉牛和青年母牛的数据推导而来，在不同的饲养状态下使用该公式时应作适当调整。

NASEM 对肉牛的能量需要进一步根据品种、泌乳、产热（HE）过程的热增耗来调整基本维持净能。热增耗受动物隔热情况和环境因素的影响。NEm 需要根据基础代谢系数（a1）和前期温度调整因子（a2）、品种（BE）、泌乳（L）、性别因子及前期营养状况（COMP）计算，计算公式如下。

$NEm = SBW^{0.75} \times (a1 \times BE \times L \times COMP \times SEX \times a2)$

$a1 = 0.077$

$a2 = 0.0007 \times (20 - Tp)$

$COMP = 0.8 + (BCS - 1) \times 0.05$

式中，NEm 为维持的净能需要量，Mcal/d；SBW 为绝食体重，kg（通常为饱腹体重的96%）；a1 为基础代谢系数，Mcal/($kg^{0.75}$·d)；a2，温度适应因子，Mcal/($kg^{0.75}$·d)；BCS 为体况评分（1~9 分），用于评估前期营养水平状态；BE 为品种因子；COMP 为经前期营养状况校正后的维持净能需要系数；L 为泌乳因子（表 4-1）；SEX 为性别影响因子（公牛为 1.15，其他牛为 1）；Tp 为前期环境温度，℃。

表 4-1 根据肉牛品种、生理阶段、犊牛初生重、泌乳高峰期产奶量和乳成分、预期妊娠体重占成年体重百分比等因素确定维持需要量的倍数

编码	品种	品种因子（BE）	泌乳因子（L）	犊牛初生重（DBW）（kg）	高峰期产奶量（PKYD）（kg/d）	乳脂含量（MkFat）（%）	乳蛋白含量（MkProt）（%）	乳非脂固形物含量（MkSNF）（%）	妊娠体重占成年体重比例（%MW）
1	安格斯牛	1	1.2	31	8	4	3.8	8.3	60
2	婆罗福特牛	0.95	1.2	36	7	4	3.8	8.3	55
3	婆罗门牛	0.9	1.2	31	8	4	3.8	8.3	55
4	婆安格斯牛	0.95	1.2	33	8	4	3.8	8.3	62
5	瑞士黄牛	1.2	1	39	12	4	3.8	8.3	62
6	肯奇民牛	0.9	1.2	32	6	4	3.8	8.3	62
7	夏洛来牛	1	1.2	39	9	4	3.8	8.3	57
8	契安尼娜牛	1	1.2	41	6	4	3.8	8.3	65
9	德温牛	1	1	32	8	3.5	3.3	8.3	60
10	盖洛威牛	1	1.2	36	8	4	3.8	8.3	60
11	德国黄牛	1	1	39	11.5	4	3.8	8.3	55
12	吉尔牛	0.9	1.2	32	10	4	3.8	8.3	65
13	康萨特牛	0.9	1.2	32	5	4	3.8	8.3	65
14	海福特牛	1	1	36	7	4	3.8	8.3	60
15	荷斯坦牛	1.2	1	43	43	3.5	3.3	8.3	55
16	娟姗牛	1.2	1	32	34	5.2	3.9	8.3	55
17	利木赞牛	1	1.2	37	9	4	3.8	8.3	60
18	长角牛	1	1.2	33	5	4	3.8	8.3	60
19	曼安茹牛	1	1.2	40	9	4	3.8	8.3	60
20	尼洛尔牛	1	1.2	32	7	4	3.8	8.3	65

（续表）

编码	品种	品种因子（BE）	泌乳因子（L）	犊牛初生重（DBW）（kg）	高峰期产奶量（PKYD）（kg/d）	乳脂含量（MkFat）（%）	乳蛋白含量（MkProt）（%）	乳非脂固形物含量（MkSNF）（%）	妊娠体重占成年体重比例（%MW）
21	皮埃蒙特牛	1	1.2	38	7	4	3.8	8.3	60
22	品茨高尔牛	1	1.2	38	11	4	3.8	8.3	60
23	无角海福特牛	1	1.2	33	7	4	3.8	8.3	60
24	红色无角牛	1	1.2	36	10	4	3.8	8.3	60
25	沙希华牛	0.9	1.2	38	8	4	3.8	8.3	65
26	萨莱尔牛	1	1.2	35	9	4	3.8	8.3	60
27	圣格鲁特牛	0.95	1.2	33	8	4	3.8	8.3	62
28	短角牛	1	1.2	37	8.5	4	3.8	8.3	60
29	西门塔尔牛	1.2	1	39	12	4	3.8	8.3	57
30	南德温牛	1	1.2	33	8	4	3.8	8.3	60
31	塔伦泰斯牛	1	1.2	33	9	4	3.8	8.3	60

注：表中系数适用于纯种动物，若是二元和三元杂交品种需要进行相应校正。系数 L 只用于泌乳期母牛。MW 为成年体重。引自 NASEM（2016）。

体况评分与绝食体重有相关性，根据大量的数据分析，NASEM（2016）提出用结合体况评分计算的绝食体重（以 BCS 评分为 5 分为例），计算公式如下。

$$SBW_5 = SBW / WAF_{BCS}$$

$$WAF_{BCS} = 1 - 0.071\ 05 \times (5 - BCS)$$

式中，SBW_5 为 BCS 评分值为 5 分的绝食体重，kg；SBW 为当前的绝食体重，kg；WAF_{BCS} 为某一体况评分时的体重校正因子；BCS 为当前动物体况评分（1~9）。

2. 增重净能需要

（1）我国肉牛饲养标准（2004） 推荐的增重净能需要量计算公式如下。

$$NEg = (2\ 092 + 25.1 \times LBW) \times \frac{ADG}{1 - 0.3 \times ADG}$$

式中，NEg 为增重净能，kJ/d；LBW 为活重，kg；ADG 为平均日增重，kg/d。

（2）NASEM（2016） 将增重净能（NEg）界定为存留能量（Energy Retention，RE）。NEg 的定义是组织中储存的能量，它是空体组织增重中脂肪和蛋白质的能量值。根据绝食体重、绝食体增重、体成分和相对体型来计算增重净能。

$$RE = 0.063\ 5 \times EBW^{0.75} \times EBG^{1.097}$$

$$EBW = 0.891 \times SBW$$

$$EBG = 0.956 \times SWG$$

式中，RE 为存留能量，kJ/d；EBW 为空体重，kg；EBG 为空体增重，kg/d；SBW 为绝食体重，kg；SWG 为绝食体增重（平均日增重），kg/d。

3. 妊娠净能需要

（1）我国肉牛饲养标准（2004） 推荐的繁殖母牛妊娠净能需要量计算公式如下。

$NEc = Gw \times (0.197\,69 \times t - 11.761\,22)$

式中，NEc 为妊娠净能需要量，MJ/d；Gw 为胎日增重，kg/d；t 为妊娠天数。

不同妊娠天数（t）、不同体重母牛的胚胎日增重（Gw）的计算公式如下。

$Gw = (0.008\,79 \times t - 0.584\,5) \times (0.143\,9 + 0.000\,355\,8 \times LBW)$

式中，Gw 为胚胎日增重，kg/d；LBW 为活重，kg；t 为妊娠天数。

（2）NASEM（2016） 推荐妊娠母牛的净能需要量也是根据犊牛初生重和妊娠天数来计算，计算公式如下。

$NEy = CBW \times (0.058\,55 - 0.000\,099\,6 \times DP) \times e^{0.032\,3 \times DP - 0.000\,027\,5 \times DP^2} / 1\,000$

式中，NEy 为妊娠净能的需要量，Mcal/d；CBW 为犊牛初生重，kg；DP 为妊娠天数；e 为自然对数的底数。

妊娠的净能需要量也可以通过妊娠需要量来计算，计算公式如下。

$NEm = Km \times MEy$

$MEy = NEy / 0.13$

式中，NEm 为妊娠的维持净能需要量，Mcal/d；Km 为代谢能转化为维持净能的分效率，通常选平均值 0.6；NEy 为妊娠净能的需要量，Mcal/d。

4. 泌乳净能需要

（1）我国肉牛饲养标准（2004） 推荐泌乳净能需要量的计算公式如下。

$NEL = M \times 3.138 \times FCM$

或

$NEL = M \times 4.184 \times (0.092 \times MF + 0.049 \times SNF + 0.056\,9)$

式中，NEL 为泌乳净能，kJ/d；M 为每日产奶量，kg/d；FCM 为 4%乳脂率校正乳，kg；MF 为乳脂肪含量,%；SNF 为乳非脂肪固形物含量,%。

（2）NASEM（2016） 推荐泌乳净能的需要量计算公式如下。

$YEn = Yn \times E$

$Yn = n / (a \times e^{k \times n}) \times Age\ Factor$

$E = 0.092 \times MkFat + 0.049 \times NkSNF - 0.056\,9$

式中，YEn 为用于泌乳的净能需要量（每日产奶所含能量），Mcal/d；Yn 为日产奶量，kg/d；E 为乳中能量含量，Mcal/kg；n 为泌乳周数；a 为中间变量；e 为自然对数的底数；k 为中间变量；Age Factor 为年龄因子，根据母牛年龄校正产奶量的因子；MkFat 为乳脂含量,%；MkSNF 为乳非脂固形物含量,%。

（二）肉牛的蛋白需要

我国肉牛饲养标准（2004）对肉牛蛋白质的需要量用小肠可消化粗蛋白（Intestinal digestible crude protein，IDCP）来表示。IDCP 是指进入反刍家畜小肠消化道并在小肠中被消化的粗蛋白质，由饲料瘤胃非降解蛋白质、瘤胃微生物蛋白质（MCP）和小肠内源性粗蛋白质组成。在具体测算中，小肠内源性粗蛋白质可以忽略不计，计算公式如下。

$IDCP = UDP \times Idg1 + MCP \times 0.7$

$MCP = RDP \times (MN\_RDN)$

$MN\_RDN=3.625-0.8457\times ln(RDN\_FOM)$

式中，IDCP 为小肠可消化粗蛋白质，g；UDP 为饲料瘤胃非降解粗蛋白质，g；MCP 为饲料在瘤胃发酵所产生并进入小肠的微生物粗蛋白产量，g；Idg1 为 UDP 在小肠中的消化率；0.7 为 MCP 在小肠中的消化率。鉴于国内对饲料成分表中各单一饲料小肠消化率参数缺乏，对精饲料 Idg1 暂且建议取 0.65，对青粗饲料建议 Idg1 取 0.6，对秸秆则忽略不计，Idg1 取 0；MCP 为饲料瘤胃微生物蛋白质，g；MN_RDN 为饲料瘤胃降解氮转化微生物氮的效率；RDN_FOM 为1 kg 饲料瘤胃可发酵有机物中饲料瘤胃降解氮的含量，g。

瘤胃有效降解蛋白质（Rumen effective degradable protein，RDP）是指饲料粗蛋白质在瘤胃中被降解的部分，也称饲料瘤胃有效降解粗蛋白质，计算公式如下。

$dgt=a+b\times(1-e^{-ct})$

$RDP=CP\times[a+b\times c/(c+kp)]$

$kp=-0.024+0.179\times(-e^{-0.278\times L})$

式中，dgt 为饲料粗蛋白质在瘤胃 t 时间点的动态降解率,%；a 为可迅速降解的可溶性粗蛋白质或非蛋白氮部分,%；b 为具有一定降解速率的非可溶性可降解粗蛋白质部分,%；e 为自然对数的底数；c 为 b 的单位小时降解速度；CP 为饲料粗蛋白质，g；kp 为瘤胃食糜向后段消化道外流速度；L 为饲养水平，由给饲动物日粮中总代谢能需要量除以维持代谢能需要量计算而得。

NASEM（2016）用代谢蛋白（MP）体系来考虑动物蛋白质的需要量。MP 体系考虑了饲粮蛋白质在瘤胃的降解过程，并将反刍动物的蛋白质需要分为微生物需要和宿主需要两部分。采用瘤胃降解蛋白（RDP）和瘤胃非降解蛋白（RUP）来区分瘤胃中降解和非降解的饲料蛋白质组分。以 RDP 来满足瘤胃微生物的蛋白质需要，可以使瘤胃微生物对宿主动物的蛋白供应量达到最大化。RDP 可以为瘤胃微生物代谢提供肽类、氨基酸和氨。非蛋白氮（NPN），如尿素和氨，可以作为瘤胃微生物的氮源之一，也包含在 RDP 之中。RDP 的需要量可以通过瘤胃微生物蛋白合成量的估测值进行计算。RUP 不仅包括瘤胃中未降解的蛋白质，还包括饲料中的保护氨基酸。最终到达十二指肠的 MP 包括 3 个部分：瘤胃微生物蛋白质、RUP 和内源蛋白质，其中内源蛋白质对 MP 的供应几乎没有实质性贡献。

蛋白质的需要量包括维持需要和生产需要。维持需要包括内源尿氮、皮屑氮（皮肤、皮肤分泌物和被毛）和代谢粪氮。生产需要包括妊娠、生长和产肉对蛋白质的需要量。

1. 维持的蛋白质需要

（1）我国肉牛饲养标准（2004）　建议肉牛维持的粗蛋白质需要量为 $5.43\times LBW^{0.75}$（g/d）。肉牛小肠可消化粗蛋白的需要量计算公式如下。

$IDCPm=3.69\times LBW^{0.75}$

式中，IDCPm 为维持小肠可消化粗蛋白质需要量，g/d；LBW 为活重，kg。

（2）NASEM（2016）　推荐用于维持的代谢蛋白需要量计算公式如下。

$MPm=3.8\times SBW^{0.75}$

式中，MPm 为维持的代谢蛋白需要量，g/d；SBW 为绝食体重，kg。

2. 增重的蛋白质需要

（1）我国肉牛饲养标准（2004） 推荐肉牛增重的净蛋白质需要量计算公式如下。

$$NPg = ADG \times [268 - 7.026 \times (NEg/ADG)]$$

式中，NPg 为净蛋白质需要量，g/d；NEg 为增重净能，MJ/d；ADG 为日增重，kg/d。

以活重 330 kg 为界限，还推荐了 2 种计算增重的小肠可消化粗蛋白质需要量的公式如下。

当 LBW≤330 时，

$$IDCPg = NPg/(0.834 - 0.0009 \times LBW)$$

当 LBW>330 时，

$$IDCPg = NPg/0.492$$

式中，IDCPg 为增重小肠可消化粗蛋白质需要量，g/d；LBW 为活重，kg；NPg 为净蛋白质需要量，g/d。

（2）NASEM（2016） 推荐增重的蛋白质需要量计算公式如下。

$$NPg = SWG \times \{268 - [29.4 \times (RE/SWG)]\}$$

式中，NPg 为增重净蛋白质需要量，g/d；SWG 为绝食体增重（平均日增重），kg/d；RE 为增重净能，Mcal/d。

3. 妊娠的蛋白质需要

（1）我国肉牛饲养标准（2004） 推荐妊娠母牛蛋白质需要量的计算公式如下。

$$NPc = 6.25 \times CBW \times [0.001669 - (0.00000211 \times t] \times e^{(0.0278 - 0.0000176 \times t) \times t}$$

$$IDCPc = NPc/0.65$$

式中，NPc 为妊娠小肠净蛋白质需要量，g/d；t 为妊娠天数；CBW 为犊牛出生重，kg；e 为自然对数的底数；IDCPc 为妊娠小肠可消化粗蛋白质需要量，g/d；0.65 为妊娠小肠可消化粗蛋白质转化为妊娠净蛋白质的效率。

（2）NASEM（2016） 推荐妊娠母牛蛋白质需要量的计算公式如下。

$$Ypn = CBW \times (0.001669 - 0.00000211 \times DP) \times e^{0.0278 \times DP - 0.000017 \times DP^2} \times 6.25$$

$$MPy = Ypn/0.65$$

式中，Ypn 为以孕体形式存留的净蛋白质，g/d；CBW 为犊牛出生重，kg；DP 为妊娠天数；e 为自然对数的底数；MPy 为用于妊娠的代谢蛋白需要，g/d。

4. 泌乳的蛋白质需要

泌乳所需的净蛋白质需要量即为乳蛋白产量，因此可以通过乳蛋白产量来表示泌乳净蛋白质需要量。

（1）我国肉牛饲养标准（2004） 推荐泌乳小肠可消化粗蛋白质需要量计算公式如下。

$$IDCPL = X/0.70$$

式中，IDCPL 为泌乳小肠可消化粗蛋白质需要量，g/d；X 为每日乳蛋白质产量，g/d；0.70 为小肠可消化粗蛋白质转化为产奶净蛋白质的效率。

（2）NASEM（2016） 推荐泌乳母牛蛋白质需要量计算公式如下。

$$TotalYProt = TotalY \times MkProt/100$$

$$TotalMPI = TotalY/0.65$$

式中，TotalYProt 为泌乳 n 周总乳蛋白产量，kg；TotalY 为泌乳 n 周总产奶量，kg；MkProt 为乳蛋白含量,%；TotalMPI 为泌乳 n 周乳总代谢蛋白产量，kg。

5. 氨基酸的需要

NASEM（2016）列出了维持、生长和妊娠的代谢氨基酸（MAA）需要量，见表 4-2。

表 4-2　组织蛋白和乳蛋白中氨基酸组成以及被吸收的 AA 用于妊娠和哺乳的效率　（AA，g/100 g）

氨基酸	组成		利用效率	
	组织	乳	妊娠	泌乳
精氨酸（Arg）	3.3	3.40	0.66	0.85
组氨酸（His）	2.5	2.74	0.85	0.90
异亮氨酸（Ile）	2.8	5.79	0.66	0.62
亮氨酸（Leu）	6.7	9.18	0.66	0.72
赖氨酸（Lys）	6.4	7.62	0.85	0.88
蛋氨酸（Met）	2.0	2.71	0.85	0.98
苯丙氨酸（Phe）	3.5	4.75	0.85	1.00
苏氨酸（Thr）	3.9	3.72	0.85	0.83
色氨酸（Trp）	0.6	1.51	0.85	0.85
缬氨酸（Val）	4.0	5.89	0.66	0.72

注：引自 NASEM（2016）。

（三）肉牛的矿物质需要

矿物质的需要包括维持需要、生长需要、泌乳需要和妊娠需要。

我国肉牛饲养标准（2004）列举了钙磷和微量矿物元素的需要量，见表 4-3。钙磷需要量随肉牛体重和日增重的变化而不同。钠和氯一般用食盐补充，根据肉牛对钠的需要量占日粮干物质的 0.06%～0.10%，日粮含食盐 0.15%～0.25%即可满足钠和氯的需要。

表 4-3　肉牛对微量矿物元素的需要量

矿物元素	需要量			最大耐受量
	生长和育肥牛	妊娠母牛	泌乳早期母牛	
钴（mg/kg）	0.10	0.10	0.10	10.0
铜（mg/kg）	10.0	10.0	10.0	100.0
碘（mg/kg）	0.50	0.50	0.50	50.0
铁（mg/kg）	50.0	50.0	50.0	1 000.0
锰（mg/kg）	20.0	40.0	40.0	1 000.0
硒（mg/kg）	0.10	0.10	0.10	2.0
锌（mg/kg）	30.0	30.0	30.0	500.0

注：引自 NASEM（2016）。

NASEM（2016）汇总了常量元素和微量元素的需要量，见表4-4和表4-5。

表4-4 钙磷的需要量和最大耐受量[①] (g/d)

矿物元素	需要量				最大耐受量
	维持	生长及育肥	泌乳	妊娠[②]	
钙	0.015 4×SBW/0.5	NPg×0.071/0.5	Yn×1.23/0.5	CBW×（13.7/90）/0.5	0.02×DMI
磷	0.016×SBW/0.68	NPg×0.039×0.68	Yn×0.95×0.68	CBW×（7.6/90）/0.68	0.007×DMI

注：[①]SBW，绝食体重（kg）；NPg，用于增重的净蛋白需要量（如存留蛋白）（g/d）；Yn，日产奶量（kg/d）；CBW，犊牛初生重（kg）；DMI，干物质采食量（g/d）；钙和磷的消化率分别为50%和68%。

[②]妊娠期的最后90 d。

引自NASEM（2016）。

表4-5 其他矿物元素（基于DMI）的需要量和最大耐受量

矿物元素	需要量			最大耐受量
	生长和育肥	泌乳	妊娠	
镁（%）	0.10	0.20	0.12	0.40
钾（%）	0.60	0.70	0.60	2.00
钠（%）	0.07	0.10	0.07	—
硫（%）	0.15	0.15	0.15	0.40
钴（mg/kg）	0.15	0.15	0.15	25.0
铜（mg/kg）	10.0	10.0	10.0	40.0
碘（mg/kg）	0.50	0.50	0.50	50.0
铁（mg/kg）	50.0	50.0	50.0	500.0
锰（mg/kg）	20.0	40.0	40.0	1 000.0
硒（mg/kg）	0.10	0.10	0.10	5.0
锌（mg/kg）	30.0	30.0	30.0	500.0

注：引自NASEM（2016）。

各国饲养标准的制定原则和方法略有差异，一些参数的选择和参数值的确定会存在差异。这些差异一般与动物的品种（系）、性别、饲养环境条件、日粮类型、饲养阶段的划分和能量营养体系等有关。在应用饲养标准时，必须充分考虑饲养标准的适用性和灵活性。

（四）肉牛的维生素需要

肉牛需要维生素以维持生命和正常生长，但一般认为14种维生素中必须完全由日粮提供的维生素仅两种，即维生素A（或其前体胡萝卜素）和维生素E，日粮如果缺乏这两种维生素会导致缺乏症的出现。维生素D可以由皮肤中的前体物经阳光照射转化来满足需要；肝脏和肾脏能够合成维生素 C；瘤胃和肠道细菌可合成维生素 K 和 B 族维生素，因此瘤胃功能正常的成年肉牛一般不会出现维生素的缺乏症。肉牛的生产水平不断提高，日粮结构中精料比例增加、粗料比例下降，容易引起瘤胃慢性酸中毒而导致其瘤胃微生物数量和结构的变化；瘤胃尚未发育的犊牛多采用人工喂养等。上述因素导致肉牛维生素需求量的上升和对肉牛维生素需求量研究的重视。

1. 脂溶性维生素的营养需要

NASEM（2016）的维生素 A 推荐量标准是围栏育肥肉牛 2 200 IU/kg DM（471 IU/kg BW），妊娠肉用青年母牛 2 800 IU/kg DM（601 IU/kg BW），哺乳母牛和种公牛 3 900 IU/kg DM（841 IU/kg BW），见表 4-6。该需要量不包括任何维生素 A 前体物质的贡献，并且饲粮中维生素 A 的浓度可能需要根据采食量水平的高低而进行适当调整。目前对胡萝卜素的需要量尚未建立。NASEM（2016）的维生素 D 推荐量标准为 275 IU/kg DM（5.7 IU/kg BW）。对于非应激成年肉牛，维生素 E 的需要量很低，NASEM（2016）的推荐量为 15~60 IU/kg DMI（0.31~1.25 IU/kg BW）；在大多数情况下，通过饲料配方的原料就能得以满足。对刚刚进入围栏育肥场的体重约 250 kg 的应激犊牛而言，维生素 E 的推荐量应为每头每天 400~500 IU，相当于 1.6~2.0 IU/kg BW。当正常健康的育肥肉牛度过应激期之后，饲粮中维生素 E 的推荐添加水平应降低至 25~35 IU/kg DMI（0.52~0.73 IU/kg BW）。此外，在饲粮 DMI 高低不同的情况下，饲粮中维生素 E 的推荐添加水平可能需要做调整。肉牛维生素 K 的供给来自饲粮和瘤胃细菌合成。目前，对于肉牛维生素 K 的需要量尚不明确。

表 4-6　维生素（基于 DMI 和 SBW）的需要量和最大耐受量　　（IU/kg）

维生素[①]	需要量			最大耐受量
	生长和育肥	泌乳	妊娠	
A	2 200/47	3 900/84	2 800/60	—
D	275/5.7	275/5.7	275/5.7	—
E[②]	35/0.73	35/0.73	35/0.73	—

注：[①]列出的维生素值为基于 DMI（第 1 个值）或 SBW（第 2 个值）的最大计算值。
[②]新接收进场犊牛为 400~500 IU/d。
引自 NASEM（2016）。

2. 水溶性维生素的营养需要

水溶性维生素的主要功能是以辅酶的形式参与氨基酸、脂肪酸、核酸和能量代谢。关于肉牛硫胺素（维生素 B_1）、核黄素（维生素 B_2）、维生素 B_6、生物素、烟酸、泛酸、叶酸、胆碱、维生素 B_{12}、维生素 C 的需要量尚未明确。烟酸参与了氨基酸、脂肪酸和能量代谢，因此对于肉牛的生长和生产是非常重要的。泛酸在自然界中广泛存在，大多数饲料中均含有泛酸。瘤胃微生物合成泛酸的量是正常肉牛饲料中泛酸含量的 20~30 倍。由于肉牛自身可以合成胆碱，其需要量尚未确定；但是，建议犊牛的代乳粉中添加 0.26% 的胆碱。也有建议添加胆碱 21 mg/kg BW，但依然需要进一步的试验数据来确定需要量。肉牛育肥饲粮中添加叶酸可以提高增重和胴体产量等级，但现有的数据尚不能确定肉牛叶酸的需要量标准。深入研究叶酸及一碳单位的代谢过程，有可能有助于加深对胎儿期和围产期生长发育过程的认识。叶酸和维生素 B_{12} 都参与了蛋氨酸代谢，维生素 B_{12} 是叶酸发挥功能所必需的，因此常同时考虑两种维生素的需求和动物体内的状态。如果日粮中有充足的钴，一般认为瘤胃微生物就可合成满足需求的维生素 B_{12}。微量元素钴是维生素 B_{12} 的重要组成成分，二者的需要量密切相关。饲粮中钴的含量是限制瘤胃微生物合成维生素 B_{12} 的主要因素。

（五）肉牛的粗纤维需要

从生理角度考虑，可将纤维定义为不能被动物自身所分泌的消化酶消化的日粮组成成分，主要包括纤维素、半纤维素、果胶物质、木质素、β-葡聚糖、阿拉伯木聚糖等。各种动物利用纤维很大程度上是利用微生物酶的分解产物或微生物的代谢产物。纤维物质是肉牛不可缺少的营养物质来源。纤维物质不仅可提供肉牛所需的挥发性脂肪酸（VFA）、糖原异生的前体物质，而且对瘤胃健康和生产起着重要的作用。

1. 维持瘤胃的正常功能和反刍动物的健康

淀粉和中性洗涤纤维（NDF）是瘤胃内产生 VFA 的主要底物。淀粉在瘤胃内发酵比 NDF 更快，更剧烈。若日粮中纤维水平过低，淀粉迅速发酵，产生大量酸，可降低瘤胃液 pH 值，抑制纤维分解菌活性，严重时可导致瘤胃酸中毒。日粮纤维本身就是一种缓冲剂，能结合 H^+，其缓冲能力比籽实高 2~4 倍。此外，日粮纤维可刺激咀嚼和反刍的加强，促进唾液分泌，从而间接提高瘤胃缓冲能力。研究表明，适宜水平的日粮纤维对于消除由于大量进食精料引起的采食量下降，防止酸中毒、瘤胃黏膜溃疡和蹄病是不可缺乏的。日粮纤维低于或高于适宜范围，都不利于能量利用。

2. 维持反刍动物正常的生产性能

日粮中纤维水平过低，瘤胃液 VFA 中乙酸减少，导致乳脂肪合成减少，因此将日粮纤维控制在适宜的水平上，可维持动物较高的乳脂率和产乳量。

3. 为反刍动物提供大量能源

日粮纤维在瘤胃中发酵所产生的 VFA 是反刍动物主要的能源物质，为反刍动物提供能量需要的 70%~80%，可见日粮纤维发酵对反刍动物能量代谢的重要意义。

4. 有效纤维的调控作用

刺激动物的咀嚼与维持正常的反刍是粗饲料的重要特性，咀嚼和唾液分泌对维持瘤胃 pH 值和改善乳脂率具有重要影响。粗饲料刺激唾液分泌的能力主要与纤维片段的长短有关。通常用粗纤维、NDF 或酸性洗涤纤维（ADF）含量等作为反映饲料纤维物质的指标，以评定饲料纤维物质的营养价值，但这些指标并未与动物的生产紧密结合。在动物的实际生产中，导致动物的乳脂率降低并非完全与纤维物质的含量有关，也与纤维物质的来源和有效性有关。

纤维物质的来源包括粗饲料来源的纤维物质和精饲料来源的纤维物质。粗饲料来源的纤维物质对反刍动物具有重要的作用，在日粮中必须保证足够的数量。纤维的有效性可采用有效纤维表示。有效纤维（Effective Fiber）最初表示的是维持一定乳脂率时纤维的最低需要量。由于 NDF 是区分 SC 和 NSC 的最有效指标，因此有效中性洗涤纤维（effective NDF，eNDF）被定义为维持乳脂率不变时某种饲料 NDF 替代日粮中饲草或粗饲料 NDF 的总能力。

肉牛对咀嚼活动有最低的纤维需要量，刺激咀嚼反应是饲料纤维物质的主要特性。因此，纤维的有效性与维持乳脂率稳定和刺激咀嚼活动的作用有关，由此提出了物理有效中性洗涤纤维（physically eNDF，peNDF）的概念。peNDF 是饲料 NDF 含量与物理有效因子（physically effective factor，PEF）的乘积，主要反映纤维的物理性质（主要指粒度），反映纤维物质刺激动物咀嚼活动和瘤胃内容物两相分层的能力。饲料的 PEF 可通过长干草的尺寸大小分布和动物饲喂长干草的咀嚼活动来评定。肉牛估计的 peNDF 需要量见表 4-7。

表 4-7　肉牛饲粮 peNDF 需要量的估计值

饲粮类型	所需最低的 peNDF（%DM）
实现饲喂效率最大化的高精料饲粮（增重：饲料）	
饲喂全混合日粮，良好的饲槽管理和离子载体	5~8
饲喂全混合日粮，可变的饲槽管理和离子载体	20
NFC 最大化的高精料和微生物产量	20

注：引自 Pitt 等（1966）。

（六）肉牛对水的需要

动物对水的需要远高于对其他营养素的需要，如动物绝食期间，几乎消耗体内全部脂肪、半数以上蛋白质或失去 40%的体重时，仍能生存，而失水达体重的 1%~2%时，动物即出现渴感，食欲减退，若继续失水达体重的 8%~10%时，就会引起动物体内代谢紊乱，失水达体重的 15%~20%时，动物就会死亡。因此，动物为了生存，补充体内因代谢、新组织和生产产品的形成以及散热等消耗的水，保持体内水的平衡，需要不断从外界摄取水分。

1. 水的需要量

我国肉牛饲养标准（2004）未对肉牛的水需要量做出推荐。通常采食饲料原料和自由饮水摄入可以满足肉牛对水的需要，非泌乳期肉牛饲料干物质采食量：饮水量=1：3。NRC（1981）认为，有机质在机体内氧化代谢可以产生少量的代谢水，但代谢水对动物需水量的贡献很小。水的需要量受增重的成分和速率、妊娠、泌乳、活动、饲料类型、采食量和环境温度等的影响。日粮蛋白水平、盐含量提高或环境温度升高，均会增加饮水需要，限制饮水量会降低采食量，进而降低生产性能，但限制饮水往往会增加表观消化率和氮沉积。肉牛对水的最低需要量既包括维持、生长、胎儿发育、繁殖、泌乳等生理过程对水的需要量，也包括通过尿液、粪便排泄和通过肺、皮肤蒸发而散失的水。

针对不同条件动物对水的需要量研究表明，渴觉是由于动物需要水，而动物会通过饮水满足这种需要。动物产生对水需要的原因是机体电解质浓度升高，激活了渴觉机制所致。因此，动物对水的需要量受多种因素的影响，很难精确列出具体的水需要量。

NASEM（2016）推荐围栏育肥阉牛的水需要量计算公式如下。

水摄入量(L/d)= −6.0716+(0.708 66×MT)+(2.432×DMI)−(3.87×PP)−(4.437×DS)

式中，MT 为最高环境温度,℃；DMI 为干物质采食量，kg/d；PP 为日降水量，cm；

DS 为饲料含盐量,%。

对饲喂典型饲粮的肉牛饮水量影响最大的因素有饮水的难易度、干物质采食量、环境温度、生产阶段和生产类型。表 4-8 参考数据，在使用时应考虑饮水量的各种因素。

表 4-8　肉牛每日总饮水量的估计值[1]　(L)

体重	环境温度[2]					
	4.4℃	10.0℃	14.4℃	21.1℃	26.6℃	32.2℃
生长青年母牛、阉牛和公牛						
182 kg	15.1	16.3	18.9	22.0	25.4	36.0
273 kg	20.1	22.0	25.0	29.5	33.7	48.1
364 kg	23.0	25.7	29.9	34.8	40.1	56.8
育肥牛						
273 kg	22.7	24.6	28.0	32.9	37.9	54.1
364 kg	27.6	29.9	34.4	40.5	46.6	65.9
454 kg	32.9	35.6	40.9	47.7	54.9	78.0
冬季妊娠母牛[3]						
409 kg	25.4	27.3	31.4	36.7	—	—
500 kg	22.7	24.6	28.0	32.9	—	—
泌乳母牛[4]						
409 kg	43.1	47.7	54.9	64	67.8	61.3
成年公牛						
636 kg	30.3	32.6	37.5	44.3	50.7	71.9
727 kg	32.9	35.6	40.9	47.7	54.9	78.0

注：[1] Winchester 和 Morris（1956）。

[2]特定的管理制度下给定类型的肉牛饮水量是干物质采食量和环境温度的函数。环境温度低于 4.4℃时，饮水量保持恒定。

[3]干物质采食量对饮水量有重要影响。假定母牛体重越大，其体况评分值越高，则其所需的饲粮干物质越少，因而饮水量也越低。

[4]体重高于 409 kg 的母牛也包含在此推荐量中。

2. 水的质量

饮水的质量直接影响动物的饮水量、采食量、营养物质利用、健康和生产力。水的质量通常包括感官品质（浊度、口感、气味等）、一般理化特性（pH 值、总溶解固体、硬度、硫酸盐等）、毒理指标（砷、氟化物、氰化物、铅与汞等）及微生物指标（细菌、病毒、寄生虫等）等方面，清洁的（无杂质、可饮用的）水对最大限度发挥动物的生产性能是十分重要的。

水中总溶解固体（Total Dissolved Solids，TDS），又称溶解性总固体，指水中全部溶质（包括无机物和有机物）的总量，是评价水品质的重要指标，单位为 mg/L，TDS 值越高，表示水中含有的杂质越多，主要成分有钙、镁、钠、钾离子和碳酸根离子、碳酸氢根离子、氯离子、硫酸根离子和硝酸根离子等，TDS 含量会影响动物体内的渗透压平衡、水的摄入量和饲料采食量，进而影响动物的生理机能与生产性能。一般 TDS 在 1 000 mg/L 以下为各类动物安全饮用，超过 1 000 mg/L 时，动物饮水量将减少。各种动物可忍受 1 000~3 000 mg/L TDS 的水，但是由无盐水突然换到这种含盐量的水，可能引起动物轻微腹泻，若 TDS 超过 10 000 mg/L 则不适合任何动物。

动物饮水品质仅用 TDS 为指标是不确切的，还应考虑其他各种离子的具体含量，如重金属盐、氟化物及硝酸盐和亚硝酸盐含量等。尽管硝酸盐本身一般不会对动物健康构成威胁，但硝酸盐在体内可还原成亚硝酸盐，亚硝酸盐可将血红蛋白中的二价铁氧化为三价铁，即为高铁血红蛋白，携氧能力迅速降低。当亚硝酸盐超过一定浓度时，对动物就有毒性作用。动物对硝酸盐的耐受力为 1 320 mg/L，但亚硝酸盐浓度在 33 mg/L 以上便具有毒性。当饮水中硝酸盐浓度过高时，细菌能够将硝酸盐转化为亚硝酸盐，从而对动物的健康造成危害。水的硬度主要与钙和镁的浓度有关，有研究表明，水的硬度对动物饮水量影响不大，牛饮用钙镁浓度为 0 mg/kg 或 299 mg/kg 的水后，性能表现相近。

我国农业部 2008 年修订的畜禽饮用水水质标准（NY 5027—2008）对水质安全指标做了以下规定，见表 4-9。

表 4-9　畜禽饮用水水质安全指标（家畜）

项目		标准值
感官性状及一般化学指标	色	≤30°
	浑浊度	≤20°
	臭和味	不得有异臭、异味
	总硬度（以 $CaCO_3$ 计），mg/L	≤1 500
	pH 值	5.5~9.0
	溶解性总固体，mg/L	≤4 000
	硫酸盐（以 SO_4^{2-} 计），mg/L	≤500
细菌学指标	总大肠菌群，MPN/100 mL	成年畜≤100，幼畜≤10
毒理学指标	氟化物（以 F^- 计），mg/L	≤2.0
	氰化物，mg/L	≤0.2
	砷，mg/L	≤0.2
	汞，mg/L	≤0.01
	铅，mg/L	≤0.1
	铬（六价），mg/L	≤0.1
	镉，mg/ L	≤0.05
	硝酸盐（以 N 计），mg/L	≤10.0

注：引自 NY 5027—2008《无公害食品　畜禽饮用水水质》。

二、肉牛的饲养标准

表4-10为NASEM（2016）生长育肥肉牛的每日营养需要量。表中所选肉牛品种为成年绝食体重为550 kg，体脂肪含量为28%的安格斯阉牛。生长育肥阶段体重范围是250~500 kg，平均体增重范围为0.40~2.0 kg/d，表中列出了6个绝食体重的阉牛的维持净能（NEm）、增重净能（NEg）、增重所需代谢蛋白（MP）、增重所需钙（Ca）和增重所需磷（P）的日需要量。

表4-10　生长育肥牛日营养需要量

成年绝食体重550 kg

维持	绝食体重（SBW）（kg）					
	250	300	350	400	450	500
NEm（Mcal/d）	4.8	5.6	6.2	6.9	7.5	8.1
MP（g/d）	239	274	307	340	371	402
Ca（g/d）	7.7	9.2	10.8	12.3	13.9	15.4
P（g/d）	5.9	7.1	8.2	9.4	10.6	11.8
生长（ADG）	增重所需NEg（Mcal/d）					
0.4（kg/d）	1.2	1.3	1.5	1.6	1.8	1.9
0.8（kg/d）	2.5	2.8	3.2	3.5	3.8	4.1
1.2（kg/d）	3.8	4.4	5	5.5	6	6.5
1.6（kg/d）	5.3	6.1	6.8	7.5	8.2	8.9
2（kg/d）	6.7	7.7	8.7	9.6	10.5	11.3
	增重所需MP（g/d）					
0.4（kg/d）	149	139	129	120	111	102
0.8（kg/d）	288	267	246	226	207	188
1.2（kg/d）	423	390	358	326	296	267
1.6（kg/d）	556	510	466	423	381	341
2（kg/d）	686	627	571	516	463	412
	增重所需Ca（g/d）					
0.4（kg/d）	10.4	9.7	9	8.4	7.7	7.1
0.8（kg/d）	20.1	18.6	17.2	15.8	14.4	13.1
1.2（kg/d）	29.6	27.2	25	22.8	20.7	18.6
1.6（kg/d）	38.9	35.6	32.5	39.5	26.6	23.8
2（kg/d）	48	43.8	39.9	36.1	32.4	28.8
	增重所需P（g/d）					
0.4（kg/d）	4.2	3.9	3.6	3.4	3.1	2.9
0.8（kg/d）	8.1	7.5	6.9	6.4	5.8	5.3
1.2（kg/d）	12	11	10.1	9.2	8.4	7.5
1.6（kg/d）	15.7	14.4	13.1	11.9	10.8	9.6
2（kg/d）	19.4	17.7	16.1	14.6	13.1	11.6

注：引自NASEM（2016）。

表4-11为NASEM（2016）肉用品种公牛每日营养需要量。表中公牛成年绝食体重为900 kg。列举了绝食体重的脂肪含量为28%，绝食体重范围为55%~80%（300~800 kg）的维持净能（NEm）、增重净能（NEg）、增重所需代谢蛋白（MP）、增重所需钙（Ca）和增重所需磷（P）的日需要量。

表4-11　肉用品种公牛日营养需要量

成年绝食体重900 kg

维持	绝食体重（SBW）（kg）					
	300	400	500	600	700	800
NEm（Mcal/d）	6.4	7.9	9.4	10.7	12.1	13.3
MP（g/d）	274	340	402	461	517	572
Ca（g/d）	9.2	12.3	15.4	18.5	21.6	24.6
P（g/d）	7.1	9.4	11.8	14.1	16.5	18.8
生长（ADG）	增重所需NEg（Mcal/d）					
0.4（kg/d）	0.9	1.1	1.3	1.5	1.7	1.9
0.8（kg/d）	2	2.4	2.9	3.3	3.7	4.1
1.2（kg/d）	3.1	3.8	4.5	5.1	5.8	6.4
1.6（kg/d）	4.2	5.2	6.1	7	7.9	8.7
2（kg/d）	5.3	6.6	7.8	9	10.1	11.1
	增重所需MP（g/d）					
0.4（kg/d）	163	150	138	126	115	104
0.8（kg/d）	319	291	264	239	215	192
1.2（kg/d）	471	427	386	347	310	273
1.6（kg/d）	622	561	505	451	400	650
2（kg/d）	707	693	621	553	487	423
	增重所需Ca（g/d）					
0.4（kg/d）	11.4	10.5	9.6	8.8	8	7.3
0.8（kg/d）	22.3	20.3	18.5	16.7	15	13.4
1.2（kg/d）	32.9	29.9	27	24.2	21.6	19.1
1.6（kg/d）	43.4	39.2	35.3	31.5	27.9	24.5
2（kg/d）	53.8	48.4	43.4	38.6	34	29.6
	增重所需P（g/d）					
0.4（kg/d）	4.6	4.2	3.9	3.6	3.2	2.9
0.8（kg/d）	9	8.2	7.5	6.8	6.1	5.4
1.2（kg/d）	13.3	12.1	10.9	9.8	8.7	7.7
1.6（kg/d）	17.5	15.8	14.2	12.7	11.3	9.9
2（kg/d）	21.7	19.6	17.5	15.6	13.7	11.9

注：引自NASEM（2016）。

表 4-12 为 NASEM（2016）肉牛后备青年母牛的妊娠期每日营养需要量。表中母牛是成年绝食体重为 550 kg，预期犊牛初生重为 40 kg，于 15 月龄配种的安格斯品种。列举了妊娠 1~9 月的维持净能（NEm）、妊娠所需代谢蛋白（MP）、妊娠所需钙（Ca）和妊娠所需磷（P）的日需要量。

表 4-12　后备青年母牛营养需要量

成年绝食体重 550 kg

犊牛初生重 40 kg

	妊娠月数								
	1	2	3	4	5	6	7	8	9
NEm 需要量（Mcal/d）									
维持	6.0	6.3	6.5	6.6	6.8	6.9	7.1	7.2	7.4
生长	2.1	2.3	2.3	2.4	2.4	2.5	2.5	2.5	2.4
妊娠	0.0	0.1	0.2	0.4	0.7	1.4	2.4	3.9	6.2
总计	8.1	8.7	9.0	9.4	9.9	10.7	11.9	13.6	16.0
MP 需要量（g/d）									
维持	295	310	318	326	334	342	350	357	365
生长	130	129	127	126	124	123	123	123	125
妊娠	2	4	7	14	27	50	88	151	251
总计	427	443	453	466	485	515	561	632	741
Ca 需要量（g/d）									
维持	10.2	10.9	11.3	11.7	12.0	12.4	12.8	13.2	13.6
生长	9.1	9.0	8.9	8.8	8.7	8.6	8.6	8.6	8.7
妊娠	0.0	0.0	0.0	0.0	0.0	0.0	12.2	12.2	12.2
总计	19.3	19.9	20.2	20.4	20.7	21.0	33.6	34.0	34.5
P 需要量（g/d）									
维持	7.8	8.3	8.6	8.9	9.2	9.5	9.8	10.1	10.4
生长	3.7	3.6	3.6	3.5	3.5	3.5	3.5	3.5	3.5
妊娠	0.0	0.0	0.0	0.0	0.0	0.0	5.0	5.0	5.0
总计	11.5	12.0	12.2	12.5	12.7	13.0	18.2	18.5	18.8
平均日增重（ADG）									
维持	0.402	0.402	0.402	0.402	0.402	0.402	0.402	0.402	0.402
生长	0.028	0.048	0.077	0.122	0.188	0.280	0.405	0.568	0.773
妊娠	0.430	0.450	0.479	0.524	0.590	0.682	0.807	0.970	1.175
体重（kg）									
绝食体重	342	354	367	379	391	403	416	428	440
妊娠子宫重	1	3	4	7	12	19	29	44	64
总计	344	357	371	386	403	423	445	472	504

注：引自 NASEM（2016）。

表 4-13 为 NASEM（2016）肉牛泌乳母牛的每日营养需要量。表中母牛是成年绝食

体重为 550 kg，预期犊牛初生重为 40 kg，60 月龄，高峰期产奶量 8 kg，到达泌乳高峰期的周数是 8.5 周，泌乳期 30 个月的安格斯品种。列举了产犊后 1～12 月的维持、妊娠和泌乳所需的净能（NEm）、代谢蛋白（MP）、钙（Ca）和磷（P）的日需要量。

表 4-13　泌乳母牛营养需要量

成年绝食体重（kg）		550			泌乳高峰（kg/d）		8		乳脂率（%）		4.0
犊牛初生重（kg）		40			相对乳产量		5		乳蛋白率（%）		3.4
产犊后月数												
	1	2	3	4	5	6	7	8	9	10	11	12
NEm 需要量（Mcal/d）												
维持	10.5	10.5	10.5	10.5	10.5	10.5	10.5	10.5	10.5	10.5	10.5	10.5
妊娠	0	0	0	0	0.1	0.2	0.4	0.7	1.4	2.4	4.0	6.2
泌乳	4.8	5.7	5.2	4.1	3.1	2.2	1.6	1.1	0.7	0.5	0.3	0.2
总计	15.3	16.2	15.7	14.7	13.7	12.9	12.4	12.3	12.6	13.4	14.8	16.9
MP 需要量（g/d）												
维持	432	432	432	432	432	432	432	432	432	432	432	432
妊娠	0	0	1	2	3	7	14	27	50	88	152	251
泌乳	349	418	376	301	226	163	114	78	53	35	23	15
总计	780	850	809	734	661	601	560	536	534	555	607	697
Ca 需要量（g/d）												
维持	16.9	16.9	16.9	16.9	16.9	16.9	16.9	16.9	16.9	16.9	16.9	16.9
妊娠	0	0	0	0	0	0	0	0	0	12.2	12.2	12.2
泌乳	16.4	19.7	17.7	14.2	10.6	7.6	5.4	3.7	2.5	1.7	1.1	0.7
总计	33.3	36.6	34.6	31.1	27.6	24.6	22.3	20.6	19.4	30.8	30.2	29.8
P 需要量（g/d）												
维持	12.9	12.9	12.9	12.9	12.9	12.9	12.9	12.9	12.9	12.9	12.9	12.9
妊娠	0	0	0	0	0	0	0	0	0	5.0	5.0	5.0
泌乳	9.3	11.2	10.1	8.0	6.0	4.3	3.0	2.1	1.4	0.9	0.6	0.4
总计	22.3	24.1	23.0	21.0	19.0	17.3	16.0	15.0	14.3	18.8	18.5	18.3
产奶量及妊娠子宫增重（kg/d）												
产奶	6.7	8.0	7.2	5.8	4.3	3.1	2.2	1.5	1.0	0.7	0.4	0.3
妊娠	0	0	0.016	0.028	0.047	0.078	0.122	0.187	0.281	0.404	0.571	0.773
体重（kg）												
绝食体重	550	550	550	550	550	550	550	550	550	550	550	550
妊娠子宫重	0	0	1	2	3	5	7	12	19	29	44	64
总计	550	550	551	552	553	555	557	562	569	579	594	614

注：引自 NASEM（2016）。

第三节 肉牛的饲养管理

与其他畜禽相比，肉牛可以将低质量的饲料转化为人类所需的优质蛋白质。全球对牛肉的需求必然会增加，由于肉牛生产对生态环境的影响，使其面临着气候变化、资源短缺的压力。这就要求肉牛的生产要向着可持续集约化模式转变，充分利用农业副产品和其他非粮饲料，制订营养管理计划，使用提高饲料利用率的生产技术，确保肉牛在更少的土地上能生产出更多的牛肉。

一、犊牛饲养管理

犊牛指的是初生至断奶阶段的牛。在这个阶段主要关注如何提高犊牛的成活率和日增重，为后期的生产打好基础。按照生长规律可分为 3 个时期：新生犊牛期、哺乳期和断奶期。犊牛是后备牛的第一阶段，良好的饲养管理可以为牛场的整体经济效益提供保障。

（一）新生犊牛的饲养管理

1. 饲喂初乳

母牛分娩后第一次分泌的乳汁，称为初乳。之后的 5~7 d 分泌的乳称为过渡乳，7 d 后为常乳。初乳色深黄，在总干物质中除乳糖较少外，其他含量都较常乳多，尤其是蛋白质、灰分和维生素 A 的含量。初乳中含大量的免疫球蛋白，能增强犊牛的免疫力。初乳黏稠，可保护胃肠道黏膜，防止细菌侵入。初乳也能促进胃肠机能的早期活动，分泌大量的消化酶。初乳含有较多的镁盐，因此具有轻泻作用，促进胎粪排出。刚出生的犊牛其抗体吸收率为 60%，但出生几个小时后抗体吸收率急剧下降（小肠上皮细胞对抗体的通透性逐渐下降），出生 24 h 后小牛几乎无法吸收完整的免疫球蛋白。因为在母牛怀孕期间抗体无法穿过胎盘进入胎儿体内，新生犊牛的血液中没有抗体。新生犊牛依靠摄入高质量的初乳获得被动免疫能力，抵御病原微生物的侵袭。

犊牛出生后应保证在 1 h 内吃到初乳。为保护犊牛免受疾病感染，2 d 犊牛血液中 IgG 浓度至少应为 10 g/L 或总蛋白 52 g/L。新生犊牛头 2 d 最好喂其母乳（初乳质量差除外），每天喂 2~3 次，第 1 天喂 3~4 L，以后每天增加 0.5 L。初乳的喂量一般为体重的 8%~10%，温度为 38℃左右，牧场应冷冻贮存部分优质初乳备用，冷冻初乳使用时最好用 65℃恒温水浴加热 30 min，直接加热会使免疫球蛋白变性。一般犊牛出生后 0.5~1 h，便能自行站立，此时要引导犊牛接近母牛乳房寻食母乳，若有困难，对个别体弱的犊牛则需人工辅助哺乳。将犊牛头引至母牛乳房下。挤出几滴母乳于洁净的手指上，让犊牛舐食，并引至乳头让犊牛吮乳。若母牛健康，乳房无病，农户养牛可令犊牛直接吮吸母乳，随母自然哺乳。若母牛产后生病死亡，可由同期分娩的其他健康母牛代哺初乳。在没有同期分娩母牛初乳的情况下，也可喂给牛群中的常乳，但每天需补饲 20 mL 的鱼肝油，另给 50 mL 的植物油以代替初乳的轻泻作用。

2. 新生犊牛的护理

（1）清除黏液　母牛正常产犊后会立即舔食犊牛躯体上的黏液，无须人工擦拭。黏液中有催产素，母牛舔食可以促其子宫收缩，排出胎衣，加强乳腺分泌活动，提高母性能力。这样也有助于犊牛呼吸，加强血液循环。犊牛出生后，用温水洗净鼻端黏液，然后用拇指和食指插入犊牛口内，掏出血块，使其呼吸顺畅，去除脚上的角质块。犊牛吸入黏液而造成呼吸困难时，可拍打犊牛胸部，或握住犊牛的两后肢将其提起，头部向下，拍打其胸部，使之排出（在冬季更重要），称重后放入经过消毒并铺有干净垫草的犊牛栏中。对一些初产母牛，不舔食犊牛身上黏液者，可在犊牛身上撒些麸皮，诱使其学会舔食。

（2）断脐带　在通常情况下，犊牛出生时自然地扯断脐带。未扯断时，需在距离犊牛脐部 10 cm 处用消毒剪刀剪断，并挤出脐带中的黏液，在脐带断处涂 5%碘酊或 1‰的高锰酸钾充分消毒，切记不可将药液灌入脐带中，以免因脐孔周围组织肿胀、充血而继续发炎。脐带在犊牛出生 1 周左右干燥脱落，若长时间不干燥并有炎症，即可断定为脐炎，应请兽医治疗。脐带不干燥的原因除被感染外，有时脐部漏出尿液，也可使脐部经常湿润不干。这是由于胎儿时期的尿管细，在脐带断裂时，没有与脐动脉一起退缩到腹腔内，而附着在脐部，因而经常有尿液漏出。一般情况下，几周后可以自愈，个别情况才需要外科处理。

（3）预防疾病　引起犊牛死亡的疾病主要有腹泻和呼吸道疾病，尤其是犊牛出生 4 周之内，犊牛死亡率非常高，因此做好预防是关键。一方面，犊牛出生后应及时放进消毒好的犊牛栏内，隔离管理。舍内要有适宜的通风装置，保持舍内阳光充足。另一方面，犊牛进行人工喂养时要注意哺乳用具的卫生，每次用后要及时清洗干净。

在管理上还应该勤打扫、勤换垫草、勤观察。保持牛舍干燥卫生。随时观察犊牛的精神状态、粪便状态以及脐带变化，发现异常应及时治疗。防止舔癖发生，吮吸嘴巴容易传染疾病；吮吸耳朵在寒冷的情况下容易造成冻疮；吮吸脐带容易造成脐带炎症；吮吸乳头容易造成成年后瞎乳头；吮吸皮毛容易在瘤胃内形成毛球，堵塞食道沟或者幽门而致命，应重视和防止犊牛的这些恶习。

（二）哺乳期犊牛的饲养管理

1. 哺乳

在生产中通常根据实际情况采用母牛哺乳法、保姆牛法和人工哺乳法来饲喂常乳。

（1）母牛哺乳法　母牛分娩后，让犊牛和其生母在一起，从哺喂初乳至断奶一直自然哺乳。这一阶段生产者应当注意观察犊牛生长发育情况，做好母牛催乳工作，保证母牛有充足乳汁哺育犊牛。出生后到 3 个月以前，母牛的泌乳量可满足犊牛的生长发育需要，3 个月后母牛的产奶量逐渐下降，而犊牛的营养需要逐渐增加，如果在这个时期生长受阻，很难在后续饲养过程补偿。随母哺乳时应当观察犊牛哺乳时的表现，当犊牛哺乳频繁顶撞母牛乳房，而吞咽次数不多，说明母牛产奶量低，不能满足犊牛需要，应加大补饲量。反之，当犊牛吮吸一段时间后，嘴角出现白沫说明犊牛已经吃饱，应将犊牛拉开，否则容易造成犊牛哺乳过量而引起消化不良。为了给犊牛早期补饲，促进犊牛发育和诱发母牛发情，可在母牛栏的旁边设一犊牛补饲间，短期使大母牛与犊牛隔开。若乳汁不足，可补饲犊牛料或代乳料。检查母牛是否患有传染病和寄生虫病，以防感染犊牛。

（2）保姆牛法　肉用犊牛也有采用保姆牛来哺乳的，选择性情温顺、健康无病、乳及乳头健康、产奶量中下等的母牛做保姆牛，再按每头犊牛日食 4~4.5 kg 乳量的标准选择数头年龄和体况相近的犊牛固定哺乳，1 头低产的乳用母牛或西门塔尔杂种母牛，日产奶 12~16 kg，可同时哺喂 2~3 头肉用犊牛或供育肥用的公犊牛。将犊牛和保姆牛管理在隔有犊牛栏的同一牛舍内，每日定时哺乳 3 次。犊牛栏内要设置饲槽及饮水器，以利于补饲。但开始时，对母牛和犊牛均应进行调教训练。保姆母牛按照哺育犊牛计算泌乳量饲养，供给品质良好的青贮饲料、禾本科-豆科干草和块根类饲料。考虑犊牛的年龄、活重和体况均相近的为一组。最好组内犊牛年龄差异不超过 10 d，活重不超过 5~10 kg。

（3）人工哺乳法　对找不到合适保姆牛的哺乳多用此法。人工哺乳包括用桶喂和带乳头的哺乳壶饲喂。犊牛生后 2 周内可用带有橡皮奶嘴的奶壶进行人工哺乳，这样犊牛只有用力吮吸才能吃到奶，也就会使唇、舌、口腔与咽头黏膜的感受器受到足够强的刺激，产生完全的食管沟反射，乳汁全部流入真胃。同时，由于吮吸速度较慢，乳汁在口腔中能与唾液混匀，到真胃时凝成疏松的乳块利于消化。哺乳时，可先将装有牛乳的奶壶放在热水中进行加热消毒，待冷却至 38~40℃时哺喂，5 周龄内日喂 3 次；6 周龄以后日喂 2 次。喂后立即用消毒的毛巾擦嘴，缺少奶壶时，也可用小奶桶哺喂。通常采用一手持桶，另外一只手中指及食指浸入乳中使犊牛吮吸，当犊牛吮吸指头时，慢慢将桶抬高使犊牛口紧贴牛乳而吮吸。习惯后则可将指头从口拔出，并放于牛鼻镜上，如此反复几次，犊牛便会自行哺饮牛乳。每次饮完奶后，喂奶用具应及时洗净，用前也要进行消毒。禁止饲喂变质和未经处理的冰冻牛奶。

在犊牛 3 个月哺乳期间，喂奶量应按日龄确定：8~10 日龄喂常乳 4 kg；11~20 日龄喂常乳 6 kg；21~30 日龄喂常乳 7 kg；31~40 日龄喂常乳 8 kg；41~50 日龄喂常乳 7 kg；51~60 日龄喂常乳 6 kg；61~70 日龄喂常乳 5 kg；71~80 日龄喂常乳 4.5 kg；81~90 日龄喂常乳 2.5 kg。目前，全脂代乳品在犊牛饲养中得到广泛的应用，用代乳粉培育犊牛的效果取决于代乳粉的品质，劣质代乳粉导致犊牛消化紊乱，降低增重和饲料报酬。

2. 补饲精料、粗料和水

采用随母哺乳时，应根据草场质量对犊牛进行适当补饲，既有利于满足犊牛的营养需要，又利于犊牛的早期断奶。人工哺乳时，要根据饲养标准配合日粮，早期让犊牛采食植物性饲料。犊牛的消化与成年牛显著不同，出生时只有皱胃中的凝乳酶参与消化过程，胃蛋白酶作用弱，也没有微生物的存在。如果早期喂给优质干草和精料，促进瘤胃微生物的繁殖，可以促进瘤胃的迅速发育。

（1）精料　饲喂固体饲料后，食管沟逐渐失去功能，草料中带入的微生物使瘤胃中的微生物区系逐渐开始建立起来。犊牛生后 15~20 d，开始训练其采食精饲料。初喂精饲料时，可在犊牛喂完奶后，将犊牛料涂在犊牛嘴唇上诱其舔食，经 2~3 d 后，可在犊牛栏内放置饲料盘，放入犊牛料任其自由采食。因初期采食量较少，料不应放多，每天必须更换，以保持饲料及料盘的新鲜和清洁。犊牛料应具有营养丰富、易消化、适口性强的特点。最初每头日喂干粉料 10~20 g，数日后可增至 80~100 g，适应一段时间后再喂以混合湿料，即将干粉料用温水拌湿，经糖化后给予。湿料给量可随日龄的增加而逐渐加大。

（2）干草　犊牛从 7~10 日龄开始，训练其采食干草。在犊牛栏的草架上放置优质干草（如豆科和禾本科青干草等），供其采食咀嚼，促进犊牛瘤网胃发育，并防止舔食异物。为犊牛调制富含蛋白质、矿物质和胡萝卜素的干草，干草喂量逐渐增加。3 月龄达到 1.3~1.4 kg，6 月龄达到 2.5~3 kg。

（3）青绿和青贮饲料　犊牛在 20 日龄时开始补喂，在混合精料中加入 20~25 g 切碎的青绿多汁饲料，以促进消化器官的发育。从2月龄开始可以喂给青贮饲料。应保证青贮饲料品质优良，防止酸败、变质及冰冻青贮饲料喂犊牛，以防止犊牛腹泻而造成死亡。

（4）饮水　出生1周后仅靠牛奶中的水分已不能满足犊牛正常代谢的需要，特别是气温较高时，必须训练犊牛尽早饮水。饮水有利于精料采食和在瘤胃中发酵，最初需饮36~37℃的温开水；10~15日龄后可改饮常温水；1月龄后可在运动场内备足清水，任其自由饮用。

3. 断奶

犊牛哺乳量过多和哺乳期过长，虽然增重较快，但对犊牛的内脏器官，尤其是对消化器官发育不利，而且饲养成本加大。喂奶量高饲养出的牛体型肥胖，但腹围小、采食量少，日后往往不能高产。断奶期犊牛面临着生长发育的一个重要转折时期，开始从哺乳犊牛向断奶犊牛转变。此时犊牛对精粗饲料的要求增加，是决定犊牛将来产肉性能的重要时期。因此，尽早地饲喂固体食物，采取循序渐进的喂料方式，提高饲料的利用率，创造良好环境可加速瘤胃的发育和提高犊牛断奶体重。在生产实践中，犊牛的断奶时间可按犊牛的日增重和采食量来确定。一般当犊牛日增重达500~600 g，饲料的日进食量高于1 000 g时就可以断奶。犊牛早期断奶要求犊牛基本健康，饲养管理细致，注意卫生。断奶前15 d，要开始逐渐增加饲料的喂量，日喂奶次数由3次改为2次，2次改为1次，然后隔日1次。自然断奶前1周，母牛停喂精料，只给粗料和干草，使其泌乳量减少，母犊分离到各自牛舍，不再哺乳。断奶第一周，母犊可能互相呼叫，应进行舍饲或拴饲，避免互相接触。同时尽早调教犊牛采食犊牛料，并提供优质干草或青草任其采食，适当添加维生素A。断奶犊牛进入小圈成群饲养，是犊牛出生后又一生理性大转折，是断奶犊牛生长的关键时期。这一时期瘤胃发育是否良好，关系到肉牛一生的生产性能，观察断奶犊牛的采食与饮水状况、犊牛是否正常反刍等。断奶期由于犊牛在生理和饲养环境上发生很大变化，必须精心管理，以使其尽快适应以精粗饲料为主的饲养管理方式。精饲料与粗饲料比例要控制合理，可按犊牛体重增长率增加喂量。要保证精粗饲料的清洁卫生，不可以饲喂发霉变质的精粗饲料。

4. 犊牛的管理

在犊牛培育中，管理条件对其生长发育、健康状况和以后的生产性能有很大的影响。犊牛对畜舍条件要求严格，高湿和有害气体过多将会影响犊牛的健康，犊牛管理条件混乱将会导致生长发育受阻，增加单位增重的饲料消耗，降低犊牛培育所有生产系统的经济效益，有时会造成犊牛发生各种疾病，增加犊牛的死亡率。

（1）畜舍环境和卫生管理　在犊牛培育过程中，舍温管理非常重要。犊牛舍内温度依建筑类型、地区特点和采用的供暖系统往往变化较大。从出生到2个月龄的犊牛培育期内，影响犊牛生长发育和生理状况的最适舍温16~18℃，在该温度条件下培育的犊牛活重比10~12℃下管理的犊牛高10.2%，平均日增重高14.6%。在20日龄将犊牛舍温提高到24~26℃，对犊牛的健康状况有不良的影响。因此，在犊牛培育过程中，应考虑牛场条件、地区气候、饲养水平，保证犊牛管理中舍温设置的合理性。

犊牛圈舍和运动场要保证清洁干净，定期进行打扫和消毒，消毒药的类型要定期交换使用，以防止细菌、病毒对消毒药产生耐药性，起不到杀毒灭菌的作用，且要根据季节性细菌或病毒的传染高发期进行消毒药物的选择。保证犊牛舍的空气流通和湿度，一般圈舍相对湿度控制在45%~60%。犊牛栏每次将牛转走后应将其清洗干净并消毒晾干备用，喂奶用具每次使用后必须清洗干净（每次必须用碱性或酸性清洗剂清洗），牛圈每天铺换新垫草，保持通风干燥，防止贼风。

（2）去角　对于将来做育肥的犊牛和群饲的牛，去角更有利于管理。去角的适宜时间多在生后7~10 d，常用的去角方法有电烙法和固体苛性钠法两种。电烙法是将电烙器加热到一定温度后，牢牢地压在角基部直到其下部组织烧灼成白色为止（不宜太久、太深，以防烧伤下层组织），再涂以青霉素软膏或硼酸粉。固体苛性钠法应在晴天且哺乳后进行，先剪去角基部的毛，再用凡士林涂一圈，以防药液流出，伤及头部或眼部，然后用棒状苛性钠稍湿水涂擦角基部，至表皮有微量血渗出为止。在伤口未变干前不宜让犊牛吃奶，以免腐蚀母牛乳房的皮肤。

（3）母仔分栏　与专业化肉牛饲养场不同的是，乳用牛犊牛出生后母子分栏，即在靠近产房的单栏中饲养，每犊一栏，隔离管理，一般1月龄后才过渡到群栏。在小规模系养式的母牛舍内，一般都设有产房及犊牛栏，但不设犊牛舍。在规模大的牛场或散放式牛舍，才另设犊牛舍及犊牛栏。犊牛栏分单栏和群栏两类。同一群栏犊牛的月龄应一致或相近，因不同月龄的犊牛除在饲料条件的要求上不同以外，对于环境温度的要求也不相同，若混养在一起，对饲养管理和健康都不利。

（4）断奶期日常管理　此时期犊牛刚刚断奶，处于由吃奶、采食精粗饲料到单一性采食精粗饲料的过渡时期，此时期犊牛前胃发育至关重要，所以要特别注意观察采食、反刍、粪便以及精神状况。在犊牛期，由于基本上采用舍饲方式，因此皮肤易被粪及尘土所黏附而形成皮垢，这样不仅降低皮毛的保温与散热力，使皮肤血液循环恶化，也易患病，为此，对犊牛每日必须刷拭1次。在断奶期不可进行疫苗接种、驱虫、去角、转群、运输等应激大的活动。

（5）运动管理　运动对于此期犊牛更为重要，犊牛在舍饲期，每天至少要进行2 h以上的驱赶运动。此外，在晴天还要让犊牛经常在运动场内自由运动和呼吸新鲜空气，以及接受日光的照射。在犊牛栏内要铺柔软、干净的垫草，保持舍温在0℃以上。从出生后8~10日龄起，犊牛每天在牛舍饲喂后可以在运动场地自由活动，即可在犊牛舍外的运动场做短时间的运动，以后可逐渐延长运动时间。如果犊牛出生在温暖的季节，开始运动的日龄还可适当提前，但需根据气温的变化，掌握每日运动时间。夏季夜晚犊牛可以不进牛舍，在运动场地休息。反之冬季注意防寒，特别在我国北方，冬季天气严寒风大，要注意犊牛舍的保暖，防止贼风侵入，以免犊牛疾病的发生。在有条件的地方，可以从生后第二个月开始放牧，但在40日龄以前，犊牛对青草的采食量极少，更多的是运动。运动对促进犊牛的采食量和健康发育都很重要。在管理上应安排适当的运动场或放牧场，场内要常备清洁的饮水，在夏季必须有遮阴条件。

（6）免疫健康管理　由于1周龄内的犊牛仍处于分娩应激的恢复期，其自身类固醇仍处于高水平状态，此阶段不做其他免疫，以防削弱免疫反应。并且此阶段部分犊牛免疫系统比较弱，可能不能产生正确的免疫反应。牛呼吸道疾病（Bovine respiratory disease，BRD）通常是由于压力、病毒感染和病原体（如巴氏杆菌属 *Pasteurella* 和嗜血杆菌属 *Haemophilus*）侵入肺部共同引起的。外界压力会破坏器官和支气管内层的物理自然屏障，而病毒会进一步破坏这些屏障并进入肺部，定位繁殖，出现呼吸道症状、肺炎和反复发烧，甚至死亡。1周龄内的动物免疫要仅限于口服（抗体、初乳、轮状/冠状病毒疫苗）和鼻内（IBR/PI-3）免疫疫苗。3~5周龄犊牛体内从初乳中获得的母源性免疫细胞正处于衰退期，自身免疫系统刚开始产生免疫细胞，不足以起到保护作用，不在此年龄阶段做免疫程序。如果在此阶段免疫，不仅可能导致免疫应答较差或不良反应，甚至可能导致动物在将来再次免疫相同疫苗时发生或易发生不良反应。

2~3月龄犊牛可接种梭菌7联苗；红眼病疫苗（传染性角膜炎）；呼吸道疾病疫苗：IBR、BVD（1型和2型）、BRSV、PI-3、溶血性曼氏杆菌苗、巴氏杆菌苗；群体驱虫。4~5月龄犊牛可接种口蹄疫疫苗。5~6月龄可加强口蹄疫疫苗免疫1次。断奶前2~3周可重复或加强免疫之前免疫程序。7联梭菌疫苗；呼吸道疾病疫苗：IBR、BVD（1型和2型）、BRSV、PI-3、溶血性曼氏杆菌苗、巴氏杆菌苗；群体驱虫。

针对犊牛的健康管理，美国威斯康星大学麦迪逊分校发布的犊牛健康评分体系，可以快速地在现场监测犊牛的健康状态，尤其是呼吸系统健康状态。该评分体系在我国的犊牛饲养中应用也较广。犊牛健康评分体系包括咳嗽评分（4分制）、体温评分（4分制）、鼻子评分（4分制）、眼睛评分（4分制）、耳朵评分（4分制）。具体评分体系见图4-1。

咳嗽评分：0分，无咳嗽；1分，偶尔咳嗽1次；2分，环境变化或受刺激时自发性咳嗽；3分，频繁自发性咳嗽。

体温评分：0分，100~100.9℉（37.8~38.3℃）；1分，101~101.9℉（38.4~38.8℃）；2分，102~102.9℉（38.9~39.4℃）；3分，≥103℉（≥39.5℃）。

鼻子评分：0分，正常，有水状排出物；1分，单侧鼻孔有少量混浊黏液排出；2分，双侧鼻孔均有混浊黏液排出；3分，双侧鼻孔均有脓性黏液排出。

眼睛评分：0分，正常，眼角没有分泌物；1分，单侧眼角有少量分泌物；2分，双侧均有中等量的分泌物；3分，双侧均有大量分泌物且挡住视线。

耳朵评分：0分，正常，双耳竖起；1分，耳朵轻弹或摇头；2分，单侧耳朵轻微下垂；3分，头部倾斜或双侧耳朵都下垂。

二、繁殖母牛饲养管理

消费者对牛肉的需求在不断增长，母牛良好的繁殖性能不仅决定母牛育犊体系的有效性，还影响食品的供应。母牛育犊繁育体系是肉牛生产的基础，对繁殖母牛的科学饲养管理有助于保证母牛和犊牛的健康和生产性能。繁殖母牛的管理和繁育技术还需要继续发展和改进。母牛育犊体系依赖于母牛每年生产1头健康犊牛来产生和维持盈利。如果母牛不能实现一年一胎，那么生产成本就会提高。因此，目前繁殖母牛繁殖技术的重点之一是如何提高犊牛的出生率和健康。目前，可以通过引入优良品种，减少疾病传播，提高动物繁殖力来提高犊牛的价值。

青年母牛是母牛群中决定未来生产成绩很重要的牛群。为了最大限度提高终生生产力，USDA提出了母牛出生后14~18月龄配种，经过9个月的妊娠，最好在24月龄前产下头胎牛，产出的公犊牛可用于育肥出栏，母犊牛可重复其母亲的配种计划，或产完第二胎后育肥出栏（图4-2）。有研究表明，与3岁产头胎相比，2岁产犊的母牛所生犊牛的断奶体重增加了138 kg，盈利提高6%~8%。因此，在第一个繁殖期适时成功配种对母牛的长期生产性能非常关键。此外，母牛产犊后再次配种成功的天数也非常重要，是实现

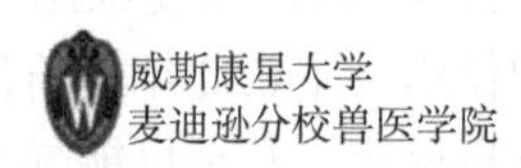

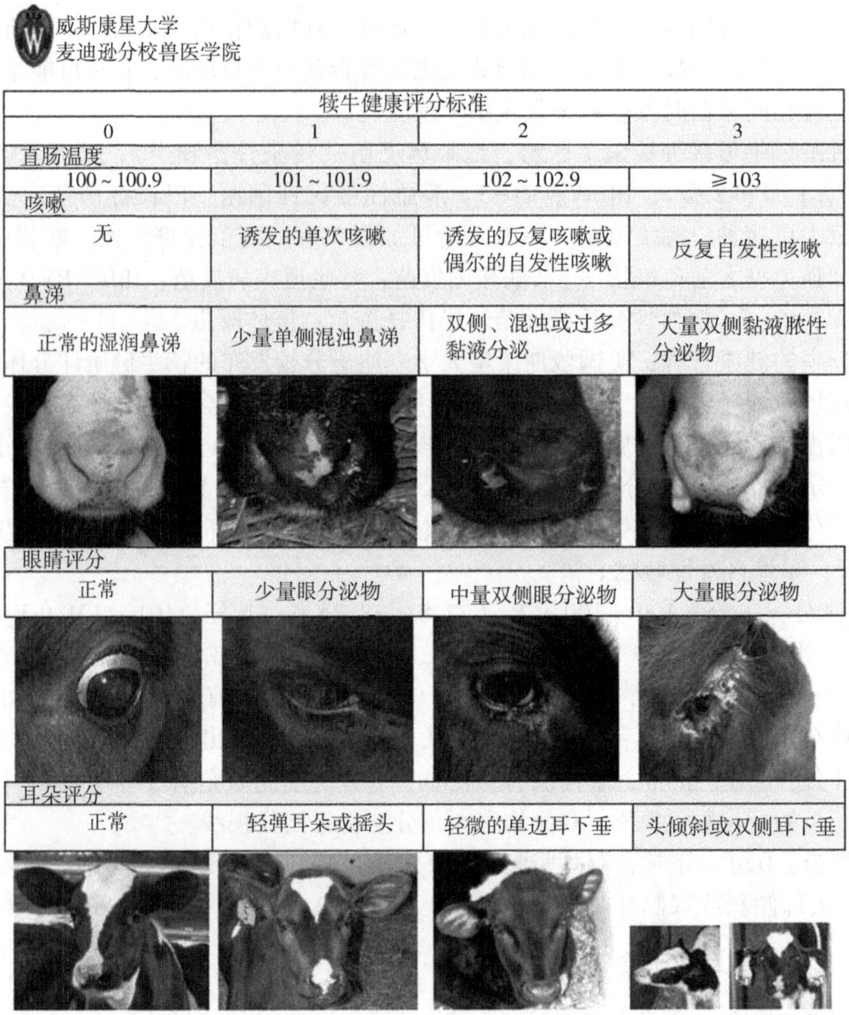

犊牛健康评分标准			
0	1	2	3
直肠温度			
100 ~ 100.9	101 ~ 101.9	102 ~ 102.9	≥103
咳嗽			
无	诱发的单次咳嗽	诱发的反复咳嗽或偶尔的自发性咳嗽	反复自发性咳嗽
鼻涕			
正常的湿润鼻涕	少量单侧混浊鼻涕	双侧、混浊或过多黏液分泌	大量双侧黏液脓性分泌物
眼睛评分			
正常	少量眼分泌物	中量双侧眼分泌物	大量眼分泌物
耳朵评分			
正常	轻弹耳朵或摇头	轻微的单边耳下垂	头倾斜或双侧耳下垂

图 4-1　犊牛健康评分

注：引自 https：//www. vetmed. wisc. edu/fapm/wp-content/uploads/2020/01/calf_respiratory_ scoring_ chart. pdf。

1 年产 1 胎的关键。

常用的性别选择繁育技术是使用性控精液。通过流式细胞技术，根据 DNA 分离携带 X 染色体（X 精子）或 Y 染色体（Y 精子）的精子细胞，其中 X 精子包含的 DNA 比 Y 精子约多 4%。流式细胞术最早发展于 20 世纪 80 年代早期，但是分离出了无活力的精子。到 1989 年，该技术能够在不杀死精子或严重破坏精子的情况下分离精子细胞。第一次用性控精液产出活后代是 1989 年对兔子进行性控授精。1997 年在牛上实现了性控精液人工授精。自 2007 年以来，由于设备的增强和加工工艺的改进，性控精液的商业化已经大幅增加。在分选过程中，使用荧光染料 Hoechst33342 染色精子细胞，它渗透到精子膜并与 DNA 结合。激光导致精子细胞发出荧光，计算机将检测和分析释放的荧光量，携带 X 染

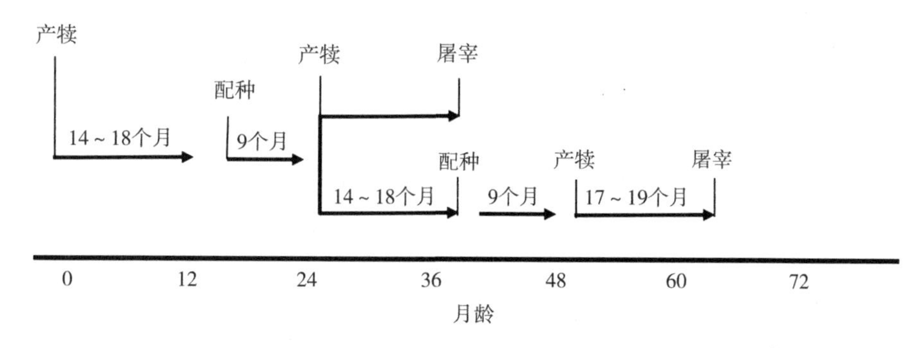

图 4-2　肉牛寿命及关键时间序列

注：引自 Thomas（2016）。

色体比 Y 染色体的精子多释放出大约 4%的荧光。具有不同荧光水平的 X 染色体精子和 Y 染色体精子具有不同的电荷，这允许它们在电场之间通过时被分类到不同的容器中。使用性控精液的优点是，一方面可实现超过 90%的性别选择成功率，另一方面通过分类去除有缺陷的精子，有助于更快的遗传改良。使用性控精液的缺点是与传统精液相比，怀孕率通常较低（传统精液的 87%）。主要原因是解冻后精子运动较低、具有完整膜的精子数量减少，在分类过程中可能发生顶体改变。另一个缺点是性控精液比传统精液更昂贵，这限制了其经济可行性。在肉牛行业中，性控精液可用来提高公牛的出生率，因为公牛和阉牛将饲料转化为肌肉的效率高于母牛。但鉴于以上的缺点，目前是否选择使用性控精液取决于生产者对成本的考虑。

乳房和乳头大小直接影响犊牛的生长性能和母牛的寿命。乳房评分还可以帮助育种者在选育时通过这种评分体系剔除有繁殖问题和哺乳问题的母牛。乳房的评分系统为 9 分制（图 4-3），评分细则如下：9 分，乳房很紧实，乳头很小；7 分，乳房紧实，乳头小；5 分，乳房和乳头形态中等；3 分，乳房垂悬，乳头大；1 分，乳房垂悬度很高，几乎拖地，乳头很大，呈球状。理想的评分值为 5 分。乳头过小会降低乳汁的排出，影响犊牛的哺乳量；而乳头过大会导致犊牛的吮吸难度提高。乳房过大会增加乳房损伤或乳房炎的概率。

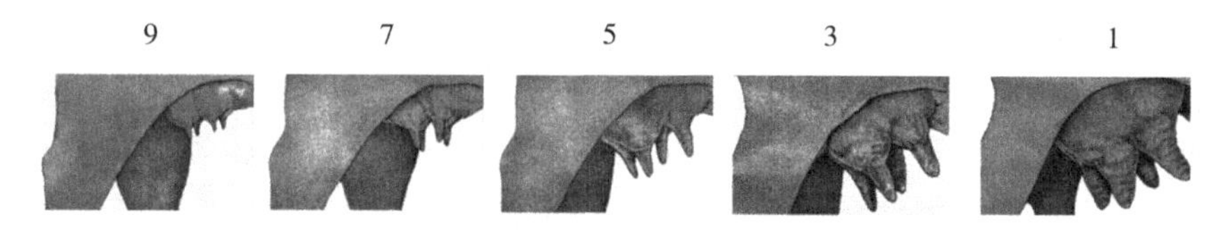

图 4-3　乳房评分

注：引自 https：//beefimprovement. org/wp-content/uploads/2018/03/BIFGuidelinesFinal_ updated0318. pdf。

繁殖母牛的饲养管理应从空怀、妊娠和哺乳 3 个不同阶段来考虑。

（一）空怀母牛的饲养管理

空怀母牛饲养的主要目的是保持肉牛中上等膘情，提高受胎率。繁殖母牛在配种前过瘦或过肥都会降低繁殖性能。肉牛采食精料过多或运动不足导致过肥不发情；如果营养不足导致母牛过瘦也会导致不发情。对于瘦弱的母牛在配种前 1～2 个月应加强营养，适当补充精料，提高受胎率。

1. 空怀母牛的饲养

通常以青粗饲料为主搭配少量精料饲喂舍饲空怀母牛。当以低质秸秆为粗料时，应补饲 1~2 kg 精料，同时注意补充食盐等矿物质和维生素。以放牧为主的空怀母牛，放牧地离牛舍不应超过 3 000 m。青草季节应尽量延长放牧时间，一般不需要补饲，但需要补充食盐；枯草季节要补饲干草或秸秆 3~4 kg 和 1~2 kg 精料。实行先饮水后喂草，待牛吃到 5~6 分饱后，饲喂精料，再给淡盐水，待牛休息 15~20 min 后出牧。放牧回舍后给牛备足饮水和夜草。草料要新鲜、无霉烂变质。初牧 10 d 限制牛采食幼嫩牧草和树叶等，防止有毒植物中毒或瘤胃臌胀病的发生。精料参考配方：玉米 65%，饼（粕）类 16%，糠麸 15%，磷酸氢钙 2%，食盐 1%，微量元素维生素预混料 1%。

2. 空怀母牛的管理

空怀母牛的牛舍内应通风良好，温湿度适宜。适当的运动和日光浴对增强牛群体质、提高肉牛的生殖机能有促进作用。当母牛发情时，应及时配种，防止漏配和失配。

对 8~12 月龄的后备小母牛和公牛，可接种 7 联梭菌疫苗；繁殖相关疫苗：IBR、BVD（1 型和 2 型）、BRSV、PI-3 和 5 联钩端螺旋体疫苗；群体驱虫。12~16 月龄的后备小母牛和公牛（配种前的免疫）可接种繁殖相关疫苗：IBR、BVD（1 型和 2 型）、BRSV、PI-3 和 5 联钩端螺旋体疫苗；腹泻相关疫苗（只免疫母牛）：轮状病毒、冠状病毒、产气荚膜梭状芽孢杆菌 C 型和 D 型，以及 K99 大肠杆菌疫苗；群体驱虫。

（二）妊娠母牛的饲养管理

1. 妊娠母牛的饲养

肉用妊娠母牛的妊娠期一般为 270~290 d，平均为 280 d。一般可以分为妊娠前期、妊娠中期、妊娠后期和围产前期 4 个时期。妊娠前 6 个月胚胎生长发育较慢，可以和空怀母牛一样，以粗饲料为主，不需要额外增加营养。在正常的饲养条件下，使妊娠母牛保持中等膘情即可。妊娠末期，牛胎儿出生体重的 70%~80% 是最后两个月内增长起来的。在这期间，需要从母体吸收大量的营养，如果母牛的营养水平过低，营养不全面，轻者影响胎儿的发育，重者造成胎儿早期死亡，而发生不易发现的隐性流产。同时母体内需要蓄积一定的养分，以保证产后泌乳。一般在母牛分娩前，体重至少增加 45~70 kg 才能保证产犊后的正常泌乳与发情。因此，要在原日粮基础上增加营养，喂给怀孕母牛足够含蛋白质、维生素和矿物质等的饲料，保证怀孕母牛全面的营养需要，促进胎儿发育，特别是要注意调整饲料中钙、磷的含量和比例，防止母牛产后瘫痪。严禁喂给发霉变质或酸度过大的饲料，并严防有毒物质混入饲料中。精料参考配方：玉米 60%，饼（粕）类 26%，糠麸 10%，磷酸氢钙 2%，食盐 1%，微量元素维生素预混料 1%。

对于放牧饲养的妊娠母牛，多采取选择优质草场、延长放牧时间、牧后补饲饲料等方法加强母牛营养，以满足其营养需求。青草季节应尽量延长放牧时间，一般不用补饲。在枯草季节，根据牧草质量和牛的营养需要确定补饲草料的种类和数量。当母牛长期吃不到青草，维生素 A 缺乏时，可用胡萝卜或维生素 A 添加剂来补充，另外应补足蛋白质、能量和矿物质饲料。同时，又要注意防止妊娠母牛过肥，尤其是头胎青年母牛，更应防止过度饲养，以免发生难产。

（1）妊娠前期　是指妊娠后的 1~13 周。此阶段胚胎发育速度较慢，母牛的腹围没有明显的变化，营养需要与空怀相似。此阶段每日精料可喂 1.0~1.5 kg，每日 3 次。

(2) 妊娠中期　是指妊娠 14~26 周。此阶段胚胎发育速度加快，母牛的腹围逐渐增大。应提高营养水平，除了满足母牛的维持需要之外，还要满足胎儿生长发育的营养需要。此阶段每日精饲料可喂 1.5~2 kg，每日 3 次。

(3) 妊娠后期　是指妊娠 27~38 周。此阶段是胎儿生长发育最快的时期。由于胎儿体积增大挤压瘤胃，母牛对粗饲料的采食量降低，补饲的粗饲料应选择优质和消化率高的饲料，少用水分含量高的饲料。此阶段每日精饲料可喂 2~2.5 kg，每日 3 次。

(4) 围产前期　是指妊娠 39~40 周，即分娩前 2 周。此阶段胎儿已发育成熟，母牛的腹围粗大，身体笨重。此阶段每日精饲料可喂 1.5~2 kg，每日 3 次。

2. 妊娠母牛的管理

要让妊娠母牛有适当的运动，充足的运动可增强母牛体质，促进胎儿生长发育，并防止难产。妊娠后期应做好保胎工作，在母牛临产前 1 个月要每天牵遛运动 1~2 次，以防止母牛难产。临产前注意观察，保证安全分娩。在饲料条件较好时，应避免过肥和运动不足。在妊娠母牛全过程管理中，避免与其他牛混群放牧、混群饲养，以防打架顶角、挤撞、乱爬跨和惊吓等造成流产。要确保妊娠母牛的饮水质量，饮用水的水温一定保持在 16℃以上，避免饮冷水或变质被污染的水。

临产期的母牛应停止放牧，停止使役，预产期前 1~2 周进入产房，产房要求宽敞、清洁、保暖、安静，墙面消毒，铺清洁、干燥、卫生的柔软垫草。产前准备好接产和助产的用具、器具和药品。母牛分娩征兆：分娩前乳房发育迅速，体积增加，腺体充实，乳头膨胀，阴唇在分娩前 1 周开始逐渐松弛、肿大、充血，阴唇表面皱纹逐渐展平；在分娩前 12 d 阴门有透明黏液流出；产前 12~36 h 荐坐韧带后缘变得非常松软，尾根两侧凹陷；临产前母牛表现不安，常回顾腹部，后躯摇摆，排粪尿次数增多，每次排出量少，食欲减少或停止。上述征兆是母牛分娩前一般表现，由于饲养管理、品种、胎次和个体之间的差异，往往表现不完全一致，必须根据母牛的具体情况和表现，综合判断，才能做出正确估计。

在正常分娩过程中，母牛可以将胎儿顺利产出，不需人工辅助。但是对初产母牛、胎位异常及产程较长的母牛要及时进行助产，母牛分娩时要悉心照顾，合理助产，严禁粗暴。对于初产牛，因产程较长，更应仔细看管，对出生的犊牛也要进行良好的护理。

(三) 哺乳母牛的饲养管理

育犊泌乳母牛的采食量及营养需要在母牛各生理阶段中最高。能量需要量增加，蛋白质需要量加倍，钙、磷、维生素需要量增加。母牛日粮如果缺乏这些物质，可使犊牛生长停滞，易患腹泻、肺炎和佝偻病等。严重时还会损害母牛的健康。精料参考配方：玉米面 55%~60%，饼类 25%~30%，麸皮 5%~10%，磷酸氢钙 2%，食盐 1.5%，微量元素维生素预混料 1%~2%。

1. 哺乳母牛的饲养

(1) 泌乳初期　是指产犊后 2 周内，也称围产后期。该阶段母牛刚分娩，免疫力降低，产前过于肥胖的母牛消化机能减退，产道尚未复原，乳房水肿尚未完全消退，容易引起体内营养成分供应不足。此期主要目标是尽量克服干物质（DMI）采食量降低和能量负平衡的程度，及时调控并观察，尽可能缩短泌乳前期能量负平衡时间和失重期，尽快恢复体质，减少代谢病的产生。提高新产牛日粮营养浓度，适应低采食量情况下的实际需要，减少体况损失。母牛分娩后应立即给母牛饮温麸皮汤（36~38℃）：用温水 10 kg，加麸皮 1.5~2 kg，食盐 100~150 g，搅拌饲喂，若加入 200 g 红糖效果更好。母牛产后的最初几天，体力尚未恢复，消化机能很弱，必须给予易消化的日粮，粗料应以优质干草为主，精料最好选用小麦麸，逐渐增加，并加入其他饲料，自由采食优质饲料，适当控制食盐喂量，不得供以凉水。分娩后的第 3~4 d，可逐渐增喂精料，每天增喂量 0.5~0.8 kg，青贮、块根喂量必须控制。6~7 d 精料喂量可恢复到一般水平（1.5~2 kg）。

（2）泌乳盛期　是指母牛产后 16~60 d。此阶段母牛食欲逐渐恢复正常，产奶量也提高，对营养的需求量提高。此阶段应限制能量浓度低的粗饲料，增加精饲料喂量，每日可喂 2~3 kg 精饲料，精粗比为 5∶5。

（3）泌乳中期　是指母牛产后 61~90 d。此阶段产奶量逐渐下降，但采食量较高，因此可适当降低精饲料比例，每日不超过 1.5~2.5 kg，精粗比 4∶6 为宜。

（4）泌乳后期　是指母牛产后 91 d 至犊牛断奶。此阶段除了做好母牛的干奶准备之外，还要保证母牛的膘情为中上等，保证母牛适时发情配种，提高受胎率。因此，每日精料喂量约为 2 kg，每日 3 次，精粗比 3∶7 为宜。

2. 哺乳母牛的管理

分娩 2 周以后，母牛食欲良好、消化正常、恶露排净、乳房生理肿胀消失。母牛产后恶露没有排净之前，不可喂给过多精料，以免影响生殖器官的复原和产后发情。

泌乳期必须饲喂高能量的饲料，并使母牛保持良好食欲，尽量采食较多的干物质和精料，但不宜过量。适当增加饲喂次数，多喂品质好、适口性强的饲料，在泌乳高峰期，青干草、青贮应自由采食。为使母牛获得充足的营养，应饲喂优质的青草和干草，豆科牧草是母牛蛋白质和钙的良好来源，应注意补足。全年饲料供给应均衡稳定，冬夏季日粮不得过于悬殊，饲料必须合理搭配。夏季日粮应适当提高营养浓度，降低饲料粗纤维含量，增加精料和蛋白质的比例，并补喂块根、块茎和瓜类饲料，保证充足的饮水；冬季日粮营养应丰富，要增加能量饲料，加喂青贮料、胡萝卜和大麦芽，饮水温度在 12~16℃，不饮冰水。正确安排饲喂次数。

放牧期间的充足运动和阳光浴及牧草中所含的丰富营养，可促进牛体的新陈代谢，改善繁殖机能，提高泌乳量，增强母牛和犊牛的健康。母牛从舍饲到放牧管理要逐步进行，一般需 7~8 d 的过渡期。当母牛被赶到草地放牧前，要用粗饲料、半干贮及青贮饲料预饲，日粮中要有足量的纤维素，以维持正常的瘤胃消化。若冬季日粮中多汁饲料很少，过渡期 10~14 d。时间上由开始时的每天放牧 2~3 h，逐渐过渡到末尾的每天 12 h。夏季应以放牧管理为主。因此，经过放牧牛体内血液中血红素的含量增加，机体内胡萝卜素和维生素 D 等贮备较多，提高对疾病的抵抗能力。由于牧草中含钾多钠少，因此要特别注意食盐的补给，以维持牛体内的钠钾平衡。

成年母牛（或公牛）每年免疫（年度免疫程序），可接种繁殖相关疫苗：IBR、BVD（1 型和 2 型）、BRSV、PI-3 和 5 联钩端螺旋体疫苗；腹泻相关疫苗（只免疫母牛，最好在产犊前 30~60 d 免疫）：轮状病毒、冠状病毒、产气荚膜梭状芽孢杆菌 C 型和 D 型，以及 K99 大肠杆菌疫苗；群体驱虫。口蹄疫疫苗每年免疫 2~3 次，或每 4 个月免疫 1 次，或根据当地口蹄疫具体情况咨询制定。

三、架子牛饲养管理

架子牛通常是指未经育肥或不够屠宰体况的青年牛，是幼龄牛在恶劣环境条件下或日粮营养水平较低的情况下，骨骼、内脏和部分肌肉优先发育形成架子牛。架子牛按年龄大小可分为犊牛（1岁以下）、1岁龄牛（1~2岁）和2岁牛（2~3岁），是专门用于育肥的牛，通常由牧场或农户选购至育肥场。采用在产区“吊架子”，“架子牛”再转移到产粮区和粮食加工业较发达、距市场较近、经济较好的地区育肥，即肉牛的易地育肥。

（一）架子牛的饲养

架子牛的饲养俗称“吊架子”，目的是促进幼龄牛的骨骼、肌肉生长发育，在15~18月龄体重达300~400 kg，日增重0.6~0.8 kg（不低于0.4 kg）。架子牛营养缺乏时间也不宜过长，否则会影响肌肉发育和胴体质量，严重时丧失补偿生长的机会。架子牛日粮宜以粗料为主，由于此阶段牛还处于生长期，日粮钙磷含量及比例要满足动物的需要。日粮精粗比为3：7。通常可采用放牧饲养或舍饲饲养方式饲养架子牛。放牧架子牛要注意补充食盐，舍饲架子牛不拴系。本地牛或小型品种杂交牛体重达280~300 kg，大型牛体重达400 kg即可育肥或出售。

（二）架子牛的管理

犊牛断奶后经买卖运输到达架子牛饲养场时，最需要关注的是2个方面：健康问题和对新场日粮的适应性问题。牛呼吸道疾病（BRD）是最常见的架子牛转场疾病，新转入的或体重较轻的牛更易发病。运输应激是导致BRD的主要原因之一，转场后前2周采食量下降造成的营养不足、免疫力下降是BRD发病的第二个主要原因。此外，在动物处于运输应激情况下接种疫苗，也可能因为免疫力低下造成发病。因此，架子牛在新转场前2周，应饲养于隔离区，重点观察。先驱虫，待架子牛表现正常再接种疫苗。

1. 购牛前的准备

购牛前1周，应将牛舍粪便清除，用水清洗后，用2%的火碱溶液对牛舍地面、墙壁进行喷洒消毒，用0.1%的高锰酸钾溶液对器具进行消毒，最后再用清水清洗1次。以后每周对牛场消毒3次，牛舍每天消毒1次。春季常用戊二醛或复合季铵盐类消毒液，夏季常用菌毒消或维康，冬季常用过氧乙酸、火碱。如果是敞圈牛舍，冬季应扣塑膜暖棚，夏季应搭棚遮阴，通风良好，使其温度不低于5℃。架子牛的优劣直接决定着育肥效果与效益。应选夏洛来、西门塔尔等国际优良品种与本地黄牛的杂交后代，年龄在1~3岁，体型大、皮松软，膘情较好，体重在300 kg以上，健康无病。尽量选择与育肥地气候相近的购入地，以避免因气候特点相差太大而导致的肉牛无法适应现象。如东北牛长期生活在寒冷地区，耐寒不耐热；而在夏季转运到潮湿闷热的南方，则容易引起应激、生病甚至死亡。

2. 肉牛的运输应激

集约化养殖的肉牛在进出养殖场、转群、集中屠宰前都需要运输，运输过程不可避免地伴有运输应激，这会导致动物的生理、心理状态和代谢过程发生相应的变化，严重时会给畜牧业生产带来巨大损失。在运输应激条件下，动物往往表现为呼吸、心跳加速，恐惧不安、性情急躁，体内的营养、水分大量消耗，并最终影响动物的生产性能、免疫水平及畜产品品质。在合适的装载密度下，使用适当的运输工具，保持较低车速，减少启动和刹车频率以增加动物在运输过程中的舒适感。运输前和运输后在饲料或饮水中加入一些缓解应激的成分，以调节机体生理机能，增强体力。运输前不禁食，可减缓动物在运输过程中因长时间的饥饿所致的强烈应激，并可减少运输过程中的体重损失。夏季和冬季是动物在运输过程中死亡率最高的两个季节，死亡率和运输时间（距离）呈正相关。在炎热的夏季，应该妥善安排起运时间，对长途运输的动物通常可以选择夜间运输以避开白天高温，必要时应定时对车厢进行冷水冲淋降温。冬季运输要处理好保温与通风的关系，既要防止因保温导致车厢内高温应激，又要避免通风不良引发的缺氧性死亡。

3. 日常管理

架子牛入栏后应立即进行驱虫。肉牛的体外寄生虫按生物学分类分为 2 种：① 昆虫类（蝇、虱和蚊）；② 节肢动物（蜱和螨）。常用的驱除体外寄生虫的方式有：① 用于身体局部（常为背部），然后药物由机体吸收并扩散至全身；② 通过喷雾、气雾或使用背部涂擦剂、浸药耳标、注射或药粉袋的方法给药；③ 采取药浴的方式。体内寄生虫有线虫、绦虫和吸虫。体内寄生虫寄居于肠道内，不易被发现，常用的驱虫药物有阿弗米丁、丙硫苯咪唑、敌百虫、左旋咪唑等。应在空腹时进行，以利于药物吸收。驱虫后，架子牛应隔离饲养 2 周，其粪便消毒后，进行无害化处理。驱虫 3 日后，为增加食欲，改善消化机能，应进行一次健胃。常用于健胃的药物是人工盐，其口服剂量为每头每次 60~100 g。

育肥架子牛应采用短缰拴系，限制活动。缰绳长 0.4~0.5 m 为宜。饲喂要定时定量，先粗后精，少给勤添。刚入舍的牛因对新的饲料不适应，第一周应以干草为主，适当搭配青贮饲料，少给或不给精料。育肥前期，每日饲喂 2 次，饮水 3 次；后期日饲喂 3~4 次，饮水 4 次。每天上午、下午各刷拭 1 次。经常观察粪便，如粪便无光泽，说明精料少，如便稀或有料粒，则精料太多或消化不良。易地育肥肉牛到场后还应注意牛源地和育肥地生活环境的差异，需加强对肉牛的饲养管理。要先饲喂牛源地的饲草、饲料，然后进行换料，这样才能尽量减少应激和疾病的发生，使肉牛尽早度过过渡休息期，减少损失。

四、育肥牛饲养管理

国内外育肥牛的方式中，集约化专业育肥主要包括犊牛育肥、青年牛育肥、架子牛育肥，但根据一些特殊阶段和特殊需求，还有成年牛育肥、奶公牛育肥和高档牛肉育肥。

（一）犊牛育肥

犊牛育肥又称小肥牛育肥，是指在特殊饲养条件下，6 月龄以内出栏，育肥至 90~150 kg 时屠宰，生产出风味独特，肉质鲜嫩、多汁的高档犊牛肉。犊牛育肥以全乳或代乳品为饲料，在缺铁条件下饲养，肉色很淡，故又称“白牛”生产。生产犊牛肉大多是以淘汰的奶公犊或者兼用牛的公犊。欧洲国家生产牛肉牛源 45%~50%来自奶牛公犊。犊牛肉是公犊牛（大部分是荷斯坦公犊牛）在用全乳或者代乳料饲喂条件下，经少于 20 周龄的育肥而生产的牛肉。我国每年出生的犊牛数达 6 000 万头，每年有 350 万头左右的奶公犊出生。奶公犊是连接奶牛养殖业和肉牛养殖业的纽带，近年来的奶业波动和肉牛牛源危机的日趋严重，使奶公犊资源的开发利用逐渐成为各级政府和肉牛养殖企业、农户以及研究者共同关注的焦点。犊牛育肥正逐渐成为我国奶公犊利用的主要方式。欧盟和美国等奶业发达国家的奶公牛犊育肥技术已经处于世界领先水平。奶牛肉的占比分别为欧盟 45%、美国 30%、日本 55%、荷兰 90%。

1. 犊牛肉生产方式

（1）乳饲小牛肉　包括两种饲喂方式：鲍勃小牛肉（Bob veal）和特殊饲喂小牛肉（Special fed veal，SFV）。鲍勃小牛肉是用全乳饲喂，从出生到 4 周龄之前、体重 32~68 kg 时出栏。该牛肉肉质松软、细嫩，呈微红色，低脂肪、高蛋白，富含人体所需的各种氨基酸。培育方式是选择生理机能强，营养代谢旺盛，机体绝对健康，初生重 38~45 kg，生长发育快的黑白花犊牛（公、母）或者肉用犊牛，仅喂 3~4 周龄牛奶后出栏。特殊饲喂小牛肉是指用全乳或者代乳品饲喂到 16~18 周龄，体重约 200 kg 时出栏。这种小牛肉富含蛋白质，脂肪含量少，胆固醇含量相对其他畜产品较低，维生素 B_{12}和硒（Se）的含量相对较高，还富含锰、铜、锌等重要离子；质地细致柔嫩，味道鲜美；肉呈全白色或稍带粉红色，近似肌肉，带有乳香气味，适于各种烹调方式。培育方式：选择生理机能强，营养代谢旺盛，机体绝对健康，初生重 38~45 kg，生长发育快的黑白花犊牛（公、母）或者肉用犊牛，经过饲喂全乳、脱脂乳或人工代乳品育肥而成。

（2）谷饲小牛肉　根据出栏月龄和体重可分为犊牛红肉（Pink veal or Grain-fed veal）、嫩牛肉（calf）。犊牛红肉是指饲喂到 6 月龄出栏的犊牛，出栏体重一般在 270~300 kg。犊牛红肉肉色鲜红，有光泽，纹理细，肌纤维柔软、肉质细嫩多汁、易咀嚼。培育方式：谷物饲喂犊牛为主，先喂牛奶，再喂谷物、干草及添加剂。嫩牛肉是指饲喂期不超过 9 个月出栏，体重一般在 350~400 kg。肉质特点：与犊牛红肉类似，分割肉块更大。培育方式：谷物饲喂犊牛为主，先喂牛奶，再喂谷物、干草加添加剂。也可以延长饲喂期到 12 月龄，使用高谷物强度育肥，出栏体重达 500 kg 左右。

2. 育肥犊牛的饲养

由于犊牛吃了草料后肉色会变暗，不受消费者欢迎，为此犊牛育肥不能直接饲喂精料和粗料，应以全乳或代乳品为饲料。采用营养全面、易于消化吸收的代乳粉可以促进后备犊牛的瘤胃和肠道等消化器官的发育，为提高生产性能奠定基础。饲喂代乳粉可以节约大量鲜奶，降低饲养成本，取得更大的经济效益。代乳粉首先要求供给犊牛足够的能量。代乳粉中的能量与蛋白比率应高于自然的牛奶，只有这样才能有利于蛋白质的吸收；如果代乳粉的蛋白质来源是奶或奶制品，那么要求蛋白质含量在 20%以上，如果含有植物性的蛋白质来源（如经过特殊处理的大豆蛋白粉），就要求蛋白质含量高于 22%。代乳粉最好的碳水化合物来源是乳糖，代乳粉中不能含有太多的淀粉（如小麦粉和燕麦粉），也不能含有太多的蔗糖（甜菜）。欧美等国已研制出多种代乳粉，配方中的营养素主要有脂肪、乳蛋白质、乳糖、纤维素、矿物质、维生素等。

犊牛代乳粉的营养价值成分应参照国标 GB/T 20715—2006 犊牛代乳粉。以代乳品为饲料的参考配方如下：全脂奶粉 30.00%，大豆浓缩蛋白 5.00%，挤压全脂大豆 16.80%，玉米蛋白粉 5.00%，乳清粉 10.00%，棕榈油 3.80%，糊化淀粉 22.00%，石粉 1.28%，磷酸氢钙 3.35%，食盐 0.40%，赖氨酸 1.02%，蛋氨酸 0.35%，预混料 1.00%。其中，粗蛋白 19.86%，粗脂肪 14.62%，钙 1.47%，磷 0.81%。

先将代乳粉按 1∶1 的比例加凉开水，拌湿、搅匀，然后加热开水（60℃）使其充分溶解，喂前用凉开水调整浓度和温度（38~39℃）后喂犊牛。代乳粉的加水量前期为

1：（7~8），后期为1：（6~6.5），80日龄开始增加浓度。犊牛的饲喂应实行计划采食。为更好地消化脂肪，可将牛乳均质化，使脂肪球变小，如能喂当地的黄牛乳、水牛乳，效果会更好。饲喂应用奶嘴，日喂2~3次，日喂量最初3~4 kg，以后逐渐增加到8~10 kg。

3. 育肥犊牛的管理

单圈饲喂的犊牛，其犊牛笼宽度61 cm、长度165 cm。其笼子地面多用条形板或镀金属的塑料铺设，其间有空隙，以便及时清除粪尿。笼前方有开口，可供犊牛将头伸出采食饲料和饮水。笼子两个侧面也是用条形板围成，用来防止犊牛之间的相互吮舔。整个牛笼后部和顶部均是敞开的，此外小犊牛用61~92 cm长的塑料或者金属链子拴系到笼子前面，限制其自由活动。小圈群养的犊牛，条形板铺成的圈舍里群养犊牛。在这种饲养模式下，每头犊牛所占面积1.3~1.7 m^2，犊牛在进入育肥场后的6~8周拴系饲喂。每日除了喂料，其他时间自由活动。地面选用条形板或者铺放干草垫。

严格控制饲料和水中铁的含量，强迫牛在缺铁条件下生长；控制牛与泥土、草料的接触，牛栏地板尽量采用漏粪地板，如果是水泥地面应加垫料，垫料要用锯末，不要用秸秆、稻草，以防采食；饮水充足，定时定量；有条件的，犊牛应单独饲养，以防吸吮耳朵或其他部位；舍温要保持在20℃以下、14℃以上，通风良好；要吃足初乳，经常检查体温和采食量，以防发病。

（二）青年牛育肥

青年牛育肥主要是利用幼龄牛生长快、饲料利用率高的特点，在犊牛断奶后直接转入育肥阶段，给以高水平营养，进行持续强度育肥，12月龄出栏体重达到450~550 kg，或16~18月龄，出栏体重达600~650 kg。这类牛肉鲜嫩多汁、脂肪少、适口性好。

1. 舍饲育肥

（1）断奶犊牛持续育肥　舍饲育肥应选择良种牛或者其改良牛，在犊牛阶段采取较合理的饲养，使其平均日增重达到0.8~1.2 kg。犊牛在2月龄时断奶，喂给含可消化粗蛋白质17%的混合精料日粮，使犊牛在近2月龄时体重达到110 kg。之后用含可消化粗蛋白质14%的混合料，喂到6~7月龄时，体重达250 kg。然后可消化粗蛋白质再降到11.2%，使牛在接近12月龄时体重达400 kg以上，公犊牛甚至可达450 kg。

刚进舍的断奶犊牛，不适应环境，一般要有1个月左右的适应期。应让其自由活动，充分饮水，饲喂少量优质青草或干草，麸皮每日每头0.5 kg，以后逐步增加麸皮喂量。将断奶至肉牛出栏分为前期、中期、后期3期。在育肥前期，日喂混合精料0.5~1.5 kg，参考配方：60%玉米、24%麸皮、10%豆饼、3%骨粉、2%食盐、1%微量元素添加剂。粗饲料以优质青干草和青贮饲料为主，自由采食；在育肥中期，日喂混合精料2.0~3.5 kg，参考配方为：玉米54%、麸皮25%、豆饼15%、骨粉3%、食盐2%、微量元素添加剂1%，自由采食青干草；在育肥后期，日喂混合精料4~5 kg，参考配方为：68%玉米、20%麸皮、7%豆饼、2%骨粉、2%食盐、1%微量元素添加剂，粗饲料自由采食。

为了避免消化紊乱，犊牛阶段的饲料从粗料为主更换为精料为主的过程必须谨慎。通常需要配制2~4种过渡料，其中的精料水平逐渐升高，并在2~4周完成换料。适应期低于2周的快速换料，肉牛可能会出现瘤胃酸中毒或臌气。如果肉牛是从外地运至育肥场，在最初的几天，采食量很低甚至不采食，这就要求日粮应选择精料比例低的全混合日粮。大麦、小麦、玉米和高粱是舍饲持续育肥中最常用的谷物饲料。谷物中淀粉的瘤胃消化率最快，也是造成临床和亚临床瘤胃酸中毒最大的风险。小麦、大麦和黑小麦的淀粉发酵速度比玉米和高粱的淀粉发酵速度快。干碾压玉米和高粱的消化率高于干碾压小麦和大麦，主要原因是品种，即谷物中硬/粉质胚乳的比例不同，硬质胚乳减慢瘤胃淀粉发酵的速度。瘤胃淀粉消化率低的谷物，在肠道中的淀粉消化率也低，从而在粪便中的淀粉含量高（最高可达到25%）。据联合国粮食及农业组织估计，全球谷物的30%，45%的块根和块茎，45%的水果和蔬菜，20%的油籽和豆类由于变质而被浪费。但是这些农产品具有饲喂价值。反刍动物可利用来自食品加工和生物能源生产乙醇和生物柴油的副产品，如酒糟含有丰富的能量、蛋白质和矿物质，在肉牛日粮中的添加量可达到50%（DM基础）。但是大多数农业副产品水分含量高，经过长途运输后容易腐败，因此副产品的安全性、可利用性和良好的管理是决定肉牛日粮中应用效果的重要因素。

饲草是所有肉牛生产体系中的基础饲料。即使在集约化饲养场，饲草的消耗量也达到整个生产周期的80%。随着饲草的成熟，蛋白质和可溶性碳水化合物的含量（以DM为基础）下降，而木质化纤维的含量（以DM为基础）增加，导致饲草品质和消化率下降。因此，不论是制成青贮或干草，还是放牧，都应该考虑饲草的成熟期。育肥场常用的饲草有青贮玉米、青贮大麦、青贮小麦和青贮高粱。豆科植物由于其可溶性碳水化合物含量较低和缓冲能力高，较难青贮。但与谷物饲草青贮相比，豆科青贮具有更高的蛋白含量。30%~40%干物质含量、50%的乳线是青贮玉米最佳的时期。

舍饲育肥的育肥场形式有：① 全露天育肥场，无任何挡风屏障或牛棚，适于温暖地区；全露天育肥场，有挡风屏障；② 有简易牛棚的育肥场；③ 全舍饲育肥场，适于寒冷地区。肉牛舍饲育肥要掌握短缰拴系（缰绳长0.5 m）、先粗后精，最后饮水，定时定量饲喂的原则。每日饲喂2~3次，饮水2~3次。喂精料时应先取酒糟用水拌湿，或干、湿酒糟各半混匀，再加麸皮、玉米粗粉和食盐等。牛吃到最后时加入少量玉米粗粉，使牛将料吃净。饮水在给料后1 h左右进行，要给15~25℃的清洁温水。

（2）架子牛持续育肥　也称后期集中育肥，是指犊牛断奶后，在较粗放的饲养条件饲养到1周岁，体重达到300 kg以上时，转移到精料条件好的地区，集中育肥120 d（包括过渡驱虫期15 d，育肥前期45 d，育肥后期60 d），充分利用牛的补偿生长能力，达到600~750 kg体重出栏。这种育肥方式成本低，精料用量少，经济效益较高，应用较广，但牛肉品质略低于犊牛持续育肥。

架子牛饲养最重要的是让牛熟悉新的环境，适应新的草料条件，减少应激反应，恢复体况，观察牛的健康。日粮开始以品质较好的粗饲料为主，逐渐增加精料到每100 kg体重给精料1 kg，精粗比为30∶70，日粮粗蛋白水平12%。育肥前期：精料在3~5 d逐步由30%增加到60%，每100 kg体重给精料1 kg，粗饲料自由采食，日粮粗蛋白水平11%。防止瘤胃臌胀和拉稀。育肥后期为肉质改善期：精料提高到70%~85%，配合精料蛋白水平9.5%~10%，每100 kg体重给精料1.1~1.2 kg。粗饲料自由采食。增加饲喂次数，保证充分饮水。育肥期饲料必须是品质较好的，使用的各种精料原料不能发霉、变质，不能虫蛀或鼠咬。优质青、粗饲料应正确调制和使用。参考日粮配比见表4-14。

表 4-14　后期集中育肥牛参考饲料配方

生理阶段		饲料配方
体重 320~400 kg	精料配方（%）	玉米 50.0、麸皮 10.0、豆粕 5.0、棉粕 30.0、磷酸氢钙 2.0、食盐 1.0、小苏打 2.0
	精料喂量	精料饲喂量每头 4~6 kg/d
	粗料种类及喂量	粗饲料为麦秸、酒糟和食用菌菌糠，粗饲料饲喂量 3~5 kg
	饲喂效果	肉牛日增重 1.2~1.4 kg，料肉比 7：1
体重 400~500 kg	精料配方（%）	玉米 76.0、麸皮 15.0、炒大豆 8.0、矿物质添加剂 1.0
	精料喂量	每头 5 kg/d
	粗料种类及喂量	花生秧、玉米青贮，自由采食
	饲喂效果	日增重 1.2~1.5 kg/d；屠宰后肌肉大理石花纹明显
体重 350~400 kg	精料配方（%）	玉米 50.0、麸皮 23.0、豆饼 5.0、棉饼 15.0、菜饼 5.0、预混料 2.0
	精料喂量	精料饲喂量 5 kg/d
	粗料种类及喂量	玉米干秸秆 1.2~2 kg/d、玉米秸秆青贮 10 kg/d、酒糟 15~20 kg/d
	日增重	1.3~1.6 kg/d
体重 400~450 kg	精料配方（%）	玉米 65.0、麸皮 15.0、豆饼 5.0、棉饼 8.0、菜饼 5.0、预混料 2.0
	精料喂量	每头 5.5~6 kg/d
	粗料种类及喂量	玉米干秸秆 1.2~2.0 kg/d、玉米秸秆青贮 10 kg/d、酒糟 15~20 kg/d
	日增重	1.3~1.6 kg/d

在美国，架子牛和育肥牛日粮中常用的饲料添加剂是为了促进瘤胃发酵，提高饲料转化率，降低瘤胃酸中毒、肝脓肿和腐蹄病。饲料中添加酶制剂可能会增强特定成分的消化率。目前的酶制剂产品主要是纤维素酶、木聚糖酶、外切葡聚糖酶及其混合物。直接饲喂微生物（Direct-fed Microbial，DFM）可以选择性改善胃肠道内微生物区系，有潜在的抗生素替代品的作用。直接饲喂微生物是活的微生物，包括细菌、酵母菌和活霉菌。常见的细菌有乳酸菌属、丙酸菌属、链球菌属、巨型球菌属、芽孢杆菌属、双歧杆菌属等。常见的酵母菌有酿酒酵母。常见的活霉菌有米曲霉。大多数 DFM 产品中均含有乳酸产生菌，其产生的乳酸有助于乳酸利用菌的增殖。这些细菌还会产生抗菌肽类物质，如细菌素，产生抑菌效果。直接饲喂微生物对幼龄肉牛的效果更明显。

在北美，四环素和泰乐菌素抗生素可用于预防肉牛的肝脓肿和 BRD。但由于抗生素在牛肉中的残留，在美国肉牛生产中也在致力于寻找抗生素的替代品。天然类固醇激素，如雌激素、雄激素和孕酮，被美国 FDA 批准允许在肉牛饲养中使用。商业化产品使用的肉牛类型包括哺乳犊牛、架子牛和围栏育肥牛的阉牛和青年母牛。这些类固醇激素的合成产品，还可在美国以埋植剂的形式添加，主要作用是提高肉牛的生长速率、饲料转化率和瘦肉率。埋植剂通常被植入牛耳郭背面三等分中段的皮下，有效成分可以持续释放一段时间，释放时间的长短取决于埋植剂的载体和其他成分。美国还允许添加离子载体类抗生素（拉沙里菌素、莫能菌素、莱特洛霉素盐酸盐），离子载体类抗生素主要是提高生长期和育肥期动物的饲料转化效率和改善动物健康。但在我国禁止使用激素埋植剂和离子载体类抗生素。欧盟也严令禁止莫能菌素的添加。

骨骼健康与肉牛的寿命和生产力有密切的关系。目前对肉牛的肢蹄健康也可采用视觉评估法（图 4-4）。蹄甲评分为 9 分制：1 分，非常弱，蹄甲分开，不健康。2 分，蹄甲分开，略不健康。3 分，蹄甲分开程度中等。4 分，蹄甲略有分开。5 分，理想状态，蹄甲匀称，趾间距离合适。6 分，趾略有卷曲，一边蹄甲可能大于另一边。7 分，蹄甲卷曲，一边蹄甲大于另一边。8 分，蹄甲呈中等剪刀状，两边蹄甲都卷曲，几乎交叉，略不健康。9 分，蹄甲呈完全剪刀状，蹄甲卷曲而交叉，不健康。牛肢评分（角度）：1 分，骨节很直，趾很小，不健康。2 分，前后骨节直，略不健康。3 分，前后骨节中等笔直。4 分，前后骨节略直。5 分，理想状态。骨节呈 45°，趾长度和后跟高度适合。6 分，后跟略矮，趾略长。7 分，后跟中等矮，趾中等长。8 分，后跟矮，趾长，略不健康。9 分，后跟非常矮，趾非常长，骨节很弱，不健康。

肢体不健康多导致肉牛跛行，而除了遗传原因之外，肉牛场的肢蹄问题多由于饲喂高精料日粮引起。

2. 放牧补饲育肥

夏季水草茂盛，是放牧的最好季节，充分利用牧场青草营养价值高、适口性好和消化率高的优点，采用放牧育肥方式，春秋季应白天放牧，夜间补充一定量的青贮、氨化秸秆等粗饲料和少量精饲料。冬季要补充一定的精饲料，适当增加能量饲料，提高肉牛的防寒能力，降低能量在基础代谢上的比例。这种育肥方式精料用量少，每增重 1 kg 约消耗精料 2 kg。但日增重较低，平均日增重在 1 kg 以内。15 个月龄体重为 300~350 kg，18 个月龄体重为 400~450 kg。放牧补饲育肥饲养成本低，育肥效果较好，适合于半农半牧区。

进行放牧补饲育肥，应注意不要在出牧前或收牧后立即补料，应在回舍后数小时补饲，否则会减少放牧时牛的采食量。当天气炎热时，应早出晚归，中午多休息，必要时夜牧。牛舍保持清洁干燥，勤打扫地面，冬天防严寒，舍内在 10℃以上，夏季防暑，舍内温度控制在 30℃以下。日喂精料 3 次，每天饮水 2~3 次，并尽可能地保持每日 2~4 h 日光浴，有利于提高育肥效果。

草原放牧是相对于舍饲育肥成本更低的饲养方式，在肉牛育肥中也较为常见。全年均匀分布的降水和温和的气候最适合放牧。放牧需要保证有充足的高质量的牧草，还应保证适宜的饲养密度。随着饲养密度从低水平到中水平，每头肉牛的生长量下降，如果单位面积牧草产量增加可以使牛采食到更多的牧草，有助于肉牛的生长和育肥。高放牧密度会导致每头肉牛采食的牧草量下降，进而降低生产性能。肉牛生产每年的 CO_2 当量温室气体（Greenhouse Gas，GHG）的排放量在 2.5 亿~3.0 亿 t，1 kg 牛肉对应 14~70 kg CO_2 当量气体。肉牛生产排放的温室气体包括 CO_2、CH_4 和 N_2O，其中肠道 CH_4 的排放量占比最大。在放牧生产系统中，温室气体排放量的差异影响因素有很多，如达到出栏体重需要更长的时间，饲喂饲草比精料产生的温室气体排放量更大。研究表明，放牧生产系统产生了更多

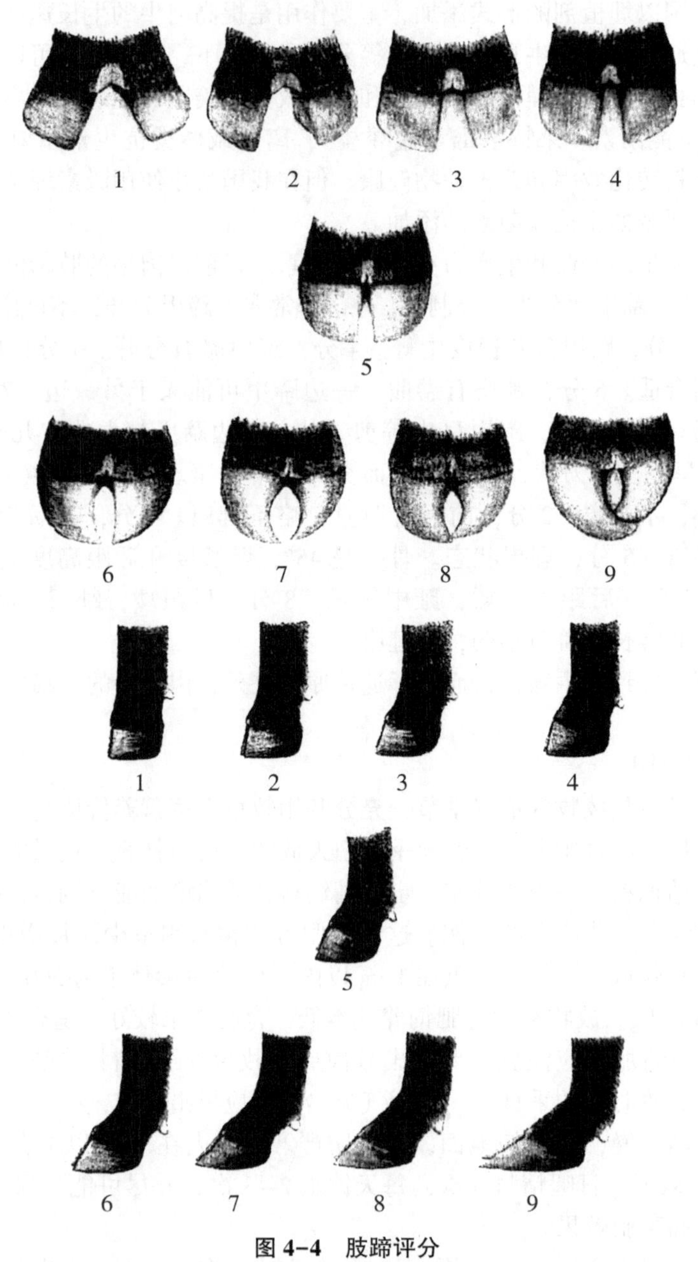

图 4-4　肢蹄评分

注：引自 Thomas（2016）。

的碳足迹，如何降低放牧系统碳排放还需要深入研究。目前，在降低排放量上，研究人员致力于通过育种、日粮配方、牧场管理来降低瘤胃甲烷的排放量。

最简单的放牧方式是使肉牛一直保持在同一个牧场，称为连续放牧或自由放牧（Continuous grazing）。自由放牧是肉牛育肥中最常见的一种方式。这种方式的成本也最低，只要将肉牛赶进草场即可，不需要额外的管理。另一种方式是让肉牛在放牧区周围轮换放牧，放牧区可被分成几个部分，每个部分让肉牛待几天，称为轮流放牧（轮牧）。这种方式更便于饲养者管理草场，提高牧草的品质。轮牧又可根据具体操作分为 3 种：分区轮牧

（Rotational grazing）、划片轮牧（Paddock grazing）和带轮牧（Strip grazing）。通常，使用围栏栅栏来完成片区的划分，并且这种围栏通常都带电。肉牛每日在草场中的移动情况见图 4-5。左上图为连续放牧模式，草场不分区，肉牛可以自由地在整个草场上采食。右上图为分区轮牧模式，草场被分为 4 等分，饲养者根据一定制度按顺时针或逆时针方向调动肉牛在整个草场上采食。左下图为划片轮牧，肉牛根据一定的方向在整个草场上移动。右下图为带轮牧，肉牛按一个方向移动，到最后一个放牧带结束后，走回第一个放牧带采食。

轮牧制度中，通常肉牛可以在一个区域待 1 d，2~3 周完成 1 次完整的循环。轮牧可以减少土壤被压实，从而提高牧草产量和植被覆盖，改善饲草生长，最大限度地减少土壤侵蚀，并改善水质，还可以防止人畜共患病病原体进入。

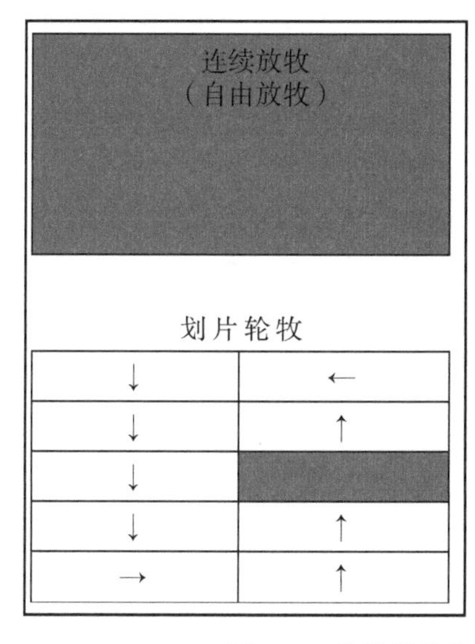

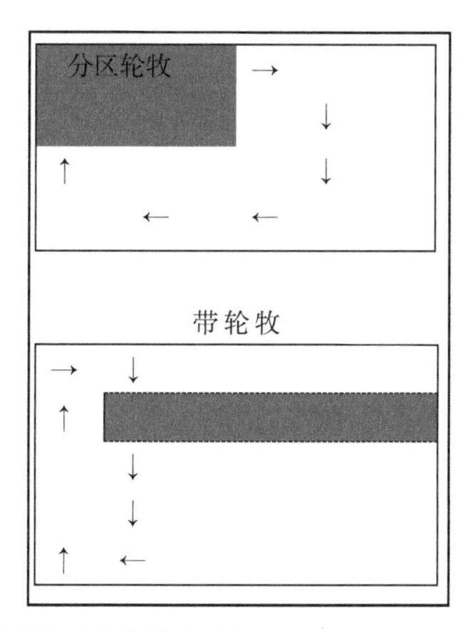

图 4-5　连续放牧和轮流放牧的肉牛活动示意

注：箭头代表肉牛在草场中的移动方向，灰色部分代表肉牛正处在草场的位置。引自 Clive（2010）。

草场牧草品质与肉牛增重需要量的符合程度和放牧密度是限制肉牛生产性能的两个主要因素。草场分 2 种类型：天然草场和人工种植草场。人工种植草场是指在天然草场的基础上，人为引入若干高品质的牧草品种，为了提高肉牛放牧采食的牧草质量和在冬季放牧时满足肉牛对营养的需要，减少额外补充剂的添加量。在美国南部，人工种植多年生黑麦草（冷季型），可以满足此需要。也有推荐以人工种植：天然=1：3 的比例来引入高品质牧草。合理的轮牧制度是保证牧草生长和肉牛最佳采食量的重要手段。以黑麦草草场为例，当草的高度在 3~5 cm 时，牧草净生长产量最高，营养价值高；5~8 cm 时，牧草净产量下降；尤其是高度高于 9 cm，牧草木质化程度增加，营养价值下降。因此，通常牧草高度在 8~10 cm 时，应转移肉牛到其他低于 8 cm 的区域。另外，如果牧草高度低于 1~2 cm，也应转移肉牛到草场高度更高的区域，保证肉牛最大的采食量。在一片草场上，通常生长有 2 种以上草，如黑麦草和三叶草混合。黑麦草为禾本科牧草，三叶草为豆科牧草，三叶草比黑麦草含有更高的蛋白质和多种矿物质，如钙、镁、铁、钴。除了黑麦草，美国有些草场还会在 6—7 月种植高粱-苏丹杂交草，在秋季和初冬时期放牧，晚冬再轮牧至谷物植物区。

放牧密度和动物生产性能的关系见图4-6。由图可见，随着饲养密度的下降，肉牛日增重逐渐上升，而单位面积草场所获肉牛增重是先升高后下降。二者达到最大值所对应的饲养密度不同。过高的放牧密度除了导致肉牛采食量下降和牧草品质降低之外，还会造成动物用于采食的时间和能量消耗过多，营养不足，妊娠率下降，产犊率下降。放牧管理会影响营养物质的循环时间和效率。放牧周转时间缩短、放牧密度加大会提高草原牧草的利用率、均匀性和牛粪的沉积。许多营养物质也可以在短时间内由于植物和粪便混合回土壤而再生。

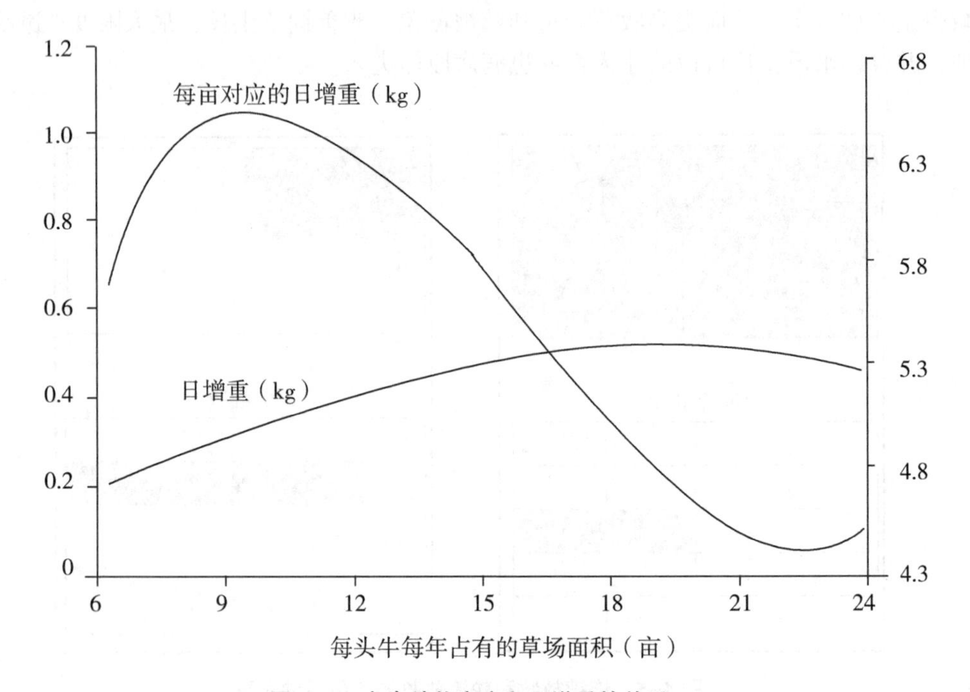

图4-6　肉牛放牧密度和日增重的关系

注：左纵坐标代表肉牛的日增重（kg），右纵坐标代表每亩草场获得的增重（kg）。引自Clive（2010）。

禾本科牧草和豆科牧草混种可以有效地提高肉牛的生产性能。但在有丰富豆科牧草的草场放牧，特别是清晨时刻放牧，要注意避免动物的瘤胃臌胀症的发生。肉牛采食新鲜的苜蓿、红三叶草等豆科牧草会导致瘤胃臌胀，原因是豆科牧草中含有大量的皂苷物质，在早晨牧草被露水打湿或下雨后，出现瘤胃臌胀的风险更高，因此要避免在此时放牧。人工种植草场的豆科牧草占比不可超过50%。如果出现瘤胃臌胀，最有效的方法是使用长软管从口腔探入瘤胃输出气体，当出现急性瘤胃臌胀，应采用手术穿刺来减轻瘤胃压力，辅助灌注消泡剂，如植物油。

放牧的肉牛需要经历饲料供应和草场质量的季节性波动。因此，放牧系统通常无法提供足够的蛋白质和能量来保证肉牛达到最佳体况，或24个月内完成育肥出栏或达到300 kg的目标胴体重。蛋白质/能量的补充能够最大限度提高动物的生产性能，但如何预测蛋白质/能量对饲草采食量和利用率的影响较难。放牧补饲的氮源有尿素、油料作物的饼粕（油菜籽、棉籽、花生等）、豌豆、苜蓿颗粒等。如果谷物等富含能量的饲料采食量超过体重的0.4%，就会降低饲草的采食量和消化率。高含可消化纤维的农作物副产品，如玉米酒精糟（DDGS）、大豆皮、柑橘和甜菜粕都可以作为能量饲料来饲喂，通常添加量为体重的0.05%~1.0%。

由于饲料质量随着季节不断变化，很难确保放牧草场完全满足肉牛的营养需求。矿物质、维生素、蛋白质和/或能量可能会限制肉牛的生产力，而这些营养物质取决于土壤条件、牧场类型、饲料的可用性、草地的成熟度和结构。优质的放牧管理系统可以最大限度地利用饲料，并只补充那些限制生产效率的营养物质。钙、磷、钠、镁、钴、铜、碘、硒和锌是放牧最常缺乏的矿物元素。铁、钼和硒的过量中毒也应该关注。在早春时节放牧，还要注意避免动物缺镁症的发生。低血镁症导致动物抽搐，也称草痉挛，采血测得血镁含量低于1.0 mg/100 mL。牧草镁含量低于0.2%时，土壤施高氮或高钾肥料时风险更高。低血镁症多发生在育犊2月龄以下的母牛，曾经患有低血镁症的肉牛次年更有可能发病。为了避免低血镁症，可以在早春放牧季额外补充镁元素。维生素含量因植物类型、气候条件和成熟阶段而异。维生素A前体和维生素E最常缺乏。与蛋白质一样，禾本科和豆科牧草中的维生素A原（如β-胡萝卜素）和维生素E（如α-生育酚）含量随着植物成熟度的增加而下降，通常在放牧的季节含量更低。为了避免缺陷，肉牛放牧草场应提供自由采食的矿物质/维生素添加剂。通常，矿物质/维生素产品通常与NaCl按1∶1混合。在低磷、酸性土壤的放牧条件下，矿物质/维生素产品还应包含至少8%的磷酸盐。矿物质/维生素产品的选择应充分考虑当地放牧草场的土壤成分、气候条件、牧场类型和动物生产水平。

草原放牧还要注意避免亚硝酸盐中毒。硝酸盐是植物和饮水中常见的阴离子，在土壤施氮肥时含量更高。硝酸盐进入瘤胃被瘤胃细菌还原为亚硝酸盐，进而还原为氨，可以被瘤胃微生物利用，合成菌体蛋白，是一种反刍动物的非蛋白氮来源。但是硝酸盐还原的中间产物亚硝酸盐如果在瘤胃中积累被吸收进入血液，会将亚铁血红蛋白氧化为高铁血红蛋白。高铁血红蛋白没有携氧能力，过高的高铁血红蛋白含量会使动物缺氧、窒息甚至死亡。大麦、小麦、高粱、玉米、苏丹草、甜三叶草、甜菜、马铃薯和胡萝卜等植物都能积累硝酸盐。幼苗的硝酸盐含量较高，随着植株的成熟，硝酸盐含量下降。硝酸盐在植株较低的部位含量最高。急性亚硝酸盐中毒表现为步态蹒跚、震颤、脉搏加快、可视黏膜发绀、流产等。如果出现亚硝酸盐中毒，应立即静脉注射亚甲蓝溶液，将高铁血红蛋白还原为亚铁血红蛋白。表4-15和表4-16列出了肉牛饲草和饮水中硝酸盐含量及使用量的推荐方案。

表4-15 肉牛饲草中的硝酸盐含量及推荐使用量

硝态氮含量（%）	牧草推荐
< 0.1	安全
0.1~0.15	对非妊娠肉牛安全。在妊娠母牛日粮中不可超过日粮的50%（干物质基础）
0.15~0.20	不可超过日粮的50%（干物质基础）
0.20~0.35	不可喂给妊娠母牛。非妊娠肉牛日粮中不超过35%~40%
0.35~0.40	不可喂给妊娠母牛。非妊娠肉牛日粮中不超过20%
>0.40	不可喂给任何肉牛

表 4-16 肉牛饮水中的硝酸盐含量及推荐使用量

硝态氮含量（%）	牧草推荐
<0.01	安全
0.01~0.03	慎重考虑毒性风险
>0.03	可能导致中毒

6~8 月龄进入草场放牧前或进入饲养场前，可接种 7 联梭菌苗；口蹄疫疫苗入场后免疫 1 次，30 d 后加强免疫 1 次；呼吸道疾病疫苗：IBR、BVD（1 型和 2 型）、BRSV、PI-3、溶血性曼氏杆菌、巴氏杆菌疫苗；群体驱虫。

12~14 月龄进入舍饲育肥场前，口蹄疫疫苗入场后免疫 1 次，30 d 后加强免疫 1 次；可接种呼吸道疾病疫苗 IBR、BVD（1 型和 2 型）、BRSV、PI-3、溶血性曼氏杆菌、巴氏杆菌疫苗；群体驱虫。

（三）成年牛育肥

淘汰母牛通常存在不孕、产奶量低或存在跛行等行动疾病，在产奶性能和繁殖性能上不再具备经济价值，这时可以淘汰到育肥场进行育肥后屠宰。役用和种用的淘汰牛也可采取这种育肥方式。育肥的方法是舍饲并限制运动，供应优质的干草、青草，经处理的秸秆或沼渣类饲料，并喂给一定量的精料，特别注意饲喂容易消化的饲料。经短期饲养，牛的增重加快，肌肉间脂肪沉积增加，使牛的屠宰率提高，牛肉的嫩度改善，品质提高。在育肥期间，乳用品种母牛日增重应达到 0.6~1.2 kg，肉用品种母牛日增重应达到 0.8~1.6 kg。由于这些牛大多年龄较大，过了快速生长期，过度的长时间育肥会使其体内大量沉积脂肪，所以育肥期往往不能时间太长，一般乳用品种母牛育肥期不超过 2 个月，肉用品种母牛育肥期为 80~90 d。该种育肥方式目标脂肪组织沉积量占空腹体重的 14%~17%。

（四）奶公牛育肥

奶牛对许多国家的牛肉总产量的贡献是巨大的。新西兰、美国、瑞典、芬兰、俄罗斯的牛肉来自奶公牛和淘汰母牛的比例分别为 65%、20.5%~22.7%、60%、80%和 87%。尽管牛肉多被看作奶产业的附属产品，但它是奶牛饲养环节中重要的资金来源。奶牛场可以通过售卖初生或断奶奶公牛来获得收益。奶公牛育肥在肉牛育肥中的比例逐渐增加，以荷斯坦奶公牛育肥最为典型。奶公牛育肥产肉，在一定程度上缓解了牛肉缺乏的压力，同时也能满足消费者对高档牛肉的需求。在我国专门化品种肉牛数量不足的背景下，利用奶公牛生产牛肉是目前符合实际需求的生产方式。

与专门化的肉牛品种相比，荷斯坦奶公牛需要更多的能量和蛋白质用于肌肉蛋白的沉积，因此在相同饲养水平下，荷斯坦奶公牛的屠宰体重和产肉率较低，背最长肌和眼肌面积较小，骨骼比例较大。但是，荷斯坦奶公牛的牛肉大理石纹等级较高，肉色较深，系水力更强，皮下、肌内和内脏脂肪沉积较多。如与夏洛来品种相比，荷斯坦奶公牛持续育肥至 18 月龄屠宰体重 666 kg（夏洛来 750 kg），全期日增重可达到 1.20 kg（夏洛来 1.38 kg）。荷斯坦奶公牛的日增重略低于主要的专门化肉牛品种。对荷斯坦奶公牛去势可提高肉质，但会降低产肉率。早期去势增加了动物体内的钙蛋白酶和27K蛋白酶体亚单位的含量，钙蛋白酶促进肌原纤维中的蛋白降解，使骨骼肌的剪切力减低，肉的嫩度提高。去势还可以提高牛肉的大理石纹等级，可用于奶公牛育肥生产高档牛肉。

奶公牛育肥方式主要是2种：犊牛育肥和架子牛育肥，多采用舍饲方式，基本无放牧。屠宰年龄和日粮配方是目前改善荷斯坦奶公牛的肉品质和肉产量的两个主要研究方向。奶公牛育肥出栏的年龄不超过2岁，通常是18月龄出栏。高能高蛋白日粮可提高持续育肥的荷斯坦奶公牛的日增重、屠宰率和净肉率，降低料肉比。荷斯坦奶公牛日粮适宜的能量和蛋白水平参考如下：从7月龄（体重200~300 kg）起，综合净能7.05 MJ/kg（干物质基础），粗蛋白15.0%；300~400 kg体重，综合净能7.10 MJ/kg（干物质基础），粗蛋白15.0%；400~500 kg体重（13月龄），综合净能7.16 MJ/kg（干物质基础），粗蛋白14.0%。另有研究表明，13~18月龄，日粮蛋白质11.5%时，前期（501~612 kg）日粮综合净能6.10 MJ/kg（干物质基础），后期（613~674 kg）日粮综合净能6.30 MJ/kg（干物质基础）。

另外，去势荷斯坦奶公牛育肥至18月龄，体重达650~750 kg的育肥参考方式为：犊牛断奶至6月龄饲喂谷物饲料，7月龄至出栏饲喂精补料和青贮（或酒糟）、干草，也可达1.20 kg的全期日增重。

（五）高档牛肉生产技术

高档牛肉是制作国际高档食品的优质牛肉，该种类型肌肉纤维细嫩、肌肉间含有一定量脂肪，口感鲜嫩不油腻。牛肉品质优劣的分级标准包括多项指标。每个国家对高档牛肉的概念是不同的。一般将色泽和新鲜度好、脂肪含量适中、大理石纹明显、嫩度好、食用价值高的牛肉称为高档牛肉。牛肉品质档次的划分主要依据牛肉本身的品质和消费者主观需求。因此，国外有多种标准，如美国标准、日本标准、欧盟标准等。

用于生产高档牛肉的肉牛，是通过选择适合高档牛肉的品种。可供分割生产高档牛肉的部位主要在上脑、背最长肌、臀肉和短腰肉，重量占活重的5%，占牛胴体的比例为12%，是一头牛总价值的50%左右。而饲养加工一头高档肉牛则可比饲养普通肉牛增加收入2 000元以上，饲养和生产高档优质牛的经济效益很高。

1. 品种选择

品种是决定肉牛的生长速度和育肥效果的主要因素之一。用于生产高档牛肉的品种多为国外优良的肉牛品种，如安格斯牛、利木赞牛、皮埃蒙特牛、夏洛来牛、西门塔尔牛、蓝白花牛等。用这些品种与我国优良黄牛品种秦川牛、晋南牛、鲁西牛、南阳牛的高代杂交，也可提高后代牛高档牛肉的产量。有研究表明，杂交后代生长速度快，饲料转化率高，屠宰率和胴体出肉率增加，比原纯种牛产肉增加10%~20%。目前，西门塔尔牛是我国分布最广和改良面积最广的引进品种。用我国的优良黄牛品种，使用特殊强度育肥也可生产出高档牛肉。

2. 年龄选择

肉牛的生长速度、肉品质和饲料转化率与年龄都有关系。幼龄牛的肌纤维细、肉脂嫩、肉色淡，但是产肉率低；成年牛肉质好，多汁，风味较高，屠宰率高，但含有较多的脂肪；老龄牛的肌纤维粗，口感干硬。生产高档牛肉时，年龄选择在18~24月龄为好。此时其不仅是牛的生长高峰期，而且是肉牛体内脂肪沉积的高峰期。有报道称，秦川牛

13 月龄时饲料转化率最高，其次是 19 月龄，再次是 22.5 月龄，年龄越大，1 kg 增重消耗的饲料越多。如果育肥牛的年龄大于 36 月龄，生产高档牛肉的比例降低。如果利用纯种牛生产高档牛肉，出栏年龄不要超过 36 月龄，利用杂种牛最好不要超过 30 月龄。因此，对于育肥架子牛，要求育肥前 12～14 月龄体重达到 300 kg，经 6～8 个月育肥，其活重能达到 500 kg 以上，可用于高档肉牛生产。另外，也有报道称，良种黄牛、阉牛和母牛 2～2.5 岁开始育肥，公牛 1～1.5 岁开始育肥，一般达到体成熟体重的 1/3～1/2 时屠宰比较经济。国外的肉牛屠宰年龄大多限制在 1.5～2 岁，比我国早。

3. 性别选择

性别对于牛肉的品质影响较大。无论从风味，还是从嫩度、多汁性等方面均有影响。性别对于肉牛的生产性能也有较大影响。公牛、阉牛和母牛的增重速度不同（表 4-17）。公牛的屠宰日龄最小，胴体重和肌肉最大，阉牛的日增重最高，母牛的各项屠宰指标都最小，这也说明用母牛育肥获得高档牛肉的可能性最低，但公牛和阉牛各有优势。有报道称，公牛前躯肌肉发达，骨骼稍重而肌肉多，直接用于公牛育肥，日增重可提高 13.5%，皮下脂肪厚度减少 35%，瘦肉率高于阉牛，脂肪沉积时间延迟，皮下脂肪和内脏脂肪沉积量减少。阉牛的胴体等级高于公牛，生长速度又比母牛快，因此，在生产高档牛肉时应根据饲养方式和饮食习惯来决定性别的选择。如美国、日本等国家牛肉等级指标中关注脂肪沉积，以饲养阉牛为主；欧洲国家喜食瘦肉，以饲养公牛为主。对育肥牛去势的时间应选择在 3～4 月龄进行较好，与公牛相比，阉牛性情温顺，便于饲养管理，易于育肥。

表 4-17　公牛、阉牛、母牛增重速度比较

项目	公牛	阉牛	母牛
数量（头）	12	22	12
日龄	361	383	398
育肥起始活重（kg）	386	377	346
育肥结束宰前重（kg）	1 471	984	869
日增重（g）	1 070	1 306	1 013
胴体重（kg）	597	508	471
肌肉重（kg）	405	323	256
脂肪重（kg）	132	160	108
肉骨比	5.1	4.8	4.2

注：引自昝林森（2017）。

4. 营养水平

营养水平也是提高牛肉品质和产量的重要因素之一，优化饲粮搭配，正确使用各种饲料添加剂有助于生产高档牛肉。育肥初期的适应期，应多喂给饲草，2～3 次/d，做到定时定量。对育肥牛的管理要精心，饲料饮水要卫生干净，饲料新鲜优质，无发霉变质。也可充分利用当地的饲料资源，如价格低廉的农副产品。冬季饮水温度应不低于 20℃，圈舍要勤换垫草，勤清粪便。每出栏一批牛应对圈舍进行彻底清扫和消毒。

应根据生长阶段和身体特点，在断奶后至 12~13 月龄，体重由 90~110 kg 到 300 kg 左右。这期间特别是牛的消化器官、内脏、骨骼发育快，到 12~13 月龄时基本上结束发育。另外，肌肉在此期间还正在发育，应供给高蛋白质、低能量饲料。在 13~24 月龄育肥期间，主要是低蛋白质、高能量饲料，增加精饲料的饲喂量，促进肌肉内的脂肪沉积。这一时期应喂给大麦等形成硬脂肪的各种饲料，增加饲料的适口性，禁止饲喂青草和青贮饲料。

饲料利用率决定了肉牛生产中主要的成本，饲料约占成本的 80%。因此，提高肉牛生产效率的有效途径是提高饲料转化率。饲料转化率随着肉牛年龄接近成熟而下降，生长速度减缓后能量向脂肪组织转移，沉积单位重量的脂肪组织所需能量是肌肉的两倍多。因此，对于早熟品种，可适当添加优品质的秸秆来稀释能量浓度，减少脂肪的快速沉积。

犊牛各年龄段的生长成绩和饲喂量示例见表 4-18。随着年龄和体重的增加，全乳饲喂量先增加后减少，混合精料饲喂量逐渐增加，并搭配青草或干草进行自由采食。犊牛育肥期的混合精料参考配方为，玉米 60%，豆饼 12.6%，燕麦或大麦 13%，鱼粉 3%，油脂 10%，食盐 0.4%，预混料 1%。

表 4-18　犊牛育肥期日粮组成　(kg)

周龄	体重	日增重	喂全乳量	混合精料	青草或干草
0~4	40~59	0.6~0.8	5.0~7.0	—	自由采食
5~7	60~69	0.9~1.0	7.0~7.9	0.1	
8~10	80~99	0.9~1.1	8.0	0.4	
11~13	100~124	1.0~1.2	9.0	0.6	
14~16	125~149	1.0~1.3	10.0	0.9	
17~21	150~199	1.2~1.4	10.0	1.3	
22~27	200~250	1.1~1.3	9.0	2.0	

注：引自昝林森（2017）。

青年牛日粮配方示例见表 4-19。随着体重的增加，青年牛日粮中谷实类和青贮玉米的饲喂量增加，豆饼粉的饲喂量减少。在体重为 80~160 kg 阶段，可以饲喂干草，之后就不再饲喂，而是添加无机盐类。在这个阶段的参考日粮配方为，玉米 0.65 kg，麸皮 0.3 kg，亚麻饼 0.1 kg，青贮玉米 1.55 kg，玉米秸秆 1.8 kg，酒糟 1.27 kg，食盐 0.02 kg。

表 4-19　青年牛不同体重阶段的日粮配方　(kg)

饲料种类	体重范围				
	80~160	161~280	281~410	411~510	511~610
豆饼粉	2.6	1.2	1.0	1.0	1.0
谷实类	1.5	0.8	1.5	1.5~1.8	2.0~2.5
青贮玉米	8.0	12.0~15.0	16.0~20.0	20.0~23.0	21.0~23.0
干草	0.5	-	-	-	-
无机盐类	-	0.1	0.1	0.1	0.1

注：引自咎林森（2017）。

成年牛混合精料配方示例见表 4-20。不同粗饲料时混合精料饲喂量示例见表 4-21。

表 4-20　肉用成年牛混合精料配方　(%)

配方编号	玉米	麸皮	油饼	高粱	石灰石贝壳粉	食盐	使用下列粗料日粮
1	68	10	5	14	2	1	青草青刈和青贮料（不包括玉米、水涝地草和豆科饲草）
2	67	10	15	5	2	1	玉米、水涝地草等青刈和青贮
3	50	10	30	7	2	1	各种秸秆、枯草和枯树叶
4	60	10	5	22	2	1	各种秸秆、枯草和枯树叶
5	59	25	0	15	0	1	苜蓿、紫云英、三叶草等豆科牧草的青刈草、青贮、干草及氨化秸秆
6	83	0	0	15	1.5	0.5	以青绿饲料为主

注：引自咎林森（2017）。

表 4-21　成年肉牛育肥期日粮配比　(kg)

体重	日增重	青草青刈和青贮料	各种青贮料（不包括多汁青贮料）	各种干草、玉米秸秆、谷草、氨化秸秆	麦秸、稻草、豆秸、枯草类
350	0.6	2.7	3.1	3.9	5.0
	1.0	3.7	4.2	5.1	6.4
	1.4	4.8	5.3	6.4	7.8
400	0.6	3.0	3.4	4.3	5.5
	1.0	3.9	4.5	5.5	6.9
	1.4	5.3	5.8	6.9	8.4
450	0.6	3.3	1.8	4.7	6.0
	1.0	4.3	1.9	6.0	7.5
	1.4	5.5	6.2	7.5	9.1

（续表）

体重	日增重	青草青刈和青贮料	各种青贮料（不包括多汁青贮料）	各种干草、玉米秸秆、谷草、氨化秸秆	麦秸、稻草、豆秸、枯草类
500	0.6	3.5	1.1	5.1	6.5
	1.0	4.7	5.4	6.6	8.1
	1.4	6.0	6.7	8.1	9.8
550	0.6	3.9	4.5	5.6	7.0
	0.9	4.8	5.5	6.7	8.3
	1.2	6.1	6.8	8.1	9.8
600	0.6	4.2	4.8	6.0	7.5
	0.8	5.5	6.1	7.2	8.7
	1.0	6.8	7.4	8.5	10.0
650	0.6	4.5	5.2	6.4	8.0
	0.8	6.0	5.7	7.8	9.4
	1.0	7.4	8.0	9.2	10.7
混合精料配方编号		1，5，6	2，5，6	2，5，6	3，4

注：引自昝林森（2017）。

5. 适时出栏

适时出栏是为了提高牛肉的品质，如大理石纹的形成、肌肉嫩度、多汁性、风味等。应该适当延长育肥期，增加出栏重。出栏时间不宜过早，太早影响牛肉的风味。因此，肉牛在未达到体成熟之前，许多指标都未达到理想值，而且产量也未达到最大值，会影响整体经济效益。但出栏时间也不宜过晚，因为太晚肉牛自身体脂肪沉积过多，不可食用部分增加，而且饲料消耗量增大，也达不到理想的经济效益。中国黄牛体重达到 550~650 kg，月龄 25~30 月时适时出栏较好。体重在 450 kg 屠宰率可达 60%，大理石纹等级 1.4 级；体重在 600 kg 的屠宰率可达 62.3%，大理石花纹为 2.9 级。

6. 严格的生产加工工艺

屠宰工艺和牛肉初加工工艺与高档牛肉的出肉率和质量也有密切的关系。具体可包括以下几个方面。

（1）宰前因素　宰前休息可降低肉品的带菌率。肉牛经过长期运输后，身体疲劳，机体代谢活动紊乱，抵抗力下降。此时，肠道内可能会有病菌的大量繁殖，如果毒素进入血液循环并转移到肌肉和其他组织，会污染肉品。因此，牛在运输到屠宰前应有 48 h 的休息时间，这样牛肉的带菌率可下降至正常水平（10%）。宰前休息还可以增加肌糖原的含量。由于运输应激，肌肉中的糖原大量消耗，乳酸产生量减少，导致肉 pH 值较高而肉色暗、肉干、粗硬、过早成熟，缩短储藏期。适当休息可以增加肌肉中肌糖原含量，提高高档牛肉品质和耐藏性。宰前休息还有助于排出机体内过多的代谢产物。

宰前停饲促进肝糖原分解为葡萄糖，提高肌肉含糖量。还可以减少胃肠道内容物对胴体的污染。宰前淋浴可以洗净牛体上的粪便和污物等，避免宰后污染胴体。

（2）屠宰因素　击晕可防止肉牛因挣扎消耗过多糖原，适宜的放血方式也能保证高档牛肉的肉色。具体内容详见第五章相关章节。

（3）宰后因素　胴体修整，应去除污物、非肌肉组织和多余脂肪组织，来保证完好的牛肉商品形象，提高高档牛肉品质。

相比于传统的后腿吊挂，盆骨吊挂嫩化效果更好，因为可以更好地拉伸肌肉的肌小节，嫩化的具体内容详见第五章相关章节。

不同国家，其分割规格不同，因此要根据市场需求决定分割规格。具体内容详见第五章相关章节。

第五章　肉牛屠宰与加工

第一节　肉牛屠宰前管理

一、肉牛屠宰的卫生规范

与其他畜牧产业相比，肉牛产业具有生产周期长、产业链条长、覆盖面大、资金回报率不高等特点。我国黄牛具有非常优良的产肉性能，肉品质上乘、风味独特，但在国内外贸易中我国牛肉常被评定为低质量产品，究其原因，其中之一是在屠宰过程中卫生合格率较低。因此，肉牛屠宰的卫生规范非常重要，期望引起企业和工作人员的重视，共同努力打造中国品牌的牛肉。

卫生管理要求：① 企业应制定书面的卫生管理要求，明确执行人的职责，确定执行频次，实施有效的监控和相应的纠正预防措施；② 直接或间接接触肉类（包括原料、半成品、成品）的水和冰应符合卫生要求，接触肉类的器具、手套和内外包装材料等应保持清洁、卫生和安全，人员自身、员工操作和设施应保证清洁卫生，避免肉类交叉污染；③ 供操作人员洗手消毒的设施和卫生间应保持清洁并定期维护；④ 应防止化学、物理和生物等污染物对肉类、肉类包装材料和肉类接触面造成污染；⑤ 应正确标注、存放和使用各类有毒化学物质；⑥ 应防止因员工个人健康状况不佳而对肉类和肉类包装材料造成的污染；⑦ 在生产过程中应预防和消除鼠害、虫害和鸟类危害。

肉牛屠宰加工厂不应该设在城市中心或居民密集的地点，要远离医院、学校、水源及其他公共场所，此外还要设置 500～1 000 m 宽的防护带，位于居民区的下风向，以防止污染空气、水源及周围环境。如在矿区则须建在上风头，以防有害气体和灰尘污染肉品。

牛场所有入口处须设置消毒池，对所有入场车辆进行消毒，消毒池尺寸根据车轮间距以及道路宽度确定。小型消毒池一般长 3.8 m、宽 3 m、深 0.1 m；大型消毒池一般长 7 m、宽 6 m、深 0.3 m。池底设计应呈坡面。牛场生产区入口应设人员消毒或消毒更衣室。一般采用喷洒消毒液的方式定期对牛舍内外环境及舍内设备、设施进行消毒。牛场工作人员应定期进行体检，工作时应换上洁净的工作服，工作服要勤清洗、消毒。定期对牛场内牛只进行疫病检测和寄生虫检查，在夏季蚊虫盛行时期要特别注意灭蚊虫工作。

（一）肉牛待宰间的卫生规范

运输到屠宰场的活牛必须来自非疫区，并有产地兽医检疫合格证明，健康无病；进入待宰间前企业专职兽医人员必须逐头检疫，无病的健康牛才能进入肉牛待宰间；每头牛的待宰面积一般为4~6 m^2；肉牛待宰间要经常清扫，保持清洁，此外，肉牛待宰间还要保持安静。

待宰间朝向应夏季通风良好，冬季日照充足，且应设有防雨的设施。待宰间应采用混凝土地面，地面坡度不应小于1.5%，并设置排水沟。待宰间的围墙可采用砖墙或金属栏杆，砖墙表面应采用不渗水材料制作，金属栏杆应采用表面防锈材料制作。牛圈围墙高度不应该低于1.4 m。待宰间内应备有冲洗设施和集污设施。并且待宰间内应设饮水槽，饮水槽必须有溢水口，其附近应设有排水设施。

应采取适当措施，避免可疑病害畜禽胴体、组织、体液（如胆汁、尿液、奶汁等）、肠胃内容物等污染其他肉类、设备和场地。已经污染的设备和场地在进行清洗和消毒后，方可重新屠宰加工正常畜禽。被脓液、渗出物、病理组织、体液、胃肠内容物等污染物污染的胴体或产品，应按有关规定修整、剔除或废弃。

企业应严格执行政府主管部门制定的残留物质监控、非法添加物和病原微生物监控规定，并在此基础上制订本企业所有肉类的残留物质监控计划、非法添加物和病原微生物监控计划，应在适当位置设置检查岗位，以便检查胴体及产品卫生情况。

（二）肉牛屠宰间的卫生规范

屠宰流程中的每一步都要保持清洁卫生；屠宰过程中所用器械、刀具要用消毒液配制的水溶液进行消毒处理；肉牛屠宰间的地面、墙面要经常清扫，消毒；移动胴体时必须戴一次性使用手套。屠宰间面积应充足，保证操作符合要求。不应在同一屠宰间同时屠宰不同种类的畜禽，避免对产品造成交叉污染；当产品落地时，应采取适当措施消除污染。

卫生屠宰区是进行病畜屠宰和无害化处理的场所，包括病畜隔离间、急宰间、化制间等。其容量应为贮养肉牛头数的1%，急宰量是正常屠宰量5%左右。该区危险性最大，应严格与其他区隔开，应筑有专门围墙，此外车辆、工具、人员、服装应为专用，严禁与其他部门交往和共用。

（三）肉牛处理加工间的卫生规范

使用臭氧净化空气，定时定量释放；使用空气过滤设备清洁空气；强制更换室内空气；要经常清扫、消毒地面。加工过程中使用的器具（如盛放产品的容器、清洗用的水管等）不应落地或与不清洁的表面接触，避免对产品造成交叉污染；当产品落地时，应采取适当措施消除污染。按照工艺要求，屠宰后胴体和可食用副产品需要进行预冷的，应立即预冷。加工、分割、去骨等操作应尽可能迅速完成。生产冷冻产品时，应在48 h内使肉的中心温度达到 -15℃ 以下后方可进入冷冻储存库。

对有毒有害物品的贮存和使用应严格管理，确保厂区、车间和化验室使用的洗涤剂、消毒剂、杀虫剂、燃油、润滑油、化学试剂以及其他在加工过程中必须使用的有毒有害物品得到有效控制，避免对肉类造成污染。

二、肉牛最佳屠宰年龄和体重的确定

（一）年龄的鉴别

年龄与体重、生长速度、胴体质量等生产性能有直接联系。不同年龄阶段的牛有不同的育肥方法和不同的体重，选择最佳屠宰年龄的肉牛，有助于使屠宰效益达到最高，因此在选牛时要重视年龄。年龄的鉴别主要根据牛的外貌、角轮和牙齿判断。

（二）最佳屠宰年龄的确定

低龄牛生长与育肥同时进行时，随着年龄增长，增重速度逐渐下降，13~20月龄牛的日增重只有8~12月龄牛的68.2%~76.8%。生长期饲料条件优厚时，生长期增重快，育肥期增重慢；生长期饲料条件贫乏时，则会导致生长期营养不足、供育肥的牛体况较瘦。在舍饲条件下充分育肥时，年龄较大的牛采食量较大，增重速度较低龄牛高。但不同年龄的牛增重的部位不同。低龄牛主要由于肌肉、骨骼、内脏器官的增长而增重，而年龄较大的牛则主要由于体内脂肪的沉积，由于饲料转化为脂肪的效率大大低于转化为肌肉、内脏的效率，加之低龄牛维持需要低于大龄牛，因此，大龄牛的增重经济效益低于低龄牛直接育肥。

各种不同年龄段的牛都可屠宰，一般肉牛在1~3岁，具体的屠宰年龄与品种也有关系，如南阳牛1.5岁即可屠宰，鲁西牛1~1.5岁即可，三河牛要达到2~3岁时屠宰，海福特牛1岁多可屠宰，安格斯牛到1.5岁时屠宰等。

（三）最佳屠宰体重的确定

一般活牛屠宰体重为500 kg以上，牛的屠宰体重与年龄和品种有关。

三、待宰牛检查

当屠宰牛由产地运到屠宰加工企业以后，在未卸下车船之前，兽医人员应查验检疫证明书、牛的种类和头数，了解产地有无疫情和途中病死情况。如发现产地有严重疫病流行或途中病死的头数很多时，即将该批牛只转入隔离圈，并做详细的临床检查和实验室诊断，待确诊后根据疾病的性质，采取适当措施（急宰或治疗）。经过初步视检和调查了解，认为基本合格的牛只允许卸下，赶入预检圈休息。逐步观察其外貌、步样、精神状况等。若发现有异常，立即剔除隔离，待验收后再进行详细检查和处理。赶入预检圈的牛只，必须按产地、批次分圈饲养，不可混杂。对进入预检圈的牛只，给予充分的饮水，待休息一段时间后，再进行较详细的临床检查。经检查，凡属健康的牛只，可允许进入饲养场（圈）饲养。病牛或疑似病牛赶入隔离圈，按《肉品卫生检验试行规程》中有关规定处理。屠宰场需设待宰圈，在此对进场牛进行检查，将待宰牛按品种、年龄、性别、肥度进行分圈，以利于屠宰后牛肉的分档。挑出不健康的牛，属于应激者，存圈消除应激，可疑传染病牛隔离检疫，一般疾病可治愈者给予治疗，待残药期过后再宰杀，无治疗价值的病牛应当立即宰杀。此外，在待宰圈要对牛细心照顾，给予充足的食物和饮水，保证其足够的休息，使其不感到紧张。

屠宰前分圈待宰，按圈宰杀，有利于减轻宰后牛肉分档、分割的工作量，牛肉分级准确，有利于创名牌，获得最好的经济效益。

送宰牛只应由兽医检疫人员签发“准宰证”或“准宰通行单”方可宰杀；待宰前牛体充分沐浴，保证体表无污垢；牛只通过赶牛道时，应按顺序赶送，不能用硬器鞭打牛体。

供宰牛应附有动物检疫证明，并佩戴符合要求的牛只标识；供宰牛应按国家相关法律法规、标准和规程进行宰前检查。应按照有关程序，对入场牛进行临床健康检查，观察活牛的外表，如牛的行为、体态、身体状况、体表、排泄物及气味等。对有异常情况的牛只应隔离观察，测量体温，并做进一步检查。必要时，按照要求抽样进行实验室检测；对判定为不适宜正常屠宰的牛只，应按照有关规定处理；牛只临宰前应停食静养；应将宰前检查的信息及时反馈给饲养场和宰后检查人员，并做好宰前检查记录。牛宰前检验的方法可依靠兽医临床诊断，再结合屠宰厂（场）的实际情况灵活应用。生产实践中多采用群检查和个体检查相结合的办法。其具体做法要归纳为动、静、食三大环节，以及看、听、摸、检四大要领。首先从大群体中挑出有病或不正常的牛只，然后再详细地逐头检查，必要时应用病原学诊断和免疫学诊断的方法。对牛的宰前检验以个体检查为主，辅以群体检查。

（一）检查和验收检疫证明及免疫标识

待宰牛入场时必须索取相关证明，比如动物产地检疫合格证明、运输检疫证明、消毒证明及检查有无免疫标识。同时也需要注意的是，一定要将证件与实物结合起来观察，确保证物一致，不能出现畜对不上号的情况，待检查结果符合条件之后再进行屠宰工作。

（二）群体检查

群体检查是将来自同一地区或同批的牛只作为一组，或以圈作为一个单位进行检查。检查可以按下列方式进行。

1. 静态观察

在不惊扰牛只使其保持自然安静的情况下，观察其精神状态、睡卧姿势、呼吸和反刍状态，有无咳嗽、气喘、战栗、呻吟、流涎、痛苦不安、嗜睡和孤立一隅等反常现象。对有上述症状的牛只标上记号。

2. 动态观察

可将牛群轰起，观察其活动姿势，如有无跛行、后腿麻痹、打晃踉跄和脱离群队等现象。发现异常的牛只标上记号。

3. 饮食状态的观察

观察牛只的采食和饮水状态，注意有无停食、不饮少食、不反刍和想食又不能咽等异常状态。发现异常的牛只亦标上记号。

（三）个体检查

个体检查是对群体检查中被剔出的病牛和可疑病牛，集中进行较详细的个体临床检查。即使已经群体检查并判为健康无病的牛只，必要时也可抽 10% 做个体检查，当发现传染病时，要继续抽检 10%，有时甚至全部进行个体检查。

1. 眼观

即观察病牛的表现，这是一种简便易行又非常重要的检查方法，要求检查者要有敏锐的观察能力和系统检查的习惯。观察精神、被毛和皮肤，观察运步姿态、鼻镜和呼吸动作、可视黏膜和排泄物。

2. 耳听

可以耳朵直接听取或听诊器间接听取牛只体内发出的声音。听叫声、咳嗽、呼吸音、胃肠音和心音。

3. 手摸

用手触摸牛体各部，并结合眼观、耳听，进一步了解被检组织和器官的机能状态。摸耳、角根，摸体表皮肤、体表淋巴结及胸廓和腹部。

4. 检温

重点是检测体温。体温的升高或降低是牲畜生病的重要标志。在正常情况下，牛的体温为37.5~39.0℃，脉搏为50~80次/min。

（四）处理情况

经过检验后，根据不同情况，有以下几种处理方法。

1. 准宰

凡是健康合格、符合卫生质量和商品规格的牛只，都准予屠宰。

2. 禁宰

经检查确诊为炭疽、牛瘟等恶性传染病的病畜，采用不放血扑杀。肉尸不得食用，只能作为工业用或销毁。同群畜必须严格控制，严格处理。

3. 急宰

确认无碍肉食卫生的一般病畜及一般传染病而有死亡危险时应立即屠宰。

4. 缓宰

经检查确认一般性传染病和其他疾病，且有治愈希望者或患有疑似传染病而未经确诊的牛只应予缓宰。

宰前检查结束后，兽医人员将宰前检验的结果及处理情况详细记录，以备统计查考。

四、屠宰设备工具的准备

屠宰前需要准备一些适宜的工具，不同的工具有其各自的任务（图5-1）。刀具有多种设计，在市场上销售的刀具有多种类型，所以选择合适的刀具是一项艰巨的任务。由于在屠宰过程中会长时间紧握刀具，所以在选择刀具时首先要选择手感良好的，其次要确保刀具握起来容易，握的时候感觉平衡，最后，还要确保刀具的把手是容易消毒的材料做成的。木质把手通常可通过高沙粒砂纸的快速打磨，从而去除木质把手表层污渍，提供一个易于操作的纹理表面。由于刀具的刀片不可避免地会被油脂和其他残留物覆盖，所以，所有的刀片都应该由高碳不锈钢制成，这样可以在保持刀片锋利的同时防止生锈和染色。

刀片分硬性、半硬性和刚性。半硬刀和硬刀是屠宰最常见的两种选择，对于那些刚开始学习切割的人来说刀具细微的差别也要注意。弯曲刀片易于摆动和改变角度，需要灵巧的手工操作，更常用于经验丰富的屠夫身上。半硬的刀片允许足够的弯曲，以保持刀片边缘接近骨头或桌子。刚性刀片可以保证最有效地将精力和力量转移到切割上，因为刀片的灵活性不会损失任何东西，而且总体上更加精准，在尝试直切的时候没有失误的风险。

大多数刀有两种形状：直刀和弯刀。这两种形状的刀片都很适合使用，所以使用哪一种形状很大程度上取决于个人偏好。直刀往往更适合精确切割。弯曲的刀有一根从刀刃上倾斜的刺。弯曲刀片的尖端更容易进入小的空间，有助于切割分离。此外，弯曲的刀片适用于增量切割，如去除牛皮或从弯曲表面剔除结缔组织。最常见的组合是一把用于剔骨的半硬弯曲刀和几把用于修剪和切割的硬直刀。

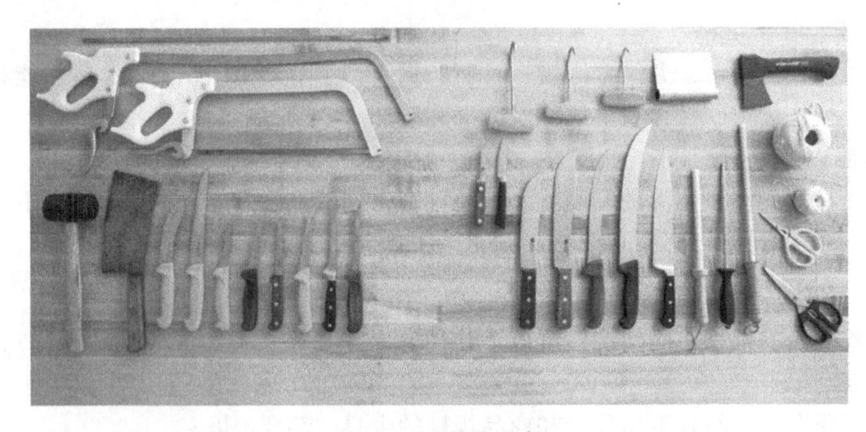

图 5-1　工具及设备

注：引自 Adam 等（2014）。

（一）刀具的种类

剔骨刀：薄刃去骨刀的长度为 12~18 cm。剔骨刀是主刀，用于分离胴体、剔骨和修剪结缔组织。刀刃的长度要小一些，若适应了刀刃的长度，则可以考虑使用较长的刀刃。

折刃刀：折刃刀是一种长刃的刀，可以用来将某一部分解成两部分，并完成许多修剪工作。刀长 20~25 cm，硬度高的刀片要么是直的，要么是稍微弯曲的。折刃刀有许多其他名字，例如屠夫刀和粘刀。

屠夫刀：屠夫刀是所有长刃刀的统称，但实际上屠夫刀大约有 30 cm 长，刀锋直而硬。刀的主要功能是干净利落地切下大块的肉，不留下任何拖拉刀片或锯切动作留下的痕迹，例如切无骨牛排或在骨头被劈开后完成牛肉和牛腰肉的分离。它是最不需要磨的刀，因为它不会接触到骨头、关节和最坚硬的结缔组织。保持刀的锋利才能切割得更加精确。

（二）其他屠宰刀具

切肉刀：切肉刀是传统的屠宰工具，但在现代切肉中并不常用。对于大多数骨头，可以用手锯或者带锯子，因为这样比用切肉刀更干净，而且不会在产品中留下骨头碎片。但这并不意味着切肉刀没有用途。切肉刀的工作与冲击力有关，而不是精确度，要用其宽刃的重量进行切割。

骨锯：主要是用来切割骨头。用骨锯切割的效果远远超过其他锯，如钢锯、木工锯或弓锯。坚固的不锈钢或铝框架提供必要的刚性；薄的轮廓能切开像牛胸骨这样缝隙小的部位，也能防止阻塞。锯柄由易于消毒的材料制成，握起来舒适。刀片由不锈钢制成，当装载时，要有足够的张力以防止切割时出现松动。锯长度的选择应该基于将切割的部位。

（三）屠宰工具的处理

刀具清洗消毒程序：在上岗前，要求操作者先到清洗间对刀具用 83℃ 热水消毒 30 s 以上。下班后，操作者到净区洗刷间，按照以下清洗、消毒程序进行刀具的清洗和消毒。温水冲净→洗涤剂（常用的食品级洗洁精，无色无味）去油污→温水冲净→83℃ 以上热水消毒 30 s 以上→控水备用（注意：严格控制水温 >83℃，消毒 >30 s）。

在桌子上使用多把刀是危险的。通常在屠宰的过程中，要注意刀具的摆放，避免摆放不当，一时不察而伤到自己。此外，刀具可能会掉在地板上，不仅被污染，还会损坏刀刃边缘。这时使用鞘是一个简单方便的方法，此外鞘还能保持刀具的锋利和清洁。鞘和支撑它们的链条有两种材料可供选择：塑料和铝。塑料鞘是一个整体的结构，可以容纳三把刀和一个肉钩，是耐热的，因此便于消毒处理。铝制鞘是一个多件的结构，便于清洗和消毒。柔软的金属有助于防止刀的边缘变钝。塑料或者铝制的都可以，但是如果经常使用3个以上的刀具，选择铝制的会更好。

五、屠宰前饲养与休息

外购的肉牛会因路上运输惊吓而应激，应激状态的牛立即屠宰会降低牛肉品质，增加胴体内在污染可能性。应激程度与运输方式和时间有关系。根据运输方式和运输应激时间长短，拟定消除应激的待宰饲养时间一般为1~3 d。时间过长没有必要，因为新环境很难使牛适应，并且很难做到日粮与原育肥期相同。为消除应激，饲养日粮最好能做到近似牛本来的育肥场，但注意以青干草为主，配合料不加或少加。

待宰圈应宽敞、有良好的防暑措施，北方寒冬时则应有挡风能力。在消除应激期间做到自由饮水。在运输期间和待宰期间均要避免殴打牛。

（一）将待宰牛隔离饲养

将要屠宰的动物从大群中分离出来。除非屠宰地点是在野外，否则待宰地点应该在屠宰地点附近。最好给动物24 h或更长的时间以适应新环境，这将有助于减少它们的压力和焦虑，使处理更容易，同时也有助于保持肉的质量。动物的新环境应该包括容易获得阴凉的地方，对于需要阴凉的动物来说，还应该有庇护所。像牛这样的群居动物至少有1种其他动物在身边时更舒适，所以可以考虑把它们分成2组或1组。

（二）停食静养

在一段时间内停止喂食，但要确保动物有足够的水源。这将有助于清理其消化系统中的饲料和废物，从而减轻内脏的重量（使处理更容易），减少污染的可能性（内脏中的废物更少），还可以提高其屠宰率。另外，动物也更容易剥皮。一般来说，动物越大，停止饲喂的时间越长，犊牛的停止饲喂时间为12~24 h。

检疫合格的肉牛待宰前应停食静养24 h（环境安逸，气温适宜）满足饮水。屠宰前安排绝食的原因是为了使牛在饥饿状态下代谢降低、挣扎力下降；胃肠内容物减少20%以下，使屠宰过程中摘除内脏变得容易（因牛的胃肠比例较大，胃肠内容物多，1头600 kg的牛，其胃肠和内容物往往达到150 kg），减少破损所造成的胃肠内容物污染胴体，使肉的卫生指标不合格；同时也可促进肝脏中肝糖原转化为乳酸，分布于牛全身，使屠宰后肌肉pH值较低，经冷却排酸后抑制微生物的繁殖，使冷加工、分割之后获得更卫生、货架期更长的牛肉。

延长绝食时间也是不适宜的，绝食时间过长，会造成肌肉组织所含的肌糖原降低，甚至耗尽，使宰杀后冷加工过程中排酸受限制，肌肉中乳酸生成量少，无法完成肉的生理生化成熟过程，肉的pH值偏高，香气和滋味达不到最优状态。随着禁食时间的延长，大肠杆菌和沙门氏菌有增加的趋势。这是因为较长时间的禁食会导致肉牛肠道发酵模式发生改变，使挥发性、短链脂肪酸的含量减少，而这些脂肪酸是抑制肠道内致病微生物（如沙门氏菌、大肠杆菌）生长的重要因子。

绝食时间不能顶替消除应激时间，待宰圈应保持安静。

（三）停水

禁食期间要供应充足的饮水，补充盐水或含有电解质的水能够减少牛群应激，降低血液浓度，避免放血不良，提高放血合格率，从而提高肉的贮存性。屠宰前的疲劳和饥饿都会引起牲畜肌肉中含水量的变化。运输和待宰过程中的禁食也必然导致牲畜的水分损失，进而引起体重下降。因此，水分的供给需要在牲畜运输到达屠宰场后立即实施，并在屠宰前 3 h 停止饮水。

第二节　肉牛的屠宰及胴体分割

一、肉牛的屠宰

基于对肌肉结构和骨骼图的熟悉，对食品安全和牛肉储存的知识储备，以及对工具的精心选择和准备，这些都会让我们从屠宰的正确角度出发，但是屠宰作为一门手艺的真正基础是对方法的掌握。理解肌肉群的构造、纹理方向、关节的相互作用、接缝的连接点，这些知识只能通过实践的重复来获得，这是无可替代的。操作人员分解的牛肉越多，就越擅长去骨。胴体上满是线条纹路，必须通过仔细观察才能知道在哪里下手和如何切割。经验越多，越能使得方法和技能更加完善。只有坚实地掌握屠宰方法，才能尝试任何肉类的分割。

（一）淋浴净身

进入屠宰间之前，要用近于体温（35~38℃）的净水给牛淋浴，夏天水温低一些，冬天水温高一些，并将牛全身被毛刷洗干净，以获得卫生极佳的牛肉，用漂白粉消毒过的自来水，效果更佳。牛的被毛湿水后有利于导电，使电麻击晕效果有保障。

（二）击晕起吊

将活牛赶入击晕箱，将其击晕后，由一人用绳索套牢牛的一条后腿，并挂在电动葫芦的吊钩上，启动电动葫芦，将牛吊起，直到高轨上的滑轮钩住后，再放松电动葫芦吊钩并取出，使牛完全吊在高轨上。

1. 击晕

击晕是指使牛晕倒失去知觉，可使牛避免由于放血的痛苦和惊吓、牛的愤怒自卫等，避免牛在宰杀时产生强烈的应激反应，避免血管收缩痉挛等，以保证肉质。此外，击晕后使屠宰过程工人的劳动强度下降、安全性增加，牲畜几乎不挣扎，牲畜中的肌糖原无损失，有利于排酸工艺的完成，也有利于生肉的贮存，延长货架期。击晕要适度，牛昏而不死。致昏前的驱赶、输送或使用机具应避免使活畜受到强烈的刺激，以免造成屠牛的过度紧张，影响屠宰放血过程，影响牛肉质量。击晕的方法有 3 种。

（1）电击晕法　用单杆式电麻器击牛体，使牛昏迷（电压不超过 200 V，电流为 1~1.5 A，作用时间 7~30 s）。电击晕法是目前国内外常用方法，可使中枢神经麻痹，同时刺激心脏活动，使血压升高有利于放血。通常电击之后牛从晕倒到苏醒的时间约为 1 min，足够完成吊挂和刺杀。加强电压和麻电时间，可延长昏迷时间，但会造成血管肌肉痉挛，不利于放血，并增加黑切肉的比例。电击器有两种，即单极式和双极式。单极式的栏架、踏板为负极，电击棒为正极；双极式（或叉式）则两侧各为正、负极，直接电击大脑。使用电击器时必须注意人身安全，操作人员必须穿绝缘水靴，戴绝缘手套。视牛体大小、壮实程度、性别等，调整电压与麻电时间，例如 3 岁的牛，个体也比较小，可用 70 V、8 s；同龄公牛，个体大，则用 100 V、10 s。

（2）锤击法　小型作坊式屠宰场常用方法，是利用铁锤猛击牛前额，产生强烈震击波使大脑休克。此法成本低，只需 1 把长 1 m 左右的 2.5~3.5 kg 铁锤即可完成击晕。击晕必须一次成功，否则易产生危险。因此，打击点应准确，圆头锤子的打击效果优于平头。用力的大小也影响击晕效果。一般击晕都能达到昏迷 1 min 以上的效果。锤击过度会造成当时死亡使放血不全。锤击前将牛用眼帘蒙住双眼，锤击手站在牛头侧面，迅速猛击牛额部中点，牛倒地时横向迈步离开。要求锤击手有力气，技术熟练，轻重掌握适宜。此法安全性较差，个体太大的牛应该先将腿做适当固定，以免击打失败、牛发狂下产生人身事故。

（3）延脑穿刺法　操作简单，用 1.5~2 cm 宽、20~25 cm 长的薄型专用刀具完成。操作者站在牛头侧面，用脚踩缰绳，使牛低头，迅即将刺杀刀从牛枕骨嵴后正中小窝刺入，于枕骨与第一脊椎之间，将延脑割断，牛的中枢无法控制体躯，牛即倒下，如图 5-2 所示。

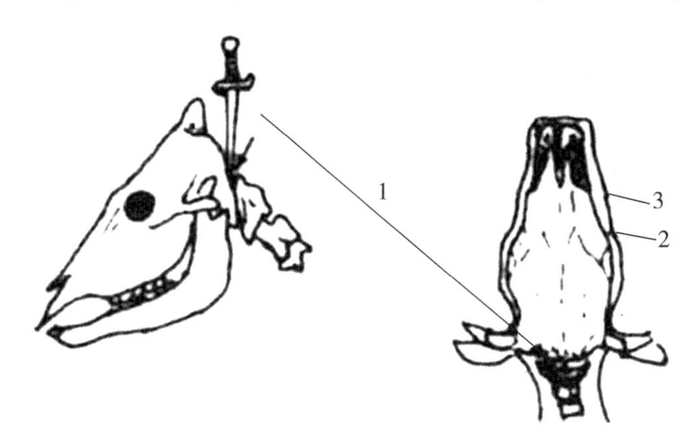

1. 延脑切断刺入点；2. 骨骼；3. 皮肤。

图 5-2　延脑切断位置

注：引自王聪等（2014）。

此法的优点是，延脑切断后，牛再不会苏醒，产生黑切肉的可能性为零。牛的最后挣扎只是由于脊髓反射所引起，所以挣扎的程度和时间较电击和锤击法轻和短，使肌肉中糖原消耗少，更有利于排酸，但此法不会使心跳和血压升高，所以放血时间会长些。

2. 起吊

用高压水冲洗牛腹部，后腿部及肛门周围；用扣脚链扣紧牛的右后小腿，匀速提升，使牛后腿部接近输送机轨道，然后挂至轨道链钩上；挂牛要迅速，从击晕到放血之间的时间间隔不超过 1.5 min。

在屠宰过程中，动物会被吊起来，被吊起来的原因有很多，其中之一就是利用重力。当重力帮助心脏排出血液时，动物可能比躺在地上时流血更彻底。放血越彻底，肉就越能抵抗腐败。此外，当动物后腿挂起时，重力作用于内脏，推动对膈膜的挤压，大大减少了初始在腹股沟区切口时刺穿内脏的风险。悬挂胴体也可以解放屠宰工人的双手，这样有利于提高工作效率。理想的悬挂装置将提供360°进入胴体的操作，这使工作更容易和快速，同时也防止任何被污染的表面（墙壁、柱子等）摩擦到干净的胴体。放血时用脚悬挂吊住死牛；剥皮和剥内脏时采用跟腱吊挂，跟腱是一种非常强壮的肌腱，可以很容易地支撑整个胴体的重量，以及屠宰或屠宰过程中施加的任何向下的力。在悬挂装置和小腿肌肉之间有一个空间，可以插入钩子或绳子。

在起吊的过程中还应设置悬挂输送机，设置要求如下。

（1）在放血线路上设置悬挂输送机。其运行速度应按宰杀量和挂牛的间距来确定，挂牛间距不应该小于1.2 m。

（2）放血线路上输送机轨道面距地面高度的确定。对牛屠宰体不宜小于4.5 m。

（3）放血段轨道长度按悬挂输送机运行时间来确定。牛放血轨道（包括大量出血后的滴血）不得少于8 m。

（三）刺杀放血

从牛喉部下刀割断食管、气管和血管进行放血，放血时间约为9 min，然后，再进入低压电刺激系统接受脉冲电压刺激，电压为25～80 V，用以放松肌肉，加速牛肉排酸过程，提高牛肉嫩度。刺杀放血刀应每次消毒，轮换使用，刺杀放血时要放血完全，放血时间不少于20 s。我国常用的刺杀放血方法有3种。

1. 三管齐断法

用刀在牛的头颈连接处，喉头的躯干方5～10 cm处横向切割，同时将气管、食道和两侧的颈总动脉和总静脉割断放血。此法优点是操作简单，放血速度极快；缺点是放血时牛仍进行呼吸，血液吸入肺中，会激发反射性的强烈呛咳，呛咳使腹腔肌痉挛，腹内压过度造成瘤胃内容物从食道断口中喷出，污染刀口创面，并污染放出的血，使其失去食用价值，并且由于刀口创面被污染，促使血液加快凝固，造成放血不良，残血过多。被严重污染的刀口部位又成为剥皮后污染胴体各表面的隐患。

2. 颈动静脉放血法

在牛颈部近头端，气管左右两侧的颈动脉沟处纵向割开皮肤10～20 cm，将两侧动静脉分离出5～10 cm，在近头端割断放血。此法不会引起呛咳，容易做到充分放血，而且可作为营养丰富的食品出售，增加屠宰效益。当血色由鲜红转为紫黑色，即脾脏、肝脏的存血开始放出，牛将作最后挣扎，最后挣扎时常会将瘤胃内容物呕出。

3. 抗凝无菌放血法

此法在发达国家的大型综合性屠宰场采用，是在屠宰前给牛在颈总静脉中输入纤维蛋白质稳定剂或高渗柠檬酸钠（4%柠檬酸钠），然后屠宰，击晕后在颈总动脉插入大口径采血管，负压放血。此法由于事先注入抗凝血剂，所以放血期间血液不易凝结，能达到充分放血，而且血液不被污染，残血极少。此法可获得较高的经济效益，但增加了劳动量与成本，此法综合效益最佳。

牛的总血量为其体重的6%～7.5%，屠宰放血量以达到总血量的85%为佳，因血液中含铁量极高，纯血加热凝固后质地粗硬，放血不全、残血过多使口感粗糙，因而上不了档次。故放血工艺必须重视和认真，一般“三管齐断法”放血量最差，抗凝无菌放血法放血量充分。放血量也与击晕方法有关，其中以锤击法最差。击晕过当则会造成严重放血不良。

（四）收集和处理血液

根据屠宰地点的不同，处置血液方法不同。由水泥、瓷砖或其他清洁材料制成的地板，并装有集成的排水管是最理想的，因为它们能使血液流入化粪池或污水系统。采血的方法主要取决于放血的方法和动物的大小。动物体型越大，从死亡阵痛中受伤的风险就越大，所以在一头约 550 kg 重的牛的喉咙旁放一个采血桶可能不是一个好主意。将动物挂在一个大的收集桶上面，也适用于那些采用横向流血的动物，因为它涉及颈部的一个大切口，所以很难准确预测血液的出口点。任何悬吊动物的血液喷洒区域都可能很宽，尤其是考虑到死亡剧痛的凶猛程度，所以盛放的容器越宽越好。为了提高收集效率，可以用一个大的塑料漏斗。

（五）牛的剥皮

只有当确认动物已经死亡时，才能开始剥皮。剥皮是最容易增加污染的工艺，因为牛的被毛很难洗净，极难做到不带细菌，而胴体的皮下结缔组织极易吸附异物，吸附之后又难以用冲洗法有效清除，故被皮的外面绝对不能与剥了皮的胴体接触。操作人员绝不能用接触过牛皮的手触摸剥了皮的胴体。

根据生产规模可分为手工剥皮和机械剥皮 2 种，在形式上又有倒悬式剥皮和地滚式剥皮（人工屠宰）。手工剥皮适用于生产规模小的屠宰厂，其开剥顺序为：剥前蹄→剥胸→锯胸→剥后腿→剥腹皮→剥头皮→剥背皮。机械剥皮适用于设备齐全的大型屠宰场。牛体大多在吊轨上吊挂宰杀剥皮。在剥皮时要先进行手工预剥，其操作顺序为：剥头皮→剥脖头→剥前蹄和前腿→剥后小腿→剥背皮→劈胸→机械拉皮。无论何种剥皮方法都应使皮上不带肉和油，肉上不带皮，在用刀上要不伤皮张，又不在肉体上留有刀迹，保证皮、肉完整美观。

现代加工企业为了保证卫生，倾向吊挂剥皮，剥皮应在悬吊状态下进行，先从后股臀端等处开始，将尾巴从第一与第二尾椎间断开（但皮不割断）随皮往外翻出，使被毛不与胴体表面接触，逐步下翻，最后剥离头皮，并把牛头从枕骨后沿与寰椎（第一颈椎）之间分离。为避免牛尸转动，开始剥皮时牛头颈可拖地，最好采取双后腿均悬挂，使刀口不与地面接触，减少污染机会。剥皮时应带工作手套，握刀的手不接触被毛，而另一手拽紧被毛配合剥皮刀分离，将皮外翻。

剥皮前刀具与手套等均应用无毒消毒液（如漂白粉溶液）洗净。

剥皮时沿着放血创口至尾部的中线切开皮肤。采用稳定的长切，防止刀切在胴体上。剥开胸部的肋部皮肤，向后延至后腿。剥乳房处皮时不要刺穿腺组织，保留腺体的完整，让其连在胴体上。此时升高胴体，使成半悬吊姿势，将肩放在剥皮架上，臀部升到便于操作的高度。细心剥掉肛门周围的皮肤，避免刺破肛门，沿直肠周围细心切开腹壁，用绳结扎直肠。剥去尾部的皮肤，避免被皮污染已剥皮的胴体。吊起胴体，脱离地面，完成剥皮。

立式剥皮法。生产量大的肉品加工厂安装有将牛体从放血处输送到冷却处的吊轨。牛体以吊挂的姿势剥皮。操作过程如同卧式/立式结合法，但因为从地面不可能够着被皮，故不只需要一位操作员。可有一位操作员在液压台上，根据需要进行升降。生产量大的屠宰场使用自动剥皮机。有些剥皮法由于很少搬动胴体和用刀，故减少了污染。移动的吊轨因减少胴体与操作人员、设备的接触，以及将胴体均匀地间隔开而减少了其相互之间的接触机会，故也改善了卫生状况。

（六）去头、去蹄及去尾

1. 去头

和任何被屠宰的动物一样，头骨与第一颈椎相连的地方，即寰椎关节，会被移除。脱臼最好从颈部的背侧（上侧）开始。椎骨是一种很难分离的骨头，因为它们常重叠在一起。最好用锋利的刀尖来处理，这样就可以在切断连接其结缔组织的同时进入骨头之间的小间隙。用牛头挂钩挂在牛鼻与唇的位置上，滑板钩挂在牛头滑动轨道上，用力将寰椎与颈椎间的连接筋膜和余下连接肌肉割断，用手控制牛头的摆动，并协助牛头滑入轨道限位器处。切下牛头后将牛舌取下，并将牛头用清水冲洗干净，挂于检疫输送机上等待检验。

2. 去蹄

蹄子是动物身上最脏的部位，所以需要将蹄子去掉。为了加快进程，一个人在前面，另一个人在后面工作。每条前腿都可以保持稳定，用手向下推蹄子，同时用刀手做最初的切口（记住在这些初始阶段要经常洗手，因为脏的皮肤充满了污染物）。去后肢由胫骨和跗骨间的跗关节处切断，而去前肢则由前臂骨和腕骨间的腕关节处切断。

3. 去尾

去尾是由尾根部第一、二尾椎间切断。尾巴上的骨头是尾椎骨，每根尾骨都由软骨连接，软骨足够柔软，可以用刀切开，挑战在于找到裂缝。

（七）电刺激

电刺激是促进牛肉内部生化成熟的手段。采用电刺激可以加快肌肉中三磷酸腺苷的转化，形成磷酸腺苷、肌苷酸、鸟苷酸等系列鲜味物质；可以加快钙离子的释放，使各种蛋白质水解酶、肽链端解酶、肽链内切酶等活性提高，使蛋白质水解作用加强、肉质软化、保水能力提高（使肉更具多汁性）；另外，由于蛋白质分解生成谷氨酸嘌呤和吡啶等化合物，使肉鲜味增加；还可以使脂肪分解加快，生成众多芳香有机物，增加牛肉的香味。这个手段对提高屠宰冷加工的经济效益具有极大意义，并且由于肉的风味、嫩度、保水性的提高，也为后续各种肉制品企业产品质量的提高奠定了基础。

通常采用 15 V、0.5 Hz、5 A 电流电刺激处理 1 min 即可达到理想的效果。也有采取高压电刺激，即 550~600 V、60 Hz、5~15 A，每分钟 5~20 个脉冲，应用此法必须注意安全。但必须在宰杀后 30 min 以内进行，效果随屠宰后时间延长逐渐消失。一般采取两种电刺激。

1. 在屠宰放血后 10 min 内接上电极进行刺激

屠宰放血后 10 min 内，牛体内血未凝结，在电刺激频率下，牛尸体进行同步节律收缩与舒展，使更多残血流出，减少残血量，提高肉的品质，特别是能保证电刺激的效果。缺点是少数牛会将膀胱中残尿、直肠中粪便排出，瘤胃内容物喷出，造成被毛污染。若发生此情况时，应用净水冲净被毛上所有污染物，用毛巾吸干后剥皮。

电极的连接方法有两种：一种是将两电极分别插入牛尸体的嘴巴和肛门；另一种是将两电极分别插入牛的后肢和前肢。

2. 在完成剥皮去头蹄内脏后的胴体上进行刺激

电压、电流、频率和电极连接与上法一样。此时作电刺激，可减少污染，减少牛尸体反射所带来的不安全性。但由于距离放血结束时间较长，使增加放血量不明显，并且电刺激所产生的各种效果也会减弱，要注意加快剥皮去内脏等工艺的速度。

（八）剖腹去内脏

内脏摘除是指取出消化道和其他内部器官，这些统称内脏。搬运过程占屠宰过程中工作的很大一部分。所有操作都要小心，不要刺破内脏。在通过兽医卫生检验后方可从胴体取出内脏。检验后应将内脏放在空气流动较好的架子上次序冷却。

自中线锯开胸部。在卧式/立式结合法中，可以将牛放在剥皮架上，然后半吊起胴体，剥完皮后，自腹中线细心打开腹腔。再将胴体整个吊起高于地面，内脏就在自身的作用下掉落。胸腔内脏、胃、肠分开放置待检和清洗。胃肠如作为食用，应在食管与胃、胃与十二指肠的交界处结扎，食管和直肠在剥皮时已做过结扎。结扎可预防胃间的交叉污染。

开胸：将气动胸骨锯圆头放进割开的小孔，开动胸骨锯沿切开的肌肉中缝将胸骨全部切开。如图 5-3 所示。

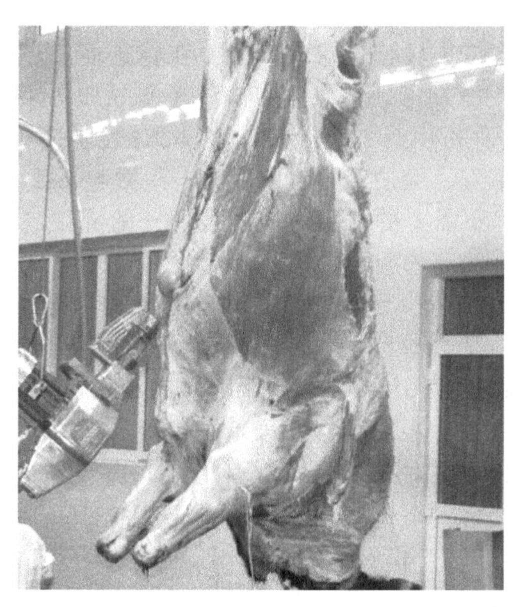

图 5-3 开胸

剖腹取内脏：剖腹操作时，用利刀从鼠蹊部（或肛门部）开始至放血口，沿正中线剖开腹肌，从耻骨前剖开腹腔，随即插入左手，护住胃肠，再用刀小心地割开腹腔，直至胸骨处，撬开耻骨，割离肛门直肠，一并割下膀胱、大小肠和脾胃等，然后用刀锋从放血口伸入，撬开胸骨割除心、肝、肺和气管，最后割除生殖器官和母牛乳房。

避免污染：在内脏取出过程中，首先要考虑的是如何防止排泄物的扩散，避免对腹部施加压力，这样会对肠道和膀胱造成压力，导致粪便和尿液溢出。对牛来说，必须将肛门绑紧，防止直肠通过肛门向下拉时溢出来。要注意的是，在我们刺穿腹腔内壁膜之前，腹腔是密闭的，没有污染的。由于初次切割时的位置，经常选择在腹股沟周围，而且里面有一整个膀胱，所以初次切割时要谨慎认真。膀胱壁是所有脏器中最薄的，而尿液在通过尿道之前通常被认为是无菌的，所以最好避免尿液在尸体内部溢出。在保持控制和清洁的情况下，应尽快将内脏取出。反刍动物尤其如此，它们的胃内充满了部分消化的物质，即使在死后仍能被酶继续分解，这时胃开始充满气体——酶催化过程的副产品，并且在死亡发生的那一刻膨胀（将反刍动物的尸体堆肥的一个步骤，是在埋葬前用矛刺胃，如果不这样做，气体就会被困住，最终会爆炸）。因此，等待的时间越长，胃就会变得越大，腹腔内的空间就会被压缩得越多。屠宰过程中的彻底清洁是不可能的，最后一步只是通过去除粪便、清理废物和其他明显污染物降落的区域来减少表面污染物。

（九）胴体劈半

沿脊椎骨中央分割为左右各半片胴体（称为二分体）。无电锯时，可沿椎体左侧椎骨端由前向后劈开，分软、硬两半（左侧为软半，右侧为硬半）。

面向胴体背部，用锯或剁刀从骨盆至颈部沿脊椎剖开。锯开的效果较好，但要清除骨渣。使用剁刀时，较大动物要用锯锯开其臀部和腰部。在处理下一个胴体之前，要用82℃左右热水消毒锯和剁刀。用电锯能提高生产效率。

（十）修整、冲淋

胴体修整的目的是除掉损坏或污染的部分，在称重前使胴体标准化。在屠宰过程中，不可避免地会有一些地方受到污染。需修剪掉明显的污染区域，并在挂起冷却前进行最后的冲洗。确保手和用具是干净的，然后检查胴体的所有部位（里面和外面）是否有异物，比如毛发、粪便、瘤胃内容物、污垢等，或者异常情况，比如脓肿。尽可能少修剪，但要去除不需要的材料。皮肤被切开的部位（小腿、脖子和腹部中线等）肯定有需要修剪的异物。内腔可能有内脏摘除的残余，如肝脏碎片，或溢出的瘤胃内容物。清洗修整后的胴体，当有良好的流通空间时，胴体将冷却和老化。没有良好的循环，过多的水分冲洗会导致胴体变质。清洗胴体时，应使用带有清洁喷嘴的软管，以避免在胴体上喷洒任何污染物。清洗后，切勿用任何东西（如毛巾）擦干胴体；相反地，应让胴体自然干燥。不同国家在细节上可能有所不同，但都只能由合格的检验员对胴体和内脏进行兽医卫生检验。发现有病灶或损伤时，可以废弃整个胴体和内脏，绝不能让其进入食物链。兽医指定割掉废弃了的某些部分，如有脓肿的部分，在检验员检查之前，工厂内的人员绝不能割掉任何有病的部分，否则就有可能掩盖胴体的整体状况，一定要执行检查人员对割除某部分胴体的指示。修整范围包括割牛尾、扒下肾脏周围脂肪、修伤痕、除瘀血及血凝块、修整颈肉、割除体腔内残留的零碎块和脂肪，割除胴体表面污垢，然后经冲淋洗去残留血渍、骨渣、毛等污物。冲洗时用32℃左右温水，由上到下冲洗整个胴体内侧及锯口、刀口处。

（十一）冷却排酸

1. 冷却

冷却的目的是延缓细菌增殖和延长贮存期。胴体冷却是指采用一定的冷却程序（温度、湿度或外加冷却物质）降低宰后胴体温度，排出胴体内部热量的过程。迅速冷却任何胴体对于限制微生物的生长，从而防止腐坏和产品的损失是必不可少的。分开的胴体越早开始冷却越好。将一个消毒过的体温计插入靠近臀部或周围的骨头中，测量最初的胴体温度。这将有利于监控冷却的进程。在理想情况下，胴体应在屠宰后24~36 h内降到4℃以下。24 h后再次测量温度，以确保冷却过程按预期进行。冷却的作用有：宰后胴体冷却降温的速度越快，越有利于抑制微生物的生长繁殖；冷却的时间越短，重量损失越小；根据牛肉的档次不同，冷却排酸的时间也不同。高档牛肉其半胴体放入冷却间，在0~4℃温度下排酸7~14 d。普通牛肉在冷却间停留24 h后，当胴体温度达到7℃时即可进入下一道工序。如图5-4，彩图5-4所示。

图5-4　预冷排酸

牛经屠宰放血后，胴体应在45 min内移入冷却间内进行冷却。预冷间温度在0~4℃，相对湿度为80%~95%。在36 h内使胴体后腿部、肩胛部中心温度降至7℃以下。

胴体冷却的方式包括常规冷却、两段式冷却、延迟冷却和喷淋冷却等。

（1）常规冷却　一般指牛胴体在0~4℃冷却间冷却至中心温度达到0~7℃的过程。最佳的冷却参数为风速0.5 m/s、空气的相对湿度为90%。冷却间要符合卫生要求，在胴体进入前应保持在-2~0℃，以防止胴体进入冷却间后室温骤然升高；不同吊轨间的胴体按品字排列，同一吊轨上胴体间至少保持15 cm的间距，以利于空气循环和胴体散热；在整个冷却过程中，尽量少开门和减少人员出入，以维持冷却间的冷却条件，减少微生物污染。胴体的冷却终点，以后腿最厚部位中心温度低于7℃为标准。

（2）两段式冷却　指屠宰后的肉牛胴体先进入快速冷却间（-30~-15℃）快速冷却2~5 h，再进入常规冷却间至中心温度降到低于7℃的过程。快速冷却通过快速降低胴体的表面温度，不仅可以减少胴体蒸发损失，而且能够缩短整体冷却时间，从而提高企业经济效益。另外，两段式冷却技术结合电刺激能够改善肉色，提高牛肉品质。僵直前期处理温度越低，牛肉中心温度下降越快，pH值下降速率越慢。

（3）延迟冷却　指肉牛屠宰后将完整胴体在冷却间外放置一定时间（3 h左右），再转入常规冷却间冷却的过程。延迟冷却使胴体pH值在较高温度下迅速降低，因而能够防止冷收缩，并且能够加速尸僵的进程。延迟冷却能够增加蛋白酶水解，一定程度上影响后续成熟期肌间蛋白和半肌动蛋白的降解，对肉的嫩化具有促进作用。但是延迟冷却会在一定程度上增加微生物危害，因此该冷却程序在工业上的应用仍需进一步的优化和调整。

（4）喷淋冷却　指在宰后的最初 3～12 h 的冷却过程，间歇地向胴体表面喷淋冷水，以加快胴体热量的散失并减少胴体因水分蒸发而致的重量损失。喷淋冷却可以使胴体冷却失重明显减少，但是由于湿度较大，微生物危害也由此增加。

最优的冷却程序要在缩短冷却时间、降低胴体失重的同时，能够提供良好的肉品品质。两段式冷却能够减少胴体蒸发损失，提高经济效益，但是容易产生冷收缩；延迟冷却能够有效避免冷收缩，喷淋冷却能够显著降低冷却失重，但是两者均在一定程度上提高了微生物危害的风险。目前，国内肉牛屠宰加工企业大多采用常规冷却，仅有极少数企业有喷淋冷却装置。

2. 排酸

猪、牛、羊被屠宰后，肉中会出现明显的生物化学变化，当正常的新陈代谢和对血液的氧气供应停止时，肌肉中任何贮存的糖原（肌糖原，动物的能量供应）被降解成乳酸，且 pH 值从活体的 7.0～7.2 下降到最终的 5.5～6.5，这一过程是动物屠宰后的排酸过程，也称屠宰后肉的成熟和嫩化过程。

排酸是肉类冷加工的重要环节。排酸对牛肉质量的意义尤其重大。若不及时经过冷却排酸，则积聚在肌肉组织中的乳酸会损害肉的品质。牛肉的排酸是将屠宰后的胴体快速降温，待其完成僵直（尸僵）后悬挂在安全，并且细菌、氧化和干耗等负面损失最少的环境中，通常在一定的温度、湿度和风速下（排酸车间的要求温度 0～4℃，湿度 80%～90%，风速 2～4 m/s），将牛肉中的乳酸分解为二氧化碳、水和酒精，然后挥发掉，同时细胞内的大分子三磷酸腺苷在酶的作用下分解为具有鲜味的肌苷酸（IMP），经过排酸后的牛肉口感得到了极大的改善，味道鲜嫩，肉的酸碱度被改变，新陈代谢产物被最大限度地分解和排出，从而达到无害化。排酸肉肉体柔软有弹性，肉质也比较细腻，与冷鲜肉、冷冻肉在色泽、肉质上并无明显区别。

（1）排酸肉的鉴别　非排酸肉肉质呈血红色，表面缺乏光泽；排酸肉肉质呈稍暗的鲜红色；非排酸肉有腥味和草酸味，排酸肉无腥味和草酸味；非排酸肉肉质柴、不易烂，排酸肉肉质滑嫩可口。

（2）排酸肉的优点　排酸肉中的酶活性和大多数微生物的生长繁殖受到抑制，肉毒梭菌和金黄色葡萄球菌等不再分泌毒素。肉中的酶将部分蛋白质分解成氨基酸，同时排空血液及占体重 18%～20%的体液，从而减少了有害物质的含量。肉表面会形成一层干油膜，既可减少水分蒸发，又能阻止微生物的侵入和在肉的表面繁殖。经过“成熟”的鲜肉，其肌肉和结缔组织由僵硬变得松弛，肌肉组织的纤维结构产生变化，从而使肉好熟易烂、口感细腻、多汁味美，易于切割，其切面有特殊的芳香气味，不仅易于咀嚼，而且消化、吸收利用率得到提高。通过排酸过程，在酶的作用下，肉中的芳香物质易于挥发，烹饪时能散发出浓郁的肉香。在蛋白酶的作用下，蛋白质分解出氨基酸，氨基酸增加了肉的鲜味和营养。

（3）排酸工艺设施　完成排酸工艺的设施主要是排酸间，排酸间要达到 0～15℃温度调节或自动程序温控。有风速控制，范围在 0～3 m/s；相对湿度控制在 80%～98%；易于清洗消毒，易于进出库、适应产品的尺寸，有效库不少于 4.5 m^2，以免胴体沾染地面；能源消耗少，其容量视生产规模而定，通常一个牛肉冷加工厂（包括屠宰）最少应有 4

个排酸间，才能达到最高的利用率，因为采取电刺激 0～4℃悬挂排酸时，包括热胴体降温，需要不少于 72 h，排酸结束，胴体陆续分割，清扫、消毒又需要 1 d，故 4 个小排酸间才能满足每天开工的需求。

（4）排酸步骤　牛的热胴体进入排酸间（悬轨吊挂），排酸间温度可控制在 12℃，相对湿度 95%～98%，风速 1～2 m/s，10～16 h，使胴体温度很快下降到 15～16℃，尽快地避开微生物适宜温度范围，但温度忌定得过低，热胴体如果很快地温度下降到 10℃以下，会发生“寒冷收缩”。寒冷收缩是在屠宰后 2～3 h，还未尸僵之前，胴体即处于 0～1℃冷却，引起背肌、胸肌、大腰肌、半腱肌、半膜肌等肌肉组织显著收缩，使肉质变硬，嫩度不佳，也使后继加工的肉制品质量劣化。寒冷收缩以 15～16℃时最轻微，所以热胴体降温采取 12℃，强制通风，使胴体快些降温到 15～16℃，完成僵直。

经过 36 h 悬挂后，将库温降到 0～5℃（使胴体温度降到 4～8℃效果好），相对湿度 95%～96%，空气自然对流，再悬挂 36 h，胴体肌肉变软，肌肉 pH 值下降到 5.4～5.8，排酸即完成。包括热胴体降温，总时间为 72 h 左右，若不作电刺激，则排酸时间长（在 0～5℃最少 7～9 d）。

若牛在未消除应激之前即屠宰，或屠宰前牛严重受惊吓、奔跑等，则排酸后肌肉 pH 值则仍在 6～7，这种牛肉风味欠佳，保鲜期短。

排酸过程中注意按批进行，并严格按降温、相对湿度、风速进行。不得随便打开排酸间门，以保持空气湿度和温度，减少污染。排酸间内胴体悬挂排列随日宰杀量不同，可能是多列或单列，多列时每列胴体相互间错开，并以大胴体处于库内通风的迎风面，因为迎风面冷风温度较低而大胴体散热慢，这样可达到降温均匀。

全部胴体出库后，即彻底清扫、洗涤墙壁和地面，然后用紫外线灯每立方米不少于 1 W照射 20～30 min，同时开风机，使排酸间墙壁、顶棚、地面、空气等得到有效的消毒，也可采用乳酸熏蒸法等消毒。

（十二）宰后检验

宰后检验能够将症状不明显、病情不严重的病畜，特别是正处于潜伏期的病畜，随健康畜禽进入屠宰车间，这部分畜禽只能靠宰后检验，才能将病害肉检查出来，加以科学合理的处理，既保障人畜安全，又能减少经济损失。因此宰后检验具有十分重要的意义。同时宰后检验是确定屠宰肉体和内脏卫生质量的主要一环。根据宰后检验的结果，最后判定为无条件食用、有条件食用和不能食用等处理。宰后检验是在家畜病理解剖学的基础上进行的，但是它又不同于一般的尸体剖检。宰后检验主要包括肉牛头部检验、内脏检验、肉有毒物含量检查。

1. 头部检验

首先环视整个头部和眼睛，然后检查齿龄、牙龈、舌面、唇、口腔黏膜等有无异常（水肿、溃烂、坏死）。触诊下颌骨、舌根、舌体，观察有无放线菌种。与下颌平行切开内外咬肌，检查有无囊尾蚴寄生，有时能看见各种变化的虫体，是否发生粥样崩解、囊内液体变为混浊或绿色脓样、虫体钙化、虫体死亡消散或被结缔组织取代。剖检舌后内侧淋巴结和扁桃体，检查有无结核、化脓和放线菌种。

2. 内脏检验

（1）胸腔脏器检验　① 肺脏：观察肺的形状、颜色、大小，触检整个肺的组织，观察有无出血、充血、化脓、坏疽、结节等病变，检查有无胸膜炎、肺炎、结核、棘头蚴等。切开支气管淋巴结和纵隔淋巴结，观察有无充血、出血等变化。

② 心脏：首先仔细检查心包，观察心包有无感染、出血、化脓。剖开心脏，观察心内膜和心外膜，注意有无点状出血、囊尾蚴等，观察心肌色泽有无异常、有无出血、坏死和囊尾蚴。

（2）腹腔脏器检验　牛腹腔脏器体积较大，故胃肠等应在专用台上检验。

① 肝：放在检验台上检验。观察色泽、大小、形状，然后触捡，注意有无脂肪变性，表面有无脓肿、毛细血管扩张、坏死，有无囊尾蚴等；剖检肝门淋巴结、胆管与肝实质，检视有无结核等病兆。

② 胃肠：黏膜有无充血、出血，网胃有无异物刺出，胃壁有无溃疡，剖检肠系膜淋巴结，检查有无结核。

③ 脾脏：检查其大小、色泽，有无肿大、出血、坏死，有无结核病，如果脾脏肿大可能是炭疽，此时必须立即停止生产，采样送检，按照检查结果进行处理。

（3）胴体检验　观察整体和四肢有无异常，有无瘀血、出血和化脓病灶，腰背部和前胸有无寄生性病变。首先视检胸膜、腹膜、膈膜和肌肉状态，注意色泽、清洁度，是否有异物和其他异常，并判断放血是否完全。注意胸壁上有无黄豆大小的增生性结节。剖检肩前淋巴结、髂内淋巴结和腹股沟淋巴结，剖检臂三头肌，注意有无结构病变和囊尾蚴寄生。视检皮肤、皮下组织、脂肪、肌肉、胸腔、腹腔、关节、筋腱有无出血、瘀血、结节、脓肿、坏死等病变，以及创伤、粪污。

（4）子宫、睾丸和乳房的检查　在剖检时须检查公畜的睾丸和母畜的子宫，特别是有布鲁氏菌病嫌疑时。乳房的检验和胴体检验一起进行，也可以单独进行，注意是否有结核、放线菌肿和化脓性乳腺炎。

3. 牛肉卫生安全检查

（1）重金属、药物残留及挥发性盐基氮的检查　牛肉中重金属（铅、砷、镉、汞、铬等）含量及农药、兽药的残留对牛肉品质及人类的安全健康带来严重影响。根据牛的来源不同，每批牛群抽查 3~7 头，取臀部肉样大约 100 g，置于无菌容器内送检。牛肉中需要检测的常规重金属包括：铅（≤0.5 mg/kg）、砷（≤0.1 mg/kg）、镉（≤0.1 mg/kg）、汞（≤0.1 mg/kg）、铬（≤1.0 mg/kg）。牛肉中兽药及农药残留量按照 NY 5029—2001 中规定的方法测定。牛肉因微生物或酶的作用分解后产生的具有挥发性的碱性含氮物质的总和称为挥发性盐基氮。牛肉中挥发性盐基氮的含量参照 GB/T 5009.44 规定进行检测。

（2）微生物的检查　牛肉在屠宰、分割、加工、包装、运输、贮藏、销售过程中会受到微生物的污染，微生物污染对牛肉品质会造成一定的影响。生产实践中主要通过菌落总数（按 GB 4789.2—1994 执行，细菌总数 $\leq 1\times10^{6}$ CFU/g）、大肠杆菌（按 GB 4789.2—1994 执行，大肠杆菌总数 $\leq 1\times10^{6}$ MPN/100 g）、致病菌 3 项微生物指标对牛肉进行微生物检验。

4. 宰后检验注意事项

（1）感官检查不能准确判定肉类是否适合人类食用时，应进一步检验或送实验室检测。

（2）为了确保能充分完成宰后检验工作，官方驻场兽医有权减慢或停止屠宰加工。

（3）应利用初级生产和宰前检验信息，结合宰后检验结果，判定肉类是否适合人类食用。对于不适合人类食用的，按照畜禽病害肉尸及其产品无害化处理规程进行处理。

（4）废弃的胴体、胴体部分、肉类和其他动物部分应作适当的标记，并用防止与其他肉类交叉污染的方式处理。废弃处理应做好记录。

（5）应采取适当的措施，避免可疑动物的尸体、组织、体液（如胆汁、尿液、奶汁等）、胃肠内容物等污染其他肉类、设备和场地；污染的设备和场地应在兽医监督下进行清洗和消毒后，才能重新屠宰、加工正常动物。被脓液、病理组织、胃肠内容物、渗出物等污染的胴体或肉类，应以卫生的方式去除或废弃。

（6）做好宰后记录。

二、牛胴体的分割

（一）四分体的产生和分割要求

在第 12 和第 13 肋骨之间将胴体分成几乎相等的 4 份，在每边胴体的第 12 和第 13 肋间将胴体分成前、后 1/4 胴体。通常前 1/4 胴体稍重一些，称为前四分体。前四分体含肩胛部、肋部的 7 个分块，肩胛部大分可切为带骨方切肩胛肉，可细分切成优价优质的上脑、肩胛里脊（黄瓜条）、肩胛小排等。在烹饪上，前四分体可产出西式的肩胛烤肉、肩胛牛排，也可产出东方风格的火烤牛排、前牛腩等。四分体分割时要整齐匀称，要确定胴体内面肋骨之间的准确位置，在离腹部中线约 5 cm 处进行分割。在将 1/4 胴体搬到切肉台之前，都应连带后腹肉。然后锯开脊椎，用力均匀切割，以便使腰肉小头平整而美观。要从内面切割，切割时露出的大块肌肉是牛精肉，可看到肉的大多数质量特征，包括颜色、大理花纹、坚硬度和质地。优质牛肉呈鲜红色，肌间有些脂肪，或呈大理石纹状，触感坚实，质地好。

后四分体含短腰部、臀部的 12 个分块，通常在后 1/4 胴体上保留一根肋骨，以保持腰肉的形状，便于将其切成肉排。短腰部是牛胴体最重要的分割部位之一，可以分割成 T 骨排，或以横脊突为界分割为腰脊肉与牛柳，或者分为前腰通脊肉与后腰通脊肉。胴体分割时加工间的温度不能高于 11℃；分割牛肉中心冷却温度需在 24 h 内下降至 7℃以下；分割牛肉中心冻结终温需在 24 h 内至少下降至−19～−18℃。

（二）牛胴体分割

1. 分割设施

分割间应该由保温材料组成墙体，温度保持在 10℃以下，最好与排酸间一致，相对湿度 80%左右，既不增加干耗又不妨碍工人健康，按分割量设置工作台及分割间总面积。工作台与吊轨配套，以便胴体顺利卸下和分割，保持清洁卫生。分割间应光线充足，空气洁净，最好采用正压无菌空调系统，以确保工作人员健康及牛肉的卫生水平与国际接轨。所有工具、模具应为不锈钢制品或其他无污染材料，以免增加牛肉的污染。

2. 工具的使用

（1）剔骨刀的使用　有两种握持剔骨刀的方法，分别是手枪式握持和基本握持。

手枪式握持：是使用剔骨刀的主要握持方法。将刀向下翻转，握紧拳头握住手柄，就像握枪一样，因此得名。刀刃可以朝向任何一个方向。手枪握持可以更好地抓住刀，从而使用更大的力量，使刀通过软骨、脆弱的骨头、韧带和其他部位的阻力。当把刀面向自己的时候要特别小心，在割开胴体的某一部分后，偶尔把刀指向自己是很常见的，因此需要防护圈。

基本握持：大多数人拿刀的基本握法是，手握刀柄，刀面朝上。屠宰过程中任何一把刀都可以这样握着，例如去骨刀、屠夫刀、切肉刀等。用去骨刀切割需要精准和巧妙的方法，比如在给腰部去骨时调整椎骨的形状。为了进一步加强控制，将食指放在刀背上，固定好，再进行切割。

（2）骨锯的使用　去骨锯的使用非常简单。去骨锯适用于锯断大腿骨或臂骨等大型圆骨，横切椎骨（将肩膀和腿与腰部分开），或分割其他刚性结构。更细、更脆弱的骨骼带来了另一种挑战，需要用技巧而不是蛮力来克服。例如，锯开小牛肉排的肋骨，或者用短的里脊肉制作小牛肉里脊肉。使用锯片牙齿后面的力量会破坏这些结构，使骨头边缘参差不齐，刀口粗糙。此外，锯开较小的肉结构需要将它们固定在桌子上，通常是用另一只手固定肉品。当用力切割时，保持手的稳定很重要，这需要通过练习来保证手的稳定。当切割时不要只将整个锯的重量压在骨头上，要握着锯子，让锯齿刚好碰到骨头，它们足够锋利，可以切割，在这个过程中要有耐心，不要操之过急。

（3）珩磨杆的使用　频繁使用珩磨杆是保持刀的锐度和确保清洁切割的关键之一。珩磨杆可对刀片的边缘进行重新打磨，轻轻用力即可，并且只用几个来回摩擦就可以完成。有两种方法使用珩磨杆：桌面或徒手。在通过桌面使用珩磨杆时，需要找到适合自己的角度来进行研磨，通常是90°、45°或者22°；当徒手时，要握杆，与刀相对，稍微向上倾斜，将刀的后跟靠近刀柄，放在棍子的顶端，选择一个接近20°的角度，将刀拉向自己，移动下杆，同时弯曲手向内运动，确保整个边缘与杆接触。始终保持角度和压力。在刀的另一边重复同样的动作，来回摩擦。

3. 对工作人员的要求

要求工作人员及常接触的人均无人畜共患传染病，具有本工艺的相应职业技能（初级中级配套）和良好的道德（敬业）精神，身体素质良好，具有完成本职工作的体能。操作时严格执行本行业的操作规程卫生标准，以保证肉品的卫生。

4. 初步分割

牛胴体分割标准世界各国均有不同，我国尚无完善的成套标准。一般从牛肉的感官、风味、口感、营养价值、肉品结构等方面将牛胴体不同部位分开，已成共识，不同部位的价格差也逐渐与发达国家接近。肉牛的胴体分割部位见图5-5。

前腿：从前腿腋下开始下刀，沿着前腿与腹部连接的肉膜切割，将前腿与腹部连接的地方分开。分割前腿时要做到少伤前腿肉，保持腹肉的自然厚度。

脖头：沿着牛胴体的脊骨向后数，在第6节脊骨与第7节脊骨之间，将脊骨平行断开，然后沿着牛肉切口将牛肉切开。分割时做到切口平滑、整齐。

脊背：在后数第6节脊骨与第7节脊骨之间，沿着切口，按直线将脊背与后腿相连的肉切开。

腹部：分割的起点是后数第6块脊骨和第7块脊骨之间，再从脊骨向腹部8~12 cm，与脊椎平行的线就是脊背和腹部的分割线，沿着这条线用盘锯将肋骨锯开，再将腹部与后腿相连的肉膜切开。

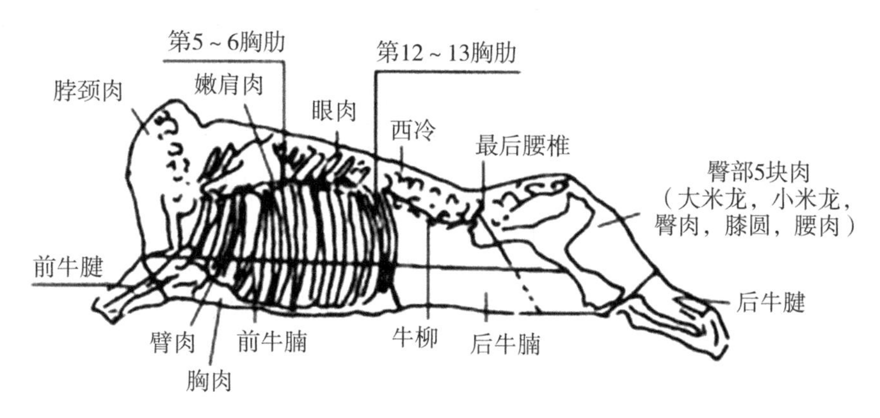

图 5-5　牛胴体分割示意

注：引自莫放等（2010）。

后腿：分割完前腿、脖头、脊背、腹部后剩下的就是后腿。

5. 二次分割

对初步分割得到的 5 大部分进行精细分割。

（1）前腿精细分割的产品　主要有金钱腱、辣椒肉、肩肉、前腱子。

金钱腱：前腿的精细分割在前腿的里侧，沿着前腿骨和前棒骨运刀，将前腿里侧的肉和骨头分开，然后依次剔出前腿骨、前棒骨和肩胛骨。剔骨时要求刀贴骨头，刀尖在骨头和肉的缝隙中移动，剔出的骨头上尽量不带肉，尽量减少刀伤和划痕，保持产品表面的平顺。在剔出前腿骨时分割出一条由肉膜包裹着的长条形产品，此部分叫金钱腱。金钱腱是全只牛最贵的部位。1 块金钱腱，一般重 320 g 以下。金钱腱肉里包筋、筋内有肉，筋肉互相纵横交错下仍层次分明，肉质爽口甘香。

辣椒肉：位于肩胛骨外侧，从肱骨头与肩胛骨结节处紧贴冈上窝取出的形如辣椒状的净肉，主要包括冈上肌。

肩肉：剔出骨头后在前棒骨和肩胛骨连接的位置将牛肉一分为二，再从剩下的肉中分割出辣椒肉，剩下的部分是肩肉。牛肩肉的间隙脂肪含量较多，肉质鲜嫩。适合炖、煮、卤。牛肩肉含有优质蛋白，氨基酸种类齐全，脂肪含量很低，含矿物质和烟酸、维生素 B_1 和核黄素等，是铁质的最佳来源。牛肩肉色泽淡红或深红，切面有光泽，质地坚实，富有弹性，脂肪洁白或黄色。新鲜的牛肩肉可以用色泽、黏度、气味及硬度等感官鉴别方法来分辨。新鲜牛肩肉肌肉有光泽、红色均匀；外表微干或微湿，触摸时不粘手；具有鲜牛肉特有的气味；肉的切面细致紧密、富有弹性。不新鲜的牛肩肉色泽较暗，缺乏光泽；外表干燥或稍粘手；新切面湿润，且有微酸或陈腐的气味，但在较深层内没有腐败气味；肉较松软；变质牛肩肉肌肉无光泽，外表干燥；新切面发出刺鼻的腐败臭味，并且在较深内层也有此种气味；肌肉松弛。

前腱子：前腱子是包裹着前腿的肉。前腱子位于前小腿，主要包括腕桡侧伸肌、腕外侧屈肌等，从肱骨与桡骨结节处剥离桡骨、尺骨以后取下的净肉。前腱子肉是沿前肢关节横切，剥离尺骨与桡骨所得肉块，特点是肌肉紧密，由多束较厚肌膜向下收缩成筋腱组成，欧美国家将其归纳为劣等肉块，但此处的肌膜和筋腱的组成均以胶原纤维为主，脂肪少，烹调时吸水性强，膨大软化，使口感极佳，横切面呈优美的花纹，是制作中餐酱肉的上品原料，也可作为炖品的良好材料。

（2）脖头　剔出脊骨，剔骨时要尽量剔除干净，剔出脊骨剩下的肉，片去肉表面的脂肪，就是脖头精细分割的产品——脖肉。脖肉取自牛的脖子，肉质粗，肉间脂肪少，有大量筋膜和颈韧带。脖肉是沿着颈椎与胸椎连接处横切，即后连上脑，从背侧将颈韧带分离，沿颈椎将肉剥离，此肉块由头最长肌等十多条肌肉组成，肌束细，掺杂筋腱肌膜等。本来肌纤维细嫩、滋味鲜美，但由于放血等原因，残血、瘀血较多，造成口感粗糙，并且屠宰过程中瘤胃内容物极易污染此部位，是卫生状况最差的肉块，因此国内外均将这部分定位等级最劣的肉。适用于红烧。

（3）脊背　脊背精细分割产品有里脊、外脊、上脑、眼肉。

里脊：从腰内侧沿耻骨前下方顺着腰椎紧贴横突切下的净肉，即腰大肌。脊背分割时先将脊背里侧的一块肉剔出来，然后将包裹在上面的脂肪全部切掉，就露出一块条形的肉，这就是牛的里脊。里脊在解剖上称为腰小肌，分割时先剥取去肾脂肪，沿耻骨前下方将里脊剔出，然后从后往前沿腰椎横突下面剥离取下完整的里脊。里脊位于脊骨和肋条连接的缝隙中，是牛全身最嫩的部分。牛里脊肉又称“菲利”（Fillet），是切割自牛背部的柔嫩瘦肉，去骨或未去骨皆可买到，适合烧烤。牛里脊肉是脊骨中的一条瘦肉（图 5-6）。肉质细嫩，适于滑炒、滑熘、软炸等。

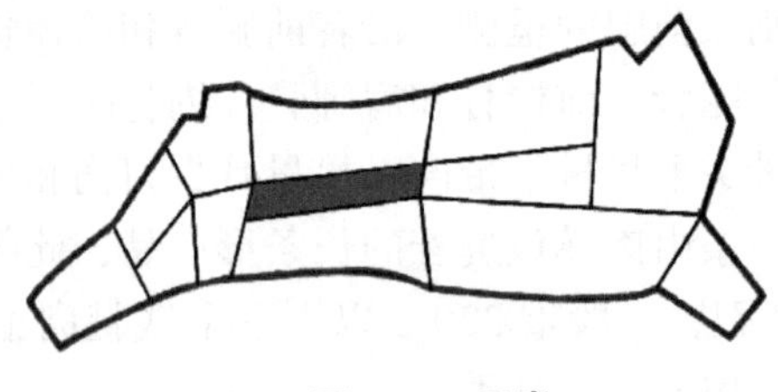

图 5-6　里脊

外脊：从倒数第 1 腰椎至第 12～13 胸椎切下的净肉，主要为背最长肌，外脊又称西冷（Sirloin）。将四分体剔除脊骨和肋骨，就剩下一块长方形的肉，然后将它一分为三，分出上脑、眼肉和外脊；然后在第 11 和第 12 根肋条间，垂直切一刀，切下来的就是外脊（图 5-7）。外脊主要由背最长肌和眼肌组成，脊间基本没有脂肪沉积，肉质较嫩，嫩度接近里脊肉。适于西餐煎、炸、烤牛排，中餐熘、炒、涮肉等。

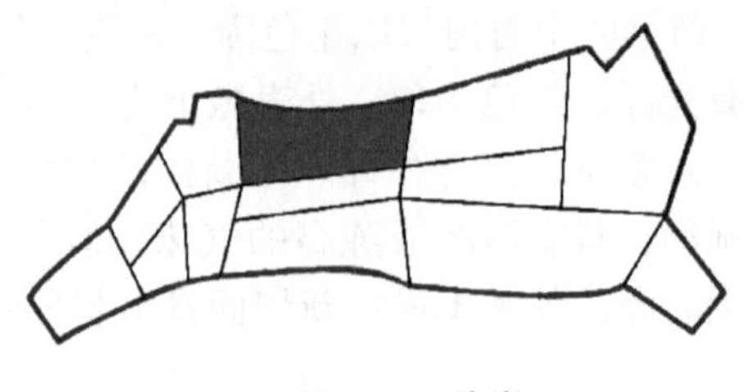

图 5-7　外脊

上脑：指的是肉牛后颈部位的肉，位于颈部上侧牛头位置到前脊椎（眼肉）上部的肉（图 5-8）。主要由背最长肌、斜方肌、头半棘肌、肋间肌等组成，后端与眼肉相连，前端在最后颈椎与第 1 胸椎连接处横切下，沿前肢肩胛骨与体躯的连接，顺肌肉走向分离之后，顺胸椎棘突与颈韧带外侧，将肉块分离，然后在眼肌外侧 6~8 cm 处纵切，将肉块取出。组成上脑的肌肉块更多，肌肉块之间填充脂肪（育肥后），使横切面呈五花状。在同一头牛胴体中此肉块脂肪含量最高，是西餐烤肉或烤牛排的好材料，也是中餐涮肉的上好材料，熘炒也适宜。牛上脑肉质细嫩多汁，脂肪杂交均匀，有好看的大理石纹，口感绵软，入口即化，脂肪低而蛋白质含量高。在第 6 和第 7 根肋条间，垂直切一刀，靠近脖子的是上脑，上脑有一定的脂肪含量，占 30%左右。这个部位肉的特点是肥瘦交错比例比较均匀，但主要口感还是偏瘦。

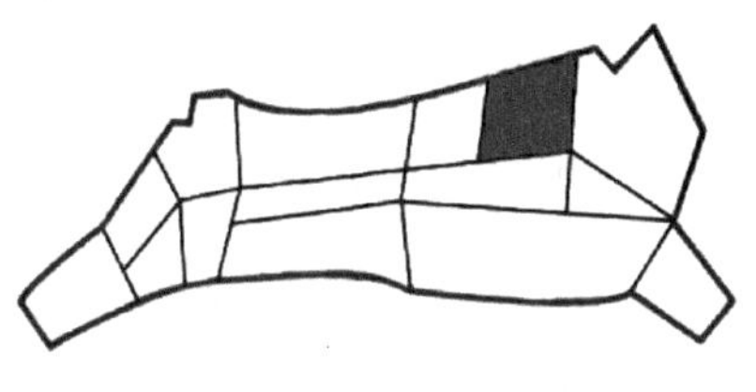

图 5-8　上脑

眼肉：后端与外脊相连，前端至第 5~6 胸椎间，在眼肌外侧 8~10 cm 处纵向切下，沿胸椎的棘突与横突之间取出的净肉，主要包括背阔肌、背最长肌、肋间肌（图 5-9）。眼肉由于组成肌肉层次增加，每条肌肉之间夹有脂肪层，所以横切面红白相间。牛眼肉位于牛前腰上方，因为肉中有块形似眼睛的脂肪，所以称为肉眼或眼肉。分离完里脊、外脊、上脑后剩下的是眼肉，分割后片去表面的脂肪，肋骨上的肋条肉也要剔出。眼肉表面脂肪覆盖较完全，厚度为 0.5~1 cm，肉间有大量脂肪沉积，可以达到 40%左右，大理石纹也主要在眼肉中存在。

眼肉重量占牛活重的 2.3%~2.5%，眼肉十分香嫩，故适于西餐煎、烤牛排，中餐涮、熘、炒等。

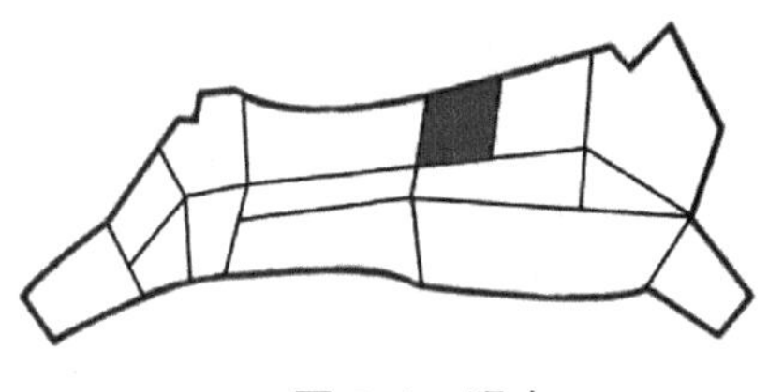

图 5-9　眼肉

（4）腹部　腹肉：从胸椎沿腹壁外侧 8~12 cm 处并且平行胸椎切断，主要包括 1~13 肋部分，去除肋骨以后的净肉，位于胸腹部，主要由腹直肌、腹横肌等多块肌肉组成。腹部精细分割，将腹部上的肋骨整排取下来，要尽量保证肋骨上少留肉，留下来的就是腹部精细分割的主要产品——腹肉。腹肉取自牛的腹部，其特点是兼有肥瘦。因为内面腹膜之下有一层主要由弹性纤维组成的腹黄膜，烹调时较难软化，故在欧美国家定为稍优于脖肉的劣等肉，但这块肉肥瘦相间，是中餐炖、焖、红烧的好材料，充分炖软之后，口味极佳，可作罐头材料。剥去腹黄膜及皮肌之后，可作为涮肉、肉馅的良好材料。

肋条肉：将肋骨之间的肉一条一条剔出来，称作肋条肉。肋条肉的特点是脂肪分布均匀，肉质较粗。

（5）后腿　后腿的精细分割产品有霖肉、后腱子、黄瓜条、米龙和臀肉。后腿精细分割首先也是剔骨，依次剔除后腿骨、盆骨和后棒骨，在剔骨的过程中分割出米龙和黄瓜条两种产品，剔骨后分割出后腱子、霖肉和臀肉。

霖肉：又称膝圆，位于股骨内侧，黄瓜条前面，顺牛的膝盖贴股骨向上剥离，即得到一块完整的近乎圆球形的肉块。霖肉肉质较嫩、筋少、肌肉纤维细腻、均匀，以肌肉为主，脂肪少，去掉大筋与厚的肌膜后，肉质尚鲜嫩。西餐有时用作煎、烤牛排材料，中餐可熘、炒，也是制作牛肉干、牛肉火腿、酱牛肉的上好材料。膝圆重量占牛活重的 2.0%~2.2%。

后腱子：位于后小腿处，主要是腓骨长肌、趾伸肌、趾伸屈肌、腓肠肌、胫骨前肌等。后腱子肉是沿后肢膝关节横切，剥离掉胫骨与腓骨所得肉块，特点与前腱子一样，肉质红色，肉中含筋，呈红白镶嵌，肌肉紧密，由多束较厚肌膜向下收缩成筋腱组成。欧美国家将其归纳为劣等肉块，但此处的肌膜和筋腱的组成均以胶原纤维为主，脂肪少，烹调时吸水性强，膨大软化，使口感极佳，横切面呈优美的花纹，是制作中餐酱肉的上品原料，也可作为炖品的良好材料。

米龙：沿股骨内侧从臀股二头肌与臀股四头肌边缘取下的净肉，位于后腿内侧，主要包括半膜肌、股薄肌等。米龙又称针扒，位于牛的臀部，肉质较为细腻、口感顺滑；黄瓜条又称烩扒，也位于牛的臀部。米龙分为小米龙和大米龙。大米龙与小米龙紧相连。

小米龙即牛的半腱肌，沿坐骨下沿剥离到后腱子（膝关节后面）切下，小米龙含有较多的弹性纤维和胶原纤维，脂肪少，因而肉较爽硬、滋味尚佳。小米龙重量为活牛体重的 0.7%~0.9%。西餐用之制作牛肉火腿，中餐可作酱肉材料。

大米龙由牛的半膜肌和股二头肌组成（也有单独将半膜肌剥离出称大米龙，余下股二头肌归作臀部肉），将小米龙剥离后即可顺该肉块自然走向剥离，得到一块近乎方形的肉块，大米龙以肌肉为主，脂肪少，胶原组织较多，因而有点硬，但滋味尚佳。大米龙重量占牛活重的 0.7%~0.9%。在烹调中，肉易软化。西餐常作牛肉火腿的材料，偶作烤牛排，中餐熘炒和作酱肉材料。

黄瓜条：在米龙的下方，黄瓜条的肉质较为细嫩，分为大黄瓜条和小黄瓜条。大黄瓜条牛肉位于牛后腿股外侧，沿半腱肌股骨边缘分割而出，肉块长而宽大，主要由臀骨二头肌等肌肉组成。产品特点：大黄瓜条牛肉肉质较粗，纤维均匀。小黄瓜条为牛肉分割专业术语，特指位于臀部，主要为半腱肌，沿臀股二头肌边缘分离出的净肉。

臀肉：位于后腿外侧靠近股骨一端，沿着臀股四头肌边缘取下的净肉，主要包括臀中肌、臀伸肌、股阔筋膜张肌，在牛臀部，更接近牛背部的位置。剥离小米龙之后露出股薄肌、内收肌、缝匠肌、耻骨肌组合称臀肉，也可沿着被锯开的盆骨外缘，再沿本肉块边缘分割。臀肉重量占活重的 2.6%~3.2%。臀肉以肌肉为主，脂肪少，肉质细嫩多汁。臀肉适合熘炒，不宜酱制。西餐常作烤牛排、肉干、肉脯。制作肉馅时得加入适当脂肪才能赶上肋条肉肉馅的风味。是制作风干火腿、牛肉火腿的上等原料。

（三）牛肉的包装

包装对于避免肉的氧化、干耗和避免再污染等非常重要，是延长货架期的重要手段。冷却肉和冷冻肉的包装要求并不相同，但均以用无毒塑料膜作内包装，瓦楞纸板箱作外包装的多。包装应符合 GB 14881—2013 中的规定。包装材料应符合相关标准，不应含有有毒有害物质，不应改变肉的感官特性。肉类的包装材料不应重复使用，除非是用易清洗、耐腐蚀的材料制成，并且在使用前经过清洗和消毒。内、外包装材料应分别存放，包装材料库应保持干燥、通风和清洁卫生。产品包装间的温度应符合产品特定的要求。内包装材料应符合 GB/T 4456—2008、GB 9681—1988、GB 9687—1988、GB 9688—1988 和 GB 9689—1988 的规定，外包装材料应符合 GB/T 6543—2008 的规定，包装箱应完整、牢固，底部应封牢，箱外用塑料带捆扎牢固。包装箱内肉块应排列整齐，每箱内肉块大小应均匀，定量包装箱内允许有一小块补加肉。

高质量肉类的生产需要在饲养、屠宰和贮存的各个阶段进行质量控制。即使饲养和屠宰都达到了理想状态，不恰当的贮存程序也有可能影响肉的最终质量。屠体在宰杀后应该立即冷藏，以防止可能导致腐败和危险微生物生长；冷藏越快，细菌生长越少。然而，冷冻的速度太快，会导致肉变得十分老硬。当肉的温度低于 15℃时，就会发生这种情况。温度低于 15℃时，肌肉会收缩到异常的极端。这导致肌肉纤维缩短，在某些情况下，缩短到原来长度的 50%以下。因此，当尸僵的最终收缩开始时，其结果是肌肉的放大收紧，造成肉不可挽回的韧性损失。类似的情况主要发生在刚屠宰的肉在尸体僵直开始之前被冷冻。在这种情况下，肉不会经历僵死，因此不会耗尽肌肉收缩的能力。当肉解冻时，肌肉恢复了活力，收缩的方式和冷缩时一样，收缩的结果也差不多。

1. 牛肉保鲜包装技术

通常在兼顾经济效益下，按市场需求和客户要求安排。

随着经济的发展及对生活品质的要求，肉品包装与人类日常生活关系日趋密切。为确保肉品品质，便于处理及销售，必须有适当的包装。肉品经过包装后，会减少外界环境的污染，便于运输、贮存、销售，且延长了产品的货架期，便于消费者购买。

国外鲜肉包装是在 20 世纪 80 年代开始应用的。早在 1981 年，英国颇有声望的 Marks 公司就采用气充式透明气调包装生产线包装鲜肉，受到消费者欢迎，并将气调包装推广到鲜鱼、培根、热肉的包装，导致英国在上述方面的销售额以每年 20%递增。气调包装的成功在于消费者越来越注重食品的新鲜度，而不喜欢在食品中使用化学防腐剂。目前英国已有 100 多条气调包装生产线用于肉制品的包装。气调包装在欧洲很普及，而在美国刚刚开始。在气调包装技术方面，美国落后于德国 15~20 年。当前美国出现的肉和家禽集中化分割包装，是气调包装得以推广的重要因素。北美的一些公司已经看到气调包装的潜力，并在较细牛肉、小排和炖牛肉中也开始采用气调包装。

目前我国鲜肉包装仍没有引起广泛重视，鲜肉仍以无包装的形式出售。为保证产品卫生，延长鲜肉的保存期，有必要对真空包装和气调包装形式做一介绍。

（1）真空包装　是指除去包装内的空气，然后应用密封技术，使包装袋内的食品与外界隔绝。由于除掉了空气中的氧气，因而抑制并减缓了好气性微生物的生长，减少了蛋白质的降解和脂肪的氧化酸败。经过真空包装，会使乳酸菌和厌气菌增殖，使 pH 值降低至 5.6~5.8，进一步抑制了其他菌，因而延长了产品的贮存期。零售包装牛肉真空包装，

4℃贮藏期可达 14 d，0℃时可达 21～35 d。

真空包装目前已广泛应用于肉制品，但鲜肉中使用较少。这是由于真空包装虽然能延长产品的贮存期，但也有质量缺陷所致。

（2）气调包装　是指在密封性能好的材料中装进食品，然后注入特殊的气体或气体混合物，再将包装密封，使其与外界隔绝，从而抑制微生物生长，抑制酶促腐败，从而达到延长货架期的目的。气调包装和真空包装相比，并不会比真空包装货架期长，但会减少产品受压和血水渗出，并能使产品保持良好色泽。

因为要保持牛肉肌肉呈亮红色，又要使其他成分（例如脂肪）氧化轻微，降低对肉品不利的酶的活性，因而人为地调整包装内气体成分十分必要。气调包装所用气体主要为 O_2、CO_2、N_2。正常大气中的空气是多种气体的混合物，其中 N_2 占空气体积约 78%，O_2 约 21%，CO_2约 0.03%，Ar 等稀有气体约 0.94%，其余则为水蒸气。O_2的性质活泼，容易与其他物质发生氧化作用。N_2则惰性很高，性质稳定。CO_2对于嗜低温菌有抑制作用。所谓包装内部气体成分的控制，是指调整鲜肉周围的气体成分，使之与正常的空气组成成分不同，以达到延长产品保存期的目的。全部使用 N_2可有效地防止氧化，但牛肉在包装之前切面以形成氧合肌红蛋白的亮红色者为佳，否则肉色不鲜亮。切面未形成亮红的则以含有 O_2的配方为佳。效果稳定，首推纯 N_2。

2. 冷却肉包装

冷却肉是分割之后，在 3～5℃保存温度下，7～10 d 销售完毕的肉，以采取“气调”包装为佳。

采用真空包装，肉色，尤其是肌肉的颜色，会显深暗。感官不如“气调”，但对肉的内在质地并无不良影响，且真空使包装紧凑占空间小，不过半成品的肉丝、肉片、涮锅肉片等，不能采用真空包装。

3. 冷冻贮存肉包装

分割后牛肉需较长时间保鲜的，均以冷冻贮存为佳。采取冷冻贮存的内包装最好是真空包装，因为真空包装可以将氧化损失降低到零。由于包装膜紧贴肉块表面，防止水分升华的干耗损失，因而肉的组织结构解冻后复原性好，解冻造成的肉汁流失也少。

（四）库存管理

贮存库内成品与墙壁应有适宜的距离，不应直接接触地面，与天花板保持一定的距离，应按不同种类、批次分垛存放，并加以标识。贮存库内不应存放有碍卫生的物品，同一库内不应存放可能造成相互污染或者串味的产品。贮存库应定期消毒，冷藏贮存库应定期除霜。肉类运输应使用专用的运输工具，不应运输畜禽或其他可能污染肉类的物品。包装肉与裸装肉避免同车运输，如无法避免，应采取物理性隔离防护措施。运输工具应根据产品特点配备制冷、保温等设施。运输过程中应保持适宜的温度。运输工具应及时清洗消毒，保持清洁卫生。运输时应使用符合卫生要求的冷藏车或保温车（船）。市内运输可使用封闭、防尘车辆。贮存时，鲜分割牛肉应贮存在 0～4℃条件下；冻分割牛肉应贮存在低于-18℃的冷冻室内，贮存不超过 12 个月。

1. 冷却保存

冷却肉库存温度以（0±0.5）℃为佳，可达最佳库存期，但由于库存温度尚高，一些耐低温菌仍能繁殖，所以不宜库存过长，在上述温度下包装良好、卫生指标合格的牛肉，最长 35 d。未包装的牛肉则还需将冷库相对湿度调整到 90%，卫生指标合格的牛肉最长 21 d。若库温高于上述温度，则每升高 1℃，库存期减少 1.5~2 d。

冷藏之前的预冷。所谓冷藏，是指不会使冷却肉的温度产生不良变化的一种贮藏方法，其设施称为冷藏库。冷藏室的温度一般为 0~4℃，所以胴体温度要先降至冷藏室温度之后再送入冷藏室。相对湿度 85%~90%，冷风流速为 0.1~0.5 m/s 较合适。冷藏室的容纳标准一般为 400 kg/m^2。冷藏室的空气湿度一旦下降，肉表面会有相当多的水分蒸发。肉的重量也会随之减少 2%~5%，产生经济损失。相反地，空气中的湿度过大则会促使霉菌出现。但是，调整了湿度和温度，就可解决肉的干燥和霉菌产生等问题，使其处于良好的保存状态。

2. 冷冻保存

冷冻一直被认为是牛肉保藏的主要方法，能够在相当长时间内保持肉品的质量，尤其是肉的营养价值在冷冻保藏过程中很少受到影响，只是在解冻过程中有少量的水溶性营养成分随汁液流失而丧失，但这种营养成分的损失可通过冻结和解冻过程的控制在一定程度上克服。流失的营养成分主要有无机盐、可溶性蛋白质、短肽和水溶性维生素等。这些营养成分在冷冻保藏过程中很少被破坏，冷冻肉色变暗，一旦暴露于空气或氧气中即可恢复鲜艳肉色。

经冷加工的肉包装后，经-25℃以下强气流急冻到贮存温度时转入贮存库贮存。采取急冻快速冷却是为了避免肉内水分形成大冰晶。在温度为-12℃时，保质期 8 个月；温度为-15℃时，保质期 12 个月；温度为-24℃时，保质期 18 个月；温度为-35℃时，保质期 36 个月。没有包装的牛肉在同样温度下，保质期缩短约 30%，库内相对湿度保持在 95%以上。为了减少干耗，库容利用率越高越好。

未经排酸工艺的牛肉也应该作降温处理，即屠宰后胴体进入 10℃冷库，在相对湿度 95%以上，风速 3 m/s（前 10 h），以后自然对流，共悬挂不小于 36 h（或屠宰之后热肉分割包装后入此库冷却 36 h），使胴体或肉块完成僵直过程再急冻。不进行上述步骤会使肉解冻后发生解冻僵直，肌肉强烈收缩，使大量肉汁流失，肉块复原不良，肉质变硬而粗糙等，经济损失巨大。此种损失牛肉最严重，猪肉不明显。

冷却肉在保持肉质方面明显优于冷冻肉。为保持牛肉的质量，冷冻牛肉必须进行检测。即使在冷冻条件下，牛肉也有可能发生质变。此外，冷冻牛肉的质量受到冷冻的速率、冷冻保存条件（湿度、温度等）和包装材料等的影响。冷冻肉的变质一般主要包括产生异味和色泽的改变。在-10℃条件下，由于微生物或酶活性引起的变质明显受到抑制，如果牛肉中的微生物污染严重或冷冻的温度条件不适宜（冷冻的速度缓慢），就会有微生物生长。

冷冻方法主要有以下几种。

（1）静止空气。在这种冷冻方法中，空气是冷冻的热传递介质。冷冻过程完全依靠对流作用，冷冻速度较慢，一般采用-30~-10℃。当冷冻处理量太大时，冷冻速度将进一步降低。

（2）托盘冷冻。这种方法的热传递介质是金属。盛肉的托盘直接与金属冷冻盘或冷冻架接触，在-30~-10℃条件下，这种方法适合较薄的肉块，如牛排、牛柳等。热的传递方式主要是传导作用，较静止空气法冷冻速度快。如果在冷冻间内加大空气的流动，将对冷冻速度有一定的促进作用。

（3）快速冷冻。这是常用的冷冻方法。主要是供给冷冻间冷空气，使空气快速流动。尽管空气是热的传导介质，由于空气的快速流动，冷冻的速度明显高于前两种方法。由于冷冻的速度很快，这种方法又称为迅速冷冻、急冻。在生产中常用的是-30℃，风速在760 m/min。

（4）超低温冷冻。超低温冷冻是利用很低的温度冻结牛肉的一种方法。一般是用压缩的液态气体作为热的传导介质。主要用3种方法，即直接将牛肉浸泡在液态气体中，用液态气体直接喷雾或利用蒸发的气体循环。常用的冷冻剂主要有液态氮、液态二氧化碳和液态一氧化氮。较大的牛肉块不宜直接浸泡在液态氮中，主要是利用液态氮在冷冻间的蒸发变成氮气时的巨大冷容量来实现。一般液态氮的喷雾或液态二氧化碳的喷雾方法用于小的肉块冷冻处理。

在上述方法中，以超低温冷冻处理的牛肉质量最好。

3. 冷库使用注意事项

肉品进库前事先选好库位，库内按肉品分类分级定位存放，肉品不得直接堆于地面，要安排货架，使肉品与地面留15~30 cm有效通风距离，肉品不得靠库壁堆放，应与库壁间留15~30 cm有效通风距离。否则靠地挨墙的肉品会升温腐败变质。垛高2.5~3 m，与顶篷应留0.5 m以上距离，垛间留1.2~1.5 m走道。库温稳定，昼夜波动小于1℃，相对湿度95%以上。一般库内空气采用自然循环即可。

进出库要快（设有足够容量的缓冲时间），大批进出库时库温波动小于4℃。

4. 鲜、冻分割牛肉的感官要求

肉在腐败变质时，由于组织成分的分解，首先使肉品的感官性状发生难以接受的改变，如强烈的臭味、异常的色泽、黏液的形成、组织结构的分解等。因此，借助人的嗅觉、视觉、触觉、味觉来鉴定肉的卫生质量，在理论上是有根据的，且简便易行，具有一定的实用意义。感官变化和细菌变化往往呈正相关。当然，进行感官检查时，检查人员应有足够的经验，切忌主观臆断。

鲜牛肉

色泽：肌肉有光泽，色鲜红或深红；脂肪呈乳白或淡黄色。

黏度：外表微干或有风干膜，不粘手。

弹性（组织状态）：指压后的凹陷可恢复。

气味：具有鲜牛肉正常的气味。

煮沸后肉汤：透明澄清，脂肪团聚于表面，具有特有香味。

肉眼可见异物：不得带伤斑、血瘀、血污、碎骨杂质。

冻牛肉（解冻后）

色泽：肌肉色鲜红，有光泽，脂肪呈乳白色或微黄色。

黏度：肌肉外表微干或有风干膜，或外表湿润，不粘手。

弹性（组织状态）：肌肉结构紧密，有坚实感，肌纤维韧性强。

气味：具有牛肉正常的气味。

煮沸后肉汤：透明澄清，脂肪团聚于表面，具有牛肉汤固有的香味和鲜味。

肉眼可见异物：病变组织、淋巴结、脓包、浮毛或其他。

三、屠宰副产品的加工

（一）牛皮的加工

牛皮加工业是轻工业的支柱产业之一。当前，牛皮是世界皮革工业最重要的原料来源，约占世界皮革总产量的2/3。中国是世界上重要牛皮生产国之一，其中大部分的牛皮被用于制作皮鞋，其余的用于加工服装、皮件和家具等。

原料皮经过准备阶段的加工后，除去了绝大多数对制革无用的组织和成分，剩下的几乎都是由胶原纤维组成的立体网状结构，纤维组织变得更为疏松。天然胶原分子链间原有的一些键和基团被破坏，暴露出许多新的结合点，从而大大降低了胶原结构的稳定性，这种裸皮比原来的生皮更不耐微生物、化学药品及湿热的作用。鞣制就是利用分子在胶原分子链间产生附加交联，大幅度提高胶原的结构稳定性，使裸皮的结构和性质发生质的变化，将裸皮变成革。

1. 牛皮的加工前处理

牛屠宰后剥下的牛皮，一般情况下不能直接送到加工车间进行加工，需要保存一定的时间。而新鲜牛皮的表面含有血液、脂肪、碎肉和粪便等许多杂物，非常容易被微生物污染腐败变质。因此，为了避免生皮变质，便于贮藏、运输和加工，新鲜的牛皮需进行必要的前处理。前处理的主要目的是清除牛皮表面的杂物和进行保鲜。

（1）清理整形　清理和整形的主要目的是除掉剥皮时残留下的碎肉、脂肪、边角处的耳朵、牛蹄、尾巴，以及污泥、粪便等污染物质。目前清理及整形主要是以手工为主，即用刀和特制的木或竹制的刮板除去各种异物和多余的部分。

（2）贮藏防腐　清理整形后的牛皮必须尽快进行贮藏保鲜。贮藏保鲜的方法有很多种，应根据加工目的选择不同的贮藏保鲜方法。

2. 牛皮的鞣制加工

牛皮的鞣制方法有很多，大多是以鞣制所使用药品的名称来命名的。主要有铬鞣制法、油鞣制法、福尔马林鞣制法、明矾鞣制法和混合鞣制法等，以后两种方法较简单和常用。无论哪一种鞣制法，其加工工艺都是由以下 2 个工序构成的。

（1）准备工序

① 浸水。浸水处理的主要目的是使牛皮软化，恢复到新鲜状态。浸水的温度不宜过高过低。过低使软化时间延长，而过高又容易使细菌繁殖，一般保持在 15~18℃为宜。浸水处理应用流动水，时间在 5~6 h 即可。有条件的可以采用转鼓浸水法，同时添加少量的酸或碱促进软化。

② 整形。整形的最大目的是除脂肪。将浸水软化后的皮内面朝上铺在半圆形的托架上，用特制刮刀（以弓形刮刀为多）除去不用的软组织，如脂肪、残肉和表层疏松结缔组织等杂物。

③ 脱脂及水洗。脱脂一般用碱性溶液。脱脂所用碱液的浓度要适当，不能过高，也不能过低。在适当的容器里加入 5 倍的温水，水的温度为 38℃左右，加入脱脂液 5%~10%，混合均匀后将称重后的生皮放入。充分搅拌，待肥皂的泡沫消失后，进行换液，重复以上操作，直至泡沫不再消失为止。脱脂完毕后进行水洗。一般用缓慢的流水进行冲洗，以除掉肥皂液和碱液为准。

（2）鞣制工序

① 鞣制液的配制。取明矾 5 份，食盐 5 份，水 100 份。先用温水（40℃左右）将明矾溶解后，再加入剩余的水和食盐使其溶解并混匀。

② 鞣制方法。取皮重 4~5 倍的配制好的鞣制液于鞣制缸中，投入清洗干净并沥去水分的皮开始鞣制。鞣制时为了使鞣制液快速均匀地渗透于皮中，必须充分搅拌。之后，每天早晚各搅拌 1 次，每次 30 min，浸泡 6~7 d 即可结束。鞣制时的温度以 30℃最好，水温太低不仅延长鞣制时间，而且皮质容易变硬。有条件的应该使用真空转鼓鞣制，既可以减少鞣制时间，又可以提高皮革质量。鞣制是否可以结束的判断：将皮折叠数层，在角部用力压，将水挤净。如果折叠处呈白色不透明，并呈棉纸状，证明鞣制可以结束。

（二）肠衣的加工

肠衣是灌制香肠、腊肠的主要食品辅料。因此，出口肠衣加工企业的卫生必须符合标准卫生规定。经检验检疫部门考核合格颁发卫生注册证书后，方可生产、加工、贮存、出口肠衣。在生产过程中还需接受当地检验检疫部门的卫生质量监督、检查、检验及管理。经检验检疫部门抽取样品，进行农药、兽药残留及致病菌检测和感官检验，合格后方可进行加工。

1. 原肠半成品加工

原料：必须是非疫区健康活牛经屠宰检疫合格的新鲜肠衣。

工艺流程：取肠去油→去除内容物→冲洗→浸泡→刮制→灌水冲洗检查→量码→腌制→沥卤→包扎成把→贮藏。

2. 腌渍肠衣加工

原料：经检验检疫合格的半成品肠衣。

工艺流程：半成品验收→浸洗→灌水分路→复水→配量尺码→车间抽查→腌肠→沥卤→缠把→厂检→贮藏。

3. 干制肠衣加工

原料：必须是非疫区健康活牛经屠宰检疫合格的新鲜肠衣。

工艺流程：新鲜肠衣→剥油脂→氢氧化钠溶液处理→漂洗→腌肠→水洗→干燥→压平→包扎成把。

（三）牛骨的加工

牛骨是由不同形状的密质骨和松质骨通过韧带和软骨连接起来的，其上附着肌肉，构成动物体的支撑和运动器官，分布在头、躯干和四肢。

目前，牛骨深加工终端产品主要有浓缩骨汤、骨精油、即食骨清汤（利乐包、软包装）、骨奶（白汤经调配）、宠物罐头、骨味素、鸡精、骨髓浸膏（咸味香精）、骨粉、骨明胶等。

1. 牛骨油的提取

原料：鲜牛骨或冷冻牛骨。

主要设备：清洗机、破碎机、蒸煮罐、油脂分离机、真空浓缩器、精滤机、真空包装机等。

工艺流程：提取牛骨油工艺流程如图 5-10 所示。

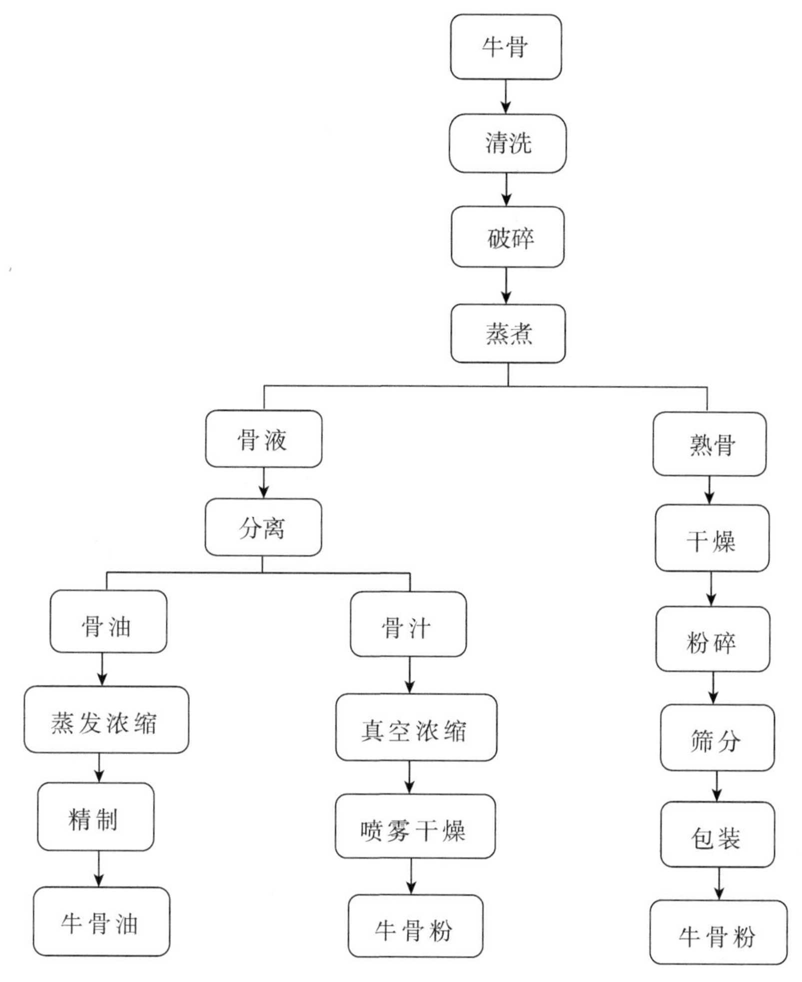

图 5-10　提取牛骨油工艺流程

2. 牛骨粉的加工

牛骨经过加工制成的灰白色粉末或细粒统称为骨粉。根据加工方法不同，可分为生骨粉、蒸煮骨粉、脱胶骨粉，它们主要是作饲料和农业有机肥料用。骨粉是以鲜牛骨为原料，经清洗、蒸煮、粉碎、精制等工艺富含各种维生素、铁、锌等矿物质，是良好的补钙食品，还有加强皮下组织细胞代谢、防止老化等效果。

工艺流程：原料骨的处理→粗略粉碎→高温高压蒸煮与脱脂→超低温粉碎→粉碎→高温煅烧→微粉碎→筛选与包装。

3. 牛骨糊的加工

采用强力碎肉机和骨研磨机配套，将骨头研磨成骨糊代替肉食或作为食品的营养添加剂，改良食品的营养。磨成的骨糊，口感润滑鲜美，与肉类很相似，其营养成分比肉类更丰富，其中含有丰富的磷脂、蛋白、骨胶原、软骨素和各种氨基酸，含铁量为肉类的 3 倍。加工成的骨糊味道鲜美，可用于制作肉丸、肉饼、灌制香肠及包子、饺子的肉馅等，甚至可以制成营养食品添加剂添加于食品中。

原料：鲜牛骨或冷冻牛骨。

主要设备：清洗机、破碎机、超细粉碎机、分割机、研磨机、真空包装机等。

工艺流程：清洗→破碎→粗磨→细磨→成品。

4. 蛋白胨的提取

蛋白胨是由牛骨中的蛋白质经强酸、强碱及蛋白酶作用后制成的一种褐色膏状产品。蛋白胨富含有机氮化物，也含有一些维生素和糖类。它可以作为微生物培养基的主要原料，在抗生素、医药工业、发酵工业、生化制品及微生物学科研等领域的用量均很大，可以用来治疗消化道疾病。

原料：鲜牛骨或冷冻牛骨。

主要设备：清洗机、破碎机、蒸煮罐、抽滤机、反应罐等。

工艺流程：熬胶→中和→消化→双缩脲反应→加盐→浓缩。

5. 骨明胶的制备

骨明胶是从动物的骨、皮等组织中提取的，它由牛骨中所含的主要蛋白质经水解制成，是具有广泛用途的高分子生化产品。近百年来，该产品在照相、医药、食品及其他工业领域都有着重要的应用。鲜牛骨是明胶生产的重要原料，在食品行业中牛骨明胶可用于生产乳脂果子冻、果泥膏、冰激凌及其他食品时的乳化剂和稳定剂。

原料：制取牛骨明胶的原料，可用提取牛骨油时经溶剂法脱脂的骨块。如果原料骨是没有脱脂的新鲜牛骨，可选用头骨、肩胛骨、牙板骨、腿骨、盆骨、肋骨和角芯。新鲜牛骨必须首先剔除残肉、筋腱等异物，再按提取骨油的方法破碎、脱脂。

工艺流程：原料骨破碎→骨块脱脂→盐酸浸泡→石灰水浸泡→洗涤中和→熬胶→过滤→浓缩→漂白→干燥→真空包装。

（四）牛内脏的加工处理

肉牛最常见的内脏是舌头、心脏、肝脏和肾脏。在所有的动物身上，这些器官通常被保存下来，甚至单独出售，作为另一个收入来源。经过清洗的肉牛肠为肉馅提供了可食用的容器，还可用来填充碎肉和美味食物，如果没有这些，就不可能做成香肠。牛瘤胃的腔室，在烹饪上称为牛肚，经过大力清洗后可以食用。脾脏可以烤、炖，甚至简单的平底锅煎。

牛脸和牛尾，也被认为是内脏，尽管它们明显来自外部。大脑可以从头骨中提取出来，然后煮熟，但更常见的是食用小牛的大脑，因为年老的牛有感染疯牛病的风险。较年轻的动物仍有胸腺，胸腺在青春期时最大，并随着年龄的增长而慢慢萎缩。这些腺体被称为牛胸腺，被认为是一种美味。

1. 大脑

大脑只能从小牛中提取，因为考虑到年老动物体内的朊病毒。在不损伤大脑的情况下，最简单的方法是用斧头或重的切肉刀将头骨部分切开，将头骨两边分开，安全地取出未损伤的大脑。用锤子（斧头）或木槌（切肉刀）来提高切割精度也很有帮助。

大脑在头骨两边分开后暴露出来。用一把刀小心地在大脑周围切开，将大脑从保护腔中拉出来。按照以下清洗说明进行清洗。

处理大脑时要小心，因为大脑的结构很脆弱，很容易被破坏。如果外膜连同完好的大脑一起被移除，则将其剥离。将大脑浸泡在淡盐水中 1 d 或更久，有助于去除血液和其他杂质。经常更换水，每隔几个小时就需更换，之后，大脑就可以煮了。

2. 牛脸

牛脸，也被称为咀嚼肌，存在于所有动物身上，负责咀嚼。牛等反刍动物的脸颊需要切除唾液腺（腮腺），它们是成簇存在的，通过其浅棕色和海绵状的纹理可以清楚地将它们识别出来。用刀将牛脸切开，同时保持脸颊或脸颊整体相对平坦的表面，避免不必要地去除任何肉。

牛脸肉是肉牛脸部位的肉，牛脸肉的肉质非常滑嫩，而且营养价值丰富，牛脸肉当中含有丰富的蛋白质、大量的脂肪和氨基酸，经常食用可以有效补充身体所需要的多种营养元素、维生素和钙元素等，但是牛脸肉的营养含量过高，因此患有胆固醇或肝脏疾病的人群不宜食用。

3. 牛胃

牛胃即牛肚。牛为反刍动物，共有 4 个胃，前 3 个胃为食道变异，即瘤胃（草肚）、网胃（蜂巢胃、麻肚）、瓣胃（重瓣胃、百叶），最后一个才是真胃（皱胃）。牛所食入的粗饲料主要靠瘤胃内的微生物发酵分解成可吸收、利用的物质。

瘤胃：是反刍动物的第一胃，也是反刍动物独特的消化器官，瘤胃是迄今已知的降解纤维物质能力最强的天然发酵罐。瘤胃内壁肉柱俗称“肚领、肚梁、肚仁”。贲门扩约肌肉厚而韧，俗称“肚尖”“肚头”。

网胃：位于瘤胃前部，实际上这两个胃并不完全分开，因此饲料颗粒可以自由地在两者之间移动。网胃的主要功能如同筛子，随着饲料摄入的重物，如钉子和铁丝，都存在其中，网胃便起到了过滤的作用。

瓣胃：是反刍动物的第三胃。位于腹腔前部右侧。黏膜面形成许多大小不等的叶瓣，没有消化腺。其主要功能是阻留食物中的粗糙部分，继续加以磨细，并输送较稀部分入皱胃，同时吸收大量水分和酸。

皱胃：通常称为真胃，功能类似于单胃动物的胃，与前胃不同的是，该胃附有消化腺体，可分泌消化酶，具有真正意义上的消化，因此被称为真胃，同时也被称为“腺胃”。皱胃大都切丝食用。

牛胃处理过程：牛胃→反倒牛胃内容物→去除油脂→清洗→去胃膜→漂洗→整理。

4. 心脏

切断连接到心脏和环绕心脏的心包膜上的所有剩余管子。切开心脏顶部，露出腔室，通过挤压排出血液凝块。彻底冲洗。像牛这样大型动物的心脏在烹饪之前需要一些额外的清洁。将心脏切成便于处理的平片，通常对应于心室。修剪所有的外部脂肪，留下一个干净的表面，同时尽可能将心脏完整地保留下来。将这些碎片翻转过来，修剪掉排列在腔室中的坚硬的内膜。准备烹煮的心肌应该是深色的，表面暗淡。

5. 肾脏

肾脏只需要在贮存前彻底清洗即可。确保肾脏已经破裂，外层的半透明膜已经被移除。同时，沿着它们的中线纵向切开，去掉里面的脂肪。牛肾还可以用药，具有补肾益精、强腰膝、止痹痛之功效。常用于虚劳肾亏、阳痿气乏、膝酸软、湿痹疼痛。牛肾的营养价值非常高，不但含有大量蛋白质，还含有维生素 A、B 族维生素与铁等多种微量元素。牛肾的食用方法有很多种，炒制和烤制都是最常见的食用方法，在炒制牛肾时需要将牛肾提前洗好，然后切成块状，再放在热油中炸制到八成熟，然后取出控油，再重新起锅炒制，在炒制时最好加入少量的孜然粉和辣椒粉，这样炒出的牛肾腥味会变淡，口感才会更加出色。

6. 肝脏

肝脏需要的清洗最少，主要是在切除胆囊的同时避免胆汁溢出到器官上。通过挤压胆囊与肝脏相连的管道来移除胆囊，并慢慢将管道从肝脏向胆囊方向撕裂。顽固的管道连接可以用刀尖切断。寻找寄生虫或感染的迹象，如死的或活的吸虫和白色病变；如果发现，那么必须处理掉肝脏。

7. 脾脏

修剪掉任何膜或结缔组织后，彻底清洗脾脏，冷冻保存直到食用。牛脾脏具有健脾开胃、消积除痞的功效。常用于脾胃虚弱、食积痞满、痔瘘。牛脾中含有丰富的蛋白质、氨基酸。其组成比猪肉更接近人体需要，能提高机体抗病能力，对生长发育及手术后、病后调养的人在补充失血和修复组织等方面特别适宜。牛脾脏味道类似于肝脏，鲜度足够好的还可以生吃。

8. 胰脏

无论胸腺还是胰脏，在烹饪前都需要同样的步骤。真正的胸腺杂碎只能从小肉牛身上采集。腺体随着动物年龄的增长而萎缩。用一碗冷水清洗杂碎，轻轻清洗表面的残留物或血液。将它们浸泡在淡盐水或牛奶中长达两天，这种方法可以通过排出滞留的血液和杂质来清洁腺体，每隔几个小时更换 1 次液体。浸泡好后，将牛杂碎稍微煮一下，然后放到冰水中摇一摇。当它们冷却后，剥去表面的膜，包括静脉或软骨，随时准备烹饪。

9. 牛舌

用手或刷子刷洗被乳头覆盖的舌头，彻底清洗舌头。舌头需要剥皮才能食用。需要将舌头浸泡 2~3 h，以去除坚硬的、布满味蕾的表面，具体时间取决于动物的大小。煮熟后，取出舌头，冷却，直到可以处理。牛舌外有一层老皮，去掉老皮，可以酱、烧、卤。盐腌舌头通常是挤过汁的煮熟切片，一般采取冷食，生舌头可加葡萄酒温煮，或水煮后添各类配饰上桌。

四、自动化技术——屠宰线操作、分割

自动化技术，如屠宰线操作，特别适用于切割和去骨技术。事实上，这类技术是机器人辅助和计算机控制制造系统最常用的领域。肉制品行业采用自动化技术的最大动机与劳动有关，是为了通过减少劳动来提高生产率，同时也创造了一个更有效率和更安全的工作环境。自动化还可以提高卫生质量和产品产量。在某些情况下，专用的自动化可以进一步提高生产的灵活性，以符合多个客户要求的生产规格，而不损失成本效益；另外，对服务于各种市场的出口密集型公司特别有利。由于处理大小和胴体切块的复杂性，牛肉行业的自动化是有限的。

切割，特别是剔骨过程是非常艰苦和危险的工作，需要特别熟练才能保证工人的安全。自动化技术有利于消除繁重的工作，并可在新技术的计划、监督和控制方面引入更有价值的工作，所以自动化技术在未来将进一步发展。例如，丹麦的两家公司提供的用于原始切割的自动机器已经有好几年了。这些机器在精确测量和定位后，可将胴体分为前部、中部和后部 3 个部分，再将胴体切割成带骨的肉块，然后一部分剔骨，另一部分不剔骨，

进行修剪切割，以满足消费者对形状、重量、脂肪覆盖和外观的要求。这两家公司提供的机器使用的是不同测量技术，其中一家公司的机器采用伺服控制（Servo-controlled mechanical sensors）机械传感器，而另一家公司的机器采用计算机视觉分析。

但是自动化也存在一些障碍，例如与自动化技术发展相关的高成本和复杂性，加上有限的市场规模，并且生产增长的大部分发生在肉类生产地区，这些地区有现成的低成本劳动力。这些制约着自动化的发展。

（一）屠宰流水线操作

目前，屠宰业已工业化。机器人辅助和计算机控制制造系统在汽车工业的应用给肉类工业带来了启发。由于工具的使用，自动化还可以减少人工操作，减少尸体之间的交叉污染，从而改善卫生。通过更准确、一致性、可重复地执行关键性的屠宰任务，自动化也可以提高屠宰质量和产量。

肉牛屠宰自动化技术。牛的屠宰程序仍然是手工操作，自动化程度低，技术发展和应用有限。大部分的发展都是在手工操作、动力辅助工具领域，这些工具已得到改进，以减轻操作员的体力劳动，或通过改进工具以提高屠宰卫生和质量。然而，世界上大部分的牛仍然以低速屠宰。大多数牲畜是在肉类加工厂屠宰的，这里实行单班制，一般很少是专门屠宰某种类型牛的，要求屠宰所有类型的牛。这意味着新技术的应用必须是灵活的。

在美国，大型肉类加工厂的屠宰速度相比小型的高，每小时可屠宰约400头牛，这是通过提高人员配备水平，在更多的操作人员之间共享任务，确保屠宰的动物在尺寸上相对适中以及设置特定的屠宰线实现的。通常一些设备是重复使用的，一些切割任务是按顺序由几台机器依次执行的。

（二）原始切割和四分法

在传统上，大多数牛胴体在进一步分割之前，通常要在温度为5~10℃以下的环境中完全冷却。然而，澳大利亚和斯堪的纳维亚半岛有一些动物是在屠宰后立即进行热剔骨，或在核心肌肉温度达到10~20℃进行半热剔骨。在进行热剔骨或半热剔骨时，某些切口要用塑料包裹起来，以防止肌肉收缩，从而降低嫩度。

主要使用的四分法包括切割和锯切两侧，使之减半或呈手枪状后1/4。这是一个手动操作的过程，操作过程中会使用电动锯和切割工具。目前，已采取了一些自动化技术，例如，通过使用安装有锯子并由视觉系统控制的标准机器人来进行画线，以便更加准确地切割。澳大利亚的一家机械与机器人联合有限公司（MAR）就已经研制出了这种机器人。此外，在一个由法国主导的项目中，已开始研究机器人切割前1/4的自动化技术，第一个商业应用于2009年开始实施（图5-11）。但到目前为止，这种技术的应用还很有限。

（三）分割修整

手工操作的带锯机是切割牛肉胴体的主要工具。在瑞典，安装在专用机器上的圆锯用于自动劈裂已有多年。然而，据报道，机械控制的锯子需要监测和调整，以提供足够精确的结果，类似于熟练操作人员能够纠正胴体差异所能达到的结果。澳大利亚肉类及畜牧业协会（MLA）和MAR公司研究了在标准工业机器人上安装带锯片，这些机器人由不同的传感原理（如超声波和X射线）控制。目前该技术的局限在传感领域，还未达到商业实

图 5-11　具有 4 个单独切口的传统预切割（初步分切）机器人

注：引自 Michael 等（2014）。

施和工业应用所需的性能和安全水平。在生产过程开始时，正确地放置和定位胴体也会增加总自动化成本，使低产量的工厂无法使用这项技术。可将脊髓分离与脊髓切除技术结合应用一台机器，使其更具成本效益，二者结合的可行性仍有待观察。

牛胴体 1/4 体被逐渐分解成单独的切块，放在桌子上，或挂在钩子上。这一过程需要操作员具有良好的技能，以遵循肌肉接缝和提供像样的切割产品。操作人员的工作量是相当大的，而引入简单的压力器来辅助拉拔和分离过程已经使用了几十年。该系统通过从肉中取出骨头或从骨头中取出肉来帮助操作员。同样地，在使用中可通过倾斜来寻找更有利的位置，以便更好地切割。

最近，MLA/AMPC 和斯科特科技有限公司（Scott，新西兰）联合开发了一种更具自适应的控制拉杆设备，称为 Hook assist。现在被引入大洋洲的机器是一种手动辅助设备，用于减少对骨骼和关节的体力要求。操作者利用操纵杆原理精细地控制力度。

操作者的紧张来自不稳定的工作位置和需要不同的力量来操纵肌肉和刀的轨迹。在现代工厂中，弥补操作人员高度差异的可调节平台已成为必有设施，而在钢轨的龙骨设计中，可调节高度的滑块也被采用。传统布局的剔骨室包括一个单独的剔骨台，在那里操作员可将骨头移动到他的位置。

分离连续操作的剔骨过程应设计一个更符合人体工程学的正确工作位置，例如，步伐剔骨和线剔骨。

（四）腰部去骨自动化

牛肉与猪肉和家禽在动物年龄、体重和骨骼方面的生物差异是自动剔骨解决方案的一大挑战。灵活的工具和传感器可能需要成功地处理生物差异。新西兰的一家工程公司与 MLA 共同开发了一种牛腰去骨机，这种机器将牛腰切下来的部分固定在一个移动的传输带上，通过一把弯曲的刀将骨和肉分开。这台机器的吞吐量可达 6 头/min。这台机器已经开发成商业版本，但还没有看到广泛的工业接受度（图 5-12）。

（五）产量管理和可追溯性

随着对可追溯性、产量记录和操作员表现的监控需求的增加，在许多操作员位置引入了带有信息的监控器。一个先进的例子，即 Marel 流水线系统，在这个流水线中，切割指令和操作员的操作信息是在监视器上给出的。操作人员通过切割指令并根据特定的客户规

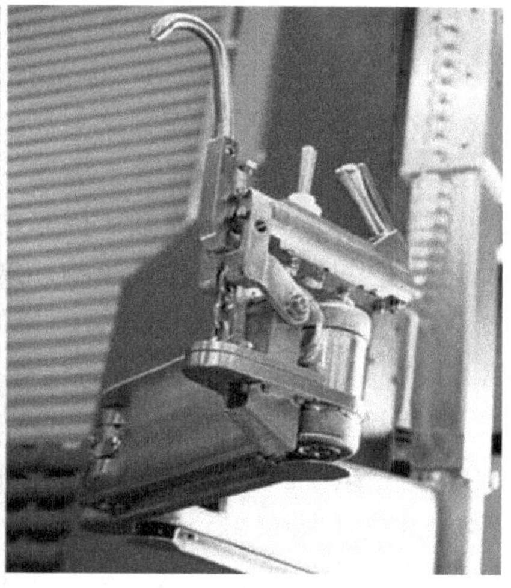

图 5-12　自适应控制牵引设备——Hook assist

注：引自 Michael 等（2014）。

格进行切割、修整和称重，管理人员还可以监控单个操作人员的表现。在产品处理的所有过程中，内置的可追溯机制可将动物来源和胴体信息与单个切割工艺联系起来，确保所有产品信息可用于标签和产品召回。尽管这些先进系统的成本是显著较高的，但是这些系统有利于数据的记录和效率的提高。

第三节　牛肉质量安全可追溯体系

一、世界各国牛肉安全可追溯系统的应用

牛肉质量安全的控制应跟随牛肉生产的全过程，从养殖到屠宰到餐桌，都应该保证每一块牛肉能找到来源。20 世纪 90 年代，欧洲出现了疯牛病，为了追溯牛肉的安全性，1997 年欧盟各国开始了对牛肉质量安全和追溯系统的研究，经过近 10 年的研究和应用，逐步完善了一套比较可靠的体系，真正实现了从牧场到餐桌整个过程的质量控制。

欧盟的畜产品可追溯系统主要应用在牛的生产和流通领域。牛肉可追溯系统是指在牛肉从农场的动物养殖到运输、屠宰、分割、贮藏、加工和包装直至进入市场销售的生产链中，坚持生产和监管的透明度，并坚持产品完整详尽的个体信息，防止与其他来源的产品混合，并保留相关的数据资料、检测报告以及相关证书，供下游生产者及消费者查询和检查。欧盟的可追溯系统是通过一个法律框架向消费者提供足够清晰的产品标识信息，同时在生产环节对牛建立有效的验证和注册体系。完整的体系包括：标识牛的个体耳标、数据库的处理、牛的证照、农场保留牛的个体注册信息。整个系统操作透明公开，可以追溯到源头。

2002 年美国国会通过了《公共安全和生物恐怖主义防备和反应法案》，将食品安全提高到国家安全战略高度，提出“实行从农场到餐桌的风险管理”。随后美国食品和药物管

理局规定凡是输往美国的食品和动物饲料的生产经营以及运输单位，在 2003 年 12 月 12 日前，必须为产品溯源建立记录保持制度。还规定种植环节推行良好农业操作规范管理体系，以及危害分析及关键点控制（HACCP）食品安全认证体系。美国农产品可追溯系统体系分为 3 类，即农业生产环节可追溯体系、包装加工环节可追溯体系和运输销售过程可追溯体系。美国农产品可追溯体系是一个完整的链条，任何一个生产链出现了问题，都可以追溯到上一个环节。2004 年美国启动了国家动物标识系统，该系统是美国农业部国家动物卫生检测的一部分，是美国农业部动植物检疫局为了追溯动物从出栏到屠宰签发的一项州-联邦-加工厂的合作项目。开发该系统的目的是州和联邦的动物卫生官员能在疾病发生并确诊后 48 h 内，对于暴露和感染的动物具有追溯的能力，并能鉴定内部疾病与外来动物病，也可以对直接接触外来动物病 48 h 内的动物进行追溯。

日本在 2001 年立法实施建立国产牛肉的溯源体系。这部法律以动物出生时就赋予的识别号码为基础，建立了从农田到餐桌溯源系统。日本的牛肉溯源体系也应用于进口肉牛，要求进口肉牛也进行相同的标识。要求未建立溯源体系的国家标注："该牛肉来自未建立溯源项目的国家。"该法律在 2003 年 6 月开始实施。到 2004 年底，日本出售的每一块牛肉都有标记相应动物来源号码的标签，使得出生日期、性别、品种、生产者、运输记录、屠宰日期和进口日期的溯源成为可能。

加拿大从 2002 年 7 月 1 日起开始实施强制性活牛及牛肉制品标识制度，要求所有的牛肉制品采用符合标准的条码来标识。这意味着加拿大强制性的牛标识制度正式生效，要求采用 29 种经过认证的条码、塑料悬挂耳标或两个电子纽扣耳标来标识初始牛群。2008 年，加拿大 80%的农业食品联合体实行农产品可追溯行动，推进"品牌加拿大"战略。

2001 年口蹄疫在英国暴发后，国际市场上开始重视畜产品原产地识别问题的呼声越来越高。在此背景下，澳大利亚开始建立国家牲畜标识计划（National Livestock Identification Scheme，NLIS）并成立相应的管理机构。2002 年 1 月，澳大利亚的维多利亚率先开始推行 NLIS，规定澳大利亚境内所有的牛都使用全国统一编码、统一外形、内置感应芯片的耳标［有 RFID（Radio Frequency Identification）电子耳标和瘤胃小球两种形式］，贮存在耳标芯片中的号码是只读的，通过阅读器扫描记录进入全国牛的 NLIS 数据库中。在澳大利亚 NLIS 数据库中贮存着 680 万头牛的信息，可以上溯到 30 多年前牛的记录，对消除布氏杆菌和肺结核病起到重要的作用。NLIS 是澳大利亚牲畜标识和追溯系统，主要用于牛和羊，能从出生到屠宰追溯动物的饲养全过程。加入 NLIS 系统的牛必须使用统一的电子耳标，羊使用统一的塑料耳标。而且实施 NLIS 系统是进入欧盟牛肉市场的必备条件。因此政府没有强制实现 NLIS，但是很多的农场主自愿加入，也导致州和政府开始大力支持该系统，并建立相应的法律保护。

法国是欧盟牛肉、奶制品生产大国。自 1968 年起，开始在全国范围内大面积推广牛的身份证制度。经过 10 年的努力，到 1978 年，法国全面完成了牛个体标识体系的建设工作，为建立牛肉质量追溯体系打下了良好的基础。法国推行牛肉质量追溯体系起初局限于一些特殊的牛肉制品，属于个别企业行为。1995 年欧洲出现疯牛病后，法国政府要求牛肉生产相关从业者必须建立质量追溯体系，承担相关追溯义务。政府的强制要求使得法国牛肉制品的质量追溯工作全面迅速开始。1998 年，以牛个体标识体系为基础的法国牛肉质量追溯体系基本建成。法国的牛肉生产消费过程与追溯体系协同管理具有良好的运行模式。不仅在养殖户、屠宰加工厂、家乐福超市都能清晰地看到耳标、身份证、标签，以及用于与各加工设备相联系、传承追溯代码的计算机系统，而且在牛肉餐馆也能看到店主保存的、有追溯代码的牛肉制品标签。餐馆在买到牛肉制品后的两年时间内要保存该标签，以备政府相关部门或消费者的查询。法国牛肉质量的追溯工作落实到了牛肉生产、加工、销售、消费各个环节，已经成为相关从业者共同遵守的行为准则。

相对于欧盟国家，我国牛肉质量安全控制系统比较落后，到目前为止，我国还未形成一套比较完善的牛肉质量安全系统。2002 年 5 月农业部第 13 号令发布“动物免疫标识管理方法”，该号指令规定猪、牛、羊必须要佩戴免疫耳标并且要建立免疫档案管理制度。2003 年农业部农垦局组织开发设计了“农垦无公害农产品质量追溯系统”，并在北京一些农场完成了系统的测试和完善工作。2005 年 12 月 29 日第十届全国人民代表大会常务委员会通过了《中华人民共和国畜牧法》，其中的第三十九、四十一、四十五条规定，畜禽养殖者必须对畜禽进行标识，并建立养殖档案。农业部 2006 年颁布的《畜禽标识和养殖档案管理办法》，在四川、重庆、北京和上海 4 省市试点标识溯源工作。2006 年 4 月上海推行食品安全追溯码制度，追溯产品源头。2006 年 6 月北京建立奥运食品安全追溯系统，实现“从农田到餐桌”的全程监控，并于 2008 年成功投入使用，确保奥运会顺利进行，监管部门还在运用中不断改进和完善，以便后期向全市推广。2006 年 11 月 1 日起实施的《中华人民共和国农产品质量安全法》表明国家将逐步实行农产品质量安全追溯制度。

二、牛肉可追溯系统关键技术

（一）个体标识与标识技术

肉牛信息的采集依靠的是对肉牛个体标识和识别。肉牛的标识和识别是肉牛养殖管理和牛肉产品供应链中信息链和物流链同步的关键。传统的牛个体标识方法主要有打耳缺、戴耳标或在畜体身上纹刻标记等方法。随着科学技术的发展，目前主要的个体标识技术有条码自动识别技术、无线射频识别技术和生物特征识别技术。

1. 条码自动识别技术

条码是线条与空白按照一定的编码规则组合起来的符号，代表着字母、数字等资料。条码自动识别技术是以计算机、光电技术和通信技术的发展为基础的一项综合性科学技术，是信息数据自动输入的重要方法和手段。条码是在原来塑料耳标的基础上演变形成的一种更为方便的个体标识，原来的塑料耳标由于耳标数字过长，在人工读取的过程中容易出现错误且速度较慢，因此研究员用特定的设备将一维条码打印在耳标上，通过相应的设备读取条形码的信息，后来又通过改良用二维码代替一维码大大提高了准确率。虽然传统的塑料耳标和条形码价格低廉，读取数据容易，但是读取方式还不够灵活，容易受到家畜和饲养环境的影响。

2. 无线射频识别技术

又称电子标签，其原理是利用空间电磁波的耦合或传播进行通信，从而能够自动识别被标记的对象，获取标记对象的相关信息。与条形码技术相比，无线射频识别技术具有一次处理多个标签并能够将处理状态写入标签、不受大小及形态限制的优点。对动物进行电子标签识别为畜禽养殖的现代化管理提供了一套切实可行的方法。在动物身上安装电子标签，并写入代表该动物的ID代码，当动物进入RFID固定式阅读器的识别范围，或者工作人员拿着手持式阅读器靠近动物时，阅读器就会自动将动物的数据信息识别出来。就其外在表现形式来说，射频识别技术的载体一般都要具有防水、防磁、耐高温等特点，保证射频识别技术在应用时具有稳定性。就其使用来说，射频识别在实时更新资料、存储信息量、使用寿命、工作效率、安全性等方面都具有优势。射频识别能够在减少人力、物力、财力的前提下，更便利地更新现有的资料，使工作更加便捷；射频识别技术依据电脑等对信息进行存储，最大可达数兆字节，可存储信息量大，保证工作的顺利进行；射频识别技术的使用寿命长，只要工作人员在使用时注意保护，就可以进行重复使用；射频识别技术改变了从前对信息处理的不便捷，实现了多目标同时被识别，大大提高了工作效率；而射频识别同时设有密码保护，不易被伪造，安全性较高。与射频识别技术相类似的技术是传统的条形码技术，传统的条形码技术在更新资料、存储信息量、使用寿命、工作效率、安全性等方面都较射频识别技术差，不能够很好地适应我国当前社会发展的需求，也难以满足产业以及相关领域的需要。但是无线射频技术有以下缺点：技术成熟度不够、成本高，电子标签的成本是条形码或二维码技术的几十倍甚至上百倍，因此在生产实践中需要高昂的资金。

3. 生物特征识别技术

是通过计算机与光学、声学、生物传感器和生物统计学原理等高科技手段密切结合，利用人体固有的可以测量的生理特征和行为特征来进行个人身份鉴定。它是随着光电技术、微计算机技术、图像处理技术与模式识别技术等的快速发展而出现的一种高科技识别技术。生物特征主要用到生物的DNA和虹膜。DNA是生物体内很具有特点的标识，进行DNA识别的对象可以是活体也可以是尸体，甚至在被煮熟后都可以进行DNA识别，它最大的特点就是不受自身条件的限制。眼膜图像是眼底视网膜血管模式图像，每只眼睛的血管模式就像指纹和DNA编码一样，具有唯一性，而且不会发生变化。2009年这种技术在我国首次应用在牛身上。生物特征识别技术代表着国际动物识别领域的最新研究成果，具有相对较高的识别精确度，但是成本也相对较高，目前并不能广泛应用。

（二）数据库技术

目前，我国牛肉可追溯系统数据库主要是My SQL和Microsoft SQL Sever系列，Microsoft SQL Sever系列包括了Microsoft SQL Sever 2000、Microsoft SQL Sever 2005、Microsoft SQL Sever2008、SQL Sever 2012和Microsoft SQL Sever2014 。My SQL（发音为“my ess cue el”，不是“my sequel”）是一种开放源代码的关系型数据库管理系统（RDBMS），My SQL数据库系统使用最常用的数据库管理语言——结构化查询语言（SQL）进行数据库管理。My SQL有其不足之处，如规模小、功能有限（My SQL Cluster的功能和效率都相对比较差）等，但是这丝毫也没有减少它受欢迎的程度。对于一般的个人使用者和中小型企业来说，My SQL提供的功能已经绰绰有余。SQL Sever 2000是Microsoft公司推出的SQL Sever数据库管理系统，该版本继承了SQL Sever 7.0版本的优点，同时又增加了许多更先进的功能，具有使用方便、可伸缩性好与相关软件集成程度高等优点。Microsoft SQL Sever 2005是一个全面的数据库平台，使用集成的商业智能（BI）工具提供了企业级的数据管理，该数据库引擎为关系型数据和结构化数据提供了更安全可靠的存储功能，其数据引擎是企业数据管理解决方案的核心，还结合了分析、报表、集成和通知功能。Microsoft SQL Sever 2008是一个重大的产品版本，推出了许多新的特性和关键的改进，使其成为至今为止的最强大和最全面的 Microsoft SQL Sever 版本。该版本有以下几个新添加的功能。(1) 可信任的。使公司可以以很高的安全性、可靠性和可扩展性来运行他们最关键任务的应用程序。(2) 高效的。使公司可以降低开发和管理他们的数据基础设施的时间和成本。(3) 智能的。提供了一个全面的平台，可以在用户需要时发送观察和信息。2012年3月7日，微软正式发布最新的 SQL Server 2012 RTM（Release-to-Manufacturing）版本，面向公众的版本将于4月1日发布。微软此次版本发布的口号是“大数据”来替代“云”的概念，微软对其定位是帮助企业处理每年大量的数据（Z级别）增长。SQL Sever 2014中最吸引人关注的特性就是内存在线事务处理（OLTP）引擎，项目代号为“Hekaton”。内存 OLTP 整合到 SQL Sever 的核心数据库管理组件中，它不需要特殊的硬件或软件，就能够无缝整合现有的事务过程。一旦将表声明为内存最优化，那么内存 OLTP 引擎就将在内存中管理表和保存数据。当需要其他表数据时，它们就可以使用查询访问数据。事实上，一个查询会同时引用内存优化表和常规表。SQL Sever 2014增强内存相关功能的另一个方面是允许将 SQL Sever 内存缓冲池扩展到固态硬盘（SSD）或 SSD 阵列上。扩展缓冲池能够实现更快的分页速度，但是又降低了数据风险，因为只有整理过的页才会存储在 SSD 上，这一点对于支持繁重读负载的 OLTP 操作特别有好处。LSI Nytro 闪存卡与最新 SQL Sever 2014 协同工作，降低延迟，提高吞吐量和可靠性，消除 IO 瓶颈。在 SQL Sever 2014 中，列存储索引功能也得到更新。列存储索引最初是在 SQL Sever 2012 引入的，目的是支持高度聚合数据仓库查询。基于 xVelocity 存储技术，这些索引以列的格式存储数据，同时又利用 xVelocity 的内存管理功能和高级压缩算法。然而，SQL Sever 2012 的列存储索引不能使用集群，也不能更新。

三、牛肉生产链的可追溯系统

对于牛肉产品生产链模式，可从参与的主体和涉及的环节两个方面进行分析。从参与的主体来看，牛肉产品生产链包含的主体主要有农户、养殖企业、屠宰加工企业、物流配送企业、销售企业、消费者等。日本牛肉产品生产链主要包括产地肉牛养殖、产地牛肉加工、牛肉批发市场等环节，在从产地销售到批发市场的过程中，农协组织具有较强的支配力，而在牛肉分割制造到批发环节，私有企业占有率日益提高，从而形成了公有企业、私营企业和农业合作社等主体共同参与的牛肉产品生产链。我国应建立涵盖肉牛养殖、流通、屠宰、加工以及牛肉产品销售的一体化产业组织，构筑完整的牛肉生产链体系。基于牛肉产品生产链参与的主体及涉及的环节，其生产链安全溯源途径包括向上追溯和向下追溯两个方面。向上追溯，即由消费者最终购买的牛肉产品向上层追溯，直到追溯到生产源头。向下追溯，即由肉牛养殖企业开始，经过屠宰企业、物流配送企业，最终追溯到销售企业。国外对食品生产链安全追溯体系进行了较为系统的研究，并分别基于 RFID、eID 等技术方法建构了食品生产链安全追溯系统，特别是对牛肉生产链安全追溯也提出了相应的技术手段。而我国对食品生产链安全追溯多停留于定性分析层面，对肉类食品生产链安全追溯的实证研究十分有限。

建立牛肉产品供应链安全追溯系统的目的是通过监控和管理整个牛肉生产供应链的信息流，及时发现牛肉质量问题并直接追溯到问题产品的源头，避免事态蔓延及造成不必要的损失，确保牛肉产品消费安全。牛肉产品与其他肉食品类似，其供应链一般包括饲养、屠宰、加工、运输、配送、流通、销售、售后服务等基本环节。为此，需要清晰掌控牛肉生产供应链的流程，以便为实现牛肉产品供应链安全追溯提供基础和保障。据牛肉产品供应链涉及的环节，又可以将其分为上游环节和下游环节。牛肉产品供应链的上游环节主要包括养殖、屠宰、加工、运输、配送等；下游环节主要涉及流通、销售、售后服务等。上游环节主要面向牛肉产品的生产加工，而下游环节则主要面向牛肉产品的流通销售。节点与节点的上下连接和可追溯标识体系构成了牛肉产品供应链安全追溯系统的基本要素。

（一）对养殖环节肉牛生产基地信息采集与管理

养殖环节子系统包括“种质资源”“饲养”“饲料管理”“疾病防控”和“兽药使用”5 大模块，20 项功能模块。主要记录牛只进入养殖场后，耳标佩戴、饲料使用、疫苗使用、兽药使用以及牛只的入栏、出栏记录等。信息涵盖肉牛的整个生命周期，实现对肉牛个体进行标识、管理与可追溯。如何确保养殖信息如实地采集，并上传到服务器中，是养殖环节系统设计的重要目标。在牛只养殖环节中使用的 125 kHz 低频 RFID 电子耳标，在养殖过程中，牛只个体的所有信息都通过唯一的 RFID 电子耳标进行关联，此频段的 RFID 性能卓越、操作简单、发射功率低、激发距离远，很适合在牛场环境中使用。对于 RFID 电子耳标，开发了手持式 RFID 管理系统，进行养殖过程中相应信息采集与传输。

1. 饲料记录

主要记录牛只养殖过程中使用饲料的信息。其中，每种饲料分别对应着使用的饲料添加剂以及饲料来源等信息。当牛只准备出栏时，通过饲料中添加剂的休药期规定，进行相应的饲料使用，实现牛只安全出栏；若使用的饲料有问题，也可以根据记录的信息，追溯到饲料的生产厂家，保证饲料源头安全可靠。

2. 疾病防控

主要记录牛只饲养过程中按国家有关规定进行疫苗免疫的信息。其中，根据疫苗名称，可以追溯得知疫苗的批次、来源等详细信息。

3. 兽药使用

主要记录牛只在养殖过程中使用兽药的信息。其中，根据使用兽药名称及使用日期，通过系统提供的兽药休药期表，预判出牛只的安全出栏日期，形成有效的预警机制。

4. 牛只出栏

分为单只出栏和批量出栏两种方式，用户可以根据场内实际出栏情况进行选择，方便进行场内统计与分析。

（二）对屠宰加工厂的信息采集和管理

主要记录牛只进入屠宰厂后，如何将牛只耳标号转换成胴体号以及屠宰过程等信息。

1. 肉牛胴体标签编码规则与设计

肉牛胴体号是肉牛屠宰环节的核心和基础，每个胴体号都对应唯一的肉牛屠宰事件记录，同时也对应着唯一的牛只耳标号，实现牛只耳标号与胴体号的转换。胴体号一般由 20 位数字组成，其中第 1~6 位为屠宰厂所在区县行政代码；第 7~8 位为屠宰厂代码；第 9~14 位为屠宰当天日期，比如“200831”的屠宰日期是 2020 年 8 月 31 日；第 15~16 位为当前屠宰牛只的产品部位编码；第17~20位为当前部位的分割顺序号。在胴体标签上，选用了一维条码和二维码两种方式，标签选用的材质具有耐用、易识别等优点，能很好地适应屠宰厂的恶劣环境，为数据的顺利读取提供了保证。

2. 标签打印

肉牛分割标签根据各个厂家的不同而稍有差异，一般涉及上脑、眼肉等50多种分割部位，选用专业级的ZEBRA打印机进行标签打印。用户只需点击其中的某一部位按钮，系统将自动生成相应的胴体编码，由打印机自动打出胴体标签。

3. 屠宰检疫数据采集与管理

在肉牛屠宰和加工过程中，屠宰厂环境卫生、肉牛个体检疫、胴体关键部位检查、样品采集和化验等各个环节都应用HACCP控制系统。肉牛屠宰检疫主要指对肉牛胴体的各项检疫项目，主要包括入场检疫、宰前检疫、头部检疫、皮肤检疫、内脏检疫、旋毛虫检疫、胴体检疫、复检等各项指标。

（三）牛肉销售市场的信息采集与管理

保证消费者购买牛肉商品的知情权，确保牛肉产品的质量安全，是牛肉质量安全溯源体系建立的根本目的。为此，当消费者购买牛肉商品时，如何将养殖和屠宰环节信息如实地展示给用户，是销售查询环节设计的重点。可提供多种查询方式，包括网络查询、超市查询机查询、手机查询、短信查询等。除了以上传统意义上的查询方式，还可以用手机扫描二维码的移动互联网查询模式进行查询。消费者只需要扫描商品上的二维码，就可以查询到所购买的商品信息。商品信息包括养殖场信息和屠宰加工信息（图5-13）。

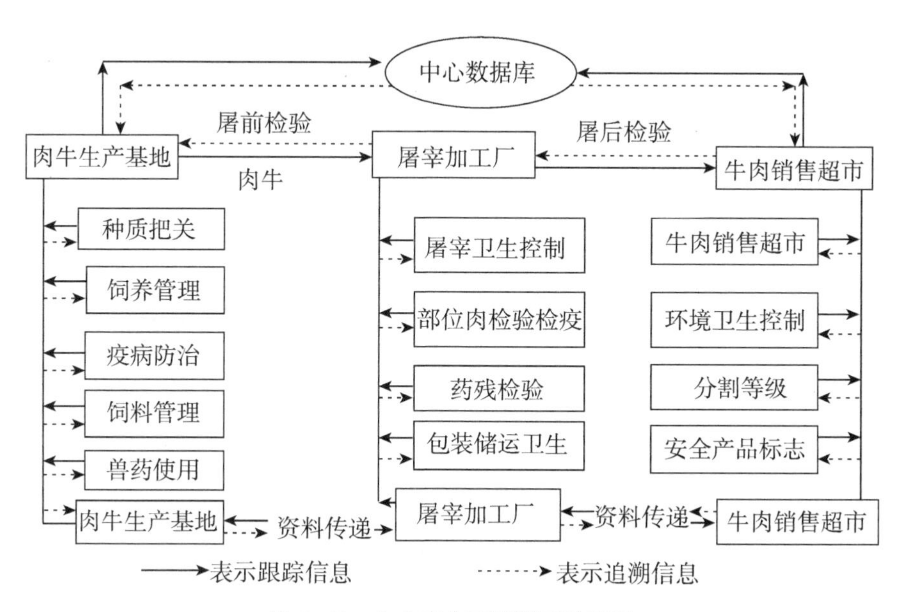

图5-13　牛肉安全可追溯系统流程

注：引自昝林森（2006）。

四、牛肉安全可追溯系统对我国牛肉生产的影响

牛肉安全可追溯系统可以起到对食品安全责任追问和对食品准确召回的作用，能够找出问题牛肉，以及迅速、准确、及时召回出问题的牛肉，从而达到来源可以查到、去向可以查到、责任可以追到。我国目前已经是牛肉生产大国，但是在牛肉的品种、生产加工技术及安全管理等方面还比较欠缺，随着国外对我国牛肉要求越来越严格，迫使我国必须加大力度学习国外的生产加工技术和安全管理技术来提高牛肉的质量。

牛肉安全可追溯系统不仅要对大型牛场进行推广使用，从长远来看还要普及小作坊和个体户，让每头牛都有自己的ID，随时随地都能查到信息。如果要真正做到让个体养殖户用牛肉安全可追溯系统就必须做到以下几个方面。一可追溯系统的建立要逐步进行，不能操之过急。可追溯系统的建立需要花费一定的成本，在我国还没有足够经验之前，应该首先选取单位价值比较高的产品进行试点，积累经验，取得成功后，再向其他产品推广，更符合我国的发展实际。二选择条件比较成熟的企业进行试点，再逐步推广。我国地域辽阔，企业数量众多，规模资质各不同，因此在实施农产品可追溯系统中应该首先选择规模较大、条件较好、比较成熟的企业进行试点，取得成功后再进行推广，能够取得事半功倍的效果。三加强政府在可追溯系统建立中的主导地位。在我国畜产品可追溯系统建立初期，政府的作用不可替代，因为在建立初期，企业花费成本较高，收益低，从市场经济运行的角度来看，我国企业缺乏主动建立畜产品可追溯系统的动机，因此在这种情况下，政府作用非常重要，将对我国畜产品可追溯体系的建立起到重要的保障作用。牛肉安全可追溯系统在我国的普及程度目前还比较匮乏，普通老百姓并不了解，因此就需要国家加大宣传力度和鼓励措施。牛肉安全可追溯系统作为产业链的一项附加服务体系，实施这项措施必定会加大养殖成本，国家可以对养殖户给予适当的补贴，鼓励养殖户。养殖成本增高，通常会将增值部分转移到牛肉价格上，相对于普通牛肉消费者是否愿意购买实施牛肉安全可追溯系统的牛肉，也需要国家的宣传和提倡。对于新的一项技术实施之前需要对人员进行培训，然后才能将技术普及大型养殖场，再是小型养殖场，最后是个体养殖户。牛肉安全可追溯系统的推广使用，需要全社会的肉牛养殖场、屠宰加工厂以及各级牛肉产品零售商的共同参与，每个环节都应该有负责的，能够及时将数据记录并上传数据库，各级政府也应该围绕牛肉质量安全建立健全法律法规和标准体系，确保数据的真实性，保证牛肉质量安全的可追溯性。我们完全可以借鉴发达国家的经验，强制一部分企业实施可追溯，待市场条件逐渐成熟，再逐渐过渡到市场化运作。另外，从我国目前实施畜产品可追溯系统的现状来看，政府尽管起到了比较重要的作用，但是多头治理现象仍然比较严重，不同的行业、不同的治理机构、不同的省份都有着不同的治理方式，往往会造成冲突。因此建立一个统一的可追溯系统十分重要。

企业需要制定统一的标准和制度。牛肉产品生产链上的企业依据不同的环节需要，均可以按照该流程组织生产，该模型的事件流程可以作为牛肉产品生产链上的企业进行牛肉生产的统一标准。拥有了统一标准的生产流程后，就便于建立统一制度。牛肉产品生产链安全追溯系统中包含养殖、屠宰、物流配送和分割销售环节4个关键子系统，以及在该系统中具有核心作用的中心管控系统。生产链上的企业如果拥有统一的制度，对各子系统的运行将十分有利。例如，每个子系统都需要向中心管控系统上传各环节的报表，便于监管

部门查阅，统一的企业制度会使处于生产链同一环节的企业在信息采集和录入上保持一致性，准确高效地汇成报表并上传到中心管控系统，便于政府监督部门比对及发现问题，从而提高对问题牛肉产品进行追溯的时效性。

重视牛肉产品安全的源头管理，把握肉牛养殖环节，精进养殖技术。通过牛肉产品生产链各环节及溯源信息的分析，不难发现，肉牛养殖阶段是实现牛肉产品生产链安全溯源管理最为重要的环节之一。该阶段肉牛最易出现问题，而且很容易成批出问题，一旦出现问题，对企业的损失是难以估量的。因此，对于肉牛养殖企业来说，要时刻保障肉牛的品种优良，并及时监控肉牛的饲养状况。牛犊出生即佩戴 RFID 电子标签，进入养殖阶段后，饲料、检疫、兽药、免疫等每个环节都至关重要，要精心做好饲养管理，以免出现问题。相关政府监管部门，尤其是卫生防疫部门也要做好跟踪服务，发现相关问题做到及时处置。

促进 RFID 技术的普及应用。牛肉产品生产链安全可追溯系统的有效运转，离不开 RFID 等现代信息手段技术的支持。虽然传统的识别技术如条码、磁卡等一定程度上可以解决肉牛养殖企业在智能化管理及生产经营中的实际问题，但难以实现整个生产链信息化的需要。RFID 技术的出现提供了一种新的技术支持，可以解决肉牛身份认证及牛肉安全追踪问题，是一种较理想的溯源技术手段。但是，目前我国 RFID 技术的应用还未完全普及，一些企业对 RFID 技术的应用还缺乏足够的重视。这就需要政府监管部门对相关企业加强引导和规范管理，切实将 RFID 技术应用到追溯系统中，对养殖环节的肉牛活体、屠宰环节的肉牛胴体、物流配送及分割销售环节的牛肉产品进行标签标识，方便追踪溯源。通过 RFID 技术记载牛肉从源头生产到加工销售的生产链全程有关信息，可以有效地对牛肉产品来源和加工运输过程等进行跟踪，使牛肉产品的生产流程更加透明化和可监督化，对问题产品实施快速处理。

第六章　牛肉品质评定

第一节　肉牛胴体评定

一、肉牛胴体评定的意义

胴体评定是肉牛屠宰过程中的重要生产流程。优质牛肉的生产要求在牛胴体生产和分割过程中迅速得到质量、产量和卫生指标的数据，掌握牛胴体评定的方法是十分重要的。

早在1832年英国史密费德养牛俱乐部在展览会上的申明指出，“展销的目的是鼓励生产最便宜且最好的肉品”。1900年第一次芝加哥国际家畜展销会对牛种鉴定人员的要求是“将奖状授予那些能提供高级、高可食比例和高大理石状肉用胴体的优秀个体”，这一要求的含义就是鼓励人们饲养具有优良胴体品质的牛。欧美各国百年来一直遵循这个宗旨进行着肉牛业生产。

牛胴体评定是指对修正后的半胴体进行质量评定，包括前、后胴的比例、肉的产量和质量。理想胴体在高价切割部位具有很厚的肌肉，尤其是后肢，表现出很厚、很宽且长，并可保证零售分割切块具有大量精肉。

（一）提高消费者对牛肉质量满意度，促进牛肉的消费

据美国牛肉与养牛者协会调查，芝加哥、费城、纽约等七大城市美国消费者对精选牛肉质量满意程度已达到80%，美国牛肉质量分级标准已应用于牛肉销售与饮食行业，消费者已依据分级标准选购、消费牛肉，美国牛肉人均年消费43 kg，欧盟国家人均年消费牛肉23 kg，我国目前人均年消费牛肉5. 98 kg。日本、韩国的消费者在制定和实施牛肉质量分级标准后年人均消费牛肉数量也在不断地增加。

（二）提高牛肉生产与市场结合度，促进牛肉生产定向发展

美国、加拿大、澳大利亚以胴体生理成熟度作为牛胴体分级标准的评定性状之一，已促使这些国家牛肉生产朝向低龄化发展。美国、加拿大、日本等国以大理石纹丰富度为评定依据的应用，已使这些国家呈现以肉牛直线育肥为主要生产状态，同时着力发展大理石纹丰富的高档牛肉。而欧盟国家牛肉生产则呈现为以公牛生产为主，瘦肉型大型牛或者双肌牛迅速发展的状态。

（三）促进牛肉出口贸易发展

美国、澳大利亚、欧盟等国家在实施牛肉质量分级标准后均已成为世界牛肉出口大

国，虽然我国也是世界牛肉生产大国，国家也一直对牛肉产品出口实行了创汇退税鼓励政策，但是我国未实施牛肉质量分级标准，20 世纪 90 年代初以来，牛肉出口量一直呈现衰减的趋势。目前我国的牛肉出口量仅为美国、澳大利亚的 5%。

（四）保护高档牛肉市场

日本、韩国是世界上牛肉主要进口国，是现代牛肉生产发展较晚的国家，人均年牛肉消费量同我国一样低于世界平均水平。为保护本国牛肉生产，日本、韩国的牛肉质量分级标准与进口国美国、加拿大、澳大利亚牛肉质量分级标准基本一致，但是高档牛肉质量标准增加的肉色、脂肪评定性状、大理石纹的要求远高于这些国家，这样促进了日本、韩国以日牛、韩牛为主体的高档牛肉生产，又使进口产品质量难以达到本国的牛肉质量分级标准总体要求，使得本国高档牛肉生产与市场都得到了保护。

二、不同国家的肉牛胴体评定标准

（一）我国的肉牛胴体评定标准

1. 我国肉牛胴体评定的现状

中国农业大学南庆贤教授于 1980 年制定了肉牛屠宰评定暂行标准，根据净肉重、胴体外观和肉质进行牛肉胴体评定。胴体外观评定又分为胴体结构、肌肉厚度和体表脂肪覆盖率 3 个方面。1996 年西北农林科技大学邱怀教授制定了秦川牛及其杂种后代胴体评定试行标准，评定指标由胴体测量、利用率、外部特征、肉脂质量 4 个部分组成，共有 16 个指标，其中牛胴体的产量等级由 12 个指标评估，质量等级用 4 个指标评定。

2003 年我国农业部肉牛胴体评定标准，包括质量等级和产量等级两部分。质量等级评定以第 12~13 肋眼肌切面的大理石纹和牛胴体生理成熟度为主要评定指标，以肉色、脂肪色为参考指标进行评定。根据肋眼肌切面的肌间脂肪的多少将大理石纹分为 4 个等级；牛的生理成熟度根据门齿和脊椎骨横突末端软骨的骨化程度分为 A、B、C、D 和 E 共 5 级；肉色和脂肪色等级按颜色各分为 9 个级别。胴体质量等级根据大理石纹和生理成熟度将牛胴体分为特级、优级、良好级和普通级 4 个级别，并根据肉色和脂肪色对等级做适当调整。产量等级评定以 13 块分割肉重量为评价指标，分为 5 个等级。

2010 年由南京农业大学与中国农业科学院联合对 2003 年胴体评定标准进行修订，主要修改了范围、规范性引用文件、术语和定义的内容；删除了技术要求中的部分内容；增加了牛肉品质等级的定义；删除了胴体产量级的有关内容等。该标准代替了 2003 版本，同时也是对首次发布版本 NY/T 676—2003 的第一次修订，并形成 NY/T 676—2010 牛肉等级规格标准。

2. 胴体质量等级

《牛肉等级规格》（NY/T 676—2010）规定牛胴体等级评定要在胴体背最长肌分割半小时后，在 660lx 白炽灯照明的条件下进行评定。胴体质量等级评定是在牛胴体冷却后，对胴体的质量指标以及生理成熟度进行评定，主要按大理石纹级别和生理成熟度级别将胴体分级（表 6-1）。

表6-1　中国牛肉质量等级与大理石纹、胴体生理成熟度的关系

大理石纹等级	A（12~24月龄，无或出现一对永久门齿）	B（24~36月龄，出现第二对永久门齿）	C（36~48月龄，出现第三对永久门齿）	D（48~72月龄，出现第四对永久门齿）	E（72月龄以上，永久门齿磨损较重）
5级（丰富）	特级				
4级（较丰富）		优级			
3级（中等）			良好级		
2级（少量）				普通级	
1级（几乎没有）					

注：引自NY/T 676—2010。

（1）胴体生理成熟度　以脊椎骨棘突末端软骨的骨质化程度和门齿变化为依据来判断胴体生理成熟度（图6-1），胴体生理成熟度分为A、B、C、D、E 5级。

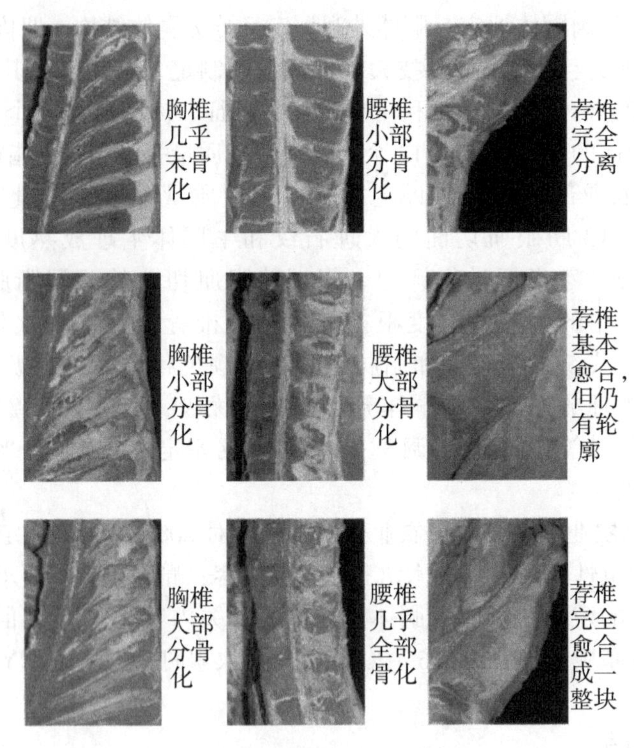

图6-1　脊椎骨骨质化程度

注：引自NY/T 676—2010。

（2）肌肉色　按照NY/T 676—2010标准图谱进行比较，判断背最长肌横切面处肌肉颜色等级。肌肉色按颜色深浅分为8个等级，其中4级和5级的肉色最好。

（3）脂肪色　按照NY/T 676—2010标准图谱进行比较，判断背最长肌横切面处肌内脂肪和皮下脂肪的颜色等级。脂肪色等级分为 8 个等级，其中 1 级和 2 级的脂肪色最好。

3. 胴体产量等级

胴体产量等级标准：胴体产量等级以分割肉（共 13 块）重为指标。

公式：*Y*（分割肉重）= 5.9395+0.4003×胴体重+0.1871×眼肌面积；

牛胴体产量分级以胴体分割肉重为指标将胴体等级分为 5 级。

1 级：分割肉重≥131 kg；

2 级：121 kg≤分割肉重≤130 kg；

3 级：111 kg≤分割肉重≤120 kg；

4 级：101 kg≤分割肉重≤110 kg；

5 级：分割肉重≤100 kg。

（二）美国的肉牛胴体评定标准

美国是畜牧大国，畜牧业产值占农业总产值的 60%，在畜牧业产值中，肉牛业所占比重达到 47%。美国肉牛业的发展除了得益于育种和饲养技术的提高外，牛肉分级制度起了至关重要的作用。美国对牛肉采用产量级（Yield Grade）和质量级（Quality Grade）两种分级制度，两种制度可分别单独对牛肉定级，亦可同时使用，即一个胴体既有产量级别，又有质量级别，主要取决于客户对牛肉的需求。

1. 胴体质量等级

牛胴体的质量等级主要由胴体生理成熟度和大理石纹决定。

胴体生理成熟度：成熟度也称生理学年龄。牛体内各组织都随着个体的年龄增长而发生变化。在屠宰场中，牛肉的嫩度不能用理化方法立即在胴体上测试出来，比较可行的方法是借助于脊椎骨上软骨的骨化程度判断成熟度。成熟度分为 5 个等级，分别为 A、B、C、D 和 E。一般情况下，各年龄的等级为：9~30 月龄评为 A 级，30~42 月龄评为 B 级，以上两个等级均来自青年牛。42~54 月龄评为 C 级，54~72 月龄评为 D 级，72 月龄以上为 E 级，这 3 个等级来自成年牛。

大理石纹：青年牛的胴体质量在很大程度上取决于净肉上的脂肪含量。这由牛胴体中大理石纹的量决定，按照脂肪含量将其分为 7 等：几乎没有、微量、较少、少、适中、适量、丰富。

综合生理成熟度和大理石纹，美国肉牛胴体分级主要分为 8 级。

a. 特级（Prime）：此等级牛肉多数销售到高级餐厅。

b. 优选级（Choice）：此等级牛肉一般在超市商场可见。

c. 良好级（Select）：此等级牛肉多半是以牛肉片、牛肉丝或带骨牛肉销售。

d. 标准级（Standard）：成熟度为 A 和 B 的胴体才能评选为这一级。

e. 商用级（Commercial）：C、D 和 E 的成熟度可入选此等级。

f. 可用级（Utility）：B 到 E 成熟度的青年牛和成年牛可入选此等级。

g. 切块级（Cutter）：C、D、E 可入选此等级。

h. 制罐级（Canner）：C、D、E 可入选此等级，但这类牛肉只能做加工用，比如做罐头和肉末。

除以上两个因素以外，还有其他因素影响胴体质量，主要包括以下几项。①精肉颜色。这个因素对消费者心理有很大的影响，颜色太深或太浅都不理想，用乳品喂养的犊牛，肉色很浅，称为白牛肉，属于高档牛肉，老龄牛屠宰后其肉色深暗，青年牛屠宰后，其牛肉品质大多符合优质牛肉，肉色不会有太大的差别。若牛肉屠宰后的颜色偏离常规，在做肉品质鉴定时要进行降级处理。②精肉质地。牛肉质地用细腻和滑溜来表达，老年肉达不到精肉质地，一般只能用作加工使用。③精肉硬挺度。软疲肉和水样肉都不能评等级，由疾病或其他可疑原因导致水样肉或软疲肉，不能食用。

A 和 B 类牛胴体符合生产特级、精选级、良好级和标准级牛肉，并可生产青年牛加工级牛肉，而 C、D 和 E 类成熟度牛胴体一般只能生产商用级、可用级、切块级和制罐级牛肉（表 6-2）。

表 6-2　美国牛肉大理石纹、胴体生理成熟度和牛胴体的关系

大理石纹等级	胴体生理成熟度				
	A	B	C	D	E
丰富	特级				
适量			商用级		
适中	优选级				
少					
较少	良好选		可用级		
微量					
几乎没有	标准级				切块级

注：引自 United States Standards for Grades of Carcass Beef（2016）。http：//law. foodmate. net/show-189183. html。

2. 胴体产量等级

产量等级是胴体经修整、去骨后用于零售量的比例，简称 CTBRC，比例大，产量等级就高（表 6-3）。

产量等级的估测主要有以下几个因素。①胴体体表面脂肪厚度。第 12 肋上的脂肪层厚度（cm），这是评定胴体产量等级最主要的指标。②眼肌面积。为优质牛肉比例的代表性指标。将带刻度的透明胶片贴在切开的背最长肌的断面上，或者用硫酸纸贴印在该切面上按沾湿的肉印面积，用求积仪测出。③肾、盆腔和心脏脂肪占胴体的重量（%KPH）。④热胴体重量。在屠宰后立即称取的重量。这 4 个因素决定公式为：YG=2. 5+(2. 5 × 脂肪厚度 cm)+（0. 2 × KPH%）-（0. 32 × 眼肌面积 cm^2）+（0. 008 4 × 热胴体重 kg）。

表 6-3　美国牛胴体产量等级分级标准

产量等级	CTBRC（%）
1	>52. 3
2	50. 0~52. 3
3	47. 7~50. 0
4	45. 4~47. 7
5	<45. 4

注：引自罗欣等（2013）。

（三）欧盟的肉牛胴体评定标准

1. 胴体评定方法

欧洲经济共同体交流频繁，1975 年就建立了通用的牛胴体分级标准。欧盟对胴体的定义如下。牛被宰后经放血、去内脏、去皮等工序后的完整躯体，无头、无蹄。头和胴体再沿头枕骨后端和第一颈椎间分开，前牛蹄在前臂骨和腕骨的腕关节切下，后牛蹄在胫骨和跗骨关节处切下。无胸腔和腹腔内的器官，可带、可不带肾、肾脂肪及骨盆脂肪。不带生殖器和相关的肌肉，不带肚皮脂肪、不带乳房脂肪。欧盟规定胴体的外观不预先去掉表皮脂肪，外观应该是无肾，无肾内脂肪，无骨盆脂肪，无胸膈膜、半胸骨及整胸骨，无尾，无脊髓，无牛腿内面的冠状物，无脂肪纹路。

称重肉牛胴体按照以下类型进行分级：2 岁以下未阉割小公牛的胴体；其他未阉割公牛的胴体；已阉割公牛的胴体；经产母牛的胴体；其他母牛的胴体。在不损害干预原则的情况下，采用 A、B、C、D、E 5 级分类标准。

称重牛胴体分级主要由两个指标决定：形态和育肥程度。

2. 胴体评定标准

胴体外形是根据牛胴体外观丰富度、背部和肩部以及后躯腿部发育情况分为优秀（E）、良好（U）、中等（R）、可用（O）、劣等（P）5 个等级，如表 6-4 所示。

表 6-4 欧盟肉牛胴体形态等级及描述

形态等级	描述
优秀 E	胴体丰满，肌肉发达
良好 U	胴体总体丰满，肌肉较发达
中等 R	胴体总体呈直线形，肌肉发育良好
可用 O	肌肉呈直线形，不丰满，发育一般
劣等 P	胴体显瘦，肌肉不发达

注：引自蒋洪茂等（2007）。

育肥程度是根据牛胴体肩背部、臀腿部脂肪覆盖以及胸腔内脂肪沉积情况，其等级分为 1、2、3、4、5 个级别，如表 6-5 所示。

表 6-5 欧盟肉牛胴体脂肪覆盖层等级和描述

脂肪覆盖层等级	描述
1 级（无覆盖层）	无脂肪覆盖层或覆盖层很薄
2 级（覆盖层少）	覆盖层薄，几乎所有的肌肉都能从外面看到
3 级（有覆盖层）	除腿部和背部外，几乎其他部位全被脂肪覆盖，胸腔内脂肪积存量少
4 级（肥）	胴体表面被脂肪覆盖，但腿部和背部的肌肉可见，胸腔内脂肪积存量多
5 级（很肥）	整个胴体都被脂肪覆盖，胸腔内有大量脂肪

注：引自蒋洪茂等（2007）。

(四) 日本的肉牛胴体评定标准

日本肉牛胴体评定标准主要有产量标准和质量标准。

1. 产量等级

产量等级评分用多重回归公式来估测，以百分率表示（表6-6），共有4个测定项目，包括第六肋与第七肋间背最长肌的眼肌面积，用方格纸或尺量；肋侧厚度；左胴重；皮下脂肪厚。

公式：产量估测百分率 = 67. 37 + (0. 130 × 眼肌面积 cm^2) + (0. 667 × 肋侧厚 cm) + (0. 025×左冷半胴重 kg) − (0. 896×皮下脂肪厚 cm) ×100%。产量评分可分为3个等级A、B和C，见表6-6。

表6-6 日本肉牛胴体产量等级评分

等级	产量估计百分率标准	比率特点
A	≥72%	总产量高于平均值
B	69%~72%	平均范围内
C	<69%	低于平均值范围

注：引自王聪等（2015）。

2. 质量等级

胴体质量等级评分取决于：大理石纹、肉质颜色、明亮度、坚挺度、质地及脂肪颜色和光亮度，综上因素得到最终得分。

大理石纹的评定等级可以分为5个等级：5（优）、4（良）、3（中）、2（可）、1（劣）。对应的大理石纹评定标准依次是 2^+ 和 2^+ 以上、1^+~2、1^-~1、0^+、0，如表6-7所示。

表6-7 日本肉牛胴体大理石纹评定标准

等级	大理石纹评定标准	牛肉大理石纹标准
5优	2^+和2^+以上	NO. 8~NO. 12
4良	1^+~2	NO. 5~NO. 7
3中	1^-~1	NO. 3~NO. 4
2可	0^+	NO. 2
1劣	0	NO. 1

注：引自王聪等（2015）。

牛肉肉质的光泽、明亮度等级划分可以分为5个等级：5（优）、4（良）、3（中）、2（可）、1（劣），对应的肉质颜色标准依次是极好 NO. 3~NO. 5、比较好 NO. 2~NO. 6、等同标准 NO. 1~NO. 6、仅次于标准 NO. 1~NO. 7、除等级2~5以外。明亮度对应的等级为极好、比较好、等同标准、仅次于标准、除等级2~5以外。

坚挺度也可以分为5个等级：5、4、3、2、1。相对应的坚挺度是优、良、中、可、劣。质地对应的等级为很细、细、一般、较粗、粗。坚挺度在日本牛肉等级划分中是不可或缺的一项指标。

脂肪颜色和光亮度可以分为 5 个等级：5（优）、4（良）、3（中）、2（可）、1（劣）。对应的脂肪颜色等级依次是 NO. 1～NO. 4、NO. 1～NO. 5、NO. 1～NO. 6、NO. 1～NO. 7、除等级 2～5 以外。光亮度等级依次是优、良、中、可、除等级 2～5 以外。

日本的肉牛胴体等级划分比较严格，是根据产量等级和质量等级两个指标共同判定。质量等级评定指标有大理石纹等级、坚挺度和质地、脂肪颜色和光亮度、肉质光泽和光亮度指标对胴体综合评级。日本的肉牛胴体共分为 15 级，根据各项指标等级最终评级（表 6-8）。

表 6-8 日本的肉牛胴体等级最终评分

产量等级	质量等级				
	5	4	3	2	1
A	A5	A4	A3	A2	A1
B	B5	B4	B3	B2	B1
C	C5	C4	C3	C2	C1

注：引自王聪等（2015）。

如表 6-8 所示，如果牛胴体产量等级是 A、质量等级是 3，最终牛胴体的等级是 A3。最后将这个等级标记印在牛的胴体上。该标准已被日本消费者、肉牛饲养者、牛肉加工者，以及牛肉定价分级机构所接受，已经成为日本牛肉分级定价的最高和最有权威的标准。目前日本有 80%的牛肉参与评级标准，对日本的牛肉生产起到促进作用。

（五）澳大利亚的肉牛胴体评定标准

澳大利亚是牛肉生产和出口大国之一，从 19 世纪初就有“牛的王国”之称。因此肉牛养殖在澳大利亚占有比较重要的一部分，澳大利亚肉牛产业的关键是生产肉类，以满足澳大利亚服务世界各地市场的需求。根据市场的不同，产品种类也各不相同，从日本受追捧的昂贵大理石纹牛肉到为快餐业服务的美国对绞肉的大量需求，都有最佳的胴体类型，澳大利亚加工业已经采用一些最新的屠宰、去骨和产品处理方法。持续的成本压力将要求该行业采用较少的劳动密集型工艺，并要求通过最大限度地遵守规范、进一步增值和利用整个屠体来提高每头屠体的回报率。

目前，澳大利亚对肉牛胴体评定体系主要有两套，一套是由澳大利亚肉类规格管理局（AUS-MEAT）制定的牛胴体等级标准，另一套是由澳大利亚肉类及畜牧业协会（MLA）制定的 MSA（Meat Standards Australia）分级系统。MSA 不仅是分级系统，还包含了牛肉质量安全可追溯系统，对流入市场的每一块肉都能够追溯到来源。

1. 澳大利亚肉类规格管理局制定的牛胴体评定标准

为使认证企业在规定条件下用一套统一的标准对胴体进行评价、分级或分类，AUS-MEAT 制定了牛胴体评价系统。此系统规定了肉品指标的描述方法以及包装前产品的分类方法。肉品指标包括肉色、脂肪色、大理石纹、眼肌面积、背膘厚度和胴体的生理成熟度。

肉色主要是指眼肉（背最长肌）切面颜色。对照 AUS-MEAT 的肉色标准，对冷胴体眼肉切面（在空气中暴露一段时间）颜色进行评价定级。见图 6-2，彩图 6-2。

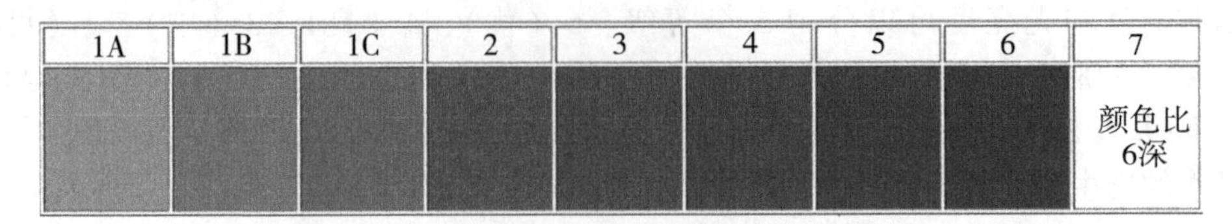

图 6-2　澳大利亚肉色标准

注：此处显示的是各个级别最深的肉色，在此仅做参考，非真正肉色标准。

引自 Handbook of Australian Meat（2005）。

脂肪色是指眼肉背侧肌间脂肪（位于背最长肌背侧，且与髂肋肌相连）的颜色，对照 AUS-MEAT 的脂肪色参考标准，对冷胴体眼肉切面脂肪色进行评价和定级。见图 6-3，彩图 6-3。

0	1	2	3	4	5	6	7	8	9
									颜色比8深

图 6-3　澳大利亚脂肪色标准

注：此处显示的是各个级别最深的脂肪色，在此仅做参考，非真正脂肪色标准。

引自 Handbook of Australian Meat（2005）。

大理石纹是指沉积于背最长肌肌纤维之间的脂肪。对照 AUS-MEAT 的大理石纹参考标准对大理石纹进行评价定级。大理石纹等级评价是在冷胴体上进行的，主要通过参照大理石纹参考标准，估测背最长肌肌内脂肪的总表面积和肌肉总表面积占切面表面积的比例，据此评分定级。

皮下背膘测定是指测量指定肋骨的皮下脂肪厚度，以毫米为单位（图 6-4）。

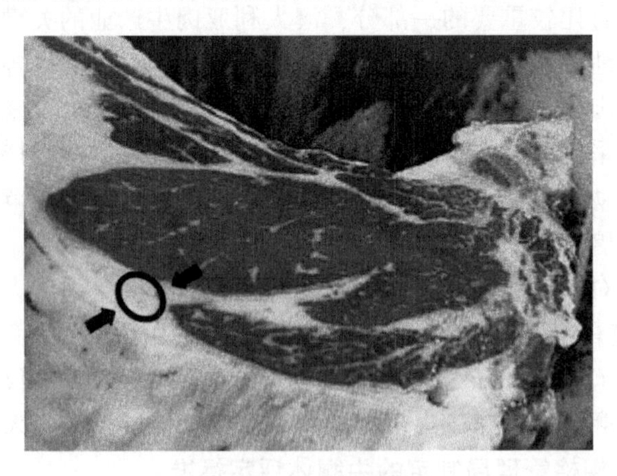

图 6-4　皮下背膘测定

注：引自 Handbook of Australian Meat（2005）。

胴体生理成熟度是对牛胴体发育情况的估测，根据脊椎棘突软骨的骨化程度、荐椎的愈合程度以及肋骨的形状和颜色来判定的。

2. 澳大利亚肉类及畜牧业协会制定的牛胴体评定标准

MLA 制定的 MSA 分级系统是在对 19 000 个消费者感官评定值（每个人 10 个样品）进行统计分析的基础上建立的系统，该系统还包含了牛肉质量安全可追溯系统，消费者可通过查询信息获取牛肉的基本信息。通过对宰前和宰后等指标的客观评定，如基因型、动物年龄、谷物饲喂量、肉色、脂肪色、大理石纹等，以及外在加工技术的应用情况，如电刺激、胴体吊挂、成熟度、烹调方式等，可以预测到各初级切块和次级切块的食用品质等级。肉块级别采用五星制，由高到低依次为五星、四星、三星。由于 MSA 系统是对肉块进行评级的，因此胴体不同部位的肉块有着不同的等级，同一等级的肉块经过不同的加工技术，最后的等级也会不一样，如果原有的三星分割肉经过 21 d 成熟后可以提升为四星。对于 MLA 制定的 MSA 系统，可以采取自愿的原则加入，已经加入的必须要采用 MSA 的标记，以确保产品按照 MSA 工序生产。

（六）加拿大的肉牛胴体评定标准

加拿大肉牛胴体评定的主要依据是牛的成熟年龄、牛胴体脂肪覆盖度、牛肉质地和肌肉度。当不考虑性别时，加拿大胴体分等按照成熟度主要分为 5 个等级：A、B、C、D 和 E。脂肪水平分为 4 个等级：1、2、3 和 4。质量按颜色、坚挺度以及大理石纹状评级。肌肉度按照眼肌的品质来评定（表 6-9）。

表 6-9　加拿大牛胴体分级及标志印戳

序号	加拿大等级	滚印标记符号	印记颜色
1	A	A1，A2，A3	红
2	AA	A1，A2，A3	红
3	AAA	A1，A2，A3	红
4	B1	B1	蓝
5	B2	B	蓝
6	B3	B	蓝
7	B4	B	蓝
8	D1	D1	褐
9	D2	D	褐
10	D3	D	褐
11	D4	D	褐
12	E	E	褐

注：引自汤晓艳（2011）。

以上共分为 12 个等级，测量的脂肪量为左胴第 12~13 肋骨间胴体外侧脂肪覆盖层厚度，指与胴体垂直的最小厚度。A1 为胴体产量大于 59%，A2 为 54%~58%，A3 为 53% 以下。

三、肉牛胴体评定对肉牛养殖业的启发

肉牛胴体评定主要依据育肥结束后的牛，因此牛的年龄，胴体的重量，脂肪颜色、硬

度（脂肪的厚度）、沉积量（大理石纹丰富度）对牛胴体的分级起着至关重要的作用。牛的年龄是肉牛胴体评级的首要指标，在选择育肥牛时首先要看牛的年龄，在育肥结束后牛的年龄应该在30月龄以内，这样才能获得较高级别的肉牛胴体。脂肪的颜色和厚度对肉牛胴体分级的影响程度很大，在育肥过程中饲料配方的设计、饲料饲喂量以及饲料添加剂的选择要避免引起脂肪变黄和变软。大理石纹的丰富程度是每个国家在进行肉牛胴体分级时必须考虑的一项指标，在育肥过程中要尽量促进牛肉大理石纹的形成，只有丰富的大理石纹才能使肉牛胴体被评为高等级。

1. 牛肉生产种类的制定

针对不同的牛肉消费群体，对牛肉的要求也不一样。因此要根据牛肉的购买对象来制定生产牛肉的种类，以获得更高的利润。比如欧洲牛肉市场，以嫩度高、脂肪少、色泽鲜红为优质牛肉；美国以烤牛扒牛肉市场为主，要求脂肪适度、牛肉鲜嫩、色泽鲜红为优质牛肉；日本的牛肉消费市场，以较多脂肪的牛肉售价较高；我国国内的日韩烧烤牛肉消费，不仅要求有明显的脂肪含量，并且有具体的脂肪厚度，如果达不到要求只能被低价处理。

2. 肉牛品种的选择

牛肉的等级体现出牛肉的价格，优质牛肉具有较高的市场价格，劣质牛肉价位相对较低，因此在选育肉牛时要选择优质牛品种。

3. 规范生产

通过育肥牛的规范化生产（饲养制度、管理制度、收购架子牛、育肥牛的出售、肉牛的运输、牛场消毒、牛场环境保护等）达到提高生产效率的目的。养牛户选育优质牛，屠宰加工厂用较合理的价格收购以获得优质牛，这样才能实现饲养、加工双赢的目的。

第二节　牛肉品质等级

牛肉因其蛋白质含量高、脂肪含量低，一直是西方国家首选的消费肉类。经过多年的发展，畜牧业发达的西方国家逐渐形成了一套完善的适合各自国情的牛肉品质评定方法，是各国肉牛产业发展的重要保障，在肉牛业的发展中发挥了重要的积极作用，使得这些国家的牛肉质量得到极大提高。大理石纹是决定牛肉品质的主要因素，与嫩度、多汁性和适口性有密切的相关关系，同时又是最容易客观评定的指标，因而牛肉品质的评定就以大理石纹作为最主要的评定指标。大理石纹的测定部位为第12肋骨眼肌横切面。

牛肉品质等级主要通过牛肉分级体系进行评价，牛肉分级体系是联系生产与流通的纽带，不仅能有效地指导生产、减少生产者的盲目性，还能为牛肉的合理定价提供科学依据，从而实现真正意义上的按质论价、公平竞争，这样在经济杠杆的拨动下，加上国家政策的宏观调控，生产者、营销者、消费者3个方面的利益才能得到保护，其积极性才能得到维护，复杂而脆弱的肉牛生产系统才能形成良性循环，并得以健康、持续、稳定地发展。

一、不同国家的牛肉分级体系

每个国家都有自己衡量牛肉的标准，因此各国的牛肉分级标准不同。然而，牛肉大理石纹是最直观的参考指标，因为大理石纹是肌脂纹理的混合分布，一块有着复杂密集大理石纹的牛肉，其口感也不会差。简单来说，同一部位大理石纹越多越好，分布越均匀越好。虽然分级标准只有大理石纹一个维度，BMS（Beef Marbling Standard，牛肉大理石纹标准）分级是国际通用标准，有一定的参考价值，取第 6~7 肋骨间的切面来评价，分为 12 个等级，见图 6-5。

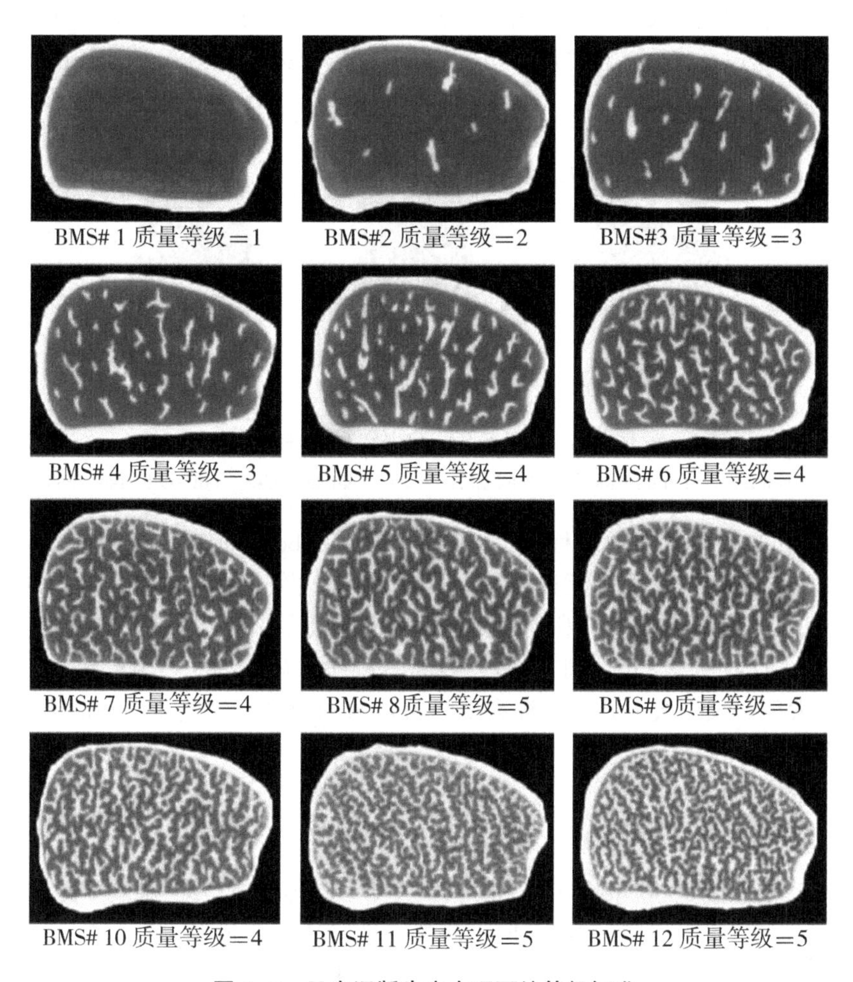

图 6-5　日本旧版牛肉大理石纹等级标准

注：图中 BMS 表示牛肉大理石纹等级标准。质量等级 1~5 为日本牛肉等级。

引自 JMGA（1988）。

（一）美国的牛肉品质等级

美国的牛肉品质由成熟度和大理石纹进行综合评定。

肉的大理石纹能直接反映肉的多汁性和口味，是牛肉品质评定的重要指标。大理石纹由第 12~13 肋横切的眼肌按标准图样确定。通过育肥在背最长肌内纤维间积存脂肪，育肥程度越高，肌纤维间存积的脂肪量越大，表现为红肉中白色的斑点越大，使眼肌越花，眼肌周围的脂肪层越厚。

美国农业部（USAD）以大理石油花（Marbling）分布情况和牛只屠宰的年龄将牛肉分

成8类：Prime（特级）、Choice（优选级）、Select（良好级）、Standard（标准级）、Commercial（商用级）、Utility（可用级）、Cutter（切块级）和Canner（制罐级）；前5个等级消费者能够直接购买，最后3级则多用来做成加工食品。特级的牛肉取自24月龄以下的牛，具有丰富的大理石纹和坚实的肉质，通常以炙烧、烘烤或香煎等方式料理。约仅有不到2%的牛肉能达到这个评级，大多数提供给高级牛排馆和饭店，一般超市较难购买。优选级是第二级别，其肉质、纹理以及烹调后的肉汁和风味都仅次于特级，拥有价格上的优势；良好级通常只有少许的大理石花纹，且烹调不当会让肉质咀嚼起来很吃力。见图6-6。

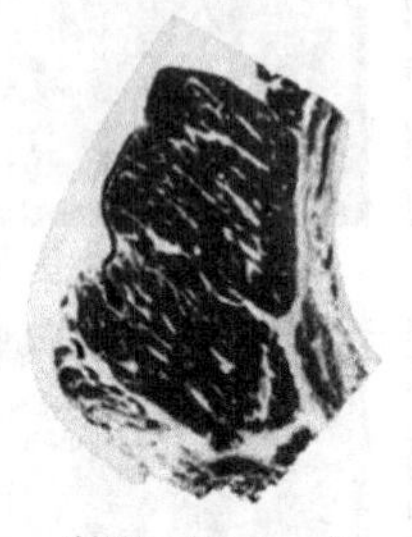
特级（Prime）

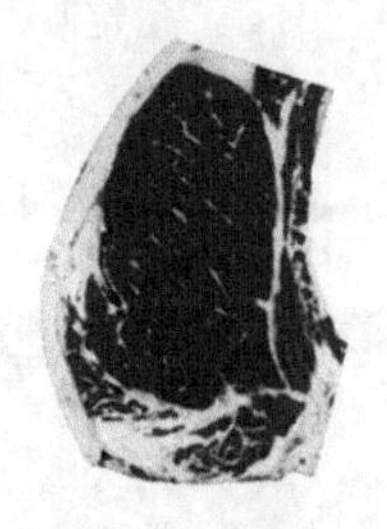
优选级（Choice）

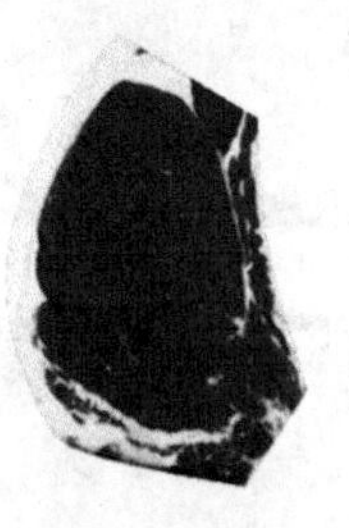
良好级（Select）

图6-6　美国特级、优选级和良好级牛肉

注：引自Beef Grading Systems In the World（2021）. https：//kitchenteller. com/beef-grading-systems-chart/。

美国极黑和牛在英文中通常称为American Style Kobe Beef或American Kobe，亦是在1991年从日本引进和牛精子，经过人工交配、繁殖，再按照日本的饲养方式培育而成。虽然肉质、嫩度略逊日本、澳洲和牛一筹，但带有独特的风味，品质也胜过一般USDA评级的美国牛肉。美国极黑和牛由低至高分为Silver、Black、Gold 3等级。一般来说，极黑和牛Gold的大理石纹等级大致与澳洲和牛的M9~M10相近（约是日本和牛的A3），Black则是在澳洲和牛M6~M8的等级（大概等于日本和牛A2），极黑和牛Silver在澳洲和牛M4~M5的等级。

（二）日本牛肉品质等级

日本政府自20世纪60年代就开始重视肉牛业的发展，加大了对肉牛产业的资金和科技投入，采取了牛肉价格补贴制度、肉牛业繁殖经营补助金制度、稳定肉牛育肥经营紧急对策等措施。日本政府的这些扶持措施使日本肉牛业在近几十年得到飞速的发展。随着肉类产量的增加和交易的逐年扩大，日本的牛肉生产不断受到进口牛肉的冲击，所以日本制定了一个统一的标准体系来客观反映牛肉，以保证肉类交易的公正性，因此，肉类分级计划由此产生。日本于1975年成立了日本肉类分级协会，正式承担肉类分级任务，该协会在各地建立事务所，并拥有特定的分级员。

日本的牛肉品质从2个方面进行评价，一方面是在流通阶段按照胴体交易规格进行的胴体等级评价，另一方面是在实验室等进行的物理化学品质评价。

1988年实施的《新的牛胴体交易规格》分为胴体净肉率（A到C共3级）和肉质（5到1共5级）2部分，将二者并列组合后，共分为15个等级。屠宰后冷却胴体1~2 d，由第6~7肋骨切开，从断面评价胴体净肉率、大理石纹、肉的色泽、肉的致密度和坚挺度、脂肪的色泽和质地，并在胴体上标记等级（A5~C1）。

牛肉的理化指标评价在实验室进行测定，大理石纹、肉的色泽、肉的坚挺度和致密度、脂肪色泽与质地，分别与脂肪含量、用色差仪测定的指标、用显微镜观测的肌纤维、保水性的测定、脂肪熔点的测定和脂肪酸组成分析等在实验室测定。

和牛牛肉，特别是黑毛和牛牛肉的最大特征是“雪花”。雪花，即脂肪杂交，由于从分布肌肉内的血管周围开始发育，因此多形成于肌肉内血管分布多的外肌周膜，随着脂肪的逐步沉积，内肌周膜和肌内膜上也开始形成雪花。雪花、肉色等级参考本章第一节日本胴体评定标准中的牛肉大理石纹、肉色等级。鲜红的肉色被认为是相当好的肉色，但实际市场上等级 3 的评价最高。牛脂肪的颜色以白色到淡奶油色为宜。脂肪的颜色等级、肉的坚挺度等级参考本章第一节日本胴体评定标准中脂肪颜色分级标准和坚挺度分级标准。肉的密度和坚挺度是肉质的主要评级指标。密度是指与肌纤维方向成直角切断后的骨骼肌横断面的状态，由肌束形成。肉眼观察胴体断面，从“粗糙”到“相对细腻”分成 5 个阶段，按 1~5 等来分级。肌纤维由数十根到数百根成束排列形成一次肌纤维束，进而由数根到十余根的一次肌纤维束形成二次肌纤维束，再形成三次肌纤维束。由于肉眼看不到肌纤维的粗细，因此靠视觉判断形成肌束的肌周膜对肉质定级。坚挺度和密度一样，分为 5 个阶段，坚挺度被认为是与保水性有关的指标，是肌肉蛋白质保持水分的能力。日本牛肉品质等级见图 6-7，彩图 6-7。

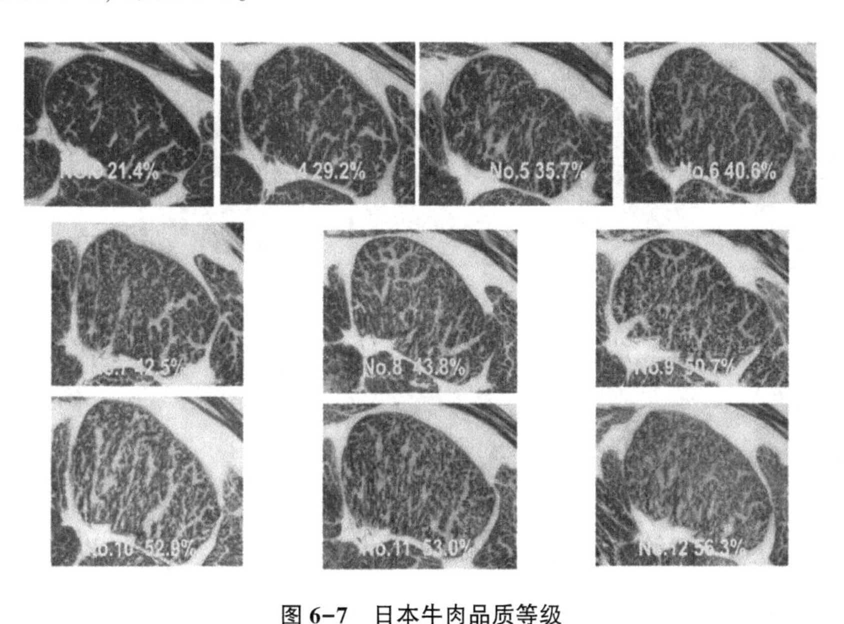

图 6-7　日本牛肉品质等级

注：图中数字表示该级别大理石纹牛肉最低肌内脂肪含量。

引自 JMGA（2008）。

该分级标准已经被日本消费者、肉牛饲养者、牛肉加工者以及牛肉分级机构广泛采纳，目前日本有 80%以上的牛肉都进行了分级评定。该标准已成为日本牛肉分级定价最高、最权威的标准，对规范日本牛肉生产、销售和促进肉牛业的发展起到了积极的促进作用。

（三）澳大利亚牛肉品质等级

肉牛业是澳大利亚农业的重要组成部分，肉牛业产值约占农业产值的 17%左右。澳大利亚牛肉 1/3 用于国内消费，2/3 出口到国外。澳大利亚肉牛业如此发达，重要原因之一就是他们重视牛肉品质，采取了相应的品质保证计划。澳大利亚的牛肉分级系统有两种，即 AUS-MEAT 分级系统和 MLA 制定的 MAS 分级系统。

AUS-MEAT 牛肉等级标准对性别、年龄、质量、大理石纹、肉色、脂肪色、眼肌面积和背膘厚度等指标都设定级别，客户可以根据需要自由选择需要设定的级别。分级前的程序在屠宰场将尸体从脊柱分开，并将侧面放在冷藏箱中过夜。通常在去骨过程开始之前的第二天早晨进行分级。分级之前先在腰部切开牛肉的侧面，以露出肋眼，并且至少要等 20 min 才能使肉呈现出最佳颜色。AUS-MEAT 分级系统由低至高为 1~9，即 M1-M9 牛肉。越高级数的牛肉，油花越绵密，分布也更均匀，口感也更好。

MSA 牛肉大理石纹等级标准主要是根据大理石纹颗粒的大小和分布情况来划分。而 AUS-MEAT 大理石纹等级标准是根据大理石纹的总量来划分。这两个标准可同时使用，以便提供更多的产品信息。MSA 牛肉大理石纹标准共有 10 个等级，每个等级又细分 10 个等级，等级评分范围为 100~1100。对照此标准，根据大理石纹颗粒的大小和分布情况确定等级。图 6-8，彩图 6-8 显示了 AUS-MEAT 和 MSA 分级系统的牛肉大理石纹参考标准。

澳大利亚肉类规格管理局（AUS-MEAT）和澳大利亚肉类标准（MSA）的大理石纹参考标准

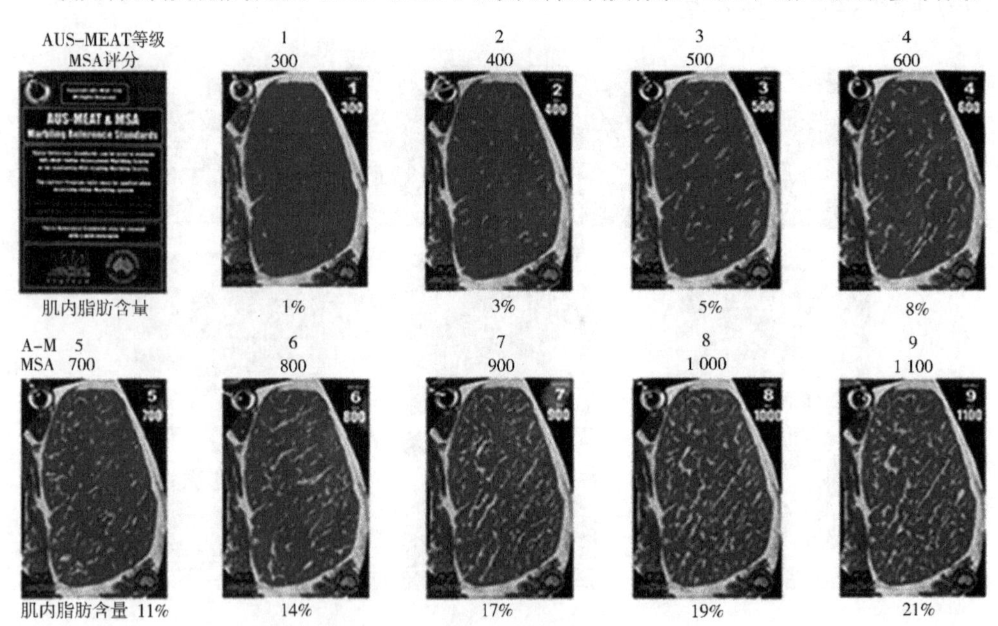

图 6-8 澳大利亚牛肉大理石纹标准

注：引自 Beef Grading Systems In the World（2021）。https：//kitchenteller. com/beef - grading - systems-chart。

肉色主要是指眼肉（背最长肌）切面的颜色。对照 AUS-MEAT 的肉色标准，对冷胴体眼肉切面（在空气中暴露一段时间）颜色进行评价定级。

脂肪色是指眼肉背侧肌间脂肪（位于背最长肌背侧，且与髂肋肌相连）的颜色。对照 AUS-MEAT 的脂肪色参考标准，对冷胴体眼肉切面脂肪色进行评价和定级。

由于澳大利亚本地牛的雪花纹较少，即便是最高级的 M9 级也只能到日本 A3 级水平。因此，有商家从日本引进纯种和牛，与本地安格斯牛进行杂交，借鉴日本饲养技术进行养殖，从而诞生出澳洲和牛。市面多数的澳洲和牛都属 M8-M10 级（相等于日本的 A3 级），脂肪比例达 30%~35%。而 M12 级牛肉的脂肪比例高达 50%，品质与日本 A5 级和牛不相上下。

（四）加拿大牛肉品质等级

加拿大牛肉品质等级按性别、生理成熟度、大理石纹、肉色、脂肪色、肌肉质地以及脂肪覆盖程度等指标将牛胴体分为 13 个等级，级别较高的 4 个等级为极品级、AAA 级、AA 级和 A 级，质量稍差的为 B_1、B_2、B_3、B_4、D_1、D_2、D_3、D_4和 E 级。大理石纹等级标准中的 4 个等级：痕量、微量、少量和微丰富（图 6-9）。生理成熟度根据骨质化程度分为年轻和成熟。对于品质较高的前 4 个级别还要按照瘦肉率进行产量评级，瘦肉率达到 59%以上为级别 1，54%~58%为级别 2、低于 53%为级别 3。目前，加拿大的牛胴体有 93.7%都集中在前 4 个级别。

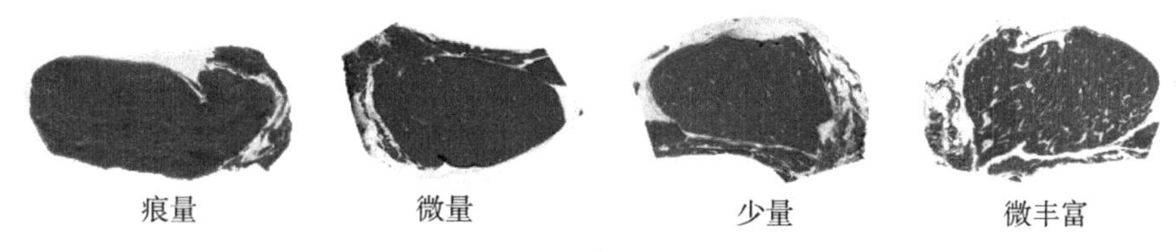

图 6-9　加拿大牛肉大理石纹标准

（五）中国的牛肉品质等级

大理石纹　选取第 5 肋至第 7 肋间，或者第 11 肋至第 13 肋间背最长肌横切面进行评定，按照大理石纹等级图谱评定背最长肌横切面处等级。根据 NY/T 676—2010 标准，大理石纹共分为 5、4、3、2、1 的 5 个等级（图 6-10）。

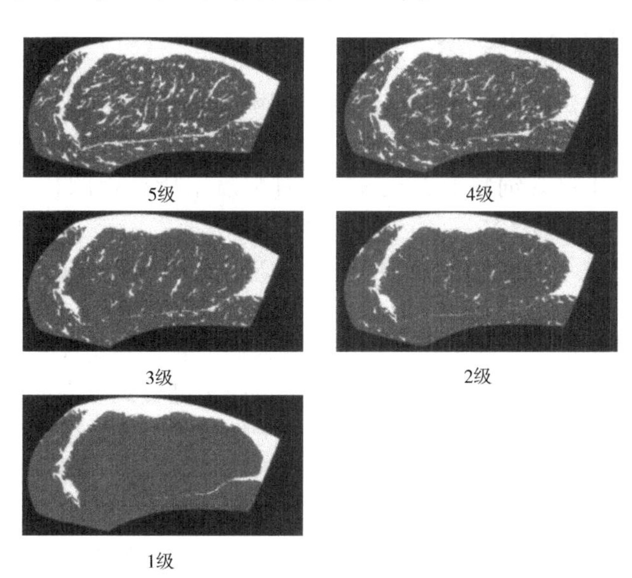

图 6-10　中国牛肉大理石纹评级图谱

注：引自 NY/T 676—2010。

通过对以上不同国家牛肉分级标准的描述，对美国、澳大利亚与 BMS 大理石纹等级及肌内脂肪含量对比如图 6-11 所示。

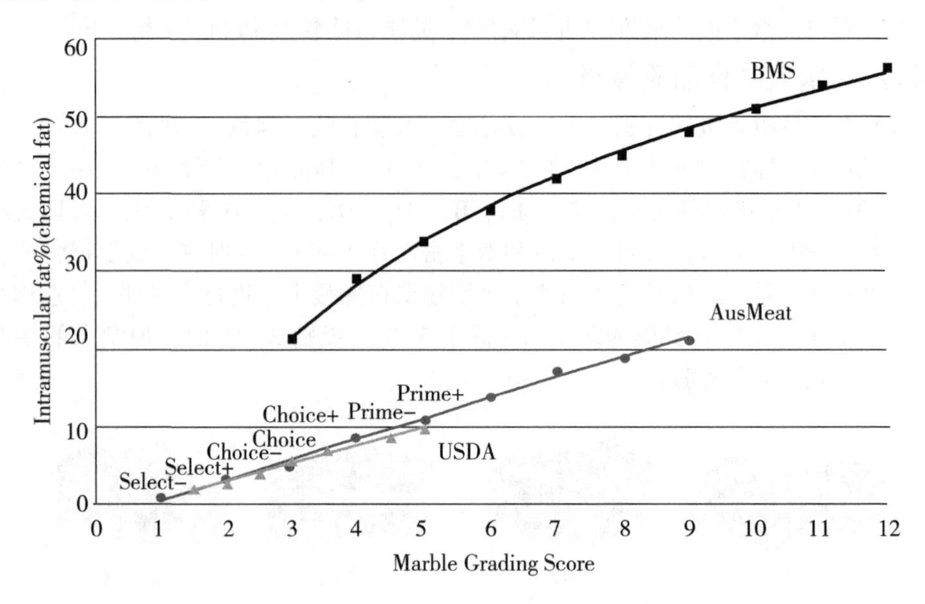

Intramuscular fat% （chemical fat）：肌内脂肪含量%（化学脂肪）；Marble Grading Score：大理石纹等级评分；BMS：大理石纹标准；AusMeat：澳大利亚肉类规格管理局；USDA：美国农业部；Prime：特级；Choice：优选级；Select：良好级。

图 6-11　BMS、AusMeat 和 UASD 的大理石纹等级评分和肌内脂肪含量比较

注：引自 WAGYU INTERNATIONAL. http：//wagyuinternational. com/marbling. php。

二、犊牛肉的分级体系

犊牛肉又分为犊牛白肉及犊牛红肉。犊牛白肉，即指用牛乳或代乳料饲养，于 6 月龄以下屠宰产出的犊牛肉，其肉色浅淡，是牛肉中的极品；犊牛红肉，则指先用牛奶或代乳料饲养，再以谷物、干草等饲料喂养至 6～12 月龄屠宰所获得的犊牛肉，即所谓的小牛肉，其肉色较暗，肌内脂肪较多，但生产成本远低于犊牛白肉。每 100 g 犊牛肉含能量 665 kJ、蛋白质 19. 5 g、脂肪 9 g、钙 11 mg、磷 210 mg、铁 2. 9 mg、维生素 B_1 0. 18 mg、维生素 B_2 28 mg、尼克酸 6. 4 mg。与其他肉类相比，犊牛肉水分、蛋白质、B 族维生素含量高，脂肪含量及热量低，这些特性有利于改善人们的膳食结构和营养均衡，也更符合目前消费者追求健康的消费心理，因此犊牛肉也必将越来越受到人们的欢迎。

国外数十年的研究与实践充分表明，犊牛肉分级体系是连接生产与流通的纽带，具有以下作用：①引导生产者进行分类生产，减少盲目性，逐步提升犊牛肉生产水平；②有助于规范和统一犊牛肉产品质量，促进犊牛肉产品向高质量的方向发展；③提高消费者对犊牛肉质量的认知度和满意度，推动档次化消费；④为犊牛肉的合理定价提供科学依据，推动优质优价的市场氛围的形成。

（一）美国的犊牛肉分级体系

20 世纪 80 年代美国犊牛肉的生产达到了高峰，最近几年由于各种原因犊牛肉的发展并不尽如人意，但是小牛肉在美国的经济中仍然占有比较重要的地位。1928 年美国农业部提出了首部犊牛胴体分级标准，先后历经 7 次修改、增补得到 1980 年犊牛胴体分级标准。

犊牛肉评级标准将胴体体型结构和瘦肉的品质相结合。胴体的体型结构是指胴体各个部分的发育比例，胴体上肌肉的相对厚度以及骨肉比；胴体的品质评定内容主要包括肉色、肋部内表面羽状脂肪的数量、肌肉的坚挺度 3 个方面。其中，肉色分为 3 个级别，肋部内表面羽状脂肪的数量和肌肉坚挺分别包括 12 个类别和 11 个类别。相对体型结构而言，肉质对分级更为重要，因此分级标准中涉及一个重要的概念——补偿效应，即最优级、上等级的体型结构劣势可由肉质优势无条件补偿，反之，不可；良好级、标准级的体型结构劣势可由肉质优势无条件补偿，同时肉质劣势可由胴体优势进行有限的补偿。

犊牛肉依据体型结构、肉质两个指标进行综合评级，共分为 5 个等级，从高到低依次为：特级（Prime）、优选（Choice）、良好（Good）、标准（Standard）、可用（Utility）。

（二）加拿大的犊牛肉分级体系

目前加拿大的犊牛胴体分级法规是由加拿大食品检验局（CFIA）颁布并于 2009 年 10 月 1 日起实施的最新法规。该法规规定将去皮后胴体体重不满 180 kg 的牛胴体统称为犊牛胴体，犊牛肉根据肉色、肌肉度和脂肪覆盖度进行等级评定，共分为三等 10 级，为 A1、A2、A3、A4、B1、B2、B3、B4、C1 和 C2。

A 等不同级别肉的颜色分别为浅红色、粉红和红色。对应的比色读数分别为大于或等于 50 分、40~49 分、30~39 分、小于或等于 29 分。肌肉度范围为良好到优良，无凹痕。在以下 3 点中要具有 2 项，即一是从尾根到飞节间上部的肉块形状由鼓出到平稍凸；二是腰部宽而厚；三是棘突骨架上肉层覆盖完好。另外，脂肪颜色为乳白色或乳白色中夹带粉色，肾脏有脂肪但不多，肋和前胸脂肪明显可见。

B 等各级肉的颜色同 A 等各级的肉色。肌肉度在中下到优良级，无凹痕或稍有凹痕。在以下 3 项缺点中不能超过 2 项：①臀端可见但不突出；②腰的背侧肌肉不足；③骨架棘突肌肉分布不连续。同时肾脏区、肋部脂肪存积从轻度到过量不等。

C 等级只有 2 级肉色要求。C1 级为粉色、浅粉色，颜色读数大于或等于 40 分；C2 为浅红色到深红色，读数小于或等于 39 分。肌肉度近似于 B 等或不足。肾脏脂肪、肋部脂肪的数量很少或没有。

（三）欧盟的犊牛肉分级体系

欧盟是犊牛肉生产的发源地，同时也是目前最主要的生产和消费区域。每年生产的犊牛总数超过 600 万头，欧盟各国中法国、荷兰和意大利是犊牛生产比较发达的国家，每年产犊牛分别为 160 万头、130 万头、87 万头。

通过不断的研究和协调，欧洲共同体国家在 1981 年制定、实施了大小牛胴体肉通用的质量标准，该标准一直沿用至今。欧盟牛胴体肉质量标准由两个指标构成，一是体型结构，二是膘度。体型结构用字母表示，分为 5 个大类：E、U、R、O、P，分别代表着优、良、中、可、劣。每个大类又分为 3 个亚类，例如 R 级分为 R+（高）、R0（一般）和 R-（低）。所以，体型结构细分为 15 个级别。膘度用数字表示（5、4、3、2、1），分值越高膘度越厚。鉴于肉色是消费者在购买牛肉时的一个重要评定标准，因此，作为欧盟成员国之一的荷兰在进行犊牛肉分级时除了考虑上述两个指标，还将肉色进行分级，肉色从近乎白色到玫瑰红，共分为 13 个等级。其中肉色 1～10 用于犊牛白肉分级，肉色 11～13 用于犊牛红肉分级。分级员按照以上 3 个方面的评定结果，最终确定胴体等级。

（四）我国的犊牛肉分级体系

目前，由于我国肉牛主要以分散饲养为主、中小规模育肥场为辅的肉牛饲养模式。并且大多是以牧区放养和农区役牛淘汰后，进行短期强化育肥，用混合精料饲喂的相对较少，所以牛肉的纤维较粗，口感较差。而且我国名、优、特牛肉产品数量不足。这是我国牛肉出口少、需要大量进口高档牛肉的主要原因。

无论是从企业的数量、规模，还是加工能力，我国肉牛加工企业的水平都比较低，特别是缺乏一批规模大、前景好、带动力强、产品市场占有率高的重点企业，难以形成对全国肉牛产业整体发展的有效拉动。而且我国目前为止还没有一套完整的犊牛肉的分级标准，虽然现在有一定的发展，但是主要工作还集中于犊牛的饲养管理、犊牛代乳粉研究等工作，几乎没有开展犊牛肉分级方面的研究。我国 2003 年，首次提出尽快完善中国牛肉等级标准，增补犊牛肉分级体系是我国目前解决奶公犊牛利用问题的关键。

三、新型牛肉分级技术及其应用

随着牛肉的生产和消费的大幅度提升，世界各主要的牛肉生产大国都制定和颁布实施了符合本国的牛肉分级制度，这些牛肉分级体系采用的分级方法均包括对视觉指标的评定，比如肉色、脂肪色、大理石纹和软骨骨质化程度等指标进行评级。然而对牛肉评级的过程中主要依靠的是评级员的主观臆想和标准等级进行对比，最后在特征匹配和经验上确定牛肉等级，这对评级员的工作环境和工作量都要求很高。评级员在工作过程中可能会出现身体疲倦和视觉疲劳等情况，因此会在评级过程中出现误判的情况。对于同一产品不同的评级员也可能会评断出不同的级别。因此为了解决以上问题，世界各国均展开了对牛肉分级技术的研究。出现了各种分析技术，比如力学探针测定技术、紫外荧光探针技术、计算机视觉牛肉分级技术、超声波无损探伤技术、X 射线透视技术和近红外线反射光分析技术等。

目前世界上牛肉分级以美国、日本、澳大利亚的分级体系较为完善。我国自从颁布了牛肉分级标准，计算机视觉牛肉分级技术一直在牛肉分级过程中起着至关重要的作用。

（一）计算机视觉技术

计算机视觉也称作机器视觉，是以计算机和图像获取部分为工具，以图像处理技术、图像分析技术、模式识别技术、人工智能技术为基础，处理所获取的图像信息，并从图像中获得某些特定的信息。国外在 20 世纪 80 年代就已经应用计算机视觉技术在农产品颜色分类方面进行研究。虽然在刚开始的时候技术并不成熟，但是随着计算机视觉的发展和科研人员的不懈努力探索，已经取得了不错的成绩。牛肉分级技术包含大理石纹、肉色、脂肪色、背膘厚度和眼肌面积等指标，鉴于美国、澳大利亚、日本和中国的牛肉分级，基本上都包含眼肌横切面的评定指标，所以在评定级别时，眼肌横切面是主要评定对象，并且在不断探索和研究中结合计算机技术对牛肉进行合理且标准的分级。刚开始计算机视觉牛肉分级技术是利用图像处理技术，1989 年 Chen 将图像处理技术用于牛肉质量分级，利用图像处理技术，计算出了美国牛肉分级系统中 6 张牛肉大理石纹标准图版的肌内脂肪面积，并将其作为判定牛肉质量等级的定量指标。但是随着人们的认知提升，发现要判定眼肉的质量，不仅要考虑肌内脂肪颗粒的面积，还要考虑不同面积大小脂肪颗粒的比例、脂肪颗粒之间的依存程度、脂肪颗粒分布的均匀程度以及结缔组织纹理的粗细等指标。要计算出这些指标，原有的图像处理技术就需要提取更多的数据和更为精准的图像和处理方法。

1. 计算机视觉和图像处理技术的图像获取方法

Mcdonald 和 Chen（1990）首先应用图像处理的办法，依据瘦肉与脂肪不同的反射特性，对背最长肌的瘦肉和脂肪进行了区分。大理石纹的等级评定依据指眼肌切面中背最长肌区域内脂肪的含量和分布情况，大理石纹越丰富，牛肉等级越高。大理石纹是决定牛肉质量等级比较重要的因素，利用计算机视觉技术对牛肉大理石纹的等级评定主要解决两个问题，一是将大理石纹提取出来，二是将大理石纹的丰富程度量化。分割提取背最长肌区域内的大理石纹是后续等级评定的前提，比较常用的分割算法有阈值法、数学形态学法、边缘检测法、基于区域和基于聚类的分割算法等。提取大理石纹的步骤一般是先去除背景，再区分出肌肉和脂肪像素，最后提取出背最长肌作为目标区域，从而实现大理石纹的提取。在提取大理石纹的步骤中最重要的是区分肌肉和脂肪像素，以及提取背最长肌区域。灰度（Gray scale）数字图像是每个像素只有一个采样颜色的图像。这类图像通常显示为从最暗黑色到最亮的白色的灰度，尽管理论上这个采样可以是任何颜色的不同深浅，甚至可以是不同亮度上的不同颜色。灰度图像与黑白图像不同，在计算机图像领域中黑白图像只有黑白两种颜色，灰度图像在黑色与白色之间还有许多级的颜色深度。但是，在数字图像领域之外，“黑白图像”也表示“灰度图像”，例如灰度的照片通常叫作“黑白照片”。阈值法是一种最简单的图像分割方法，是一种最常用的并行区域技术。阈值是用于区分目标和背景的灰度门限。如果图像只有目标和背景两大类，那么只需要选取一个阈值称为单阈值分割，这种方法是将图像中每个像素的灰度值与阈值相比较，灰度值大于阈值的像素为一类，灰度值小于阈值的像素为另一类。如果图像中有多个目标，就需要选取多个阈值将各个目标及背景分开，这种方法为多阈值分割。全局阈值法指利用全局信息对整幅图像求出最优分割阈值，可以是单阈值，也可以是多阈值。由于全局阈值法是一种传统且常用的图像分割方法，操作简单、计算量小、性能稳定而成为图像分割中最基本和应用最为广泛的技术。

大理石纹评级是基于眼肌切面中背最长肌区域进行的，这一区域作为后续评级的感兴趣区域必须单独提取出来。最常用的提取方法是基于数学形态学的图像处理法，即在二值化图片上采用标记、反复腐蚀和膨胀等操作，先将 ROI（Region of Interest）与眼肌外围脂肪、附生肌等区域分离出来，然后通过区域面积标记，选取最大连通区域来实现 ROI 提取。数学形态学是研究数字影像形态结构特征与快速并行处理方法的理论。1964 年法国学者 Serra 对铁矿石的岩相进行了定量分析，以预测铁矿石的可轧性。1982 年 Serra 的专著《图像分析与数学形态学》是数学形态学发展的重要里程碑。目前，数学形态学在图像分析中已取得重要的进展。数学形态学是以形态为基础对图像进行分析的数学工具，其基本思想是用具有一定形态的结构元素为工具度量和提取图像中的对应形态特征，以达到对图像分析和识别的目的（图 6-12）。

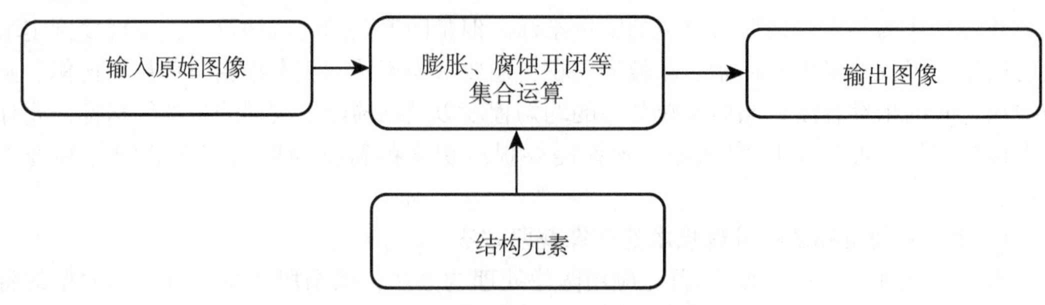

图 6-12　数学形态学的基本思路

数学形态学的基本运算有 4 个：膨胀、腐蚀、开启和闭合。上述这种区域提取方法也有缺陷，反复的膨胀、腐蚀操作会导致目标区域的面积、周长等形态参数出现精度误差，对于雪花牛肉这类肌肉脂肪比较丰富的品种，算法的适应性较差，易出现过分分割或欠分割现象，影响后期评级的准确性。

从分割图像中提取出有效反映大理石纹丰富程度的特征参数，并将这些特征与大理石纹等级之间建立数学模型，从而实现对未知样本的等级预测。

2. 利用计算机视觉技术对牛胴体质量等级的评定

牛肉眼肌大理石纹通过计算机图像获取，进行图像预处理后进行量化分析，从而得到量化的处理结果。通过与人工分级的比较可以判断计算机视觉分析的可行性与准确性。以上原理通过以 C^{++} 为操作平台的编程实现。实验原理见图 6-13。

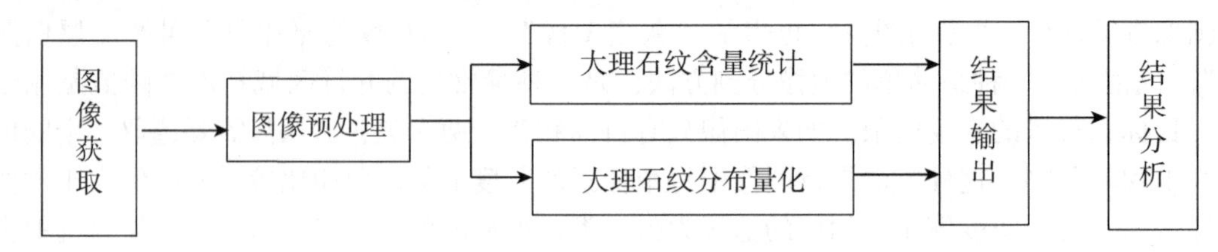

图 6-13　计算机视觉技术实验原理

注：引自王卫（2012）。

胴体生理成熟度是评定肉牛胴体质量等级的一个重要指标，代表着牛胴体各部位的生长发育情况。牛胴体的生理成熟度越小，牛肉品质越好，等级也越高。有研究表明，随着胴体生理成熟度的提高，牛肉的肌原纤维会变粗，剪切力值会变大，牛肉的蒸煮损失也会呈增大趋势。肉牛的胴体生理成熟度可根据门齿的变化或脊椎骨棘突末端软骨的骨质化程度来判断。随着牛年龄的增长，表现为胸椎末端软骨的颜色发生变化。在实际生产中，门齿的判定具有一定的难度，而骨质化程度判定可以依靠视觉评定直接判定，相对方便易行。Hatem 等（2003）对基于计算机视觉的肉牛胴体生理成熟度检测进行研究，提取出表征软骨颜色变化的特性曲线，并基于平均色调值建立了网络模型。孟祥艳（2010）在识别出软骨区域的基础上，优选出复杂形状参数、凹性率两类参数，利用 BP 神经网络模型预测肉牛胴体生理成熟度的等级。

肉的外观颜色包括肌肉、脂肪的颜色和光泽，能够代表肉的生理、生化和微生物学的变化，虽然在正常范围内对肉的营养成分没有太大的影响，但消费者往往会将肉色同新鲜度、肉的风味或肉的质量联系起来，所以颜色是肉类分级时必须考量的重要指标之一。已有学者等通过评估小组对比分析了计算机视觉系统和色差计对牛肉、猪肉和鸡肉颜色的评估能力，结果发现计算机视觉技术对颜色的测量比较可靠。为了将牛肉的颜色与人眼的视觉特征联系起来，我们首先对物质的显色规律做一简单的介绍。亮度与颜色是进入眼睛的可见光的强弱及波长成分的一种感觉的属性，可见光是波长为 400~760 nm 的电磁波。人眼对不同波长反映的颜色感觉是不同的，格拉斯曼定律反映的视觉对颜色的反应取决于红（R）、绿（G）、蓝（B）输入量的代数和这一事实，CIE 选择红色（λ=700. 0 nm）、绿色（λ=546. 1 nm）、蓝色（λ=435. 8 nm）3 种单色光作为表色系统的三基色，即 RGB 颜色系统。随着牛肉自动分级技术研究的深入和发展，一些学者开始将基于机器视觉和图像处理技术的牛肉自动分级系统应用于实际生产中。Jeyamkondan 等（2001）对一套视觉图像分析系统进行了测试，该系统可以分别自动地对牛肉的颜色和大理石纹评定等级，然后自动根据牛肉的颜色和大理石纹等级给出牛肉的质量等级。

（二）近红外技术

近红外分析技术的最早应用可追溯到 1939 年，但真正用于农产品实用分析方面是 20 世纪 60 年代，代表人物是美国的 Karl Norris。由于光学、计算机数据处理、化学光度理论和方法等各种科学技术的不断发展，以及新型近红外仪器的不断出现和软件版本的不断翻新，近红外分析技术从研究低谷走出，研究内容增多、范围拓宽，在谷物、食品、饲料、油脂工业等领域得到应用，测定的成分也越来越多。可直接测量颗粒状、粉末状、糊状、不透明试样、流动试样甚至是完整的样品。由于近红外技术是一种快速、在线、非破坏性和高精度的分级技术方法，适用于牛肉质量分级的检测。通过 30 多年的大量研究，近红外光谱分析技术发展很快。由于有分析成本低、速度快、精度高、数据可靠和无化学污染等特点，因此可用于实时监测和在线分析。当传统的质量检测技术难以适应生产需求时，该技术作为一种新型的质量检测方法逐渐受到越来越多的人关注。

1. 近红外技术的原理

近红外技术的原理是利用近红外光谱，其光谱是介于可见光谱和中红外光谱区之间的电磁波。电磁波中的近红外（Near Infrared，简称 NIR）谱区指可见光区到中红外之间的电磁波，波长范围在 700~2 500 nm。近红外光谱可划分为短近红外波段和长近红外波段，其波段范围分别为 700~1 100 nm 和 1 100~2 500 nm。近红外光是电磁波，具有光的属性，即具有“波”“粒”二重性，因此，对光的能量也可以用光子表示。量子力学理论认为，光子能量为：E=hv（其中 h 为普朗克常数，v 为光子频率）。近红外的光子能量同样可以使用上述公式定量描述。

随着多元校正技术的发展，1971 年瑞典化学家 Wold 首先提出了化学计量学一词，它是应用化学测量方法，并通过解析化学测量数据，最大限度地获取化学及其他相关信息。近红外光谱中化学计量方法的研究主要涉及 3 个方面的内容：一是光谱预处理方法的研究，目的是针对特定的样品体系，通过对光谱的适当处理，减弱以至消除各种非目标因素对光谱的影响，净化谱图信息，为校正模型的建立和未知样品组成或性质的预测奠定基础；二是建立近红外光谱定性或定量校正模型；三是校正模型传递技术的研究，也称近红外光谱仪器的标准化，目的是将在一台仪器上建立的定性或定量校正模型可靠地移植到其他相同或类似的仪器上使用，从而减少建模需要的时间和费用。

为了防止近红外光谱测定中的不稳定性，一般要对光谱进行预处理，一方面消除随机噪声、样品背景干扰、测样器件等因素对校正结果产生的影响；另一方面是谱图信息的优化，对样品信息突出的光谱区域进行筛选，选择最有效的光谱区域，提高运算效率。

2. 近红外光谱定性与定量分析

近红外光谱分析技术又称“黑匣子”分析技术，即间接测量技术。由于样品的近红外光谱与其内在性质和质量参数间存在相关性，因此对两者进行关联，建立校正模型，进而通过建立的校正模型预测样品内在性质和质量参数。建立可靠的定性或定量模型是对样品类别组成或性质做出准确预测的前提，因此定性或定量校正方法的研究一直是近红外光谱分析中的一个核心问题。

近红外光谱的定性分析是依靠已知样品及未知样品的谱图的比较来完成的。近红外光谱谱带较宽且灵敏度较差，远不如中红外光谱可以直接给出各官能团的信息，要借助计算机来完成。定性分析主要用于两个方面：一是用于样品的识别，选择有代表性的样品构成样品集，算出样品的数学空间范围，然后用此空间范围来判定未知样品的归属；二是样品的分类，通过分析样品的光谱特征，按照光谱的相似性进行分类，确定样品的归属，为建立精确的校正型或对未知样品进行准确的预测奠定基础。

近红外光谱的定量分析与常规分析方法不同，它有一套特殊的方法，其关键是建立时间与空间都稳定的数学模型。除了要有优秀的算法软件以及有经验的近红外专业人员外，特别重要的是选择并建立有代表性的标准样品；建立规范、严格、可重复的实验方法，准确测定标准样品的近红外光谱以及作为待测量的化学值。每个数学模型对应一定的样品范围、背景状况、仪器条件、测量方法以及光谱的预处理方法与化学计量学算法，一旦样品的背景或测定方法发生变化，数学模型就不再适用，这个特点可以称为数学模型的“匹配性”，必须不断地修正和维护，才能得到稳定的数学模型。对复杂样品进行 NIR 分析时，NIR 的测定受到多方面的影响，单一波长下获得的光谱数据很难获得准确的定量分析结果。为了解决 NIR 谱区重叠与谱图测定不稳定问题，必须充分利用多波长的信息，因为 NIR 光谱中的各个谱区内部包括多种成分的信息（谱区重叠），而同一组分的信息分布在 NIR 光谱的多个谱区；不同组分虽然在某一谱区可能重叠，但在多个谱区内不可能完全相同。

由于多组分的近红外光谱无法直接反映成分的含量或性质，必须将近红外光谱与经典的化学测定或物理测定联系起来，通过建立校正方程才能完成对待测成分的定性、定量分析。NIR 定量分析的流程分为两大步骤：一是建立数学模型（分析方法、预测方程）并检验、优化模型的稳定性；二是应用数学模型，利用未知样品的近红外光谱，预测未知样品中有关组分的含量或性质。NIR 分析中最重要的是建立稳定、理想的数学模型，主要步骤有以下几个方面。①建立校正样品集。选择有代表性的样品，其中一部分用作校正方程的建立，另一部分用作对校正方程的检验。②确定光谱仪器参数。选择的参数应尽可能减少仪器带来的误差。③采集样品的近红外光谱。为获得最优信息，应准确规范地采集样品近红外光谱信息，建立的数学模型才能去除近红外光谱测定中的不稳定因素。④测量标准值。按照国家标准或行业标准的标准方法测量全部样品成分的含量或者性质，并作为建模的标准值。⑤建立并验证数学模型。运用化学计量学方法从复杂的背景与谱峰重叠的图谱中提取波长，建立光谱特征与组分含量或性质参数之间关系的数学模型，再通过样品集内部校正和外部校正检验数学模型。⑥分析预测结果。将预测样品的光谱数据代入校正方程，计算出待测成分的理论计算值，并分析预测值与标准值之间的误差，及不同方法对建立模型稳定性的影响。⑦修正、优化数学模型。为了提高数学模型在时间和空间上的稳定性，要不断地重复以上步骤，对数学模型不断修正和维护，稳定的数学模型需要不断地完善，这个过程是无止境的。

肉的品质受到多个因素的影响，主要包括宰前因素（物种、品种、性别、基因型、肌肉部位、饲喂系统等）及宰后因素（温度、解冻僵直、成熟时间等），因此具体到各个肉块，其品质各异，应用近红外光谱技术依据消费者比较关注的品质指标对肉类进行质量分级，有利于实现优质优价的市场局面；而肉类的销售形式又有多样性，尤其当肉类被切丁，切碎或绞碎并批量销售时，这些材料的成分存在很大变化，很容易被操纵，对食品制造业造成很大的压力，应用近红外光谱技术对其进行判断，以保证得到的原料肉符合质量要求。

3. 应用近红外技术测定牛肉品质的检测流程与方法

近红外技术检测的过程与方法。首先，选择实验仪器。选择合适的近红外光谱仪，仪器在使用前要提前预热至少半小时以上，为防仪器在开始工作时不稳定会发生漂移，所以在第一个样品正式扫描前，应反复扫描 5~8 次，等仪器稳定后，正式进行扫描。环境温度控制在 23~25℃，相对湿度 35%~50%。其次，确定仪器的参数。仪器的参数包括分辨率、扫描次数、光谱选择的范围、本底材料、检测器等，选用合适的仪器工作参数，并在整个样品光谱采集过程中保持不变，是建立稳健方程的前提。材料的选取：牛屠宰后，取位于第 12 至 13 根肋骨之间约 3 cm 厚的牛肉背最长肌，共收集 64 个样本，样本用保鲜袋装好后放置在 2℃下冷藏 7 d，让其充分成熟嫩化。由于牛肉的嫩度与脂肪含量密切相关，因此，肌内脂肪含量直接影响肉的嫩度。大理石纹中的白纹路，即为明显的脂肪。采用近红外光谱技术时，若扫描部位正好是白纹路部分，则可能判别为嫩度较低，因此应该避开。在进行样品选择时，要选择具有代表性的样品，准确测量光谱数据和化学值是建立定标方程式的基础，否则会影响预测精度。校正集和预测集的选择对校正方程的求解和预测的精度都很重要，是光谱分析中的关键步骤之一，选择原则应该能真实反映全部样品的性质。

牛肉近红外光谱扫描：光谱扫描时，控制近红外光线照射在与肌纤维相垂直的横截面上，以 8 cm^{-1}的分辨率进行 64 次扫描。对每个样本上 3 个不同的位置进行光谱扫描，得到 3 条光谱曲线，用这 3 条光谱曲线求平均，形成一条平均光谱曲线。扫描时应尽量避免近红外光束照在脂肪区域。

牛肉剪切力测定实验：按照目前国内通用的方法，即将肌肉用塑料膜包装，放到水中加热，水浴温度控制在 75~80℃，加热到肉中心温度 70℃为宜。将肌肉取出用保鲜袋装好置于 4℃下冷却 24 h。按与肌纤维平行的方向切取剪切样本 3~4 个，样本为长条形，截面尺寸为 10 mm×10 mm，长度为 25 mm 左右。用沃-布剪切仪（如 TA-XT2i Texture Analyser）对每个剪切样本垂直于肌纤维方向进行剪切，分别得到最大剪切力值，求其平均值得到该牛肉样本的最大剪切力值。

牛肉嫩度的主观评价：由 7 位受过专门培训并积累了一定经验的评审人员对 64 个样本进行嫩度分级，共分成 1、2、3 三级：1 指嫩牛肉；2 指中等嫩度的牛肉；3 指老牛肉。

多元统计分析：64 个样本的光谱分成两个集合，即校正集（45 个）和预测集（19

个）。校正集用于数学模型的建立，预测集用于对所建模型进行检验。常用的统计模型主要是多元线性回归（MLR）。多元线性回归的表达式为 $F=b_0+b_1+f_{\lambda0}+b_2f_{\lambda1}+\cdots+b_N f_{\lambda N}$。式中，F 表示测得的牛肉样本的最大剪切力值；$b_0$表示回归方程的常数项系数；$b_1$、$b_2$、…、$b_N$，表示回归系数；$f_{\lambda0}$、$f_{\lambda1}$、…、$f_{\lambda N}$，表示各波数点处的吸收光谱；$\lambda_i$（$i=0, 1, 2, \cdots, N$）表示与各波数点相应的特征波长，$i$ 表示方程的自变量个数。

牛肉样本剪切力分析：将实验所测得的 64 个牛肉样本的最大剪切力值与主观评价实验中评审员的嫩度分级相对照，得出剪切力值小于 6 kg 的牛肉为嫩牛肉，嫩度等级为 1；剪切力值大于 9 kg 的牛肉为老牛肉，嫩度等级为 3；剪切力值 6~9 kg 的牛肉为中等嫩度的牛肉，嫩度等级为 2。

牛肉背最长肌的近红外吸收光谱特性：不同牛肉的嫩度有不同的近红外吸收光谱。

牛肉嫩度等级预测的 MLR 模式：用校正集的 45 个牛肉样本在波数 4 000~10 000 cm^{-1} 范围内进行有进有出的逐步回归，建立校正模型，可以得到回归方程。按照以上步骤就可以评判出牛肉的嫩度等级。

（三）人工智能技术

尽管牛肉分级标准中给出了各个等级大理石纹的标准图版和各个等级的标准肉色版，评定师可以以此为参照来判定牛肉的等级，但由于标准图版各个等级之间没有明确的界限，实际的牛肉大理石纹结构复杂、肉色千变万化，评定师对牛肉等级的判断需要基于专业知识，在经验的基础上经过观测、特征归纳和推演判断等一系列智力活动才能得出正确的结论。人工智能技术是一项基于专家的专门知识和经验，模仿人的智能活动过程，对所面临的问题进行分析从而做出逻辑推理和判断的先进技术，适合于牛肉的分级过程。因此，在研究开发牛肉自动分级系统方面首先获得成功应用。一套基于人工智能技术的牛肉自动分级系统应由信息获取和等级判定两个子系统构成。信息获取系统通过摄像头获取牛肉眼肌横截面的彩色图像信息，将获得的图像进行数字转换、分割、特征提取以及指标量化等处理后输出到等级判定系统（图 6-14）。等级判定系统实质上为一套专家系统，该系统以牛肉分级标准作为其知识源和评定标准，对输入的牛肉视觉特征信息进行评判，从而给出相应的等级值。

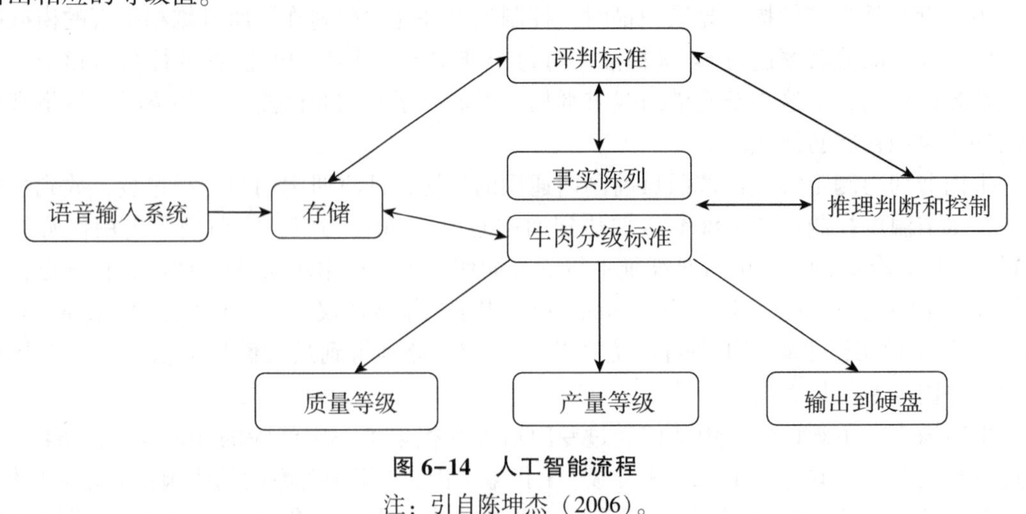

图 6-14　人工智能流程

注：引自陈坤杰（2006）。

第三节　牛肉肉品检验及肉品质测定

一、肉品检验

（一）冷却肉检验

冷却肉又称为冷鲜肉、排酸肉、冰鲜肉。指的是经兽医检验，证实健康无病的动物，在国家批准的屠宰厂内进行屠宰后，将肉很快冷却下来，然后进行分割、剔骨、包装，并始终在低温下贮藏、运输的肉。冷却肉的肉温始终保持在-5～-2.2℃。在超市中的冷却肉大都是精细分割的部位肉，放在覆盖有透明保鲜膜的托盘上，在产品的标签上标有肉的部位、重量、单价、总价和生产日期等。冷却肉是将刚刚屠宰的牛胴体，在-20℃的条件下迅速进行冷却处理，使胴体深层温度 24 h 内降至 0～4℃，并在后续的加工、贮藏、运输和销售过程中始终使肉处于冷链控制之下，使酶的活性和大多数微生物的生长繁殖受到抑制，确保了冷鲜肉的安全卫生。而且，冷却肉经历了较充分的解僵成熟过程，肉质变得细嫩，滋味变得鲜美。同时，冷却肉在冷却环境下表面形成一层干油膜，不仅能够减少肉体内部水分蒸发，使肉质柔软多汁，而且可阻止微生物的侵入和繁殖，延长肉的保藏期限。冷却肉的保质期可达 1 周以上。而一般热鲜肉的保质期只有 1～2 d。同时，经过冷却“后熟”以后，冷鲜肉肌肉中肌原纤维的连接结构会变得脆弱并断裂成小片段，使肉的嫩度增加，肉质得到改善。

冷却肉克服了热鲜肉、冷冻肉在品质上存在的不足和缺陷，始终处于低温控制下，大多数微生物的生长繁殖被抑制，肉毒梭菌和金黄色葡萄球菌等病原菌分泌毒素的速度大大降低。另外，冷鲜肉经历了较为充分的成熟过程，质地柔软有弹性，汁液流失少，口感好，滋味鲜美。

冷却肉的主要优点：一是感官舒适性高。冷却肉在规定的保质期内色泽鲜艳，肌红蛋白不会褐变，与热鲜肉无异，且肉质更为柔软。因其在低温下逐渐成熟，某些化学成分和降解形成的多种小分子化合物的积累，使冷却肉的风味明显改善。冷却肉的售价之所以比热鲜肉和冷冻肉高，原因是生产过程中要经过多道严格工序，需要消耗更多的能源，成本较高。合格与不合格的冷鲜肉，仅从外表上很难区分，两者仅在颜色、气味、弹性、黏度上有细微差别，只有做成菜后才能明显感觉到不同：合格的冷却肉更嫩，熬出的汤清亮醇香。二是营养价值高。冷却肉遵循肉类生物化学基本规律，在适宜温度下，使屠体有序完成了尸僵、解僵、软化和成熟的过程，肌肉蛋白质正常降解，肌肉排酸软化，嫩度明显提高，非常有利于人体的消化吸收。且因其未经冻结，食用前无须解冻，不会产生营养流失，克服了冻结肉的这一营养缺陷。冷冻肉是将宰杀后的畜禽肉经预冷后在-18℃以下速冻，使深层温度达-6℃以下。冷冻肉虽然细菌较少，食用比较安全，但在加工前需要解冻，会导致大量营养物质流失。除此之外，低温还减缓了冷鲜肉中脂质的氧化速度，减少了醛、酮等小分子异味物的生成，并防止其对人体健康的不利影响。三是安全系数高。冷却肉从原料检疫、屠宰、快冷分割到剔骨、包装、运输、贮藏、销售的全过程始终处于严格监控下，防止可能的污染发生。屠宰后，产品一直保持在 0～4℃的低温下，这一方式不仅大大降低了初始菌数，而且由于一直处于低温下，其卫生品质显著提高。而热鲜肉通常为凌晨宰杀、清早上市，不经过任何降温处理。虽然在屠宰加工后已经卫生检验合格，但在加工到零售的过程中，热鲜肉不免会受到空气、昆虫、运输车和包装等多方面污染，而且在这些过程中肉的温度较高，细菌容易大量增殖，无法保证肉的食用安全性。

牛肉在冷加工过程中因微生物再污染、氧化、温度过高、温度波动及超期库存等，使肉变色、表面黏腻、产生异味、失去弹性，这时感官检测是最好的办法，但是只能检测出肉质变化严重的部位。

（二）冷冻肉检验

冷冻肉是指牛肉宰杀后，经预冷排酸、急冻，继而在-18℃以下贮存，深层肉温达-6℃以下的肉品。优质冷冻肉一般在-40～-28℃急冻，肉质、香味与新鲜肉或冷却肉相差不大。如果冷冻温度较低，肉质、香味会有较大的差异，影响肉的品质。保藏的原理主要是对肌肉中的微生物和酶的影响。在低温下微生物物质代谢过程中各种生化反应减缓，因而微生物的生长繁殖就逐渐减慢；温度下降至冻结点以下时，微生物及其周围介质中水分被冻结，使细胞质黏度增大，电解质浓度增高，细胞的 pH 值和胶体状态改变，使细胞变性，加之冻结的机械作用细胞膜受损伤，这些内外环境的改变是微生物代谢活动受阻或致死的直接原因。低温对酶并不起完全的抑制作用，酶仍能保持部分活性，因而催化作用实际上也未停止，只是进行得非常缓慢而已。例如，胰蛋白酶在-30℃下仍然有微弱的反应，脂肪分解酶在-20℃下仍然能引起脂肪水解。一般在-18℃即可将酶的活性减弱到很小。因此，低温贮藏能延长肉的保存时间。

肉的低温贮藏法分为冷却法和冻结法，肉的冷却贮藏是指使产品深处的温度降低到0～1℃，然后在0℃左右贮藏的方法。冷却肉冷藏的目的，一方面可以完成肉的成熟过程，另一方面达到短期保藏的目的。短期加工处理的肉类，不应冻结冷藏。因为冻结后再解冻的肉类，即使条件非常好，其干耗、解冻后肉汁流失等都较冷却肉大。延长冷却肉贮藏期的方法主要有二氧化碳、抗生素、紫外线、放射线、臭氧以及气态氮代替空气介质等方法，但是目前市场上主要应用的有以下几种。①二氧化碳法。在低温条件下，二氧化碳的浓度在10%时可以使肉上的霉菌增长缓慢，20%时则会使霉菌活动停止。二氧化碳具有很大的溶解性，并随温度降低而增大，还能很好地透过细胞膜。肉的脂肪、蛋白质和水都能很好地吸收二氧化碳。因此在短时间内二氧化碳的浓度足够可以增加到不仅可以抑制肉表面的微生物，也能抑制组织深部微生物的增长。由于二氧化碳在脂肪中具有很好的溶解性，脂肪中氧含量就会减少，从而抑制了脂肪的氧化和水解。在温度为0℃和二氧化碳浓度为10%～20%条件下贮藏冷却肉，贮藏期可以延长1.5～2.0倍。但是当二氧化碳的浓度超过20%时，由于二氧化碳与血红蛋白和肌红蛋白的结合，肉的颜色会变暗，而且采用二氧化碳贮藏需要特别结构的贮藏室。②紫外线照射。用紫外线照射冷却肉的条件是空气温度为2～8℃，相对湿度为85%～95%，循环空气速度2 m/min。用紫外线照射的冷却肉，其贮藏期能延长1倍。但是紫外线照射只能使肉表面层灭菌，照射会使某些维生素（如维生素 B_6）失效，肉表面由于肌红蛋白和血红蛋白的变化和氧合肌红蛋白转变成高铁肌红蛋白而发暗。由于形成臭氧，脂肪的氧化过程显著增强，胴体难以被均匀地照射，紫外光对人眼睛和皮肤有害。

温度在冰点以上，对酶和微生物的活动及肉类的各种变化，只能在一定程度上有抑制作用，不能终止其活动。所以肉经冷却后只能作短期贮藏。如要长期贮藏，需要进行冻结，即将肉的温度降低到-18℃以下，肉中的绝大部分水分（80%以上）形成冰结晶，该过程称为肉的冻结。

肉的冻结过程首先是肌细胞间的水分冻结并出现过冷现象，而后细胞内水分冻结。这是由于细胞间的蒸汽压小于细胞内的蒸汽压，盐类的浓度也较细胞内低，而冰结点高于细胞内的冰点。因此，细胞间水分先形成冰晶。随后在结晶体附近的溶液浓度增高并通过渗透压的作用，使细胞内的水分不断向细胞外渗透，并围绕在冰晶的周围使冰晶体不断增大，而成为大的冰颗粒。直到温度下降到使细胞内部的液体冻结为冰结晶为止。快速冻结和慢速冷结对肉的质量有着不同的影响。慢速冻结时，在最大冰晶体生成带（-5~1℃）停留的时间长，纤维内的水分大量渗到细胞外，使细胞内液浓度增高，冻结点下降，造成肌纤维间的冰晶体越来越大。当水转变成冰时，体积增大9%，结果使肌细胞遭到机械损伤。这样的冻结肉在解冻时可逆性小，引起大量的肉汁流失，因此慢速冻结对肉质影响较大；快速冻结时温度迅速下降，很快地通过最大冰晶生成带，水分重新分布不明显，冰晶形成的速度大于水蒸气扩散的速度，在过冷状态停留的时间短，冰晶以较快的速度由表面向中心推移，结果使细胞内和细胞外的水分几乎同时冻结，形成的冰晶颗粒小而均匀，因而对肉质影响较小，解冻时的可逆性大，汁液流失少。肉的冻结最佳时间取决于屠宰后肉的生物化学变化。在尸僵前、尸僵中及解僵后分别冻结时，肉的品质和肉汁流失量不同。尸僵前冻结，由于肌肉的ATP、糖原、磷酸肌酸、肌动蛋白含量多，乳酸、葡萄糖少，pH值高，肌肉表面无离浆现象，肌原纤维结合紧密，肌微丝排列整齐，横纹清晰，这时快速冷冻，冰晶形成小且数量多，存在于细胞内。当缓慢解冻时可逆性大，肉汁流失少。但急速解冻会造成大量汁液流失。

按照每批肉产品随机抽3~7件，在保温设备中送检，避免鲜冻肉汁流失干扰测定结果，测定时，每个样品取1 000~1 200 g，置于有铁丝网架的搪瓷盘的网架上。网架底距离瓷盘在2 cm以上，样本上包裹塑料膜，使样品在15~25℃自然解冻，待样品中心温度达到2~3℃时，用电子秤称取重量，再将样品置于铁丝网上放置30 min以上，再次称量，按照以上步骤反复称量，直到两次相差20 g以内，计算出解冻失水率，其他测定项目与鲜肉相同。

（三）新鲜肉、冷却肉、冷冻肉的区别

新鲜肉是指凌晨宰杀，清早上市的“热鲜肉”，未经任何降温处理的畜肉。刚宰的畜肉即刻烹调，即使利用一等烹调技法，味道并不鲜美，而且肉质坚韧，不易煮烂，难以咀嚼。这是因为宰杀后畜肉需要经过一定时间的“后熟”过程，才使肉质逐渐变得柔软、多汁、味美。从开始僵硬到完全僵硬的时间越长，保持鲜度的时间也越长，而处于僵硬期的鲜肉既不易煮烂，也缺乏风味。在酶的继续作用下，肉质开始变软，产生一定弹性与肉汁，并具芳香滋味，此过程称为肉的“后熟”过程。肉的“后熟”过程的快慢与效果，取决于环境的温度与牲畜的体质。环境气温越高，“后熟”过程越快，衰老体弱的牲畜，组织中缺乏糖原，酶活力不强，致使“后熟”过程延长，甚至“后熟”效果不好，这是老牲畜、瘦牲畜肉味不美的原因。

冷却肉是指严格执行检疫制度，将宰杀后的畜胴体迅速冷却，排出体内的热量，使胴体温度降为0~4℃，并在后续的加工流通和分销过程中始终保持0~4℃冷藏的生鲜肉。冷

却肉可使“后熟”过程进一步完成，其主要特点是：肉质的香味、外观和营养价值与新鲜肉相比变化很小；肉体内凝胶态的蛋白质在酶的作用下变为溶胶状，部分蛋白质分解为蛋白胨氨基酸等，从而破坏了其胶体性，增强了亲水性；肌肉松软，水分较多，肉汤透明，并富有特殊的肉香味和鲜味。冷却肉在0℃条件下，保存期限为15~20 d。

冷冻肉由于水分的冻结，肉体变硬，冻肉表面与冷冻室温度存在差异，引起肉体水分蒸发，肉质老化干枯无味，称作“干耗”现象。冷冻肉的肌红蛋白被氧化，肉体表面由色泽鲜明逐渐变为暗褐色。随着温度渐降，肉组织内部形成个别冰晶核，并不断从周围吸收水分，肌细胞内水分也不断渗入肌纤维的间隙内，冰晶加大，从而使细胞脱水变形。由于大冰晶的压迫，造成肌细胞破损，从而使解冻时肉汁大量流失，营养成分减少，风味改变。若将刚宰杀的新鲜肉在-23℃快速结冻，则肉体内部形成冰晶小而均匀，组织变形极少，解冻后大部分水分都能再吸收，故烹调后口感、味道都不错，营养成分损失亦少，如果冻结时间过长，会引起蛋白质的冻结变性。解冻后，蛋白质丧失了与胶体结合水再结合的可逆性，冻肉烹制的菜肴口感、味道都不如新鲜肉。

与鲜肉相比，冷却肉中多数微生物受到抑制，更加安全卫生；与-18℃以下冻结保存的冷冻肉相比，冷却肉又具有汁液流失少、营养价值高的优点。因此，冷却肉比新鲜肉卫生，比冷冻肉更富营养，值得大力推广。

（四）出厂检验

产品出厂检验在出厂前由工人技术检验部门按相关标准逐批检验，并出具质量合格证书。检验项目包括：感官、挥发性盐基氮。抽样按照抽样标准进行。

二、肉品质测定

（一）pH值

pH值反映的是糖原降解的强度，糖原降解可以直接用肌肉pH值表示。同时pH值也是判定肌肉品质的重要指标之一。pH值的重要性在于其会影响肉的质量（包括颜色、嫩度、风味、持水性、货架期）。宰后肉pH值的下降速度和程度取决于肌肉中乳酸的生成量，对肉的加工质量会产生特殊的影响。如果pH值下降很快，肉会变得多汁、苍白，风味和持水性差（PSE肉）。如果pH值下降很慢且不完全，肉会变得色暗、硬且易于腐败（DFD肉），宰前的运动和应激消耗肌肉中的糖原，就会减少宰杀后肌肉内乳酸的沉积，有时不能充分降低pH值。正常情况下，牛屠宰后肌肉pH值为6.5~6.8，最高可达7.2，总之肌肉的pH值介于中性。牛肉的存放温度也会直接影响pH值的变化速度，通常在屠宰后24 h牛肉pH值在6.5左右是比较正常的，如果pH值低于6.1，说明肉质不好，屠宰后48 h牛肉pH值为5.6~5.8。肉的存放期与pH值密切相关，pH值大于6.8时，容易滋生腐败菌，造成牛肉蛋白质分解，产生有毒物质和臭味；pH值低于5.5时，牛肉容易过早酸化，牛肉酸凝体结构被破坏，最终导致牛肉颜色变浅淡、保水性差、质地松软，表面渗出液体，牛肉品质下降。测定肉中pH值的方法有pH值试纸法、比色法和酸度计法，其中以酸度计法较为准确，操作简便。将pH计电极插入肌肉切缝或肌肉匀浆中即可读取pH值。

（二）颜色

牛肉的颜色一般为红色，鲜樱桃红的牛肉色泽被认为是最佳肉色，但色泽以及色调有所差异。例如，黄牛肉为淡棕红色，水牛肉为暗红并带蓝紫色光泽，老龄牛肉色为暗红色，犊牛肉色泽为淡灰红色。肌肉的颜色主要取决于其中的肌红蛋白含量和化学状态。肌红蛋白主要有 3 种状态：紫色的还原型肌红蛋白、红色的氧合肌红蛋白、褐色的高铁肌红蛋白。其中氧合型肌红蛋白和高铁肌红蛋白是决定肉色的关键。红色的氧合肌红蛋白是肌肉的色泽，它是消费者比较喜欢的颜色，而褐色的高铁肌红蛋白是肉放置时间比较长所形成的颜色。牛肉在自然状态下颜色变化主要有两种：一是由紫色变为鲜红色，一般这种变化比较快，时间大致为 30 min；二是由红色变为褐色，这种变化时间不一，有的几个小时，有的要几天。目前主要是要减缓第二种变化的时间，使肌肉储存的时间较长，也是保持肉色的关键，目前采取的方法主要是冷却和冻结。

一般用色调值（L、a、b）来表示颜色，L 表示亮度，受肌红蛋白含量和肌肉中沉积的脂肪含量影响，肌肉呈现红色，再沉积脂肪，就会发出光泽。a 表示红度，肌肉的红色直接由肌红蛋白含量决定，同时还受肌红蛋白的 3 个诱导体（肌红蛋白的还原型、氧合型、高铁型）构成比例的巨大影响，分别呈紫红色、鲜红色和暗红色等特有色调。b 表示黄度。色调值可以用色差计等仪器测定。影响肉色及其稳定性的因素有动物的年龄、肌肉部位、运动程度、氧气压、微生物、pH 值、温度、腌制、电刺激和辐射、包装、抗氧化剂等。

牛的性别、年龄、日粮、喂养方式和管理都是影响牛肉品质和肉色的重要因素，通过对这些宰前因素的控制，可以有效改善牛肉肉色和肉色稳定性。

牛屠宰年龄和性别：牛的屠宰年龄和性别对肉色存在一定影响。牛屠宰年龄（1.9~3.7 岁、4.0~4.8 岁、5.0~5.7 岁、6.0~6.9 岁、7.5~11.5 岁）对肉色的影响结果发现，屠宰年龄较大的牛肉色发黑，颜色稳定性较差。随着年龄的增长，肉中肌红蛋白的含量增加，抗氧化酶活性增强，导致肉色变深；同时，油脂不饱和程度下降，脂质氧化增加，使肉色的稳定性降低。牛性别对肉色也有影响。不同性别的肉牛因为其遗传基因和性激素的作用方式以及脂肪沉积不同而导致公牛和母牛肉色的差异。

动物的日粮成分可以影响肉的脂肪酸组成、抗氧化能力、肉色、风味和嫩度等。骨骼肌中的内源性抗氧化剂浓度会对肉色产生影响，而肌肉内抗氧化剂的浓度取决于动物日粮结构。因此，日粮是影响牛肉颜色的重要因素，控制肉牛日粮成分和饲料原料是改善牛肉颜色和稳定性的一个切实可行的办法。

目前常见的两种喂养系统是放牧饲养和饲料饲养。饲喂方式（草饲、谷饲喂养）、饲料配比以及饲喂环境都会影响动物宰后肌肉的肉色。谷物喂养在北美很受欢迎，但在巴西、阿根廷、乌拉圭、澳大利亚、新西兰和其他粮食较少的国家，放牧饲养是最主要的饲养方式。草饲会导致类胡萝卜素含量增高，使脂肪表现出更高的 b 值；牧草养殖增加了多不饱和脂肪酸的含量，促进了脂肪氧化，从而影响了肉色及其稳定性。

有机牛肉是指牛的生长环境符合动物福利标准，饲料来源于有机种植业。消费者认为有机牛肉是自然、健康、可持续和环保的产品。动物在宰前经历长途运输、混群、高温等持续压力后会产生应激。应激会大量消耗动物体内糖原，使宰后肌肉极限 pH 值偏高，产生肉色较深的 DFD 肉。

影响肉色的宰后因素主要有：肉的部位、肌浆蛋白和肉的成熟。

不同部位肌肉在动物活体中具有特定的解剖学位置和生理功能，每种肌肉都表现出独特的宰后生物化学反应和肉色稳定性。根据肉色稳定性，牛肉被分为肉色稳定型肉块如背最长肌（LL），以及肉色易变型肉块如腰最大肌（PM）。肉色易变型的肌肉会显示出更高的耗氧量和高铁肌红蛋白降低率。反之，颜色稳定的肌肉具有更高的还原活性。

肌浆蛋白是由肌红蛋白和酶等可溶性蛋白组成，这些可溶性蛋白参与不同的生物化学过程，可能对肉色的稳定性产生影响。颜色稳定的LL的肌浆蛋白与颜色不稳定的PM的肌浆蛋白具有不同的糖酵解酶、能量代谢酶、热休克蛋白和抗氧化蛋白。此外，多肽可以抑制蛋白质的氧化和变性，而抗氧化蛋白抑制了高铁肌红蛋白的形成，从而改善肉色的稳定性。

在成熟过程中，内源性蛋白酶降解肌肉蛋白，从而显著改善肉的嫩度、风味和多汁性。然而，长时间成熟可能对肉色和脂质氧化产生不良影响。成熟的条件（时间和方法）会影响细胞肌红蛋白氧化还原的化学机制，从而影响肉色稳定性。

灰色的PSE肉、黑色的DFD肉和黑切牛肉均为异质肉。黑切牛肉除肉色发黑外，还有pH值高、质地硬、系水力高、氧的穿透能力差等特征。应激是产生黑切牛肉的主要原因。黑切牛肉容易发生于公牛，一般的防范措施是减少应激，如上市前给予较好的饲养，尽量减少运输时间，长途运输后要及时补饲，注意分群，避免打斗。PSE肉发生的原因是动物应激，但其机理与DFD肉相反，是由肌肉pH值下降过快造成的。容易产生PSE肉的肌肉大多是混合纤维型，具有较强的无氧糖酵解潜能，其中背最长肌和股二头肌最典型。

（三）嫩度

牛肉嫩度指的是牛肉在食用时的口感和老嫩度，能够反映牛肉的质地。牛肉嫩度由肌肉中各种蛋白质结构特性、结缔组织含量及分布、肌纤维直径、牛肉大理石纹结构决定。肉的嫩度越差，越不易咀嚼，这种肉质在市场上也被认为是不好的肉，不受消费者喜欢。牛肉嫩度通常用剪切力值反映，剪切力值越低，表示肌肉越嫩。屠宰年龄是影响牛肉嫩度的重要因素，屠宰后的牛肉嫩度影响因素主要是胴体表面脂肪的覆盖程度、胴体的冷却速度、嫩化处理方法、贮藏条件等。牛肉嫩度的主观评定主要是判定牛肉的柔软性、易碎性和是否容易吞咽。柔软性是舌头和面颊接触时产生的触觉，嫩肉感觉软，老肉有种木质的感觉；易碎性是牙齿咬断肌纤维的容易程度；是否容易吞咽是咀嚼后肉渣剩余量。

牛肉的许多内在因素，如肌纤维、结缔组织、肌肉脂肪、所在部位、蛋白水解酶、肌糖原以及肌肉中的微量元素含量，都会影响牛肉的嫩度。肌纤维的直径、密度和类型都会影响牛肉嫩度。谌启亮等（2012）对西门塔尔杂交公牛的研究表明，背最长肌剪切力随着肌纤维直径的增大而增大，与肌纤维直径有较高的相关性，说明肌纤维的直径可以影响牛肉嫩度，直径越大，嫩度越低，红肌纤维含量多的肌肉肌节较长，而牛肉肌节长度越长，肌纤维的破坏程度越高，牛肉嫩度就越高。结缔组织含量可间接预测牛肉嫩度，随着结缔组织含量的增加，剪切力增大，嫩度下降。肌内脂肪沉积进程中，羟氨酸吡啶嗡和赖氨酸吡啶嗡合成受到抑制，胶原蛋白共价交联密度降低，胶原蛋白机械强度下降，其热溶解性提高，牛肉剪切力值降低，牛肉的嫩度也就升高。不同部位的肌肉因其肌纤维粗细不同，结缔组织的数量和质量差异很大。蛋白水解酶与牛肉嫩度呈正相关，含量和活性越高，牛肉嫩度越大；蛋白水解酶抑制剂与牛肉嫩度呈负相关，含量越高，牛肉嫩度越低。肌糖原含量影响肉的最终 pH 值，所以也影响肉的嫩度。肌糖原含量过高，肉终点 pH 值偏低，嫩度往往较差；肌糖原过少，则终点 pH 值偏高，易导致 DFD 肉。牛肉中钙、锌、镁离子的浓度会影响蛋白水解酶的活性，钙离子浓度越高，蛋白水解酶的活性越高，牛肉嫩度越高；锌离子浓度越高，牛肉嫩度越低；镁离子与钙离子拮抗，影响牛肉嫩度。

影响肉嫩度的因素有很多，宰前和宰后因素对肉的嫩度都有重要的影响，宰前影响因素主要有牛的品种、饲养管理、性别和年龄、肌肉部位等，宰后因素主要有温度、成熟、嫩化处理及烹饪方式等。

宰前影响。肉的嫩度与其蛋白水解酶系统的组成有关，而不同品种牛的蛋白水解酶系统组成不同，因此嫩度也就有差异。公牛的胴体脂肪少，肌肉多，蛋白水解酶抑制剂含量较高，肌肉硬度较大，因此嫩度较母牛低。以秦川牛为例，牛肉肌纤维直径随着秦川公牛年龄的增长逐渐增大，30 月龄以后保持稳定；24 月龄之前，牛肉肌束膜厚度随着秦川公牛年龄的增长逐渐增大；30 月龄之前，牛肉剪切力值随胶原蛋白总量以及肌纤维直径增加而增加，30 月龄之后，牛肉剪切力值增加与胶蛋白热溶解性和非还原性共价交联含量有关。因此，年龄也是影响牛肉嫩度的重要因素之一。在一般情况下，牛的年龄越高，嫩度越低。饲料中的营养水平对牛肉嫩度的影响非常显著。饲粮中的粗蛋白质水平高，可以加快蛋白质的合成速度，影响牛肉中胶原蛋白的含量，从而提高牛肉的嫩度。在牛饲粮中添加瘤胃保护性葡萄糖，从而满足肌内脂肪合成所需葡萄糖。另外，饲粮中的一些维生素和矿物质元素也会影响牛肉的嫩度。维生素 A 能改善皮下脂肪厚度和牛肉剪切力值，维生素 E 可提高肉抗氧化作用，延长牛肉保鲜期。宰前管理是牛肉品质关键控制点之一，宰前运输、宰前处理以及应激状态都是宰前管理的重要事项。宰前处理，如混群、禁水禁食时间、待宰圈内的温度、湿度等，都会影响肌肉嫩度。长途运输会导致肌糖原水平降低，宰后 pH 值降低，影响牛肉嫩度。而且在长途运输的过程中，牛受到应激刺激，会使得血液中儿茶酚胺类激素的浓度增加，肌糖原耗竭，宰后的牛肉酸化速度加快，使肌肉蛋白强烈变性收缩，持水力严重降低，形成 PSE 肉或 DFD 肉，虽然嫩度较高，但色泽不佳，肉品质下降。

宰后影响。在一般情况下，当温度大于 15℃时，温度越高，肌肉收缩越剧烈；当温度小于 15℃时，温度越低，收缩程度越大。而肌肉收缩程度越高，肌肉嫩度越低。因此，牛肉宰后适宜的存储温度是影响牛肉嫩度的重要因素。肉牛宰后会经历肌肉僵直、成熟、自溶、腐败 4 个阶段，而成熟是肉在冰点以上温度下自然发生一系列生化反应，导致肉变得柔嫩和具有风味的过程。在僵直期，牛肉变硬、保水性差，不适合烹调。当牛肉到达僵直期并维持一段时间之后，开始缓慢解僵，牛肉的嫩度、保水性和适口性都会得到一定改善，此时最适合食用。而过了成熟期以后，牛肉进入自溶阶段，为微生物的生长和繁殖创造了条件，出现了腐败现象。

牛肉嫩化处理的方法主要有物理法、化学法和生物法。物理法包括机械嫩化、超高压技术嫩化、超声波嫩化和电刺激嫩化等。机械嫩化是通过外力破坏肌纤维细胞及肌间结缔组织，分离肌动蛋白和肌球蛋白，可提高嫩度 20%~50%，有滚揉嫩化和重组嫩化两种方法，但通常所需嫩化时间较长；在超高压下，细胞膜中的结缔组织发生软化，肌纤维的结构蛋白被分解，牛肉嫩度增加；超声波嫩化可使肌纤维断裂，溶酶体破裂，使肌肉的组织形态发生变化，优点是嫩化时间较短，而且安全、经济；电刺激嫩化是利用电流刺激肉，加速糖酵解速率，使肌纤维结构破裂，保水性增加，从而提高肉的嫩度，一般在屠宰后处理方式不合理导致肉嫩度下降时使用。化学法通常是用碳酸盐、盐酸半胱氨酸、多聚磷酸盐等对牛肉进行嫩化处理。生物法主要是利用蛋白酶对牛肉进行嫩化，而蛋白酶具有水解肌纤维膜和肌原纤维蛋白质的作用，因此作为肉类嫩化剂应用广泛。木瓜蛋白酶和菠萝蛋白酶是生产中常用的嫩化剂，是嫩肉粉的主要成分，具有安全、无毒的特点。谢正林等（2019）用化学提取法分别从木瓜和菠萝中提取出木瓜蛋白酶及菠萝蛋白酶对牛肉进行嫩化处理，结果表明，两种蛋白酶均可以嫩化牛肉，且以菠萝蛋白酶的嫩化效果更好。

烹调的方法和烹调过程中的温度都会影响牛肉嫩度。研究表明，牛肉在烹饪过程中，采用煮、焖、烧等烹饪方法时，肉的嫩度要优于采用炒、炸、烤等方法。当肉块中心温度小于80℃时，随着加热时间的延长，牛肉嫩度变化比较平稳；而当肉块中心温度大于80℃时，随着加热时间的延长牛肉嫩度呈下降趋势，且中心温度越高，加热时间越长，嫩度越低。

目前牛肉嫩度主要是通过剪切力值判定，随着计算机技术、信息技术以及现代检测技术的发展，近红外光谱分析、机器视觉以及计算机图像处理技术正逐渐成为牛肉品质检测技术研究的重点。

（四）大理石纹

肌肉大理石纹反映肌肉纤维的肌纤维束间脂肪的含量和分布，牛肉大理石纹的丰富程度是影响肉口味和口感的主要因素。大理石纹是评定牛肉品质的重要指标，大理石纹越丰富，牛肉的品质越好，相应的价格也就越高。牛肉的大理石纹与牛肉的嫩度、多汁性和适口性有密切的关系。在相同的育肥条件下，大理石纹随着牛的年龄增加和营养水平提高而增加。大理石纹也称脂肪杂交，一般根据第12和第13肋间背最长肌切面的可见脂肪划分等级。等级划分标准因国家不同而有差异，但肌内脂肪含量越高、大理石纹分布越均匀的牛肉得分越高，等级也越高。

（五）保水力

肌肉的保水力也被称作系水力。保水性是评定肉品质重要的内在指标，保水性是指当给肌肉施加外力时，牛肉保持原有水分与添加水分的能力，不仅与牛肉的多汁性、嫩度、色香味、营养成分等食用品质呈正相关性，而且具有重要的经济价值。利用肌肉的系水力潜能的特性，在加工生产过程可以添加水分，从而提高产品的产出率。比如，一头牛的保水性比较差，这头牛在屠宰后到牛肉被加工的过程中肉就会失水过多，造成经济损失。影响肌肉保水力的因素有很多，包括宰前因素和宰后因素。宰前因素包括品种、年龄、宰前运输、能量水平、身体状况等。宰后因素主要有屠宰工艺、胴体的贮存、熟化、肌肉的解剖学部位、脂肪厚度、pH值的变化、蛋白质水解酶活性和细胞结构，以及加工条件如切碎、盐渍、冷冻、融化、干燥等。

保水性的检测方法主要分为两类：对肌肉施加外部影响来测定保水性，包括压力法、离心法、蒸煮损失法、霍夫曼氏毛细管体积法、吸收试验和双缩脲法；不施加外力，通过测定肌肉本身的特性和成分来衡量肌肉的保水性，包括滴水损失法、膨胀力试验、蛋白质抽提测定法、光导纤维探针法。

（六）多汁性

牛肉的多汁性与其系水力的大小和脂肪含量紧密相关，肌肉中的脂肪可保持牛肉的多汁性，脂肪除本身产生润滑作用外，还刺激口腔分泌唾液，是影响肉食用品质的重要因素之一，对肉的质地影响特别大。据计算，肉质地差异的10%~40%是由多汁性好坏决定的。

（七）风味

气味是判定肉品质的一个重要因素。刚屠宰的肉一般具有咸味、金属味、血腥味，只有将肉煮熟后才具有牛肉特殊的芳香味，适当煮熟的牛肉具有芳香味的原因是肉中酶作用后产生的挥发性芳香物质。如果牛肉成熟的过程中保存的温度过高，容易导致牛肉的气味发生变质，此时气味变成了陈宿气、硫化氢臭及氨气臭等气味。

肉的风味是由肉的滋味和香味组合形成的，滋味的呈味物质是挥发性的芳香物质，主要靠人的舌面味蕾感觉；香味的呈味物质主要是挥发性的芳香物质，主要靠人体的嗅觉细胞感觉，如果是异味物，就会产生厌恶味和臭味的感觉。肉中的一些非挥发性物质与肉滋味有关系，其中甜味来自葡萄糖、核糖和果糖等；咸味来自一系列无机盐、谷氨酸及天门冬氨酸盐；酸味来自乳酸和谷氨酸等；苦味来自一些游离氨基酸和肽类；鲜味来自谷氨酸钠以及肌苷酸等。谷氨酸钠和肌苷酸还具有增强甜味、咸味、酸味和苦味的作用。市场上的生肉不具有芳香性，熟肉才具有芳香性。生肉变成熟肉的过程是经过一系列的反应才使肉具有芳香性，这些反应是脂肪氧化、美拉德反应以及硫胺素降解产生挥发性物质。由于肉的风味形成比较复杂，因此影响肉风味的因素也非常多。

（八）肌内脂肪含量

肌内脂肪含量是肌肉组织内所含的脂肪，是用化学分析方法提取的脂肪量，不是通过肉眼观察肌肉中的脂肪含量。在主观的评定中，适量的肌肉脂肪含量对口感惬意度、多汁性、嫩度、滋味等都有良好的作用。肌内脂肪含量受多种因素影响，比如品种、年龄、育肥程度等。普遍认为中国地方肉牛品种在育肥后肌内脂肪丰富是导致肉适口性好的一个内在因素。

（九）脂肪颜色和质地

脂肪色泽以洁白有光泽、质地较坚硬为最佳，脂肪中饱和脂肪酸含量高时，皮下脂肪坚实而硬，这样的牛肉适合进行生、熟肉的造型深加工。利用图像处理技术，将牛肉眼肌切面图像分割成肌肉和脂肪区域，通过计算得出脂肪区域的总面积，再将牛肉质量感官评定结果与之比较。

（十）重金属含量和药残

目前食品安全问题越来越被人们所关注，如果牛肉中含有药物残留或者重金属都将对消费者身体造成伤害，所以进出口的牛肉都必须进行重金属和药物的检测，指标要符合国家的标准。根据牛的来源不同，每批牛群抽查3~7头，取臀部肉样大约100 g，置于无菌容器内送检。检测挥发性盐基氮、汞、铝、铬、六六六、滴滴涕、金霉素、土霉素、磺胺类、伊维菌素，并检查卫生指标：总菌落数、大肠菌落和沙门氏菌数量。

三、牛肉的形态学及化学组成

牛肉的形态学组成：牛肉主要由肌肉组织、脂肪组织、结缔组织和骨组织4大部分组成。一般牛胴体中肌肉占57%~62%、脂肪组织占3%~16%、结缔组织占9%~12%、骨组织占17%~29%。

（一）牛肉的形态结构

1. 肌肉组织

肌肉组织包括大约75%的水和20%的蛋白质，其余5%大部分是含有少量碳水化合物的脂肪。蛋白质具有非常广泛的功能，也是生物体内最重要的生物大分子之一。蛋白质具有结构性，比如结缔组织和腱的胶原蛋白；收缩功能，比如构成肌肉主要部分的肌动蛋白和肌球蛋白；催化功能，比如肌酸激酶催化三磷酸腺苷的再生二磷酸；也可以是激素，比如胰岛素调节血液中的葡萄糖水平；抗体参与免疫反应；也有运输功能，比如血液的血红蛋白和肌肉的肌红蛋白运输氧气；渗透作用，比如血浆白蛋白。蛋白质主要由碳、氢、氧、氮组成，有的蛋白质也含有硫。蛋白质的基本组成单位是氨基酸，如果蛋白质用酸、碱或蛋白酶水解可产生20种氨基酸。碳水化合物由碳、氢、氧组成，且氢和氧的比例是2∶1。碳水化合物主要包括单糖和多糖，能够为机体活动提供所需的能量。脂肪由3个羟基和3个脂肪酸缩合而成，又称三酰甘油或甘油三酯。脂肪和碳水化合物一样能够为机体提供能量，此外脂肪还能够为机体提供物理保护，比如皮下脂肪可以保持体温。肌肉组织在组织学上可分为骨骼肌、心肌、平滑肌。骨骼肌因以各种构型附着于骨骼而得名，但也有些附着于韧带、筋膜、软骨和皮肤而间接附着于骨骼，骨骼肌因其在显微镜下观察有明暗相间的条纹，又被称为横纹肌。心肌是构成心脏的肌肉，平滑肌是构成消化道、血管等的肌肉，心肌和平滑肌在肌肉组织中占的比例极少。因此，肉类加工主要是骨骼肌。

（1）牛肉的宏观结构　牛体上大约有600多块肌肉，虽然形态和大小各异，但其基本构造都是肌纤维。肌纤维和肌纤维之间有一层很薄的结缔组织膜围绕隔开，这层膜称为肌内膜，每50~150条肌纤维聚集成束，称为初级肌束。初级肌束外包裹一层结缔组织鞘膜，称为肌束膜，数十条初级肌束聚集在一起，由较厚的结缔组织膜包围形成次级肌束。许多次级肌束聚集在一起形成肉块，肉块外包裹一层较厚的结缔组织，称为肌外膜。在肌肉块的两端由内、外肌膜聚集而形成的束称为腱。分布在肌肉中间的结缔组织起着支架和保护作用，脂肪沉积其中，使肌肉断面呈现大理石纹样。

（2）牛肉的微观构造　牛肉的基本构造单位是肌纤维，也叫肌纤维细胞，其直径为10~100 μm，长度大约为100 mm，肌细胞外由蛋白质和脂质组成的肌膜，将肌细胞和周围环境分隔开使肌细胞成为独立的系统。在肌细胞内有许多沿细胞长轴平行排列的细丝状肌原纤维，直径为1~1.5 μm。用电镜观察肌原纤维，可看到整齐的横纹，横纹有一定的周期，每一个周期单位称为肌节。肌节和肌节之间以Z线相连粗丝位于肌节中间，构成肌原纤维的暗带，又称为A带。A带中间没有与细丝相连的部分比较明亮，称为小时区。在小时区的中间粗丝增粗形成M线，以固定粗丝。细线位于肌节的两边，由Z线两端插入粗丝之间，与粗丝重叠一部分，没有重叠的部分构成肌原纤维的明带，称为小时带。

肌细胞是多核细胞，每条肌纤维含核的数目不定，一条几厘米的肌纤维可能有数百个核，在细胞核周围和肌原纤维之间充满着肌浆。肌浆中富含肌红蛋白、肌糖原、代谢产物、无机盐类及溶酶体等成分。溶酶体内含多种能消化细胞和细胞产物的酶，其中能分解蛋白质的组织蛋白酶对肌肉的成熟具有重要的意义。

2. 脂肪组织

脂肪组织的构造单位是脂肪细胞。脂肪细胞单个或成群地借助于疏松结缔组织连在一起。细胞中心充满了脂肪滴，细胞核被挤到周边。脂肪细胞的直径为 30~120 μm，最大可达到 250 μm，脂肪细胞越大，其中的脂肪滴所占的比例就越大，此时出油率也就越高。脂肪在活体组织内起着保护组织器官和提供能量的作用，在肉中，脂肪是风味形成的前体物质之一。

3. 结缔组织

结缔组织由细胞、纤维和无定型的基质组成，其纤维由蛋白分子聚合而成，可分为胶原纤维、弹性纤维和网状纤维 3 种。由于 3 种纤维的组成比例不同，结缔组织可分为疏松状结缔组织、致密状结缔组织和胶原纤维状结缔组织。疏松状结缔组织主要分布在皮下、肌膜和内外肌周膜内；致密状结缔组织中主要是纤维，基质和细胞都很少，主要分布在腱和腱膜等，结缔组织是肉的次要成分，在动物体内对各器官组织起到支持和连接作用，使肌肉保持一定的弹性和硬度，一般结缔组织含量越高，肉越硬。

4. 骨组织

骨由骨膜、骨质和骨髓组成。骨膜是结缔组织包裹在骨骼表面的一层硬膜。骨质根据构造的致密程度分为密质骨和松质骨。骨的外层比较致密坚实，内层比较疏松多孔。按形状，骨可分为管状骨和扁平骨，管状骨密致层较厚，扁平骨密致层较薄，在管状骨的管腔内及其他骨的松质层空隙内充满骨髓。骨髓可分为红骨髓和黄骨髓，红骨髓含血管、细胞较多，为造血器官；黄骨髓主要是脂类。骨是肉的次要成分，实用价值和商品价值较低，但可以采用超微粉碎将其制成骨泥，加以利用。

（二）牛肉的化学组成

牛肉的化学组成主要包括蛋白质、脂肪、浸出物、矿物质、维生素和水 6 大类。

1. 蛋白质

蛋白质在肌肉中具有很大一部分占比，占牛肉固形物的 80%。蛋白质根据构成的位置和在盐溶液中溶解性可以分为肌原纤维蛋白质、肌浆蛋白质和基质蛋白质。

（1）肌原纤维蛋白　肌原纤维蛋白质，支撑着肌原纤维的形状，因此也称结构蛋白。肌原纤维蛋白质主要包括肌球蛋白、肌动蛋白、肌动球蛋白、原肌球蛋白和肌钙蛋白。肌球蛋白是肌肉中含量最高，也是最重要的蛋白质，约占肌肉总蛋白的 1/3，占肌原纤维蛋白的 50%~55%，肌球蛋白是粗丝的主要成分，构成肌节的 A 带，分子量为 470 000~510 000，形状像“豆芽”，由两条肽链相互盘旋构成，能与肌动蛋白结合形成肌动球蛋白，与肌肉的收缩直接相关。肌球蛋白属球蛋白类，不溶于水而溶于 0.6 mol/mL 的 KCl 或 NaCl 溶液。肌球蛋白在酶的作用下可裂解为两个部分，一是由头部和一部分尾部构成的重酶解肌球蛋白，二是尾部的轻酶解肌球蛋白。肌球蛋白作为细胞骨架的分子马达，是一种多功能蛋白质，其主要功能是为肌肉收缩提供力。纤丝滑动学说（Sliding filament theory）认为肌肉收缩是由于肌动蛋白细丝与肌球蛋白丝相互滑动的结果。在肌肉收缩过程中，粗丝和细丝本身的长度都不发生改变，当纤丝滑动时，肌球蛋白的头部与肌动蛋白的分子发生接触（Attachment）、转动（Tilting），最后脱离（Detachment）的连续过程，其结果使细丝进行相对的滑动。肌动蛋白约占肌原纤维蛋白的20%，是构成细丝的主要成分。肌动蛋白只有一条多肽链，其分子量为41 800~61 000。肌动蛋白能溶于水及稀的盐溶液。单独存在时为球形结构的蛋白分子，称为G-肌动蛋白，在磷酸盐和ATP的存在下，G-肌动蛋白聚合成F-肌动蛋白，后者与原肌球蛋白等结合成细丝，在肌肉收缩过程中与肌球蛋白的横突形成横桥，共同参与肌肉的收缩过程。肌动球蛋白是肌动蛋白与肌球蛋白的复合物，肌动蛋白与肌球蛋白的结合比例为1：（2.5~4）。肌动球蛋白的黏度很高，具有明显的流动双折射现象，由于聚合度不同，所以分子量不定。原肌球蛋白分子量大约为64 kD，由两条平行的多肽链扭成螺旋，主要作用是加强和稳定肌动蛋白丝，抑制肌动蛋白与肌球蛋白结合。肌钙蛋白约占肌原纤维蛋白的5%~6%，肌钙蛋白对钙离子具有很高的敏感性，每个蛋白分子具有4个钙离子的结合位点。肌钙蛋白有3个亚基，分别为：钙结合亚基——钙离子的结合部位；抑制亚基——能高度抑制肌球蛋白中ATP酶的活性，从而阻止肌动蛋白结合；原肌球蛋白集合亚基——能结合原肌球蛋白，起联结作用。

（2）肌浆蛋白质　肌浆是指在肌原纤维细胞中环绕，并渗透到肌原纤维的液体和悬浮于其中的各种有机物、无机物以及亚细胞结构的细胞器等。通常将肌肉磨碎压榨便可挤出肌浆，其中肌浆蛋白质占20%~30%。肌浆蛋白质主要包括肌溶蛋白、肌红蛋白、肌粒蛋白和肌浆酶等。肌浆蛋白是水溶性蛋白，是肉中最容易提取的蛋白质，它不是肌原纤维的结构成分，不直接参与肌肉收缩，主要参与肌肉的物质代谢。

（3）基质蛋白　指肌肉组织磨碎后，在高浓度的中性盐水中充分浸提之后的残渣部分，主要包括肌纤维膜、肌膜、毛细血管等结缔组织。基质蛋白质的主要成分是胶原蛋白、弹性蛋白和网状蛋白，是分别构成胶原纤维、弹性纤维和网状纤维的主要成分。胶原蛋白在70~100℃下加热易分解形成明胶，也易被酶解水解，所以容易消化；弹性蛋白一般加热不能溶解，所以很难被消化；网状蛋白的性质与胶原蛋白相似，但是网状蛋白比较耐酸、碱。

2. 脂肪

动物脂肪可分为储蓄脂肪和组织脂肪。储蓄脂肪包括皮下脂肪、肾周围脂肪、大网膜脂肪以及肌肉间脂肪等；组织脂肪包括肌肉及内脏内的脂肪。牛肉的脂肪组织中90%为中性脂肪，7%~8%为水分，蛋白质占3%~4%，除此之外，还有少量的磷脂和固醇脂。肌肉内的脂肪含量直接影响肉的多汁性和嫩度，脂肪酸的组成在一定程度上决定了肉的风味。中性脂肪就是甘油三酯，是由1分子甘油与3分子脂肪酸结合而成。牛肉中的脂肪均为混合甘油酯，即与甘油结合的3个脂肪酸都不相同。牛肉脂肪的脂肪酸有20多种，其中饱和脂肪酸以硬脂酸居多，约占脂肪酸的41.7%；不饱和脂肪酸以油酸和棕榈酸居多，分别占脂肪酸的33.0%和18.5%，而亚油酸仅占2.0%。含有饱和脂肪酸多则熔点和凝固点高，脂肪组织比较硬、坚挺，如果不饱和脂肪酸多则肉比较软。一般反刍动物硬脂酸含量比较高，而亚油酸含量低，这也是牛羊脂肪比猪禽脂肪坚硬的主要原因。

3. 浸出物

浸出物是指除蛋白质、盐类、维生素外能溶于水的浸出性物质，包括含氮浸出物和无氮浸出物。含氮浸出物成分中含有的主要有机物为核苷酸、嘌呤碱、胍合物、氨基酸、肽等。这些物质决定着肉的风味，为滋味的主要来源，比如三磷酸腺苷供给肌肉收缩的能量外，还可以逐级降解为肌苷酸，成为肉鲜味的主要成分，磷酸肌酸分解成肌酸，肌酸在酸性条件下加热成为肌酐，可以增强肉的风味。

无氮浸出物为不含氮的可浸出有机物，包括碳水化合物和有机酸。碳水化合物包括糖原、葡萄糖、麦芽糖、核糖、糊精。糖原主要存在于肝脏和肌肉中，宰前动物疲劳或受到刺激，肉中的糖原储备就会减少，肌糖原含量对肉的 pH 值、保水性、颜色等均有影响，并且影响肉的贮藏性。有机酸主要是乳酸以及少量的甲酸、乙酸、丁酸、延胡索酸等。

4. 矿物质

矿物质含量 0.8%~1.2%，肉是磷的良好来源。肉中的钙含量比较低，而钾和钠的含量几乎全部存在于软组织及体液中。钾和钠与细胞膜通透性有关，可以提高肉的保水性。肉中也含有少量的锌和钙，可以降低肉的保水性。

5. 维生素

牛肉中的维生素主要包含维生素 A、维生素 B_6、维生素 B_{12}、尼克酸、泛酸、生物素、叶酸、抗坏血酸、维生素 D。通常每 100 g 牛肉中约含维生素 B_6 0.3 mg、尼克酸 5.0 mg、泛酸 0.4 μg、生物素 3.0 μg、叶酸 10 mg 及微量维生素 D。

6. 水

肌肉含水量约 75%，水在肌肉中的存在有以下 3 种形式；结合水（5%）、不易流动的水（80%）、自由水（15%）。结合水是由肌肉蛋白质亲水基所吸引的水分子形成紧密结合的水层。通过本身的极性与蛋白质亲水基的极性而结合，水分子排列有序，不易受肌肉蛋白质结构或电荷变化的影响，甚至在施加严重外力条件下，也不能改变其与蛋白质分子紧密结合的状态，该水层无溶剂性，冰点很低（-40℃）。不易流动水是肌肉中水的主要存在形式，不易流动水的状态存在于纤丝、肌原纤维以及细胞膜之间。此水层距离蛋白质亲水基较远，水分子虽然有一定的朝向性，但排列不够有序。不易流动水易受蛋白质结构和电荷的影响，肉的保水性能主要取决于肌肉对此类水的保持能力。自由水是指存在于细胞外间隙中能自由流动的水，它们不受电荷基的影响而定位排序，仅靠毛细管作用而保持。

第四节　牛肉的鉴别

肉及肉制品具有很高的营养和经济价值，对于维持人类饮食平衡必不可少。近年来，不少商家为了牟取暴利，进行肉制品掺假和注水的行为层出不穷。例如，2013 年的欧洲马肉事件，一系列马肉产品被错误标示为牛肉，引起全球对欺诈活动和肉类掺假的关注，对全球食品安全和经济产生了一定的负面影响。2013 年，对苏州市场调查发现，6 种羊肉样品中掺有鸭肉和猪肉。2014 年，对北京市场调查发现，依然存在将猪肉、鸭肉和鸡肉掺入羊肉样品的情况，掺假率高达 40.8%。2016 年，根据 1 553 家媒体调查报告显示，在中国，动物性食品掺假比例高达 37.78%。这些欺诈行为不仅造成了很大的健康风险，包括传染病、易过敏体质人群的过敏或者代谢紊乱问题，而且带来了巨大的经济损失。肉制品掺假越来越引起人们对健康、食品安全以及宗教信仰的关注。注水肉给消费者带来的经济损害和人体健康危害，已引起社会极大愤慨。有效遏制注水肉这种违法行为，对于保障人民身体健康和维护正当市场秩序具有重要的意义。

一、牛肉的鉴别方法

（一）看颜色

假牛肉的颜色比较淡，一般呈粉红色或泛白，真牛肉颜色比较深，一般都是暗红色，而且表面经常会泛一层彩色。

新鲜肉：肌肉呈均匀的红色，具有光泽，脂肪呈洁白色或乳黄色。

次鲜肉：肌肉色泽稍转暗，切面尚有光泽，但脂肪无光泽。

变质肉：肌肉呈暗红色，无光泽，脂肪发暗直至呈绿色。

新鲜的牛肉肌肉颜色呈现出深红色。新鲜牛肉脂肪颜色是洁白色或者有点发黄。真正牛肉的纹路红色和白色衔接正常，并不会出现断断续续，看起来不像拼接的，纹路很明晰。

（二）闻气味

新鲜肉：具有鲜牛肉的特有正常气味。

次鲜肉：稍有氨味或酸味。

变质肉：有腐臭味。

生牛肉的味道是金属味、咸味、血腥味。但是将牛肉煮熟之后会有一股牛肉特有的香味。

（三）摸黏度

新鲜肉：表面微干或有风干膜，触摸时不粘手。

次鲜肉：表面干燥或粘手，新的切面湿润。

变质肉：表面极度干燥或发黏，新切面也粘手。

用手摸牛肉，真正的牛肉会有一点点粘手。

（四）试弹性

新鲜肉：指压后的凹陷能立即恢复。

次鲜肉：指压后的凹陷恢复较慢，并且不能完全恢复。

变质肉：指压后的凹陷不能恢复，并且留有明显的痕迹。

用手指按压牛肉，牛肉会很快地恢复原状，用刀切开成片后，弹性也很好。

（五）看纹路

牛肉一般都是横着纹路切的，所以真牛肉的纹路比较明显，假的就比较散乱。

仔细看假牛肉因为比较软嫩，所以能切得很平整，像豆腐干一样，但是表面会有一些气泡样的小坑；真牛肉如果切得好，表面很平整；如果碰巧刀不利索，也只会有牛肉没切断而留下的纤维，绝对不会有气泡状的小坑。

最能以假乱真的方法是假牛肉模仿真牛肉，造一些透明的筋在上面，但是假牛肉的筋很分散，呈点状分布，而真牛肉的筋都是连在一起的。

（六）品口感

口感是假牛肉模仿不出来的，所以只要一吃就能辨出真假。假牛肉一般都格外嫩，即使平时最难嚼的牛肉筋都很嫩，还略带弹性，牛肉味道比较淡，类似与午餐肉的口感；真牛肉因为纤维比较粗，吃起来会有点硬，而且有牛肉固有的腥膻味，牛肉筋很难嚼。

煮熟后的牛肉很有嚼劲，不是特别容易嚼烂。

二、多年肉的鉴别

（一）牛肉是否新鲜要看两个日期

牛肉生产及流通的一般流程如下：宰杀→悬挂牛体→大型分割→运输→小型分割→超市。

牛肉是否新鲜要看的两个日期分别是原料肉生产日期与分割日期，一般冷冻牛肉从国外运来时，以 25 kg 的大包装进来，再到加工厂分割成小块牛肉，即平常在超市看到的牛肉。

如果牛肉包装上只有一个日期，这个日期通常是指在加工厂分割牛肉的日期，而不是原料进口日期，这代表它可能已经在冰柜中存放 1 年以上（一般冷冻肉可以存放 2 年），甚至是数年卖不出去的肉。

（二）冰鲜牛肉和冷冻牛肉的区别

在澳大利亚、新西兰这些养殖产业发达的国家，他们的急冻技术比较普遍，因此能保证肉的口感。进口冷冻肉以−35℃急速冷冻，在 30~60 min 让肉类中心达到−18℃，可以快速锁住汁水，口感与冰鲜肉不相上下。

国内的冷冻牛肉比较多的是缓慢降温，肉类中心降温到−18℃需要 1 d 以上时间，这会使得肉的细胞膨胀（如水结成冰一样，冰块的体积会变大），进而破坏细胞组织，此时汁水流出，鲜度、口感变差（表 6-10）。

因此，买来的冷冻肉不要反复冷冻。因为家中冰箱的冷冻室属于缓慢降温，多次冷冻、解冻会使肉的汁水流失更多，还容易滋生细菌。

表 6-10 新鲜牛肉、次鲜牛肉、变质牛肉的区别

	新鲜牛肉	次鲜牛肉	变质牛肉
色泽	肌肉呈均匀的红色，具有光泽，脂肪洁白色或乳黄色	肌肉色泽稍转暗，切面尚有光泽，脂肪无光泽	肌肉色泽暗红，无光泽，脂肪发暗直至呈现绿色
闻气味	有鲜牛肉特有的正常气味，淡淡的肉腥味	稍有氨味或酸味	有腐臭味
摸黏度	表面微干或有风干膜，触摸时不粘手	表面干燥或粘手，新的切面湿润	表面极度干燥或发黏，新切面粘手
测弹性	手指按压后的凹陷能立即恢复	手指按压后的凹陷恢复较慢	手指按压后的凹陷不能恢复，并且留下明显的痕迹
看解冻	肉汤汁透明澄清，脂肪团聚浮于表面，具有一定的香味	汤汁稍有混浊，脂肪呈小滴浮于表面，香味、咸味较差	肉汤混浊，有黄色或白色絮状物，浮于表面的脂肪很少，有异味

三、掺假牛肉的鉴别

肉是人类饮食的重要组成部分，肉中富含蛋白质、脂肪、铁、锌以及维生素 B_6 等人体正常活动所必需的物质，所以深受消费者喜欢。近年来，随着肉类消费量的快速增长，掺假问题常常发生。肉制品掺假是指用一些价格低廉、大量可用的原料来代替实际成分，如鸭肉、鸡肉甚至是鼠肉等低价肉替代高价的牛肉和羊肉；加工肉制品掺入动物内脏、组织或在某些情况下添加亚硝酸盐、色素、防腐剂等食品添加剂使掺假肉制品在感官上更受欢迎。加工肉制品的原料肉在经过切碎、混合、加热以及杀菌等一系列复杂处理过程后，原有的形态特征已经改变，无法轻易鉴定。肉及加工制品掺假不仅损害消费者的利益、破坏市场秩序，还可能危害消费者的身体健康，如引起过敏问题、食物中毒等，甚至在一定程度上引起宗教问题。因此，采取准确、高效、灵敏的鉴别技术鉴定掺假肉品具有重大意义。掺假肉品的鉴别主要包括 3 个方面：一是肉类来源鉴定，比如野生与养殖肉类、有机与传统肉类、地理来源；二是肉类替代鉴定，比如肉类成分由其他动物物种、组织、脂肪或蛋白替代；三是鉴定非肉类成分的添加，比如水、添加剂等。目前最常用的鉴别方法有基于蛋白质组学的免疫和质谱技术、基于 DNA 的聚合酶链式反应鉴别手段，以及光谱、传感器等技术。

（一）蛋白质组学分析法

蛋白质组为一个基因组表达的所有蛋白质，包括不同亚型的蛋白和蛋白质翻译后修饰。肉类富含蛋白质，同种生物间蛋白组具有相对保守性，不同生物间蛋白组在含量、结构上存在一定差异，因而蛋白质可作为生物标记物鉴别肉类掺假。常见的基于蛋白质组学分析肉及其制品掺假的方法有免疫分析法、电泳分析法和 MS（Mass Spectrum）分析法。

免疫法中最常用的是 ELISA，ELISA 是将抗原抗体反应的高度特异性与酶促反应的高效性相结合的一种免疫学分析技术，自 20 世纪 70 年代初发展起来后广泛应用于肉类及加工制品掺假检测。ELISA 的基本原理是：抗原或抗体吸附在固相载体表面，酶结合抗原或抗体后仍保持其酶活性与免疫活性，通过加入相应的抗原或抗体，这种酶标抗原或抗体既保留其免疫活性，又保留酶的活性。在测定时，将受检标本（测定其中的抗体或抗原）和酶标抗原或抗体按不同的步骤与固相载体表面的抗原或抗体起反应。用洗涤的方法使固相载体上形成的抗原抗体复合物与其他物质分开，最后结合在固相载体上的酶量与标本中受检物质的量成一定的比例。加入酶反应底物后，底物被酶催化变为有色底物，产物的量与标本中受检物质的量直接相关，所以根据颜色反应的深浅进行定性或定量分析。由于酶的催化效率高，故可极大地放大反应效果，从而使测定方法达到很高的敏感度。

MS 分析是蛋白质组学技术中确定和精确定量复杂生物样品（如肉类和肉制品）蛋白质和多肽的基本工具。MS 法是一种测量离子质量和电荷比的分析方法，在蛋白质组学中，通过将分离技术与 MS 技术相结合可实现不同动物来源蛋白或多肽的鉴别。将凝胶电泳与 MS 分析结合可以鉴别出掺假牛肉，采用经典的一维和二维凝胶电泳技术可以分离定量蛋白质，凝胶电泳结合 MS 技术可实现高分辨率蛋白的分离和准确定量。当一种分子被放置在电场中时，它们就会以一定的速度移向适当的电极，这种电泳分子在电场作用下的迁移速度，称为电泳的迁移率。它同电场的强度和电泳分子本身所携带的净电荷数成正比，即电场强度越大、电泳分子所携带的净电荷数量越多，其迁移的速度也就越快，反之则较慢。由于在电泳中使用了一种无反应活性的稳定支持介质，如琼脂糖凝胶和聚丙烯酰胺胶等，从而降低了对流运动，故电泳的迁移率又与分子的摩擦系数成反比。已知摩擦系数是分子的大小、极性及介质黏度的函数，因此根据分子大小的不同、构成或形状的差异，以及所带净电荷的多少，可以通过电泳将蛋白质或核酸分子混合物中的各种成分彼此分开。

在生理条件下，核酸分子的糖-磷酸骨架中的磷酸基团呈离子状态，从这种意义上讲，DNA 和 RNA 多核苷酸链可称为多聚阴离子。因此，当核酸分子被放置在电场中时，它们就会向正电极的方向迁移。由于糖-磷酸骨架结构上的重复性质，相同数量的双链 DNA 几乎具有等量的净电荷，因而它们能以同样的速度向正电极方向迁移。在一定的电场强度下，DNA 分子的这种迁移速度，亦即电泳的迁移率，取决于核酸分子本身的大小和构型，分子量较小的 DNA 分子比分子量较大的 DNA 分子迁移要快些。这就是应用凝胶电泳技术分离 DNA 片段的基本原理。Kim 等利用双向凝胶电泳结合 MS 从鲜肉和冻融肉的渗出物中检测到了 450 种蛋白质，鲜肉中有 15 种蛋白质表达量较高，其中有 22 种蛋白质可用于区分鲜肉和冻融肉。凝胶电泳结合 MS 技术鉴别肉品掺假具有一定的局限性，其中凝胶电泳较难分离分子质量过大或过小的蛋白，并且特异性标记蛋白或肽不易找到。色谱法利用蛋白或者多肽在不同相态的选择性分配，以流动相对固定相中的蛋白或者多肽进行洗脱，不同的成分会以不同的速度沿固定相移动，最终达到分离的效果。蛋白酶解产物经色谱-MS 联用技术电离分析后，可获得每个肽段的 MS 图，借助蛋白数据库对肽段比对分析，进而寻找特异性肽标记物。

（二）DNA 分析法

基于蛋白质的检测方法在早期诸多产品的动物源性检测领域起到很大作用，但也存在某些不足。不足之处主要体现在结果的准确性、重现性差，有机试剂用量大，耗时比较长。为了更加准确、快速检测肉类成分，DNA 分析法才为其他领域的物种鉴别提供更多可靠的方法，基于 DNA 的检测方法有聚合酶链式反应法（Polymerase chain reaction，PCR）和 DNA 测序法。尤其是 PCR 技术以具有操作简单、灵敏度高、特异性强、适用性广等特点逐步取代了蛋白质为基础的检测手段和方法，使分子生物技术与实际生产生活需要更加贴近。近年来，我国肉类市场的某些不规范行为，也促使了 PCR 技术在肉类及肉制品检测中的应用。

普通 PCR 法指研究中根据各动物的线粒体 DNA 分别合成了猪、牛、羊、狗、驴的 PCR 引物，随后根据这些动物源性阳性样品 DNA 优化反应体系、摸索反应条件，进行扩增，引物对各动物源性 DNA 扩增的目的片段进行纯化，用限制性内切酶进行酶切，结合测序技术，验证目的片段的正确与否以及假阳性现象，初步建立了这些哺乳动物的检测方法。为了提高检测的准确性，对引物的灵敏度以及特异性进行了验证：将上述提取的各动物的 DNA 进行 $10^1 \sim 10^6$ 倍浓度梯度稀释，以此为模板进行扩增，验证引物的灵敏度。将已制备的其他动物源性的 DNA 作为模板，用各引物分别进行扩增，同时设立阳性及空白对照，电泳检测，验证引物的特异性。

（三）传感器法

电子鼻与电子舌技术的原理，是通过测定样品中挥发性气味物质和水溶性呈味物质实现肉品质的快速分析，具有检测速度快、操作简单、重现性好等优点。电子鼻是模拟哺乳动物鼻子的嗅觉功能而建立的人工嗅觉仪器，包括气敏传感器阵列、信号处理系统和模式识别系统 3 大部分。在工作时，气味分子被气敏传感器吸附并产生信号，生成的信号被传送到信号处理系统进行处理和加工，最终由模式识别系统对信号处理的结果做出综合的判断。电子舌是基于生物味觉模式建立起来的基于化学传感器和模式识别的液体分析仪器，包括自动进样器、具有选择性的传感器阵列、获得信号的仪器和分析信号并获得结果的数学统计软件 4 个部分。在电子舌体系中，味觉物质的信号由传感器获得，并经数据分析处理获得最终结果。虽然电子鼻与电子舌可以对肉类进行鉴别，但目前仍处于不断发展的阶段，与生物嗅觉仍有很大的差距，其主要原因是电子鼻与电子舌在硬件结构和识别算法上仍存在仿生特异性差的缺点，因此并未得到广泛的应用。

（四）光谱分析法

红外光谱法（Infrared spectroscopy，IR）是一种快速、简单、无损的肉类掺假鉴别方法。红外光谱是由分子振动的非谐振性使分子振动从低能级向高能级跃迁产生的，可以有效表征小分子代谢物中的碳、氧、氢、氮之间的化学键及相应的官能团，应用在肉类检测中，只需对比肉的光谱图，根据样品的光谱数据对应成分进行定性和定量分析即可。红外光谱技术在鉴别肉的等级、品种以及溯源等方面发挥了重要作用，但其缺点是需要大量样品建立分析模型，且检测精度不高，限制了该方法的使用。

四、注水肉的鉴别

牛肉注水的方式有两种：一是宰后注水，向刚屠宰完的牛的心脏注水，或将牛分割后，向牛腿、牛头、牛肚等部位的大动脉血管注水。但是随着定点屠宰和监管力度的加大，宰后注水的方式将会越来越少；二是宰前注水，在活牛屠宰之前，给牛饲喂大量的食盐，从而促使牛大量饮水，达到注水的目的。或者是在屠宰前 6 h，分 3 次强行给牛喂水，直到牛腹胀，行动迟缓。这种方式是目前市场上最常用的方式。注水牛肉的鉴别可通过简单的感官方法、实验室检验和微生物学检验法进行检测。

（一）感官检测方法

1. 一查

可通过调查了解上市牛肉的产地、品种以及加工方法等，可观察运输和贮存容器中有无大量积水的残留现象等。

2. 二看

看肌肉及其他部分有无黏性，是否湿润多汁，切割肉有无水滴的现象；看牛肉的颜色是否变色，正常肉新切面光滑呈暗红色，且富有弹性，以手按压很快能恢复原状，没有或有很少汁液渗出，而注水肉切面有明显不规则淡红色汁液渗出，肉呈红色，肌肉很湿润，表面有水淋淋的亮光，大血管和小血管周围出现半透明状的红色胶样浸湿，肌肉间结缔组织呈半透明红色胶冻状横切面，可见到淡红色的肌肉，严重者泛白色，以手按压，切面呈水淋状，有汁渗出，且难恢复原状。

3. 三摸

正常的牛肉，富有一定的弹性，用手指肚紧贴肉的切口部位，然后离开时，有一定的黏贴感，感觉油滑，无异味；注水后的牛肉，因含有大量的水分，破坏了肌纤维的强力，使之失去了弹性，所以用手指按下的凹陷，很难恢复原状，在触摸时有血水，也没有黏性。可以通过牛肉触摸起来是否光滑，用刀剖检有无水流或冻肉出现，肉原有的僵硬是否被破坏等判断。

4. 四吸

将卫生纸贴在肉的切面上，观察卫生纸的吸水速度、黏附力变化。如果卫生纸吸水速度慢、纸条不易被拉断，就是正常肉；如果卫生纸吸水速度快，容易被扯断就是注水牛肉。

（二）实验室检验方法

注水肉的肝脏隆突，包膜紧张，严重淤血，边缘增厚，切面流出鲜红血水；心脏冠状沟附近脂肪充血，血管舒张。心肌纤维肿胀，挤压有水。胃肠黏膜充血或砖红色，肠壁增厚，外观明显湿润、肿胀；肺脏肿胀，表面光滑，呈浅红色，切面流出淡红色血水。有时可以发现注水口。

1. 熟肉率检验

采取待检精肉 0.5 kg，置于锅中，加水 2 L，沸煮 1 h，取出肉块，冷却后称重。用熟肉重量除以鲜肉重量，求得熟肉率，正常肉的熟肉率大于 50%，注水肉的熟肉率低于 50%。

2. 肌肉含水量测定

先将称量瓶在 105℃烘箱中烘 1~2 h 至恒重，盖好，干燥器内冷却，分析天平称重得 W_1；再取待检肉 3 g 左右于称量瓶中加盖，称重得 W_2，放入 105℃烘箱中烘 4 h 以上至恒重（两次重复烘得重量之差小于 2 mg，就是恒重），干燥后冷却称重得 W_3。计算公式：肉品水分 = $(W_2 - W_3) / (W_2 - W_1) \times 100\%$。

3. 肉的损耗检验

将待检肉品吊在 15~20℃通风凉爽的地方，放置 24 h，正常肉的损耗率为 0.5%~0.7%，而注水肉损耗率为 4.0%~6.0%。

4. 冰冻法检验

将新鲜肌肉置冷冻箱中冷冻，正常肉表面只有冰霜附着，解冻容易，解冻后无血水析出，而注水肉表面有明显的结冰层附着，解冻时间延长，解冻后又有大量的血水析出。

（三）微生物学检验法

注水肉注的都是普通水，容易引起细菌繁殖而导致腐败变质。因此可通过检验菌落总数和大肠菌数来判断是否为注水肉。注水肉的菌落总数和大肠菌数均大于正常值。

（四）注水肉的处理

1. 处理目的及原则

逐步减少直至杜绝注水肉，保证上市肉品合格卫生，保证《食品卫生法》的贯彻执行，维持市场繁荣稳定和健康发展，切实保障广大消费者的身体健康。兼顾肉品的商品价值和消费者的利益，既要保障消费者的权益不受侵害，也要考虑减少经营者的损失。

2. 处理依据

（1）根据注水肉的严重程度，这是处理注水肉的最主要依据。

（2）根据注水肉的危害程度，这一条适用于消费者因购买错检或漏检的注水肉后，造成不同后果的处理，目前受检验条件和个别人为因素的限制，错检和漏检在所难免，因此这条依据非常重要。

（3）法律依据，检疫检验人是执法者，必须依法办事，对注水肉的非法经营者，依据《食品卫生法》《肉品卫生检验试行规程》等有关法规给予严肃处理和处罚。

3. 处理方法

（1）对注水轻微、无明显感官变化的注水肉，可鲜售。严格地讲，凡是注水肉均属于伪劣商品，卫生检疫和卫生防疫部门应与工商部门协同，向违法经营者发出警告并给予一定数额的罚款。

（2）注水稍严重者，这类注水肉虽无明显感官变化，但不得鲜售，应责令经营者高温处理后再出售。若消费者误买此类肉，照此处理。同时对违法经营者给予较大数额的罚款，并对经营者提出严重警告。

（3）对严重注水者，肉质有明显感官变化（如变色、有腐败异味等），经检验确定为腐败变质肉或污染情况严重者，必须从严处理，没收作为工业用（工业油、加工骨粉等）或销毁。同时对违法经营者给予严厉的经济制裁并取消其经营资格。若消费者误买、误食此类注水肉，造成中毒甚至死亡者，必须追究违法经营者的法律责任。

第七章　牛肉风味评价

第一节　风味评价的意义及前景

一、风味评价的概念

风味评价方法目前在食品、轻工等行业已得到广泛应用。对于食品行业来说，食品的风味是决定其质量的重要因素。因此，感官评定指标中风味的评价是评价食品质量最直接、最重要的指标。牛肉风味评价就是以“人”为工具，借助人的味觉、嗅觉等感官系统，利用科学客观的方法，并结合心理、生理、物理、化学及统计学等学科，对牛肉的风味进行定性、定量的评价与分析，了解人们对牛肉产品的感受和喜欢程度，并测知牛肉本身质量的特性。

二、风味评价的意义

从肉质指标的测量手段和测量目的来看，现行的肉质评价指标可分为3类，包括技术指标、食用安全指标和感官指标。牛肉品质的技术指标是需要用一定的技术手段进行测定的指标，包括牛肉pH值、水分、蛋白质含量、系水力、脂肪含量等；食用安全指标是指牛肉中农药、抗生素、重金属等有害物质残留的检测；感官指标是通过人的五感系统来评定的指标，包括肉色、大理石纹、嫩度、多汁性、风味等。对于前两项指标来说，目前已有标准化的测定方法，均可以通过一定仪器分析技术进行准确测定，也正是通过这些牛肉营养安全指标的研究，牛肉品质评价体系日趋全面化、系统化。

牛肉的适口性可以通过感官指标中的风味评价指标来体现，包括嫩度、风味和多汁性等，这是一个与牛肉消费接受度密切相关的指标，是牛肉品质最直接测定的指标。相比肉色、大理石纹的评价方法，风味评价更加准确可靠。因此，风味评价对于牛肉品质的评价是不可或缺的，也是对牛肉品质评价体系最有利的补充，更是检验消费者对于牛肉产品认可度、预测市场前景的关键技术。因此，完善牛肉品质评价体系，建立系统标准的牛肉风味评价方法，对牛肉产业未来的发展具有重要指导意义。

食物是风味的载体，各种加工工艺从原料中唤起了食物不同的美味和香气，并将其最终传送到人类口腔中，使人们产生愉悦。风味作为食物的一部分会随着食物被消费或变质快速消亡。然而冷藏技术并不能使这一过程延长。百年前食物的风味我们无从知晓，只能通过想象进行复制。而百年后的人们可以通过我们留下的风味图谱（数据）重构今天的食物，这是风味研究的意义与使命。通过风味重构完成从局部到整体的整合，从而验证风味结构有效性。利用专业知识探究原料及工艺的变化，结合感官评定结果，三维数据将实现交叉复用，完成风味的解析与调控。

三、风味评价的前景

改革开放以来，中国牛肉产量增长速度很快。全国牛肉产量 1979 年仅 23 万 t，到 2019 年达到 594.2 万 t，仅次于美国、巴西和欧盟，居世界第四，占世界牛肉总产量的比重也增加到 8.7%。然而，随着我国经济的快速发展和居民饮食结构的改善，牛肉生产仍然不能满足市场需要，特别是优质牛肉更为短缺。因此，我国牛肉生产在提高产量的基础上需注重品质的提高，以增强国际市场竞争力。

目前，消费者对食品的需求已经不仅仅是满足营养需要，也包括对风味、安全和健康的需求。高品质的牛肉应具有更好的风味。同时，消费者对于牛肉风味的满意度，也直接关系到牛肉产品的经济价值，而风味品尝评价又是消费者客观评价牛肉风味满意度的关键技术。因此，对牛肉品质风味品尝评价的研究，应该引起肉牛行业的重视。

风味评价是以人对食品的反应来决定的，是人的主观评定方法，在对色、香、味、形、质等特征的反应上，都有一定的物理学和化学的依据，对于各食品行业在展开某项评品之前，尤其是在评价调味剂之前有了物理、化学特性的依据，使得结果更为可靠。一种风味往往不是单纯的一种化合物在起作用，而是复合物或复合成分，因几种成分可能是协同强化，也可能是拮抗抵触，所以现代化的仪器无法代替。另外，风味的出现是在唾液等参与下的化学反应的结果，不是仪器可以取代的。要求将色、香、味、形、质等做出综合评价，还得由感官反应来觉察。因而风味评价具有广阔的前景。

风味评价技术在肉牛产业中具有广泛的应用前景。

——完善牛肉品质评价体系。作为直接影响消费者满意程度的技术指标，风味评价应作为牛肉品质评定的一项重要指标，纳入牛肉产品检测的分级标准，从而更准确地反映牛肉的真实价值。

——增加牛肉产品商用价值。帮助企业建立适当的饲养制度、改进屠宰加工及包装工艺，使牛肉风味得到最大限度的提升和保存，提高牛肉品质，增加牛肉产品的商用价值。

——预测市场前景。牛肉新产品（引进、改良肉牛品种等）的上市，可预先进行专家评品，并邀请消费者进行喜好性评价，预测市场前景，从而选择市场认可的产品进行扩大生产。

——促进高档牛肉生产。随着国内外牛肉市场需求档次的提高，高档牛肉的生产成为未来牛肉产业发展的趋势。通过风味评价技术，在保证牛肉风味的前提下，有的放矢地研究高档牛肉的饲养技术，解决制约高档牛肉生产的高成本问题。

——保障牛肉产品品质。对市场流通的牛肉产品进行抽样检验，通过准确、快速的风味评价，遏制假冒伪劣或以次充好的牛肉产品流入市场。

——加强牛肉产品品牌宣传。通过牛肉产品的风味鉴定，可以客观准确地描述产品的特征（如鲜嫩多汁、风味浓郁），并可以将与产品特色一致的描述词语运用到产品品牌宣传中，既名副其实，又起到良好的宣传效应。

——推介中国牛肉产品。通过牛肉风味评品活动，对国内外牛肉产品进行评估和评分，以此促进我国牛肉品质提高，缩小与国外高档牛肉风味品质的差距。同时推介我国高品质牛肉产品，突出特色和优势，提高国内外市场的认可度，扩大高档牛肉市场贸易份额。此外，牛肉评品会还可以起到宣传和正面引导国内牛肉消费的效果。

第二节　感官评定

一、感官评定的概念

感官评定是一种测量、分析、解释由食品与其他物质相互作用所引发的，能通过人的味觉、触觉、视觉、嗅觉和听觉进行评价的一门科学。是人们用于唤起、测量、分析和解释食品及原料中可通过人的五官而感知到的特征反应的科学方法。感官评定涉及人的五大感官器官，包括味觉评定、触觉评定、视觉评定、嗅觉评定和听觉评定。由于通常用化学方法测的定量指标并不能很好地解释某一感官评定的总体状况，且化学检测并不能完全说明各感官元素的相互作用，此外，感官评定是一个发展中的领域，已逐渐成为新产品开发、原料替换、产品改进等方面的重要手段；也是影响消费者对产品购买意向的关键因素。因此，感官评定在食品行业中有着不可替代的作用。但食品感官评定结果易受环境条件、样品制备、评价过程和评价员的影响。

唤起（Evoke）：指在一定的控制条件下制备和处理样品，以使偏见因素最小。在感官评定中针对不同产品都应该建立一套标准的操作程序和注意事项。

测量（Measure）：通过收集数据，在产品特性和人的感知之间建立起合理的、特定的联系。

分析（Analyze）：即进行数据分析。评价人员的个体不同，产生的评价结果数据就不同。为评价在产品性质和感官反应之间建立起的联系是否真实，需要用统计学对数据进行分析。

解释（Interpret）：基于数据、分析和实验结果得到合理的判断，提出合理的措施，并结合具体实验目的提出现实可行的解决方案以指导实践。

二、感官评定的测试场所及环境

（一）测试场所

因为感官实验室能够控制测试环境，所以它是由训练有素的专门小组成员进行测试的最佳场所。但在进行测试时，根据测试目标和研究人员的意愿，有几种可供选择的测试场所。控制样品制备和测试管理（包括噪声和干扰）的能力因所选测试地点的类型而异。为了更有效地测试，小组成员通常以教室的方式坐在单独的桌子上，所有的小组成员都面向同一个方向。学校自助餐厅和教室是很好的测试场所，人口统计可以通过选择每个城市的地点和群体来控制。然而学校自助餐厅和教室在控制气氛和干扰方面的能力比在隔间里要弱。午餐时间应该避免在学校食堂进行测试，因为噪声和干扰太大。杂货店和餐馆也是经常使用的测试场所，但这些场所包含更多的干扰，控制测试环境的能力非常有限。消费者样本量应该增加，以适应控制较少的测试环境。室内测试这种类型的测试控制最少，但提供实际使用条件。

（二）测试环境

感官评定小组结果的有效性部分取决于测试环境中各种因素的控制。感官测试设施应位于无障碍位置，有足够的空间，温度和湿度控制在适宜程度，并且没有噪声和气味。感官室内应有轻微的正压，防止烹调气味进入室内。评定小组展位通常用于产品评估，因为它们最大限度地提高了控制测试环境（照明、温度、食物气味、噪声等）的能力。如果空间有限，这些展位可以是便携式的，能够快速组装。测试区域可以使用白炽灯或荧光灯。无论选择哪种方法，照明都应该是均匀的。在处理或烹饪方法产生颜色变化的情况下，可以使用红色过滤光来掩盖颜色差异。然而，当对消费者进行测试时，只有在绝对必要的情况下才应该使用彩色灯，因为彩色灯可能会导致伪像或消费者小组成员的非典型反应；这些彩色光可能会让他们产生怀疑，并更加关注样本中的微小差异，而这些差异是他们通常用标准照明无法检测到的。

三、感官评定的方法

感官评定采用主观和客观两种程序。未经训练的消费者研究旨在确定“典型”消费者的反应。然而，通过使用复杂的小组训练和方法选择，感官评定也可以提供准确和可重复的客观数据。

（一）鉴别方法

鉴别或差异测试方法用于确定样品之间是否存在可检测的差异。根据测试目标，可以使用经过培训或未经培训的消费者小组成员。如果使用未经培训的消费者，则理解为消费者对产品之间的差异不那么敏感；而当使用训练有素的小组成员时，可以看出较小的差异。区别性测试方法分为两大类：①整体差异测试；②测试特定属性的差异。

（二）描述性分析方法

描述性感官分析是使用训练有素的专门小组成员来鉴别和描述定性和定量感官属性的方法。肉制品的所有感官属性都可以进行描述性分析，或限于选定的标准，如风味和质地。4 种常见的方法介绍如下。

1. 风味特征分析方法

在风味特征分析方法中，根据小组成员辨别香气和风味差异的潜在能力对其进行筛选。在一个小组的 4~6 名成员单独评估一个样本后，结果提交给小组负责人，由他领导讨论以达成样本的一般共识。参考样品可用于呈现风味特征。数据可以以表格、图形或口头形式呈现。使用这种方法，小组成员之间的相互影响不被考虑。

2. 质地分析方法

质地分析方法基于与风味分析相同的概念，即产品的整体质地由许多不同的质地属性组成。当肉类样品对压力（如咀嚼）做出反应时，机械特性就会显现出来。几何特征与产品在分解前和分解过程中的尺寸、形状和方向有关。水分和脂肪的评价是由口感决定的。

3. 定量描述分析

定量描述性分析（QDA）的发展是为了提供一种比质地分析方法更强有力的数据统

计处理。虽然提供了关于方法和术语的培训，但在某种程度上，小组成员可以自由开发自己的评分方法。通常不会在会后对评估进行全面讨论。数据以蜘蛛网的形式报告，每个属性都有一个分支。

4. 描述性属性分析

它是一种定制设计方法，使用绝对或通用尺度提供关于感官属性的详细信息，包括香气、味道和质地，以及它们的强度。在大多数情况下，一部词典或包含属性、引用和示例的字典通常被用来作为展现产品特定属性的基础。使用这种方法时，使用线刻度或通用的16点强度刻度。使用这种方法，使用方差分析来分析数据，以确定属性内不同产品之间的差异。此外，多变量分析可用于了解多种属性如何影响产品的处理。统计分析部分对这些数据进行了分析。

第三节　牛肉的风味评价指标

牛肉具有高蛋白质、低脂肪的优点，是西方发达国家主要的消费肉类，价格远高于猪肉和鸡肉。在中国，随着人们生活水平的提高，牛肉消费量在快速增长，2020年我国牛肉消费量约为948万t，人均牛肉消费量达5.95 kg。与此同时，消费者对牛肉品质的要求越来越高，如何评价牛肉品质越来越受到重视。牛肉品质通常是指牛肉鲜肉和加工肉所具有的外观、风味、营养、卫生等各种与加工和食用有关的物理、化学性状。衡量牛肉品质的指标很多，最初主要是牛肉的外观、风味、质地等感官指标和加工指标，随着人们生活节奏的加快和对健康的日益重视，更多地采用卫生、营养、保健和便利性等指标。风味评价是感官评定指标的一个方面。牛肉的可口性可以通过感官指标中的风味评价指标来体现，包括嫩度、风味和多汁性等。这是一个与牛肉消费接受度密切相关的指标，是牛肉品质最直接的评定指标。

牛肉风味指标主要包括多汁性、香味、残渣量、可口性和易嚼碎度等，还可以延伸为总体适口性和接受度等指标。为便于应用，应该对牛肉风味指标进行标准化规范。风味评价可以采用评分制度，可根据评价指标的特征和评价要求进行选定，主要有5级分制、8级分制和9级分制等。

食品风味十分复杂，它是人们摄入某种食品后产生的一种感觉，主要通过嗅觉和味觉感知，也包括口腔中产生的痛觉、触觉和对温度的感觉，这些感觉主要由三叉神经感知。因此，食品风味是口腔中产生的味觉、鼻腔中产生的嗅觉和三叉神经感觉的综合感官印象。

未经培训的消费者采用0~100分直线标度的方法对牛肉样品的嫩度、多汁性、风味和总体接受度进行测试打分，包括下列语言叙述：不满意等级（无评分级）、普通级（或3星级）、良好级（或4星级）、优级（或5星级）。

一、嫩度

嫩度是指肉入口咀嚼时对破碎的抵抗力，常指煮熟肉类制品的柔软、多汁和易于被嚼烂的程度，是消费者接受的重要的肉质指标。嫩度是指牛肉入口后食者咀嚼过程中的感受，包括入口后是否容易被咬开、嚼碎的难易程度和咀嚼后剩余的残渣量 3 个方面。嫩度由肌肉中各种蛋白质结构特性、结缔组织含量及分布、肌纤维直径、牛肉大理石纹结构决定，是肉质评定的一项重要指标。嫩度是牛肉最重要的适口性性状，也是最容易发生变化的指标，美国牛肉由于嫩度不合适，每年损失 2 亿~3 亿美元。评价牛肉嫩度的最直接有效的方法是请品尝专家品尝打分，较客观的方法是测定 Warner-bratzler 剪切力值，剪切力值越低，表示肌肉越嫩。牛肉嫩度受牛肉的品种、性别、屠宰年龄、育肥程度、排酸时间（肉的成熟度）、肌肉部位等因素影响。同一个体，由于部位不同，肉的嫩度也不一样，肌肉中含结缔组织多的，如咬肌、颈部肌肉，肉质嫩度较差；含结缔组织少的，如里脊、背腰最长肌，肉的嫩度较好。

二、多汁性

指牛肉入口后食者的感觉，包括开始咀嚼时的湿润感和咀嚼过程中的湿润感 2 个方面。牛肉的多汁性与其系水力的大小和脂肪含量紧密相关，通常系水力愈大，脂肪含量愈高，多汁性就愈好。牛肉的多汁性没有可衡量的客观指标，只能通过品尝专家品尝打分确定。多汁性较可靠的评测是主观感觉评定，大致可以分为 4 个方面：一是开始咀嚼时根据肉中释放出的肉汁的多少；二是根据咀嚼过程中肉汁释放的持续性；三是根据在咀嚼时刺激唾液分泌的多少；四是根据肉中的脂肪在牙齿、舌头及口腔其他部位的附着给人以多汁性的感觉。

三、肉色

肉色能反映肉的新鲜度，是肉品质的主要感官指标之一。在感官评定中，颜色最为直观。肉色不仅是消费者主要关注的指标，而且对市场价格也起着至关重要的作用。肉的颜色主要取决于肌肉中色素物质肌红蛋白和血红蛋白的含量，如果放血充分，则肌红蛋白起主要的显色作用，正常肉色在新鲜时切面光泽、鲜红。此外，影响肉色的因素还有年龄、品种、性别、遗传因素、解剖部位、宰后处理、环境中的含氧量、pH 值、湿度、贮藏时间、脂质过氧化、离子与化学物质和微生物等。肌红蛋白是色素的基本成分，有 3 种状态，分别是紫色的还原型肌红蛋白、红色的氧合肌红蛋白、褐色的高铁肌红蛋白。当肉接触到空气后，肌红蛋白与氧结合成氧合肌红蛋白，肉色鲜红。时间延长，肌红蛋白氧化形成褐色的高铁肌红蛋白，随着高铁肌红蛋白的增多，肉色开始变褐。肉和脂肪的颜色评定和肉的大理石纹评定都要使用标准色板做对照。食品首先给人的印象是颜色，在色调、明度和饱和度 3 个因素中，色调影响最大，因为肉眼对它最敏感。肉色测量方法很多，如肉色评分色板、波长测定仪、白度仪、色差仪等，此外目测方法也可以鉴别肉色。

四、风味

指人们通过嗅觉、味觉等感受器对牛肉所产生的特有的感官感受，主要包括滋味和香味。香味由各种挥发性物质刺激鼻黏膜产生，滋味则由各种水溶性、脂溶性物质刺激味蕾产生。牛肉中决定香味的物质多种多样，牛脂肪中含有内酯类香甜物质，是牛肉特有的香味物质，与饲喂的饲料关系密切。另外，饲喂牧草时的特征变化是萜类化合物的增加。饲喂青草可以增加人们形容的具有“草味”“干草味”“纸箱味”的植烯和“钻木摩擦味”

“焦煳味”的新植烷等。影响牛肉风味的因素主要有年龄、饲料、氧化3种因素。风味的形成是一个复杂反应过程，已经分离出1 000多种挥发性风味物质，但到目前为止还无法客观确定其中哪一种物质起关键作用，多认为风味主要由脂肪、核糖、蛋白质及其降解产物在受热过程中反应产生，游离氨基酸、肌苷、有机酸、核苷酸等是呈味物质的重要前体物，芳香族化合物、含硫化合物和脂肪分解的产物对风味有重要的影响。风味主要由品尝专家品尝决定。

五、总体接受度

总体接受度是指由嫩度、多汁性、风味加权得出的总体评价结果。

第四节　不同国家的牛肉风味评价体系

牛肉风味评价技术的研究在欧美国家的发展较为成熟，应用范围也很广泛。评价体系是指由表征评价对象各方面特性及其相互联系的多个指标，所构成的具有内在结构的有机整体。目前，牛肉风味评价方法在传统的基础上更加科学、准确和完善，甚至比现代化仪器分析更加可靠。同时，很多食品企业也成立了风味评价部门，风味评价成为产品质量评价的基本指标。各大学也纷纷成立感官评定实验室，并将感官评定学纳入高等教育课程中。1963年，美国南达科他州立大学动物科学系肉品专业最早建立了牛肉风味品尝实验室，开始从事牛肉风味评价的相关研究。1988年意大利学者斯蒂芬尼斯等运用风味评价方法，对6个品种的牛肉风味特色进行了比较。目前，在欧美国家的牛肉品质研究和产业发展过程中，牛肉风味评价作为一项重要的技术，已经应用于不同饲养管理、屠宰技术、贮藏加工和包装方式等对牛肉品质的影响研究中。

一、牛肉风味评价体系的主要内容

（一）牛肉风味品尝室的建立

牛肉品尝实验室设计应包括：进行风味评价工作的检验区、用于制备评价牛肉样品的制备区、评价员休息室、品后讨论会议室。其中，检验区是设计要求最严格，也是保证评品准确性的关键。检验区的设计要求具有恒定和适宜的温度和湿度，并应控制噪声。为了保证残留气味不影响评价员的评价结果，检验区应安装换气设备。检验区应设计隔间，使每个评价员之间不互相干扰。同时，所有设施的设计应当遵循保证评价员能够在舒适的环境下进行工作的原则。制备区的设计要求紧靠检验区，但必须与检验区隔开，其内部布局应合理，并留有余地；空气应流通，以利排出异味；配有制备牛肉样品的必要设备，如烤箱、温度控制器、炖锅等。

（二）评价人员的选择

选择未经培训的体验者（而非训练有素的品尝师）。专业牛肉风味评鉴一般需要5~15名评价员。一般要求其具有生理学、化学、数学和统计学知识，了解牛肉的生产加工过程，具备牛肉加工、检验方面的专业知识，身体健康状况良好，具备良好的心理素质。

经过初选后，应对候选人进行感官结构、感觉灵敏度、语言描述和表达感官反应能力的测试。通过测试后，要进行牛肉风味评价技术与方法、牛肉基本知识、牛肉风味评价指标等方面的技能培训，并通过风味评品实践训练实验，提高其评品能力并积累经验。评价员在进行牛肉风味评价时，不能使用带有气味的化妆品，进入试验前 1 h 不能吸烟和饮酒。

(三) 牛肉样品的处理

选择适宜的牛肉加工方式。我国牛肉的烹饪习惯多为煮和炒，所以在处理牛肉样品时应当根据评价的要求选择合适的加工方法。例如用煮的方式评价，能够对牛肉的中式烹饪适合度进行评价。而如果需要进行牛肉多汁性的评价，则不能选择煮的方式，因为水煮会造成水分的流失。处理牛肉时，不加任何调味品，牛肉样品形态应一致，加热温度和时间要遵守国际标准要求，或根据评价要求进行适当调整。

(四) 牛肉风味指标评分标准

牛肉风味指标主要包括多汁性、香味、残渣量和易嚼碎度等，还可以延伸为适口性和总体接受度等指标。为便于应用，应该对牛肉风味指标进行标准化规范。风味评价可以采用评分制度，可根据评价指标的特性和评价要求进行选定，主要有 5 级分制、8 级分制和 9 级分制等。

(五) 牛肉样品的标识与检验

牛肉样品标识应用 3 位数字代码进行盲标，以避免评价员的主观偏见。实验设计采用随机化设计，目的是减少呈送顺序引入的人为因素。此外，在样品检验过程中，应该规范检测的程序，保证待测样品处理和环境条件一致（除被测项目外）。例如呈送温度对于肉质风味评价至关重要，所有待评样品温度要一致。评价员在检验过程中不能吞咽样品，而要直接吐掉，这是为了减少某一样品的残留对下一样品造成交叉影响。评品两个牛肉样品时，应选用水（去离子水、茶水、苹果汁）、无盐饼干、苹果等食物清洗口腔残留肉样和味觉。

(六) 牛肉风味评价结果的统计与分析

肉牛品种间存在牛肉风味的差异，包括嫩度、多汁性和可口性等。同时，参加评价的人员也存在着个人喜好的不同。要得到一个综合而客观的感官评定，必须用多种数理统计方法，针对被评指标的特点，采用不同的统计模型才能完成。常用的有方差分析法、卡方检验法和排序法等。

二、澳大利亚的牛肉风味评价体系

(一) 澳大利亚牛肉风味评价现状

澳大利亚牛肉质量分级系统有两套，一套是 AUS-MEAT 制定的牛胴体等级标准，另一套是 MLA 制定的澳大利亚肉类标准（MSA）分级系统。AUS-MEAT 通过使用客观的描述来准确描述肉类产品，以满足国内和国际市场的需求，并在国际公认的质量管理体系下运行高效、规范的业务实践。

MSA 是一个质量管理体系，旨在为消费者提供牛肉食用品质的准确描述。在澳大利亚建立的 MSA 体系，目前在全球范围内使用。MSA 是由长期研究和广泛的消费者测试支持的牛肉食用质量分级系统。它是自愿的，只有有执照的加工商才可以应用 MSA 分级系统。MSA 等级的牛肉已经符合由消费者口味委员会支持的食用质量科学制定的严格标准。MSA 结合推荐的烹饪技术，计算并区分每一个切割的 3 星级、4 星级和 5 星级的饮食质量的 3 个等级。

MSA 分级系统中，消费者品尝的感官效果被用来描述牛肉的可口性。简单来讲，未经培训的消费者采用 0~100 直线标度的方法对牛肉样品的嫩度、多汁性、风味和总体接受度进行测试打分，包括下列语言叙述：不满意等级（无评分级）、普通级（或 3 星级）、良好级（或 4 星级）、优级（或 5 星级），然后对 4 个感官指标通过权重换算，整合成一个单一的可口性或肉质评分（MQ4）值，其中嫩度、多汁性、风味和总体接受度的权重值分别为 0.3、0.1、0.3 和 0.3。MQ4 值用来计算不同分级的最优界限，其中 45.5%为不定级和 3 星级间的阈值界限，3 星级与 4 星级的阈值界限为 63.5%，而 76.5%为 4 星级和 5 星级间的阈值界限。目前，这些界限值均来自大量数据的判别分析计算。MSA 通过对消费者进行大规模的品尝试验，明确了在生产、宰前、加工等牛肉供应链中可影响牛肉可口性的关键控制点。该系统自 1997 年问世以来，已有超过96 000个消费者对673 000多份牛肉样品进行了测试。

（二）澳大利亚牛肉风味评价过程

1. 评价人员的选择

方法同前（本章本节中牛肉风味评价体系的主要内容：评价人员的选择）。

2. 仪器的准备

所有计量和称重仪器均足以进行所需的测量，工作状态良好，准确无误；有足够的设施使所有测量都能准确地进行和记录。

3. 生牛肉样本的收集和准备

牛的饲养必须有良好的营养，最小的压力，并在聚集和运输过程中得到良好的管理，以确保它们到达加工企业时处于最佳状态。所有的 MSA 牛肉都需要至少经过 5 d 的老化期。所有合作项目的机构及企业都应该规范生牛肉的加工方法，以确保每次实验的一致性。要保证生牛肉样本的一致性。

4. 烹调方法

选择适宜的牛肉加工方式。所有切肉都至少接受一种推荐的烹饪方法，因为烹饪是确保消费者接受的关键因素。牛排的最小厚度为 21 mm，适合在平底锅、烧烤中烹饪；产品被制成 20 mm 的立方体，则用小火（160℃）炖约 2 h；产品切割至 2 mm 厚度，则使用火锅烹饪方法，将肉或蔬菜浸泡在一锅沸水或汤汁中；产品切割至 4 mm 厚度，则采用在木炭或煤气灶上烹调切成薄片的小块肉和蔬菜的方式；产品被制成宽、深约 10 mm、长约 75mm 的条带，将烤箱预热至推荐温度，然后进行烘烤；产品厚度为 2 mm，适合干法烹饪，小批量的牛肉条在热面上快速煮熟。

5. 准备熟样品向评价员展示

准备的熟样品要保证完全一致，包括大小、性状、风味。要保证每个评价员所品尝到的样品是一模一样的。呈送温度对于肉质风味评价至关重要，所有待评样品温度要一致。在选择上菜的容器和餐具时要小心。它们的颜色应该是中性的（除非需要着色来掩盖颜色差异），并且必须由不反应和无气味的惰性材料制成，以使它们不会使样品产生任何气味或味道。

6. 评价方法与结果分析

评价人员从嫩度、多汁性、风味和总体接受度 4 个方面分别打分，每个方面满分为 100 分。根据上述 4 个方面评分结果计算出综合的口感评分。综合口感评分=嫩度×30%+多汁性×10%+风味×30%+总体接受度×30%，根据综合口感评分，体验者给出 4 个等级。分数 0~46 分的为“不满意”；46~64 分的为“比较满意”；64~76 分的为“良好”；76~100 分的为“优质”。

三、美国的牛肉风味评价体系

（一）美国牛肉风味评价体系现状

1978 年，美国肉类科学协会（AMSA）首次发布了肉类烹饪和感官评定指南。负责该出版物的几个委员会进行了为期 3 年的努力。利用 AMSA 指南进行的研究极大地帮助确定了决定肉类感官、仪器结构和烹饪特性差异的关键因素。此外，AMSA 指南在多机构项目中提供了更大的一致性。

感官评定作为一门科学在 25 年中经历了巨大的发展。ASTM 国际（前身为美国测试和材料学会）E-18 委员会、感官专业人员协会和食品技术学会（IFT）的共同努力已经带来了许多关于感官评估的出版物和年度研讨会。

（二）美国牛肉风味评价过程

1. 评价人员的选择

方法同前（本章本节中牛肉风味评价体系的主要内容：评价人员的选择）。

2. 仪器的准备

感官测试设施应位于可接近的位置，有足够的空间，温度和湿度控制在适宜的范围内，没有噪声和异味。在感官室内应该有一个轻微的正压，以防止烹饪气味进入房间。照明要保证一致。感官实验室是进行测试的最佳地点，但在进行消费者测试时，有几个可供选择的测试地点，这取决于测试目标和研究人员愿意做出的妥协。控制样品制备和测试管理（包括噪声和干扰）的能力取决于所选测试地点的类型。

3. 生牛肉样本收集和准备

各种死后处理程序如冷冻、老化、加工和冷冻的速度不同，可能会影响肉的烹调、感官和仪器测量的结构特性。所有合作项目的机构都应该规范其方法，以确保每次实验的一致性。

牛排、排骨和烤肉不应该被设定大小，除非前处理或事后处理影响了预期的大小。然而，如果烹饪过程的变化是该项目的主要关注点，那么在肉块上施胶是有好处的。当然，应该考虑到骨和结缔组织的去除、皮下脂肪的去除程度、厚度、重量和切口的形状。碎牛肉饼很薄，应该严格控制重量和厚度，肉饼制造参数的变化应该被考虑和标准化。所有这些因素都应加以控制或标准化，以保证收集相关准确数据。

4. 烹调方法

在烹饪前的物理状态：将牛排、排骨和肉饼（真空包装）在 2~5℃ 的温度下解冻，直到内部温度达到 2~5℃（根据样品的大小，可能需要 24 h）；应记录冷冻、解冻和煮熟的重量，以确定从冷冻到煮熟不同阶段的损失。

（1）评价加工程度。出于对食品安全的考虑，以及烹调的一致性（最大可能检测到处理差异），实验中的所有肉类都应在相同的温度终点烹煮，除非终点温度的影响是实验的一部分。研究人员应该收集有关烹饪时间、峰值、终点温度和烹饪产量的信息。由于不同的烹调速度，测量烹调温度的方法很重要。一些研究人员更喜欢在达到终点温度之前将样品从热源中取出，然后监测温度上升并记录峰值温度（通常用于烹调速率较高的烹调方法）。建议如果以较低的速率烹调，使烹调后的温度上升小于5℃，在终点温度下将肉从火上移开。如果以很高的速率烹饪以致于烹饪后的温度上升超过5℃，那么确定样品应该从热量中移开的温度或烹饪时间，以获得烹饪后温度上升后的目标终点温度。应使用适当的热电偶和记录器来测量和记录内部温度。

（2）烹调具体过程。研究人员应该使用一种最佳的、具有一致性和相关性的烹饪方法，以达到最小的烹饪损失，相对快速的烹饪时间、一致的烹饪温度、最小的掩盖正常的味道或不正常的味道。在选择烹饪设备和控制烹饪过程方面缺乏对细节的关注，会导致数据集之间的差异。并没有规定应该使用哪种烹调方法或制造商的设备，因为烹饪方法的选择可能取决于研究的目标。然而，所选择的烹调方法应提供可接受的重复性水平（$R>0.70$），以达到嫩度和最小的蒸煮损失。为了确定烹调方法带来的变化，重要的是控制非烹调因素对嫩度的影响，鼓励科学家研究改进烹饪方法嫩度、多汁性和风味的重复性，使烹调损失最小化，而这并不是掩盖味道或散发异味。

（3）烘焙。烘焙是在一个封闭的、预热过的烤箱中，通过普通或强制空气，热量通过对流传递到肉上的一种方法。如上所述，不推荐使用强风对流烤箱烹调法。烤的时候，将肉放在架子上，或者放在一个浅平底锅内或者上面，以防止肉汁滴下来。烤箱的门是关着的，肉在烹饪过程中不会翻动。

（4）烘烤。烘烤是一种用直接辐射热或烤制来烹调肉类的方法。肉放在热源的上方或下方。热量通常从一个方向辐射，所以肉在烹饪时必须翻动。

（5）肉饼烤制。肉饼放在预热过的煎锅或电煎锅中，烹调时不添加脂肪或水。如果需要，经常翻动肉饼，以防止表面过多的褐变或外壳形成，并允许更多的均匀烹饪。烤的时候不要盖住平底锅盖。

5. 感官样品

（1）感官样品的制备。肉类样品通常被切成方块，每个小组成员从肉块的不同位置收到2~3个方块。对于牛排、排骨和烤肉，建议切成1.27 cm厚的方块。由于烹饪过程会导致切割厚度的变化和烧焦，所以厚度尺寸应该标准化，烹饪表面从切割中去除。在对所有骨头和外膜结缔组织的热样品进行修剪后，将其放入有机玻璃样品分级器中。样品分级器的尺寸应为14 cm长、12 cm宽、4 cm深，以适应较大的切口。在每一边，插槽间隔1.27 cm，有一个3 mm的开口，允许刀在每个方向上切割样品。对于牛肉饼［取决于评估的牛肉饼大小（91.5 g或113.5 g）］，煮熟的牛肉饼可以切成6个或8个饼状样品，即使是更厚或更大尺寸的肉饼，将肉饼切成小方块也可能会导致破碎，无法得到相同大小的肉饼供小组成员食用。建议将肉饼切成馅饼状或楔形。

（2）送样。需要遵循标准的演示程序，以确保所有小组成员在最合适和一致的温度下收到样品，以测量属性。应监测样品的温度，以确保样品在食用时处于标准温度，温度不会过高或过低。在选择上菜的容器和餐具时要小心。它们的颜色应该是中性的（除非需要着色来掩盖颜色差异），并且必须由不反应和无气味的惰性材料制成，以使它们不会使样品产生任何气味或味道。

6. 评价方法

感官评定使用主观和客观的程序。对未经训练的消费者的研究，旨在确定典型消费者的反应。然而，通过使用复杂的面板训练和方法选择，感官评定也可以提供准确和可重复的客观数据。

定标是感官评定方法的一个重要方面。定标使用单词或数字来表示属性的强度或程度。在许多研究项目中，评估肉品的感官特征，评价量表是最合适的。评价方法主要是辨伪方法和描述性分析方法。训练感官小组成员进行鉴别或描述测试，在开始对小组成员进行培训之前，研究人员必须确定哪种感官评定方法最适合完成研究目标。训练有素的小组成员可以从周围的社区中招募（外部小组成员），也可以是公司员工（内部小组成员）。每种类型的小组成员各有优缺点。首先对潜在候选人进行预选，以确定他们的兴趣水平、可用性、可靠性、健康状况（包括假牙、过敏、使用药物）、工作经验、性别、年龄、吸烟/不吸烟状况和喜欢/不喜欢的食物。在选择那些最有潜力成为有效小组成员的个人时，有关预期小组成员的背景信息是有价值的。

消费者感官分析。虽然使用训练有素的小组来评估一组产品的风味差异对于确定风味差异是否可检测至关重要，但了解这些差异是否影响消费者接受度也至关重要。这些差异是否大到足以影响消费者对整体的接受度，消费者测试通常是研究的关键部分，因为食品是否受欢迎取决于消费者的接受程度。只有通过仔细规划消费者测试，包括选择最合适的测试方法，研究人员才能得到可靠的、可重复的、能够投射到真实消费者群体的结果。

7. 风味评价结果的统计与分析

数据分析是感官评定的重要组成部分。感官数据在真正意义上是多变量的。当一个受过训练的人或消费者评估一个肉品样本时，他们会在评估过程中使用多种感官。训练有素的描述性属性感官小组成员被训练产生感官输入，将信息分割成单个属性，然后使用一个固定的、定义的尺度对每个属性的强度进行评级。消费者会产生感官输入，并且可能会（也可能不会）将这些信息划分为个别属性，除非被特别要求对某一特定特征进行评分。因此，总体上喜欢/不喜欢的消费者评级实际上是对多元信息的评级，而消费者对特定属性的评级，如整体口味喜欢/不喜欢、整体质地喜欢/不喜欢、整体多汁性喜欢/不喜欢、牛肉口味强度或多汁性水平等都是单变量属性。

感官数据有多种统计分析方法，大多数描述性感官数据是由训练有素的小组成员使用方差分析得到的。这种分析方法包括 3 个基本步骤：①数据准备，包括数据录入、数据核查、汇总统计和检验正态性和齐性；②确定小组的效率；③可能包括单变量或多变量技术的数据分析。

四、中国的牛肉风味评价体系

（一）现状及存在问题

与欧美国家相比，国内感官评定研究起步较晚，较多集中于茶叶、酒、乳品、香水等行业。直到近些年，我国才开始关注对鲜肉品质的感官评定研究，并在牛肉品质研究中吸纳了风味评价方法。牛肉风味评价已经开始引起我国肉牛行业的关注。

然而，目前国内牛肉风味评价技术的应用仍处于探索阶段，还存在许多问题。

1. 缺少专业的牛肉风味品尝实验室

牛肉风味评价对实验室条件和环境要求很高，要减少外界环境对于评价员的干扰，以保证检测结果的科学性和准确性。

2. 检验标准不规范

没有建立标准化的术语、评判标准、评判程序、统计分析和结果判定方法，检验结果不具有可比性，对风味评价的推广造成困难。

3. 评价方法有待改进

目前我国牛肉风味评价多沿用国外标准，并不完全适合我国肉牛产业情况和消费者的需求。

4. 缺少专业的牛肉风味评价员

我国还没有建立牛肉专业评价员筛选、培训和资格认证的相关规范，大部分牛肉评价员是临时的，不具备从业资格。

5. 缺乏交流和资源共享

目前在牛肉感官评定研究领域内的交流很少，特别是企业和非盈利性研究机构之间，在涉及感官评定的相关文献中缺乏详细的摘要、目录和公开数据，试验结果很难被重复。

6. 风味评价指标参数与物理化学分析结果的相关分析有待深入

对于风味评价指标参数与物理化学分析结果的相关分析还有待更深入地研究。

7. 风味评价体系不完善

目前我国并无完善的风味评价体系。

（二）中国的牛肉感官评定标准

随着生活水平的提高，人们对肉品质的要求越来越高，从而对感官评定提出了更高的要求，我国肉与肉制品感官评定规范由中华人民共和国农业部提出《中华人民共和国国家标准》（GB/T 22210—2008），于2008年发布，2009年起开始实施，从而我国对肉与肉制品的感官评定有了系统、科学的标准。感官评定被大量地应用在食品科学研究中，它是在感官分析的基础上发展起来的一门学科。感官分析是用感觉器官检验产品的感官相关性的科学，目前引用的感官分析标准是中华人民共和国国家标准 GB/T 10220—2012。

1. 检验方法的选择

选择合适的检验方法很大程度上取决于检验目标的性质，同时，还需要考虑产品相关因素、评价员、检验环境、分析精度的预期水平以及结论的统计置信度等。针对检验结果需要采取的各项措施应提前确定。为了确定检验方法的适用性，应进行预备试验。受感官疲劳和适应性的影响，一个评价过程中，根据检验性质和产品类型，只能对有限样品进行评价。在样品之间，采用适当的漱口步骤以及设置恢复过程，可以缓和上述影响。大多数情况下需要设置对照样，但这会限制任一给定评价过程中用于评价的样品数量。开始检验前，应确定统计方案。特别是被评价样品数量需要进行1次以上评价过程时，更应如此。

2. 评价员的选择与培训

感官分析小组就像一台真正的“测量仪器”，其分析结果取决于评价小组成员。因此，需要认真地招募愿意参加感官评定小组的人员，并需要真正投入时间和财力。同时若使招募运行有效，有必要在组织过程中提供管理支持服务。

感官评定可由3类评价员执行：即“评价员”“优选评价员”或“专家评价员”。“评价员”可以是尚不完全符合选择标准或未经过培训的“准评价员”，或者是已参加过一些感官检验的人员（初级评价员）；“优选评价员”是经过挑选和参加过特定感官检验培训的评价员；“专家评价员”是指那些经过挑选并参加过多种感官分析方法培训以及在评价工作中感觉敏锐的评价员。评价员的挑选和培训方法取决于指定给他的任务和检验方法。描述性检验与差别检验对评价员的培训步骤和要求不同。

挑选评价员的一些重要标准如下。

——具有从事感官分析任务的一般能力，包括对被检刺激的特殊敏感性；

——时间上许可；

——主观能动性（意愿和兴趣）；

——身体健康（无特殊过敏或药物治疗史），牙齿和卫生状况良好；

——对“优选评价员”和“专家评价员”的能力应进行定期考核，以保证他们能继续符合初始选择标准。

3. 检验材料

被检产品的特性决定检验的试验方案，并会影响完成目标所需的检验类型，例如，熟食食品的检验方案中，既要考虑产品的冷却速度及其对感官特性可能产生的影响，又要考虑保持产品在检验前处于热状态，感官特性可能发生的变化。

检验样品采样时符合基本原则（符合被检产品相关的国际标准）。在任何情况下，应将样品编码或组批数文件化。只有被检样品具有代表性，得出的有关整体的结论才是有效的。

在进行外观评价时，应指定光线条件。当检验只涉及风味差异时，利用光照条件弱化样品颜色差异，可部分掩蔽颜色差异所带来的影响。

选择的容器不应影响感官检验或样品特性。容器包括可清洗的陶瓷制品或玻璃容器以及一次性塑料或纸制容器，但是，这些容器不应该转移释放化学物质而导致样品污染。特别是可清洗的容器应使用无味、无污染的清洁剂清洗，并用清水冲洗干净；塑料或纸制容器（包括隔热容器）应无味、无污染。

两个样品以及两次评价活动之间，评价员可以使用味觉清洁剂，也可使用蒸馏水、碳酸水和平味食品（如无盐饼干），但应确保味觉清洁剂的使用不影响被评价产品的风味。应检查水的供给以保证其无味。对于一些特殊检验，可使用去离子水、玻璃容器蒸馏的水、低矿物质含量泉水、活性炭过滤或白开水，但应注意有些水可能带有不同味道。

4. 检验室

感官分析应在专用检验室中进行。其目的是为每位评价员创建一个最小干扰的隔离环境，以便每位评价员可以快速适应新的检验任务。在检验过程中，不应该进行与检验无关的活动，包括样品准备，因为这些活动可导致结果偏离。检验室温度舒适，通风良好；空气流动应有限定，以防止室内温度过度波动。不允许持久性的气味（如烟草味或化妆品味）污染检验室环境。检验室中应限制声音；相对于波动的噪声，检验室中的低背景噪声对感官分析的影响更小；交谈比背景噪声更容易使评价者分心。中断的影响最大。尽管有色光线几乎不能完全掩蔽样品外观的差异，但控制光线的颜色和强度通常有利于检验。检验室表面应无吸附性，设计上应方便卫生保洁。品评间的空间尺寸很重要，过低的天花板或者狭窄的空间会产生压抑感或者引起幽闭恐惧症。应保证座位的舒适性。

5. 检验方法

（1）差别检验。主要用于确定产品间差异或相似的可能性。

成对比较检验

定义：提供成对样品进行比较并按照给定标准确定差异。

应用：确定在某一指定特性中（如甜味）是否存在可感知的差异，或者不可感知的差异；选择、培训或者考核评价员的能力；依据消费者检验的背景资料，比较对两种产品的偏爱程度。

优缺点：与其他差别检验相比，成对比较检验的优点是简单且不易产生感官疲劳；缺点是当比较的样品数增加时，需要比较的数目迅速增大，以至于不具有可行性。

三点检验

定义：同时提供 3 个已编码的样品，其中 2 个是相同的，要求评价员挑出不同的单个样品。

应用：差异性质未知时；选择和培训评价员。

该检验不能用于确定偏爱性。其缺点是：评价大量样品时，不经济；对风味强烈的样品，与成对比较检验相比，更容易受感官疲劳的影响；如果差异性质已知，与有些检验相比，统计效率较低；只有当产品尽可能匀质的情况下，才可以使用此方法。

二–三点检验

定义：首先提供参比样，接着提供 2 个样品，其中 1 个与参比样相同，要求评价员识别出此样品的 1 种差别检验。

应用：二–三点检验用于确定 1 个给定样品与参比样之间是否存在感官差异或相似性。这种方法尤其适用于评价员对参比样熟知的情况。例如，正常生产的样品。如果样品有后味，这种检验方法就不如成对比较检验或“A”、非“A”检验适宜。

“五中取二”检验

定义：5 个已编码的样品，其中 2 个样品是一种类型，另外 3 个是另一种类型。要求评价员将样品按类型分成 2 组的一种差别检验。

应用：确定差异时，用“五中取二”检验比其他检验更经济（该方法在统计学上效率更高）。

优缺点：与三点检验相似，更容易感受疲劳和记忆效果的影响，但具有较强的统计效力，该检验主要用于视觉、味觉或触觉上的感官分析。

“A”或“非 A”检验

定义：在评价员学会识别样品“A”后，将一系列可能是“A”或“非 A”的样品提供给他们，要求评价员指出哪个样品是“A”的 1 种差别检验。

应用：该检验是差别检验的一种，可用于外观有变化或留有持久后味的样品。尤其适用于无法获得完全相似的、可重复的样品的检验。

（2）标度和类别检验。用于估计差异的次序或大小，或者样品应归属的类别或等级。

感官分析中的测量方法可能是用于判定样品在类别、规格或等级中应处的位置，也可能是用于对样品特性大小或样品间的差异进行数值估计。用于导出数字的响应标度和记录值相应的测量标度之间没有直接的关系。因此，用获得响应标度数值的相同方法能够得到顺序测量标度（非等距间隔）的数值或位于等距测量标度（等距间隔）上的数值。测量类型包括分类、分等、排序、评估和评分。

（3）描述性检验。用于识别存在于样品中的特殊感官特性。

简单描述检验

定义：获得样品整体特征中单个特性的定性描述的检验。

应用：识别和描述某一特殊样品或多个样品的特性；将感知到的特性建立一个序列；该检验用于描述已经确定的差异，也可用于培训评价员或为更深入地描述技术开发基本词汇。

定量描述和感官剖面检验

定义：从简单描述检验已确定词汇中选择术语，用可重视的方式评价产品感官性质的一种检验或理论方法。

应用：可用于新产品的开发，确定产品间差异的性质，质量控制，提供与仪器测量数据相对比的感官数据，提供与消费者数据对比的感官数据。

自由选择剖面

定义：由未经培训或略经培训的评价员用各自的一组描述词来评价产品的一种描述方法。

应用：该方法适用于新产品开发（尤其是绘制产品特性分布的直观图）。其显著优点是可免除对评价小组的训练。

第八章 牛肉产品的加工与制作

第一节 牛排的加工与制作

我国是世界上的牛肉生产大国，2021 年牛肉产量居世界第三位。牛肉不但含有高蛋白，并且必需氨基酸种类齐全，深受国内外消费者的青睐。牛肉有多种烹饪食用方式，通过煎制加工而成的牛排就是其中一种。作为牛肉的一种深加工产品，随着当代经济的发展与世界文化的交融，牛排以较高的营养价值和独特的风味正逐渐被国人认可，消费量也在逐渐增加，并且深受广大肉食消费者的钟爱和追捧，逐渐成为高档餐饮的代表。

牛肉中的营养成分主要包括蛋白质、脂肪、水分、灰分等常规营养指标，以及氨基酸、脂肪酸等非常规营养指标。牛肉中的蛋白质含量往往会因牛的品种、饲养条件的不同而略有差别，但一般可达 20%以上，高于猪肉和羊肉。牛肉的脂肪含量仅占 10%左右，低于猪肉和羊肉。因此，牛肉具备高蛋白、低脂肪的营养特点。牛肉中水分含量最高，鲜肉的肌原纤维中约含 70%水分，水分含量的高低对肉质的影响很大，主要与嫩度、保水性、色泽、贮藏特性、加工特性及熟肉的风味密切相关。此外，牛肉还富含多种矿物质及 B 族维生素，更易于被人体消化吸收。牛肉中氨基酸种类齐全，氨基酸组成比猪肉更接近人体需要，是优质蛋白的主要来源，在提高机体抗病能力及生长发育、术后调养的人在补充失血与修复组织等方面功效显著。

一、牛排的种类

牛排，或称牛扒，是片状的牛肉，是西餐中最常见的食物之一。牛排是牛肉深加工产品的代表之一，在西方餐饮中占据着重要地位。牛排的烹调方法以煎和烤制为主。欧洲中世纪时，猪肉及羊肉是平民百姓的食用肉，牛肉则是王公贵族们的高级肉品，尊贵的牛肉被他们搭配上当时也是享有尊贵身份的胡椒粉及香辛料一起烹调，并在特殊场合中供应，以彰显主人的尊贵身份。牛排的食用品质主要包括嫩度、多汁性、风味、色泽。牛排的种类非常多。

（一）按切割工艺分类

1. 生制牛排

为适应快餐业新鲜、快捷的要求，调制牛肉成品，大多制成便于煎制的生制、硬质（冷冻）片状牛肉，俗称牛排，即生制牛排。根据牛排制品加工工艺和产品特点，可将生制牛排分为整切牛排、拼切牛排和搅切牛排。

（1）整切牛排 冷冻牛肉切块经解冻，去除表面筋膜和多余脂肪，添加生产需要的辅料和食品添加剂进行调制，调好的牛肉分块进行理顺，冷冻固化，分切成满足消费者需求的较小切块。整切工艺不存在拼接情况。因此，每片牛排形状较不规整。

（2）拼切牛排　冷冻牛肉切块经解冻，去除表面和内部筋膜和多余脂肪，添加生产需要的辅料和食品添加剂进行调制，调好的牛肉分块进行理顺，将 2 块或 2 块以上的肉块，按牛肉纹理顺序黏合在一起，塑形成近圆柱或椭圆柱的肉卷，冷冻固化，再分切成满足消费者需求厚薄的较小切块。拼切工艺相对于整切工艺而言，增加去除内部筋膜和多余脂肪、按牛肉纹理进行黏合等操作，因而存在拼接情况，但形状比较一致。因此，每片牛排形状较规整。

（3）搅切牛排　利用整切工艺、拼切工艺产生的小肉块，再添加适量辅料混合在一起，利用搅拌机，经过无规则的搅拌混合，使用肠衣灌肠形成直圆柱形的肉卷，冷冻固化，分切成满足消费者需求厚薄的较小切块。

2. 原切牛排

原切牛排是指未经任何预处理、直接切割包装的整块牛外脊、牛里脊，属于生鲜肉；是去除冷冻牛肉切块表面筋膜和多余脂肪，自然分切成满足消费者需求大小、形状的较小切块。原切牛排颜色鲜亮，具有光泽，脂肪呈洁白色或乳黄色。

（二）按加工制作工艺分类

1. 调理牛排

调理制品是指以畜禽肉为主要原料，经适当加工（如切分、滚揉、混合、成型）后，通过包装或散装在冷冻（-18℃）、冷藏（7℃以下）或常温条件下贮藏，消费者可直接食用或食用前仅需简单热处理的产品。而调理牛肉制品是以牛肉为主要加工原料，添加或不添加其他原料，经调理制成的牛肉制品。调理牛肉制品在国外称为预腌渍牛肉制品，通过预腌渍可以提高适口性。随着人们生活水平的不断提高，牛排不再只是西餐厅中的食品，生鲜调理牛排的出现，实现了人们家中烹饪牛排的愿望。经过前期的预处理，人们只需要适当煎制即可食用，这使得牛排销售市场日益繁荣。越来越多的食品企业热衷于牛排调理制品的加工和研发。

根据调理程度不同，调理制品通常分为 3 种类型：①完全经过加热熟制的调理制品，又称为即食调理制品，如三明治、汉堡等；②部分加热熟制的调理制品，食用前仅需短时、简单处理，如速冻肉排制品等；③未经加热熟制的调理制品。经过原料处理和部分调理，直接加热烹制后即可食用，如经过浸渍或滚揉入味的生鲜调理牛排，各种调料腌渍或卤制的免洗、免切调理肉等。

根据加工方式和贮运的不同，分为低温调理类和常温调理类。低温调理类又包括冷冻和冷藏。目前冷冻调理制品是调理制品的主要组成部分。

根据包装材料的不同，分为袋装型、托盘薄膜型、砂锅型、铝制品型等；根据销售对象分为家庭食用型、集体用餐型、餐饮业型；根据生熟度分为熟品、半熟品、生品。

调理牛排是指将原料肉修整、滚揉腌制之后再经切片制作而成的牛排制品。

2. 重组牛排

重组肉是通过黏合剂提取肌肉纤维中的基质蛋白及其黏合作用，改变了肉类原有的自然结构，使肌肉组织、脂肪组织和结缔组织得以合理地分布和转化，使肉颗粒和肉块重新组合形成凝胶，经冷冻后直接出售或者经预热处理保留和完善其组织结构的肉制品。

重组肉技术在英美等发达国家发展速度较快，其产品在发达国家食品市场上也占据很大的比例，包括牛排、烤牛肉、猪排、鸡肉香肠、牛肉香肠、牛肉馅饼等重组肉制品。我国对于重组肉的研究虽起步较晚，但相关重组熟肉制品研究成果已应用于工业化的生产中。可见，重组技术已成为肉类制品加工的一种重要手段，它不仅加快了肉类工业的发展进程，也必将占据更大的发展空间。

按加工工艺方法，重组肉制品分为肉成型工艺类、片块状成型工艺类、碎肉成型工艺类。

重组牛排是在调理牛排的基础上利用肉的重组技术加工制作而成的牛排制品，不仅提高了碎肉利用率，还增加了肉制品多样性。

（三）按分割部位分类

1. 西冷牛排

西冷牛排（Sirloin），也称沙朗牛排，主要是由上腰部的脊肉构成，是牛外脊上的肉，是指肉质鲜嫩又带油花嫩筋的牛肉，取自牛背脊一带最柔嫩的牛肉（图 8-1）。具体位置不同，风味也各有千秋。西冷牛排按质量的不同又可分为小块西冷牛排（Entrecte）和大块西冷牛排（Sirloin steak），比较正宗的西冷取自后腰脊肉，西冷牛排肉质鲜嫩且香甜多汁，富有口感，受入门级牛排行家所偏好。

图 8-1　西冷牛排（生）

2. 菲力牛排

菲力牛排也称嫩牛柳、牛里脊、腰内肉（图 8-2）。“菲力”指的是牛里脊肉（Beef tenderloin）。在澳洲，这块肉被称为“眼菲力”，在法国和英国被称为 Filet 和 Fillet，中文音译菲力。菲力牛排是用一定厚度的牛里脊肉做出的牛排。菲力牛排取自牛的里脊肉（即腰内肉），运动最少，且肉质最嫩、最精瘦，油脂少，因每头牛只有一小条而显得物以稀为贵。菲力牛排是牛脊上最嫩的肉，几乎不含肥膘。由于肉质嫩，很受喜食瘦肉的人的青睐。菲力牛排口感好但没有嚼头，并且烹煮过头就显得老涩，因此多推荐给牙口不好、消化较弱的老人或小朋友食用。

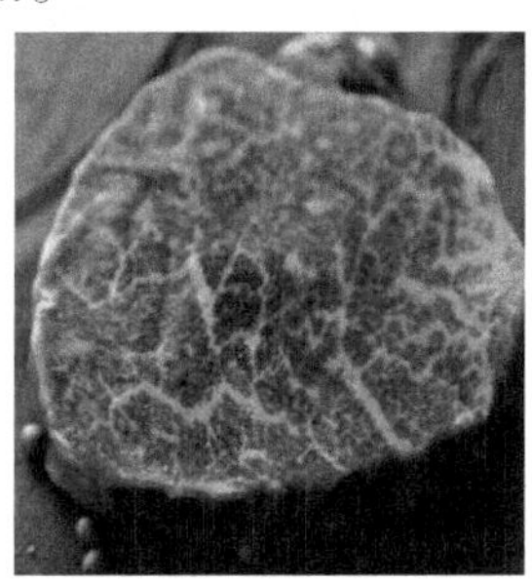

图 8-2　菲力牛排（生）

3. T 骨牛排

T 骨牛排（T-bone steak）一般位于牛的上腰部，是一块由脊肉、脊骨和里脊肉等构成的大块牛排，是牛背上的脊骨肉，大块肉排中间夹着 T 字形的大骨，一边是菲力，一边是西冷，菲力肉质细嫩，西冷肉质粗犷（图 8-3）。美式 T 骨牛排（Porterhouse steak）形状同 T 骨牛排，但较 T 骨牛排大，一般厚 3 cm 左右，重 450 g 左右。T 骨牛排一般厚 2 cm 左右，重约 300 g，小点的 200 g，厚度 1.7 cm。做法与其他牛排一样，也可以要半熟的。T 骨牛排因为骨头的分量很多，所以一般菜单上标着 450 g 或 500 g，在去掉骨头后，肉的重量与其他牛排的普通份是差不多的。

图 8-3　T 骨牛排（生）

4. 肋眼牛排

肋眼牛排取自牛肋脊部位，即牛骨边上的肉（图 8-4）。由于形状比较像眼球，所以就被称为肋眼。它的肉丝含筋，油脂丰郁，嫩肉部分入口即化，带筋部分非常有嚼劲。肉中有油又有筋的特点能带来更丰富的口感，咀嚼之中还可以尝到牛肉的甜味。肋眼牛排或许比不上腰肉那样嫩，但骨边肉向来好吃，比沙朗耐嚼，比菲力够味，而且油花十分丰腴，深受年轻食客喜欢。

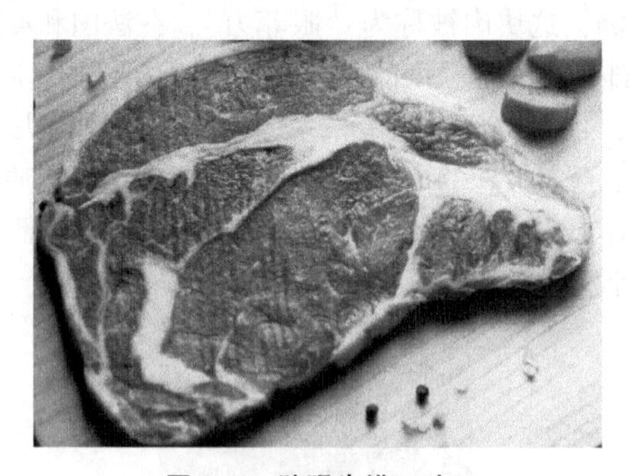

图 8-4　肋眼牛排（生）

5. 牛小排

牛小排取自牛胸腔左右两侧含肋骨的部分（图 8-5）。牛小排带骨带筋，肉质肥腴鲜美，整体肉质厚实紧致，多汁且耐嚼，有大理石纹。特别是取自牛的第 6、第 7 根肋骨的牛小排，嫩而不涩，肉量丰裕的全熟肉质，即使是怕生的食客也可怡然享用，更创造出牛小排的另类魅力。

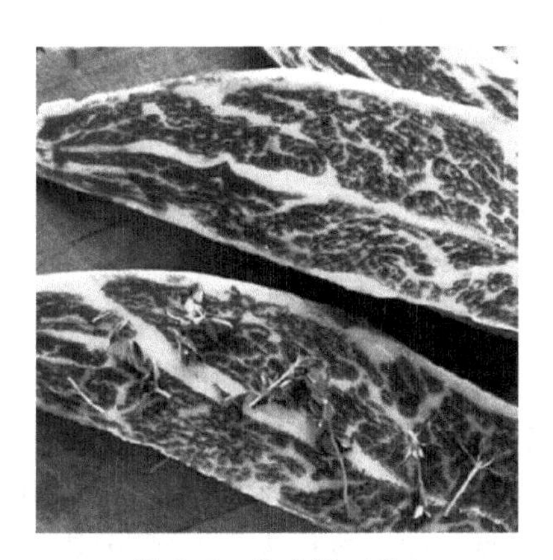

图 8-5　牛小排（生）

二、生牛排的制作

（一）生制与原切牛排的制作工艺

1. 生制牛排

生制牛排中的整切牛排、拼切牛排和搅切牛排的加工工艺流程如下。

整切牛排：牛肉解冻→去除表面筋膜和油→断筋→辅料、添加剂→注射→滚揉、腌制→塑形（单个肉块理直）→打膜→冻结→分切→膜包装→速冻→过金属探测仪→冻藏。

拼切牛排：牛肉解冻→去除表里筋膜和油→断筋→辅料、添加剂→注射→滚揉、腌制→塑形（多个肉块理直、拼接）→打膜→冻结→分切→膜包装→速冻→过金属探测仪→冻藏。

搅切牛排：肉块收集→加辅料、添加剂→搅拌→打膜→冻结→分切→膜包装→速冻→过金属探测仪→冻藏。

（1）牛肉原料的选择　牛肉原料采用冷冻牛肉切块。冷冻牛肉切块的选择，除了满足中国《食品安全国家标准 鲜（冻）畜、禽产品》（GB 2707—2016）、《鲜冻分割牛肉》（GB/T 17238—2008）等标准的要求外，重要的是油、赘肉要少。

（2）辅料和食品添加剂的选择　辅料和食品添加剂通常在注射/滚揉、搅拌前加入。根据对某电商平台线上销售牛排的调查，与熟制猪肉、牛肉制品相比，生制牛排配料中辅料、食品添加剂种类相对较少。

（3）冷冻牛肉切块解冻　将冷冻牛肉切块还原至鲜肉状态，宜采用低温高湿变温解冻方法。近年来，低温高湿变温解冻方法应用已取得一定成果，与常温空气自然解冻法常规解冻相比，低温高湿变温解冻库能实现冷冻牛肉的保鲜解冻，改善解冻牛肉的品质。解冻方法还有传统的常温空气自然解冻法、水解冻、微波解冻、超高压解冻等。

（4）修筋（去筋油）　逐一对原料肉进行挑选，修割，取出残留的表皮和肉的筋膜、板腱和大块的油脂。原料肉中的软硬骨及异物应充分捡出。

整切牛排，为确保其完整性，肉块内的筋膜、脂肪保留原状，不修割。而拼切牛排，为满足消费者少筋、少膜的要求，对肉块内的大筋、膜需要剖开去除。

（5）断筋　对部分牛排，尤其是儿童牛排，需用断筋机对原料肉进行切压穿刺，以减少原料肉内部硬筋。

（6）注射　在生制牛排的加工中，注射、滚揉是借鉴火腿制品的加工技术。在注射作业中，用盐水注射机将8~10℃的料水强行注入肉块内。注射肉温以8~10℃最佳。通过盐水注射机，将盐水及辅料均匀注入肉中充分腌渍，缩短腌渍时间，注入配制的料水的肉块能使肉质嫩化、松软，提高肉制品的品质。

（7）滚揉、腌制　断筋、注射料水的原料肉，放在容器中通过转动的圆筒进行滚揉。大型生产企业宜使用大型真空滚揉机。工作时，为了使滚揉桶内原料肉获得充分而均匀的按摩，设定滚揉桶内部一段时间处于真空状态，另一段时间处于常压状态，如此循环交替滚揉。这种滚揉方法相当于滚揉桶内的原料肉时而收缩（常压时）、时而松弛（真空时），就像人的呼吸一样，故称为真空呼吸式滚揉。通过滚揉使注射的料水沿着肌纤维迅速向细胞内渗透和扩散，同时使肌纤维内盐溶性蛋白质溶出，从而进一步增加肉块的黏着性和持水性，加速肉pH值回升，使肌肉松软膨胀、结缔组织韧性降低，提高产品的嫩度。滚揉时应注意温度不宜高于8℃，因为蛋白质在此温度时黏性较好。

（8）塑形（成型、卷肉卷）、打膜　经过滚揉的肉应迅速制成肉卷，不宜久搁，否则蛋白质的黏度会降低，影响肉块间的黏着力。同时，肉块间的空气应排出，避免肉卷产生空洞。相对于整切牛排，拼切牛排主要是注射、滚揉、塑形等工艺，搅切牛排是搅拌工艺。整切牛排、拼切牛排的打膜通常为手工操作，而搅切牛排采用充填机灌装。

（9）结冻　打膜的肉卷移入冷库，在温度-25℃以下冷冻时间6~15 h，至发硬为止（肉卷中心温度降至-6℃左右）。

在生制牛排加工中，冷冻牛肉卷温度过低、过硬会造成切片困难，过高、过软则会影响切片形状。冻结不均、温差大，将对冷冻牛肉卷的切片造成严重影响，不仅影响牛排的外观质量，也会降低产品出成率。因此，冻结是生制牛排加工的一个关键。在实际生产中，要设法降低肉卷与肉卷之间（横向）和肉卷内部内外之间（纵向）的温差。该温差受冷库设计、肉卷摆放、冻结时间、平衡时间等多种因素的影响。

一般地，肉卷冻结10 h左右，肉卷表面温度与设置温度相当，为-25℃，肉卷中心温度为-6℃左右，肉卷纵向温差近20℃，需要通过缓冻来平衡纵向温差。通常是停止低温冷媒供给放置12~24 h，通过肉卷内外的热量交换，肉卷表面的温度逐渐升高，肉卷中心的温度不断降低，这样就可以缩小纵向温差。在放置期间，应确保冷库冷气能保持流动，避免冷气下沉导致上下温差加大。

关于横向温差，需要通过冷库设计确保冷库的各个部位均能获得足够的冷气。另外，肉卷摆放均匀，顺冷气流向摆放，肉卷之间留有冷气流通的间隙，也是缩小横向温差的关键。

（10）分切　将冻结发硬的肉卷切成便于消费者煎制的片状牛肉。用于切片的机械有立式切片机、大排切割机、带锯等。目前，比较先进的切片类机械是具有创新意义、采用4D照相扫描技术的定重砍排机。

(11) 膜包装（真空）　为便于储存、运输，片状牛肉经过抽真空、用薄膜包装成型。膜包装（真空）通常采用全自动连续真空包装机，采用先进的拉伸成型包装方式，通过控制腔体内预热后薄膜两侧气压，推动薄膜向下贴覆模具形成托袋，然后向袋中填装产品，最后封口分切。过程快速、均匀、效果美观、卫生安全。

(12) 速冻　宜采用螺旋式速冻机。优点是满足流水线的要求，即时冻结，即时包装入库，便捷、高效，速冻效果较好。

使用螺旋式速冻机，螺旋冷冻隧道预冷到-40～-30℃，膜包装好的产品通过冷冻隧道冷冻1～3 h，使产品中心温度达到-18℃，产品输出时已达到所要求的冻结温度。

速冻设备还有传统的箱式速冻机（速冻库）。

(13) 过金属检测机　将速冻后的膜包装产品通过金属检测机，将可能含有金属异物的产品排出。

牛肉原料有时会带入金属异物（如弹珠），牛排加工过程中的设备也会产生金属异物，因此，使用金属检测机排出金属异物是必不可少的一道工序。

速冻牛排在通过金属检测机过程中，会产生大量水汽，因此应选择有良好防水性能的金属检测机，否则会产生误报警，影响生产的连贯性。

(14) 冻藏　经过金属检测机的产品装箱后即为成品，置于-18℃条件下冷冻贮藏。

2. 原切牛排

原切工艺极为简单，未添加任何辅料和食品添加剂，未进行任何调制。在通常情况下，原切牛排内部细菌总数不高，不必加热到熟透，“五至八分熟”也可食用。“重组牛排”由于经预先腌制，或由碎肉及小块肉重组而成，内部易滋生细菌，可能导致产品细菌总数偏高，在食用前应烹饪至全熟。

生制牛排与原切牛排的区别主要体现在3个方面：生制牛排原料需解冻，原切牛排原料不解冻；生制牛排需添加食品辅料和添加剂，原切牛排不添加食品辅料和添加剂；生制牛排经过调制，原切牛排不调制。

（二）调理与重组牛排的制作工艺

1. 调理牛排

(1) 工艺流程　原料肉 → 预处理（去除软骨、结缔组织等）→ 盐水注射（1.8%食盐）→ 滚揉腌制（0.2%谷氨酰胺转氨酶、0.12%香辛料、滚揉8 h）→ 速冻 → 切片（厚度为1 cm）→ 包装 → 冷冻保藏。

原料肉：所用原料肉为冷冻小黄瓜条，常温条件下自然解冻，解冻时以刚好解透，肉体无明显冰渣，略显硬实最佳，严禁解得过重导致失水过多降低出成率，也不能解得太轻，或不均匀。

预处理：将新鲜瘦牛肉、牛肥膘清洗干净，剔除软骨、结缔组织，放入冷藏室（0～4℃）12～24 h备用。

包装：单片称重进行包装。

(2) 盐水注射技术　盐水注射技术是通过盐水注射机将腌制液注入大块肉中，使产品中的腌制液快速均匀分布以达到腌制的目的。在食品工业中，向肉中注入卤汁或溶液通常用于提高风味、多汁性，改善肉制品嫩度和增加肉的重量。通常腌制液的主要成分包括：盐、糖、磷酸盐、酸和香料。注射的肉通常称为增强或腌制肉类。溶液增强技术自

20 世纪 80 年代已经被用来改善牛肉品质，确保生产更可口的产品。

盐水注射从 20 世纪 80 年代开始用于改善牛肉品质，最早的盐水注射产品出现于北美食品杂货连锁店内。国外消费者已经普遍接受盐水注射的牛肉，因为它同许多人在自己厨房腌制的牛肉类似。许多研究已报道，盐水注射可以改善牛肉嫩度和多汁性。有研究表明，盐水注射的烤牛肉块可以提高嫩度、多汁性，降低剪切力。在欧洲常见家禽和猪的注射，而牛肉注射处理较少，该技术的安全和消费观念是欧洲联盟项目 Pro Safe Beef 的重要研究课题。但是，该加工过程极易造成肉的内部及外部微生物污染，包括注射针头所携带的微生物及盐水注射液中的微生物污染等。

（3）调理牛排切片厚度研究　切片厚度对调理牛排的食用品质和咀嚼性评分有一定的影响。嫩度是评价肉制品质地的重要指标之一，嫩度越好，越易被消费者所接受。随着切片厚度的增加，嫩度降低，质构特性变差，咀嚼性评分先升高后降低，因此选择 10 mm 为最佳的切片厚度。牛排切片厚度为 5 mm 时，嫩度最大，但此时的咀嚼性评分值较低，这可能是由于切片太薄，失水严重造成的；切片厚度为 10 mm 时，嫩度显著低于切片厚度为 5 mm 的牛排，但咀嚼性评分显著高于前者，整体接受度最高；切片厚度为 12.7 mm 和 25.4 mm 时，嫩度显著下降，同时咀嚼性评分也显著降低。

不同切片厚度对调理牛排的质构特性有一定影响。随着切片厚度的增加，硬度增大，弹性、内聚性、咀嚼性和回复性均减小。

当调理牛排切片厚度为 10 mm 时，嫩度值和熟肉率较高，感官评分最高，同时其质构特性也最高，最容易被消费者所接受，因此，选择 10 mm 的切片厚度为最佳。

2. 重组牛排

（1）加工原理　相关报道指出，制作重组肉的方法有热黏结法和冷黏结法两种。热黏结法是必须经过加热才能将碎肉重组形成凝胶的方法，在生肉或冷冻状态下不能形成重组肉的完整形态。在热黏结法中重组过程中还可加入脂肪、淀粉、亲水胶体、非肉蛋白等配料，以形成一种主要由变性的肌球蛋白或肌动球蛋白形成的凝胶网状结构——多组分凝胶。冷黏结法则不需要经过加热，在生肉或冷藏冷冻等状态下即可将碎肉黏结起来。目前冷黏结法主要是利用海藻酸钙凝胶将碎肉网络起来或利用转谷氨酰胺酶分解蛋白质，使蛋白质之间发生交联，从而赋予产品特有的质地和黏合特性。这两种方法形成的凝胶均是热稳定性凝胶，这种凝胶在随后的蒸煮过程中不会溶化。

（2）工艺流程　原料肉→预处理（去除软骨、结缔组织等）→滚揉腌制（1.8%食盐、0.12%香辛料，揉 8 h）→加辅料（0.6%卡拉胶、0.2%谷氨酰胺转氨酶、0.2%酪蛋白酸钠、3%淀粉）黏合→灌肠塑形（4℃凝胶 6 h，-18℃固型）→速冻→切片（厚度为 1 cm）→包装→冷冻保藏。

原料肉：选取发育正常、健康无病肉牛屠宰后取排酸 3~4 d 后腿部位肉样，去除表面脂肪、筋腱及结缔组织，采用保鲜膜包装，在-18℃ 条件下保存。

预处理：将新鲜瘦牛肉、牛肥膘清洗干净，剔除软骨、结缔组织，放入冷藏室（0~4℃）12~24 h 备用。

滚揉腌制：将肉块及混匀的调味料液加入滚揉机，间歇式滚揉 5 h，滚揉参数为 40 min—20 min—40 min，5~8 r/min。

灌肠塑形：用塑料肠衣进行灌装，在 4~10℃下静腌 4~6 h。

速冻：将黏合、静腌后的肉柱放入库温-28℃以下进行速冻。

切片：剥掉肠衣，用锯骨机进行切片。

（3）滚揉技术　滚揉是指将肉放入滚揉机中，利用滚揉机的正向或反向翻转带动内部叶片的转动，使肉发生翻转、跌落和相互碰撞、摩擦等机械力的作用，最终获得品质均一稳定的产品。腌制是指用食盐或以食盐为主，并加入硝酸盐、亚硝酸盐、白砂糖和香辛料等腌制辅料处理肉类的方法。而滚揉腌制是将腌制液加入滚揉机内，在滚揉机内同时完成腌制和滚揉。

滚揉最大的作用是对肉进行嫩化，其原理是利用机械力破坏肌肉结构，使肌肉纤维变得松弛，同时使肌纤维发生断裂，这些作用使肌肉组织变得疏松、柔软，从而提高嫩度。研究发现，肌纤维微观结构在滚揉后变化很大，电镜下肌纤维发生明显的扭曲变形和断裂，裂成 1~3 个肌节小段，同时 I 带和 Z 线消失。滚揉会使细胞发生破裂，盐水更容易被细胞吸收，提高了肌原纤维中盐溶性蛋白质的提取速度和向肉块表面的移动速率，可以在较短时间完成腌制，使产品出品率和食用品质均得到较大的改善。另外，滚揉还利于肌肉组织中水分与溶质的快速均匀分布，保证尽可能多的蛋白质亲水基团被水化，赋予肌肉更好的弹性和嫩度。

滚揉腌制的主要影响因素包括滚揉温度、滚揉负荷、转速及方向、滚揉时间、腌制液添加量和真空度等。

滚揉温度。由于滚揉过程中机械作用会使肉的温度升高。为了防止腐败变质，一般滚揉温度控制在 0~4℃。保持低温的方法包括在冷库中进行滚揉或加入冰水进行降温。

滚揉负荷。合适的滚揉负荷有助于滚揉效果达到最佳。当载肉量过大、空间拥挤，不利于肉的翻转和运动，不能重复受力；而负荷过小，肉块下落碰撞次数过多，可能损坏外观，造成滚揉过度。所以适宜的负荷量一般为 60%。

转速及方向。滚揉机的转速一般是可调的，为达到适宜的滚揉效果，一般控制在 5 ~ 15 r/min。滚揉机的旋转方向一般包括正转、反转和暂停。滚揉的运转方式最好采用正-停-反的间歇滚揉，主要是可以避免由于摩擦发热引起的肉温上升。

滚揉时间。滚揉时间对产品的最终品质和状态有极其重要的影响。滚揉时间过短，肉块不能完全松弛，腌制液吸收不充分，盐溶性蛋白不能充分析出，会影响产品的最终口感和出品率。而滚揉过度，肉块外观遭到破坏，保水性降低，也费时费力。所以探究合理的滚揉时间是十分必要的。

腌制液添加量。肉对腌制液的吸收量是有限的，过多的腌制液非但不能吸收，在加工包装过程中还会流失，影响外观和多汁性等，也会造成浪费。同时水加入量过多时，会降低滚揉液的离子强度，限制蛋白质提取率，不能维持目标产品的盐水平含量。所以在滚揉过程结合原料牛肉特性，优化关键加工工艺，有助于添加成分的有效利用和改善牛排品质。

真空度的控制。真空滚揉因其负压可以增加原料肉对滚揉液的吸收和保持，提高出品率；加速滚揉液渗透速率，形成均一稳定的产品品质。但过高的真空度会将肉中的水分抽出，所以真空度一般控制在 60~80 kPa。

三、牛排的熟度

嫩度是评价牛排的重要指标之一。不同熟制程度牛排之间的品质差异很大。研究发现，随熟制程度增加，牛排的烹饪损失、质构特性等都显著增大。牛排有别于其他大部分熟食，牛排通常不会烹至全熟，因为全熟牛排最为考验厨师的手艺，可以根据个人喜好调整生熟程度。

从牛排的嫩度方面考虑，一成熟牛排的嫩度最好，其硬度、咀嚼性、胶着性都显著高于其他熟制程度牛排，且烹饪损失率最小，牛排出品率最大，但此时牛排熟度太低，一般人群无法接受。随着熟度增加，加热时间延长，牛排硬度、咀嚼性增大，牛排的嫩度降低。这是由于牛排中心温度升高、蛋白质变性加剧、失水过多导致的。

从营养角度分析，随牛排熟度增加，牛排中蛋白质的消化性先升高后降低。五分熟牛排的消化性最好，七分熟和全熟牛排的胃消化性和肠消化性差异不显著。同时调理牛排消化性均高于重组牛排，表明牛排的中心温度升高对牛排中蛋白质的消化性有一定的改善作用，但温度太高反而会降低蛋白质消化性。牛排生熟度示意见图 8-6。

图 8-6　牛排生熟度

（一）按视觉划分

1. 全生牛排

完全未经烹煮的生牛肉，这种做法只会用在某些菜式，例如鞑靼牛肉、基特福（Kitfo，埃塞俄比亚菜肴）或生牛肉沙拉。

2. 近生牛排

正反两面在高温铁板上各加热 30~60 s，目的是锁住牛排内湿润度，使外部肉质和内部生肉产生口感差，外层便于挂汁，内层生肉保持原始肉味，再者视觉效果不会像吃生肉那么难接受。口感柔嫩、湿软、多汁、新鲜、原生肉感。

3. 一分熟牛排

牛排内部为血红色且内部各处保持一定温度，同时有生熟部分。口感柔嫩，有肉汁鲜味，生熟层次感交汇。牛排的中心温度为 52℃。

4. 三分熟牛排

大部分肉接受热量渗透传至中心，但还未产生大变化，切开后上下两侧熟肉棕色，向中心处转为粉色，再然后中心为鲜肉色，伴随刀切有血渗出（新鲜牛肉和较厚牛排这种层次才会明显，对冷冻牛肉和薄肉排很难达到这种效果）。口感大体偏嫩，肉感多元化相对鲜美。牛排三分熟时，牛排的中心温度为 56~58℃，内部为桃红色，且带有相当热度，牛排断面仅上、下两层呈灰褐色，肉汁鲜红，稍有弹性。

5. 五分熟牛排

五分熟时，牛排的中心温度为 60~63℃，内部为粉红且夹杂着浅灰和棕褐色，牛排断面中央 50%肉为红色，肉汁浅红色，较为清澈，弹性足。整个牛排温度口感均衡，口感不会太嫩，有层次和厚重感。

6. 七分熟牛排

牛排内部主要为浅灰和棕褐色，夹杂着少量粉红色，质感偏厚重，有咀嚼感。七分熟时，牛排的中心温度为 66~68℃，牛排断面中央只有一条较窄的红线，肉中血水已近干，肉汁浅白色，硬度、弹性较大。

7. 全熟牛排

牛排通体为熟肉褐色，牛肉整体已经烹熟，口感厚重。口感坚实、有弹性、有嚼劲。全熟时，牛排中心温度为 71℃，内部为褐色，汁液无色、透明，外皮发暗，硬度大、弹性小。

（二）按触觉划分

1. 生牛肉

张开一只手的手掌并放松，用另一只手的食指按下拇指和手掌连接部位的丰满部位，这个感觉就是生牛肉的软硬度。

2. 一分熟

一手的食指和拇指指尖接触，另一手的食指以相同的方法按压感觉拇指与手掌连接处的丰满部位，这个感觉就是一分熟的软硬度。

3. 三分熟

轻轻用中指的指尖接触拇指指尖，这时在拇指下方区域感觉到的，就是牛肉三分熟的软硬度。

4. 五分熟

无名指指尖轻触拇指指尖，则能感觉到牛肉五分熟的软硬度。

5. 全熟

以小指指尖轻触拇指指尖，则能感觉到全熟的软硬度。

用手指触摸的感觉判断牛排的熟度见图 8-7。

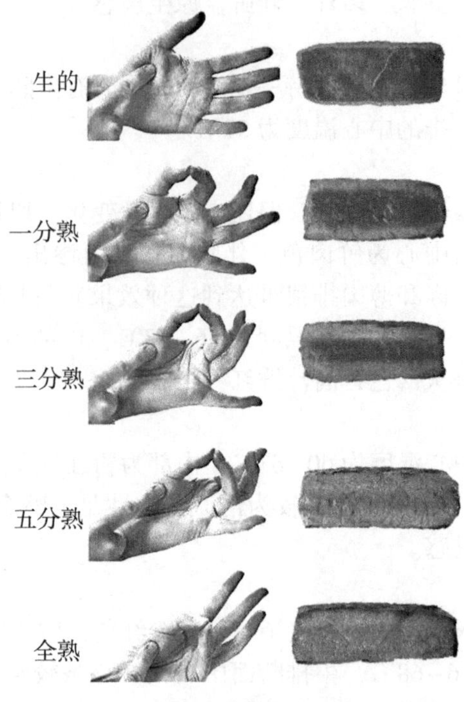

图 8-7 手指触摸牛排熟度

四、熟牛排的制作

(一) 牛排的烤制与煎制

1. 牛排的烤制

牛排经烤制加工后因其色泽诱人、风味独特及外焦里嫩的口感深受广大消费者喜爱。高温烤制不仅可有效减少牛肉胶原蛋白的损失，还会导致肌钙蛋白酶变性，使牛肉嫩度得到提升，与此同时还发生脂质氧化、美拉德反应，赋予牛肉独特的风味。因此，烤制属于最佳的烹饪方式之一，其产品消费前景广阔。牛排的烤制有多种方法，不仅受外在因素的影响（如地域、手法、温度等），还受内部因素的影响（如部位、种类等）。在此，列举一种典型的牛排烤制方法，供参考。

准备时间：40 min，烹饪时间：10~20 min，总时间：50~60 min。

选择厚厚的肉块。一般来说，越厚越好，使用较厚的牛排，可以在外面烹饪更长时间而不必担心在中心过度烹饪牛排。特别是在经常使用高温烧烤时，薄牛排会成为问题。最好选择较厚的切口，特别是如果不能用旋钮调节烤架上的热量。

在烤前至少 40 min 用盐调味牛排。盐放在牛排上的时间越长，牛排就会变得越嫩，牛排吸回的水分就越多。

在烤之前让牛排达到室温。与最近冷藏并且在中心仍然很冷的牛排相比，室温下的牛排更均匀。已经提升到室温的牛排产生了更均匀烹饪的最终产品。

为获得最佳效果，应选择硬木炭柴，如豆科灌木，作为燃料。如果没有硬木炭柴，也可以使用煤球，但是煤球在较低温度下燃烧更长时间。

经常翻转，特别是如果在低温下烹饪，经常翻转有助于更均匀地烹饪肉类。

在牛排达到理想温度之前快速将牛排灼烧，然后慢慢煎烤。灼热每侧不应超过 1~2 min。在快要达到理想温度前，从烤架上取出牛排并静置。让牛排静置是非常重要的。要在牛排完成烹饪后，外面的肌肉纤维仍然相对紧密时，再将酱汁送到牛排内部。如果未完成烹饪就将牛排切开，酱汁将不能渗入，就会使牛排相对干燥。

使用酱油、柠檬、大蒜和蜂蜜作为腌料。这种腌料是一种经典的配方，通常用于侧面牛排，但与经典牛排一样。它涉及酱油、橄榄油、柠檬汁、大蒜、生姜和蜂蜜。在搅拌机中，混合 2 瓣大蒜、2 茶匙生姜、2/3 杯酱油、4 汤匙橄榄油、4 汤匙柠檬汁、4 汤匙蜂蜜，将腌料中的牛肉浸泡至少 30 min，在冰箱内浸泡 6 h。在烤之前，给牛排加入新鲜的胡椒粉和盐。

2. 牛排的煎制

牛排的煎制是在高温下物料迅速受热，使制品在短时间内熟化，导致制品表面形成干燥膜，内部水分蒸发受阻。由于内部含有较多水分，部分胶原蛋白水解，使制品外焦里嫩。牛排的煎制已成为人们最喜爱的食用方式之一。牛排的煎制有多种方法，不同国家、不同种类的牛排均有不同的煎制方法。在此，列举一种典型的牛排煎制方法，供参考。

工艺流程：原料选择→切片→腌制→预煎→熟煎。

操作要点如下。

原料选择：选择新鲜的，经检验合格的牛腿肉。

切片：用刀将检验合格的牛腿肉切成长 80 mm、宽 70 mm、厚 20 mm 的牛肉片。

腌制：每一片牛肉用 2 g 盐腌制 10 min。

预煎：将花生油倒入牛排炉中，将经腌制的牛肉片预煎。预煎时间为 120 s，预煎温度为 204.4℃（六面各煎 20 s）。

熟制：用牛排炉将预煎的牛肉片在不同的煎制时间和煎制温度下进行熟制，煎制温度分别设为 121.1℃、148.9℃、176.7℃、204.4℃、232.2℃，煎制时间分别设为 120 s、180 s、240 s、300 s、360 s（熟制过程：两面煎，每 30 s 翻 1 次）。

（二）常见牛排的烹制

1. 西冷牛排

（1）食用技巧　切肉时连筋带肉一起切，另外不要煎得过熟。西冷牛排的肉质较紧实，其油花分布均匀，油脂含量介于肋眼与菲力之间，具有丰富牛肉风味，适合豪迈地品尝，嚼起来富有肉感，非常过瘾，建议 3~5 分熟度（图 8-8）。

图 8-8　西冷牛排

（2）特点　含一定肥油，由于是牛外脊，西冷牛排的外延带一圈呈白色的肉筋，上口相比菲力牛排更有韧性，总体口感韧度强、肉质硬、有嚼劲，适合年轻人和牙口好的人食用，可称为牛排中的经典。西冷牛排初加工为去表面筋，留表面脂肪，切成每份 250～300 g。

2. 菲力牛排

（1）食用技巧　煎成 3 分熟、5 分熟和 7 分熟皆宜（图 8–9）。

（2）特点　瘦肉较多、高蛋白、低脂肪，比较适合喜欢减肥瘦身、要保持身材的女士。适合 3 分熟，吸吮甜美的肉汁，肉质鲜嫩。因菲力牛排包裹在牛腹腔中，故肌肉不发达，肌肉纤维不粗，用以做牛排或铁板烧。初加工去筋，可切成每份 200～250 g 的厚块状。

图 8–9　菲力牛排

3. T 骨牛排

（1）食用技巧　此种牛排在美式餐厅更常见，由于法餐讲究制作精致，对于量较大而质较粗糙的 T 骨牛排较少采用。最有效的烹调方式是先煎后烤（图 8–10）。

图 8–10　T 骨牛排

（2）特点　既可以尝到菲力牛排的鲜嫩，又可以感受到西冷牛排的芳香，一举两得。T 骨的美式标准为 340～453 g，因整只牛肉分布不同，故烹饪方法不一。T 骨主要是骨连在肉上，煎排时不会收缩。初加工除去表面的筋，用专业锯骨机切成每份 200～250 g 的厚块状。

4. 肋眼牛排

（1）食用技巧　不要煎得过熟，3 分熟最好（图 8-11）。肉间的油脂能让口感更添滑顺，切成薄片的 Rib Eye Roll 是寿喜烧或涮锅用的顶级肉片。

（2）特点　牛肋上的肉，瘦肉和肥肉兼而有之，由于含有一定的肥膘，这种肉煎烤味道比较香。外形漂亮，大理石纹分布均匀。初加工除去表面的血污，根据烹调方法加工成不同的块状。肋眼油油嫩嫩的肉丝中夹杂着 Q 而有劲的油筋，比沙朗耐嚼，比菲力够味，而且油花十分丰腴，年轻食客享用此味，好评总不断。

图 8-11　肋眼牛排

5. 牛小排

（1）食用技巧　此部位肉质结实，油脂甚多，以炭烧或者烧烤方式处理最佳。烧烤过程中油汁会随高温溢出，牛肉风味绝佳，建议食用熟度 7 分至全熟。在烧烤至全熟的状态下，牛肉收缩会与肋骨部位自然分离，此时最能表现出牛小排焦脆的筋肉和嚼劲。全熟最佳（图 8-12）。

（2）特点　花纹好看，带骨带筋。其肉质鲜嫩，不会因烹饪而变得干硬，即使烤至全熟也不会影响口感。初加工除去表面的筋，用专业的锯骨机切成每份厚度 1～1. 2 cm 的厚片状。

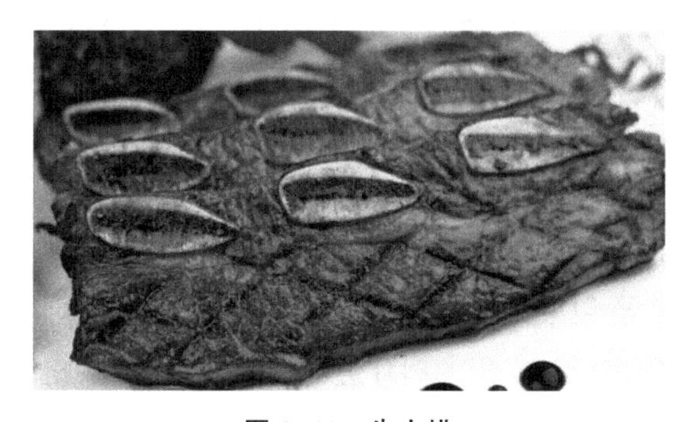

图 8-12　牛小排

第二节　涮牛肉加工与制作

随着我国经济的发展和人们消费观念的改变，中国生产并消费了越来越多的牛羊肉，且对牛羊肉的需求也日益增加。尽管中国牛羊肉国际贸易逆差不断增加，牛羊肉价格不断攀升，我国牛羊肉供应仍满足不了市场的巨大需求。牛肉火锅富含营养，牛肉腥膻味也较低，适口性强，更容易被人们接受。冷冻袋装涮牛肉，是用新鲜牛肉通过装模、冷冻、切片、装袋等加工的涮牛肉片。它作为牛肉制品的新品种，既具有卫生、方便的特点，博得了消费者的青睐；又因为生产设备简单、投资少、效益高而受到生产厂家的重视，产量正逐年上升。但此产品的发展时间短，还没有普遍被人们所认识，质量也有待提高。

一、牛肉片制作的工艺流程

原料选择→修整→预冷→装模→结冻→切片→装袋封口及包装→结冻冷藏。

（一）原料选择

通常采用牛前颈、背部肌肉及前、后腿精肉，要求无传染病、无寄生虫病，放血良好，肉质新鲜、无污染。

（二）修整

修去骨及软骨，去肌肉表面脂肪及切面外露脂肪，去筋腱和粗肌膜，去大血管及淋巴，去瘀血及伤斑等不良组织。

（三）预冷

在一定时间内将肌肉的热量排出，使其中心温度降低，提高肌肉自溶酶活性和柔软性，减少肌原纤维的收缩，肌肉中心温度的降低与结冻间的温差减少，也避免了因急速冷冻而引起的冷收缩现象，以保证结冻肉坯表面平整。预冷库温-2~-1℃，预冷至肉中心温度在6℃以下后进行装模。

（四）装模

预冷好的肉坯装在特制的不锈钢模具中，模具在使用前应清洗消毒。

（五）结冻

使柔软的肌肉结冻成形，增强硬度，便于切片。库温-25℃以下，结冻至肉中心温度-5℃以下。

（六）切片

结冻好的肉坯送至切片加工间，按照所要求的厚度进行切片。切片加工间的温度严格控制在0℃左右，以保证产品质量。

（七）装袋、封口及包装

根据规格要求，准确称取一定量的肉片进行装袋，装袋时力求色佳形美。装袋后及时封口包装。

（八）结冻及冷冻保藏

在切片包装过程中温度有所升高，不宜直接入库，应再次进入结冻间结冻。结冻后转送至温度在-15℃以下的冷冻库中保存，要求分批、分质量码垛堆放，不得混淆，不宜码得过高过紧。

牛肉片成品要求色泽鲜艳均一、片形完整，无连刀、卷边现象，装袋摆放美观，冷冻良好，无杂质。

二、涮牛肉过程和注意事项

（一）涮牛肉

1. 蘸料的准备

（1）川系火锅　标配油碟：香油 + 蒜泥 + 香菜 + 葱；升级油碟：香油 + 蒜泥 + 香菜 + 香葱 + 耗油；终极油碟：香油 + 蒜泥 + 香菜 + 香葱 + 耗油 + 小米椒 + 花生碎。

（2）重庆火锅　蘸料调制：香油 + 蒜泥 + 少许盐。

（3）粤系火锅　标配沙茶酱：沙茶酱 + 香菇酱 + 蒜蓉 + 香菜；升级沙茶酱：沙茶酱 + 香菇酱 + 蒜蓉 + 香菜 + 海鲜汁 + 香油。

（4）北派火锅　标配麻酱：芝麻酱 + 韭菜花酱 + 腐乳；升级麻酱：芝麻酱 + 韭菜花酱 + 腐乳 + 料酒 + 白糖；香辣麻酱：芝麻酱 + 韭菜花酱 + 腐乳 + 白芝麻 + 辣椒油。

2. 火候

为了使味道更好地渗入食物中，很多人喜欢将食物放在锅中长时间地煮。但是食物在火锅中煮久了不仅会失去鲜味，而且还会破坏营养成分。相反地，如果煮的时间不够，又容易引起消化不良。所以吃火锅一定要掌握好火候，既要煮熟又不能煮太久。正确的火锅火候是，汤沸腾后，调小火，保持小沸状态。

3. 涮法

放 1/3 盘的肉在漏勺里，下汤里抖散后，勺微抬离汤面沥一沥，再浸入汤里，重复两三次，见血色褪去就提起，不能过老，才是口感上佳的程度。

4. 牛肉涮煮的时间

通常，牛肉片涮煮时间为 10~60 s。

5. 火锅吃法

火锅的吃法不同于中餐菜，不是将已烹调好的菜肴端到桌子上就可以吃，而是将一些半成品菜品端到桌上，由自己亲手操作（烹饪），自烫自食（图 8－13）。菜品的烫（煮）食火候，就掌握在食客的手中。因此，食客必须了解火锅的吃法，才能吃得好。

图 8–13　火锅

（1）烫　在锅中烫熟。其要决是：首先，要区别各种用料，不是各种用料都是能烫食的。一般来说，质地嫩脆、顷刻即熟的用料可以涮。即将用料夹好适用于烫（涮）食，如鸭肠、腰片、肝片、豌豆苗、菠菜等；而质地稍密一些，顷刻不易熟的，要多烫一会儿，如毛肚、菌肝、牛肉片等；其次，要观察汤卤变化，当汤卤滚沸、不断翻滚，并且汤卤上油脂充足时，烫食味美又可保温；再次，要控制火候，火候过头，食物则变老，火候不到，则是生的；最后，烫时必须夹稳食物，否则掉入锅中，则易煮老、煮化。

(2) 煮　将用料投入汤中煮熟。其要决是：首先，要选择可煮的用料，如肉丸、香菇等这些质地较紧密的，必须经过长时间加热才能食用的原料；其次，要掌握火候，有的煮久了会煮散、煮化。

(3) 先荤后素　吃火锅的经验应是先荤后素。首先烫食时汤汁一定要滚开，用料要全部浸入汤汁中烫食；其次是喜欢麻辣味的，调节麻辣味，可从火锅边上油处烫食，反之则从中间沸腾处烫食；再次就是吃火锅时，必须配一杯茶，以开胃消食，解油去腻，换换口味，减轻麻辣之感。

(4) 火锅中放中药同煎　用中药石斛、元参、麦冬各 10 g，用纱布包好，放在火锅中同煮 15~20 min，去纱布药包，即可食用。有滋阴降火生津作用，可防止吃火锅诱发的“上火”现象。

(5) 火锅中放些蔬菜或豆腐　蔬菜如菠菜、芹菜、油麦菜、青豆等。豆腐及其制品如老豆腐等。蔬菜中含大量维生素和叶绿素，豆腐中含有石膏成分，性都偏凉，均有清热、泻火、除烦等功效，可以防止吃火锅“上火”。

(6) 火锅中加入少许啤酒　在火锅中加入 2 匙啤酒，可使火锅汤汁醇香味美，因啤酒中富含多种营养素，不仅能均衡营养，而且是防止火锅“上火”的妙法。

(7) 在品尝火锅后，吃些水果　吃火锅后，隔 20~30 min，吃些凉性水果，如梨、苹果、橙子等，可防“上火”，但不要吃热性的橘子。

(二) 涮牛肉的注意事项

1. 牛肝

牛肝不宜与维生素 C、抗凝血药物、左旋多巴、优降灵和苯乙肼等药物同食。

2. 牛肉（瘦）

牛肉不宜与板栗、田螺、红糖、韭菜、白酒、猪肉同食。

3. 其他注意事项

火锅虽味美，但在吃火锅时要注意卫生，讲究科学。一要注意选料新鲜，以免发生食物中毒。二要掌握好火候，食物若在锅内烧的时间过长，会导致营养成分损坏，并失去鲜味；若不等火候烧开就吃，易引起寄生虫感染、消化道疾病等。此外，应注意不要滚汤吃，否则易烫伤口腔和食道的黏膜。

三、涮牛肉的风味评价

对牛肉火锅而言，嫩度、风味和多汁性在品质中的权重分别为 0.38、0.41 和 0.21。牛肉剪切力低于 43.04 N（1.27 cm 直径圆柱）时，消费者认为牛肉嫩度良好；当剪切力高于 51.25 N 时，消费者认为牛肉嫩度差。牛肉在火锅中的烹饪时间与牛肉的部位、厚度、火力等因素有关。用于普通火锅里涮的嫩牛肉，需要 40~50 s 的时间；而潮汕牛肉火锅，用到的牛肉很新鲜，切得很细，平均在火锅里烫 10~15 s 就可以吃，此时的牛肉口感滑嫩，最为入味。

第三节　其他牛肉加工与制作方法

一、卤牛肉

卤牛肉是指牛肉通过卤水煮制后得到的肉制品，煮熟煮透后，颜色棕黄、表面有光泽、无煳焦、不牙碜、酱香味浓。卤牛肉有补中益气、滋养脾胃、强健筋骨的功效，适宜于贫血久病及面黄目眩的人食用。

（一）工艺流程

原料肉选择修整→汆水→配制卤汤→卤制→出锅冷却→成品。

（二）操作要点

1. 原料肉选择修整

将牛肉整理干净，去除筋膜，浸泡在清水中去除血水，清洗干净，沥水，分割成块状。

2. 汆水

将牛肉放入100℃沸水中汆水10 min，清洗干净，沥干。

3. 配制卤汤

先将香辛料用调料袋装好，再将2.5 kg的水烧开并放入香辛料包，熬煮0.5 h后加入调味料续煮5 min，备用。

4. 卤制

用旺火烧开卤汤，下牛肉卤煮，烧开后改中小火，保持微沸状态，卤至成熟。

5. 出锅冷却

牛肉卤制好后即可出锅冷却（图8-14）。

图8-14　卤牛肉

二、酱牛肉

（一）工艺流程

原料肉选择修整→码锅酱制→打沫→翻锅→小火焖煮→出锅冷却→成品。

（二）操作要点

1. 原料肉选择修整

选择经胴检合格的鲜、冻牛肉为原料。修整时，去除淋巴、瘀血、碎骨及表面附着的脂肪和筋膜。然后，切割成 500～800 g 的方肉块，浸入清水中浸泡 20 min，捞出冲洗干净，沥水待用。

2. 码锅酱制

先用少许清水将干黄酱、盐、白糖、味精溶解开。锅内加足水，将溶好的酱料入锅，水量以能够浸没牛肉 3～5 cm 为好，旺火烧开，将切好的牛肉下锅，同时将其他香辛料包成料包入锅，保持旺火，水温在 95～98℃，煮制 1.5 h。

3. 打沫

在酱制过程中，仍然会有少许不溶物及蛋白凝集物产生浮沫，要用笊篱清理干净。

4. 翻锅

因肉的部位及老嫩程度不同，在酱制时要翻锅，使其软烂程度尽量一致。一般每隔 1 h 翻 1 次，用不锈钢钩子翻动肉块，同时要保证肉块一直浸没在汤中，避免风干。

5. 小火焖煮

这是酱牛肉软烂入味的关键步骤，大火烧开 1.5 h 后，改用小火焖煮，温度控制在 83～85℃为宜，时间 5～6 h。

6. 出锅冷却

牛肉酱制好后即可出锅冷却。出锅时用锅里的汤油将捞出来的牛肉块反复淋洗几次，以冲去肉块表面附着的料渣，然后码放在盘或屉中，自然冷却（图 8-15）。

图 8-15　酱牛肉

三、熏牛肉

熏牛肉，是我们的祖先在没有冰箱的时候用来保存肉食的一种方法。在 20 世纪之前，保存肉食的唯一方法大概就是腌制了。如果向肉中添加足够的盐，就可以杀死肉中的细菌，长时间保存它。

（一）工艺流程

原料肉修整→腌制→干燥烟熏→切片包装。

（二）操作要点

1. 原料肉修整

先将牛腿原料肉剔骨、去脂肪，再将牛腿肉切分为内部、外部和关节3个部分。

2. 腌制

腌制液和牛肉使用前应冷却到3℃，腌制室温度不应超过4℃，此温度条件会稍微减缓肉的腌制速度，却能减轻长期腌制过程中肉的腐败。因肉片重量、厚度各不相同，所以内部、外部和关节部分肉都应该在单独的容器中腌制。每450 g肉腌制时间大约需要7 d，内部牛肉腌制时间需75~85 d，外部和关节处牛肉腌制时间需65~70 d。

3. 浸泡

取出腌制液中的牛肉，在0~4℃的腌制室中用自来水浸泡24 h。浸泡期间更换3~4次自来水，使其充分浸泡。

4. 干燥熏制

取出浸泡液中的牛肉，挂于烟熏架，充分沥干，移至烟熏室。

5. 切片包装

用切片机将牛肉切成片状，真空包装（图8-16）。

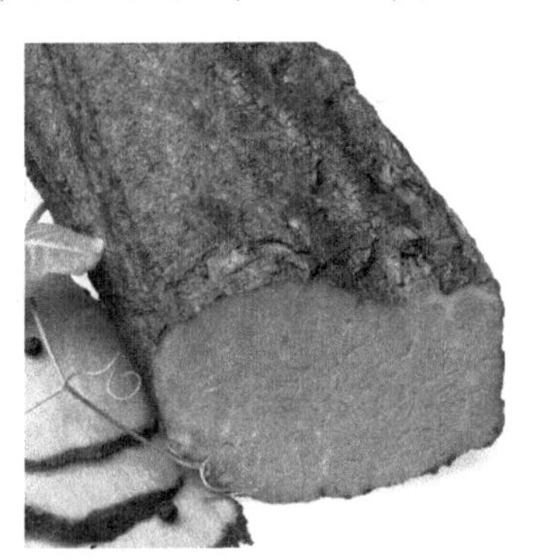

图8-16　熏牛肉

四、牛肉串

1. 工艺流程

原料预处理→腌制→烘烤→成品。

2. 操作要点

（1）原料预处理　将牛里脊肉切成24块，切时刀口应与牛肉纹路垂直。洋葱去皮后切成小块，蘑菇洗净沥干水。

（2）腌制　牛里脊肉、洋葱、蘑菇均放在大碗中，加入盐、胡椒粉、葡萄酒和匀，腌渍2 h。

（3）烘烤　取铁钎8根，每根依次穿入牛肉、蘑菇、洋葱、牛肉、蘑菇、洋葱、牛肉。表面刷油，放入烤炉中，炉温 250℃，烤至八成熟出炉。烤出的牛肉串成品肉质鲜嫩、味香诱人（图 8-17）。

图 8-17　牛肉串

五、牛肉干

牛肉干主要制作原理是通过不同的脱水工艺，将牛肉的水分含量降低，从而做出的干制品。干制品大多以休闲小包装的方式销售，但是牛肉干的得率低于 33%，牛肉干的成本高，并且干制牛肉干难于咀嚼。因此牛肉干的销路狭窄，经济效益低。

（一）工艺流程

原料肉预处理→初煮→切丁（片、条）→复煮→收汁→脱水（烘烤）→冷却→包装。

（二）操作要点

1. 原料肉预处理

取新鲜前后腿净瘦牛肉，除去脂肪及筋腱部分，洗净沥干，切成 6 cm × 3 cm × 1 cm（长×宽×厚）的肉段。

2. 初煮

将肉片或肉块放进锅中，清水煮 30 min，待水沸腾时，弃去肉汤上的浮沫，捞出肉块，切成均匀的薄片。

3. 复煮

取部分肉汤加入配料，大火煮开后改用小火，将初煮后的薄肉片放入锅内，同时不断搅拌，在汤汁快干时取出肉片。复煮后的肉片稍加沥干后投入调味料翻动一遍。

4. 烘烤

将加了调味料的肉片置于烘箱中，控制温度为 50~60℃，直至产品干燥即可，待有香味散发时取出，冷却后用塑料袋密封包装，即为成品（图 8-18）。

图 8-18　牛肉干

六、牛肉腊肉制品

牛肉腊肉制品是牛肉经过预处理、腌制、酱制、晾晒等工艺加工而成的生肉类制品，食用前须经熟化加工，是我国传统的肉制品之一。腌腊牛肉风味独特，但是腌腊制品亚硝酸盐含量较高，亚硝酸盐是一类致癌物质，容易影响人们身体健康。

（一）工艺流程

原料肉→腌制→漂洗→脱水（烘烤）→冷却→真空包装。

（二）操作要点

1. 原料肉

选取新鲜牛肉洗净后，剔除筋膜、筋腱、肥膘，切成长 20~30 cm、宽 3 cm、厚 2 cm 的条坯。

2. 腌制

采用干腌制法，准确称量腌制剂后混匀，均匀擦抹于条坯表面，揉搓至软，放于容器中密封后置于 4℃的冰箱中腌制 5~7 d，每隔 24 h 翻 1 次。

3. 漂洗

取出已腌制好的肉块，于 40℃的水中漂洗，去除表面的盐分、浮油、杂物等。

4. 烘烤

将肉晾挂沥干表面水分后，挂入烘箱中，55℃下烘烤 4~5 h，然后逐渐升温，最高温度 70℃，避免烤焦流油。一般总的烘烤时间为 12 h，此时肉皮干硬，瘦肉呈鲜红色，肥肉透明或呈乳白色。

5. 冷却

烘好后的条坯送入通风干燥的冷却室晾挂冷凉，待肉温降到室温后即可包装。

6. 真空包装

将冷却后的肉称重、包装（图 8-19）。

图 8-19　牛肉腊肉制品

七、软包装牛肉罐头

（一）工艺流程

原料肉选择与修整→煮制液的熬制→盐水注射→滚揉→煮制→装袋→灭菌→包装、成品。

（二）操作要点

1. 原料肉的选择与修整

选用经卫生检验合格的鲜、冻牛肉，然后整理修割去掉筋膜、污物等，将牛肉切成长15 cm、宽10 cm、厚8 cm的条状，备用。

2. 煮制液的熬制

按配方将香辛料用纱布包好，放入90~95℃的热水中熬制1.5 h，备用，另取一部分降温至40℃以下后放入0~4℃的冷库备用。

3. 盐水注射

将定量的盐、味精、卡拉胶、磷酸盐、亚硝酸盐、注射性大豆蛋白等按顺序溶于0~4℃的煮制液中，要求注射液无沉淀、温度为4~6℃。然后，将整块牛肉注射，注射率为25%~30%。

4. 滚揉

将注射后的牛肉放入滚揉机中，滚揉10~20 min。

5. 煮制

将蒸煮锅内的煮制液加热煮沸，加入滚揉好的牛肉，以锅内煮制液淹没牛肉为宜，先大火煮制30 min，再文火焖煮，保持在微沸状态40~50 min，其间不定时搅拌，并撇去料汤表面的浮沫。煮至牛肉块中心无血丝即可。

6. 装袋

将牛肉捞出后，可趁热在肉块外表撒一薄层卡拉胶，然后用铝箔袋将煮制产品称量包装，用真空封口机封好，要求真空度为0.1 MPa，热合时间为20~30 s。

7. 灭菌

采用高温灭菌锅，保温压力为0.25~0.3 MPa，温度为121℃，冷却时减压降温，杀菌时间随产品规格而定。温度降至40℃以下后方可出锅。

8. 包装、成品

产品出锅后，擦拭掉外包装上的水、灰垢等，置常温下检验7 d，去掉漏气、胀袋的产品，然后装入外包装，封口，装箱入库（图8-20）。

图8-20　牛肉罐头

参考文献

曹兵海，2008. 日本饲养标准肉用牛［M］. 北京：中国农业大学出版社 .

曹兵海，2019. 国外肉牛产业研究［M］. 北京：中国农业大学出版社 .

陈坤杰，姬长英，2006. 牛肉自动分级技术研究进展分析［J］. 农业机械学报，37（3）：153-156，159.

陈祥兴，彭增起，高峰，2016. 水牛产业生产和加工现状及发展趋势［J］. 畜牧与兽医，48（10）：115-119.

陈幼春，1999. 现代肉牛生产［M］. 北京：中国农业出版社 .

谌启亮，彭增起，沈明霞，等，2012. 牛肉肌纤维直径和结缔组织含量与嫩度相关性研究［J］. 食品科学，33（13）：126-129.

丁辉，2017. 西餐牛肉类初加工与食品安全控制研究［J］. 食品安全导刊，1（34）：76-78.

郭晓旭，郭凯军，郭望山，等，2008. 牛肉风味评价技术［J］. 中国畜牧杂志，44（24）：54-57.

国家卫生和计划生育委员会，2017. 食品安全国家标准畜禽屠宰加工卫生规范：GB 12694—2016［S］. 北京：中国标准出版社.

国家畜禽遗传资源委员会，2011. 中国畜禽遗传资源志（牛志）［M］. 北京：中国农业出版社 .

韩墨非，2017. 重组调理牛排关键加工技术的研究［D］. 泰安：山东农业大学 .

韩振，杨春，2018. 美国肉牛产业发展及对我国的启示［J］. 中国畜牧杂志，54（6）：143-147.

黄静，2011. 牛肉安全生产全过程可追溯系统的研究与实现［D］. 哈尔滨：东北农业大学 .

霍鹏举，王玉洁，孙雨坤，等，2019. 剩余采食量在反刍动物生产中的研究进展［J］. 动物营养学报，31（1）：63 - 69.

姜岩，2020. 基于 Petri 网的牛肉产品供应链安全追溯系统研究［J］. 供应链管理，1（6）：34-48.

蒋洪茂，2008. 优质牛肉屠宰加工技术［M］. 北京：金盾出版社 .

郎玉苗，李海鹏，沙坤，等，2012. 近红外技术在牛肉质量分级体系中的应用研究进展［J］. 肉类研究，26（8）：39-42.

李辉，2012. 低压环境下烹饪牛排的营养及工艺优化研究［D］. 扬州：扬州大学 .

李婷婷，张桂兰，赵杰，等，2018. 肉及肉制品掺假鉴别技术研究进展［J］. 食品安全质量检测学报，9（2）：409-415.
刘琳，2006. 牛肉的分级技术［J］. 中国牧业通讯，15（1）：60-61.
刘明朗，1990. 冷冻袋装涮牛肉的生产工艺［J］. 肉类工业，16（2）：10-11.
刘润生，何庆峰，姚星，等，2012. 我国牛肉质量安全可追溯系统研究现状分析［J］. 食品研究与开发，33（6）：205-208，240.
刘小波，马纪兵，王建忠，等，2018. 不同熟度重组及调理牛排食用品质差异分析［J］. 食品与发酵科技，54（6）：97-104.
刘秀明，2017. 肉牛育肥品种选择应遵循的原则［J］. 现代畜牧科技（4）：70.
刘雪霏，游佳伟，程可欣，等，2021. 不同部位牛肉烤制加工的适宜性［J］. 食品科学，42（11）：86-93.
罗欣，2013. 冷却牛肉加工技术［M］. 北京：中国农业出版社.
马娅俊，2017. 预制牛排工艺的优化研究及应用［D］. 兰州：甘肃农业大学.
孟庆翔，周振明，吴浩，2018. 肉牛营养需要［M］. 8 版（修订版）. 北京：科学出版社.
孟祥艳，2010. 牛肉物理特性与品质的检测方法研究［D］. 长春：吉林大学.
莫放，2010. 养牛生产学［M］. 2 版. 北京：中国农业大学出版社.
莫放，李强，2011. 繁殖母牛饲养管理技术［M］. 北京：中国农业大学出版社.
农业部，2012. 感官分析方法学总论：GB/T 10220—2012［S］. 北京：中国标准出版社.
中国畜牧兽医年鉴编辑委员会，2020. 中国畜牧兽医年鉴［M］. 北京：中国农业出版社.
农业农村部畜牧兽医局，全国畜牧总站，2020. 中国畜牧兽医统计［M］. 北京：中国农业出版社.
全国食品工业标准技术委员会，2009. 肉与肉品质感官评定规范：GB/T 22210—2008［S］. 北京：中国标准出版社.
全国畜牧业标准化技术委员会，2010. 牛肉等级规格：NY/T 676—2010［S］. 北京：中国标准出版社
全国畜牧业标准化技术委员会，2012. 牛胴体及鲜肉分割：GB/T 27643—2011［S］. 北京：中国标准出版社.
桑国俊，2012. 世界肉牛产业发展概况［J］. 畜牧兽医杂志，31（3）：36-39.
商务部，2008. 鲜、冻分割牛肉：GB/T 17238—2008［S］. 北京：中国标准出版社.
石风华，周振明，任丽萍，等，2010. 肉牛剩余采食量的概念和实践应用［J］. 饲料工业，31（S2）：138-141.
孙宝忠，李海鹏，2013. 牛肉加工新技术［M］. 北京：中国农业出版社.
孙义和，高佩民，2004. 出口肉牛生产技术指南［M］. 北京：中国农业大学出版社.
孙宗保，王天真，李君奎，等，2020. 高光谱成像的牛肉丸掺假检测［J］. 光谱学与光谱分析，40（7）：2208-2214.
汤晓艳，王敏，钱永忠，等，2011. 牛肉分级标准及分级技术发展概况综述［J］. 食品科学，32（19）：288-293.

万发春，张幸开，张丽萍，等，2004. 牛肉品质评定的主要指标［J］. 中国畜牧兽医，31（12）：17-19.

王聪等，2014. 优质牛肉生产技术［M］. 北京：中国农业大学出版社 .

王国刚，王明利，杨春，2014. 中国肉牛产业发展的阶段识别及时空分异特征［J］. 经济地理，34（10）：131-136.

王恒鹏，2017. 牛排烹调时机的优选及其品质评价［D］. 扬州：扬州大学 .

王建平，刘宁，2016. 肉牛快速育肥新技术［M］. 北京：化学工业出版社 .

王卫，沈明霞，彭增起，等，2012. 基于图像纹理特征的牛肉嫩度预测方法研究［J］. 食品科学，33（15）：61-65.

王永贤，2017. 完美牛肉［M］. 北京：中国轻工业出版社 .

王永祥，2015. 调理牛排的研制及货架期预测模型的建立［D］. 兰州：甘肃农业大学.

卫生部，2014. 肉与肉制品卫生标准的分析方法：GB/T 5009.44—2003［S］. 北京：中国标准出版社.

谢正林，庄炜杰，许俊齐，等，2019. 木瓜蛋白酶和菠萝蛋白酶对牛肉的嫩化效果研究［J］. 天津农业科学，25（10）：64-67.

杨亮，潘晓花，熊本海，等，2015. 牛肉生产从养殖到销售环节可追溯系统开发与应用［J］. 畜牧兽医学报，46（8）：1383-1389.

昝林森，2017. 高档牛肉生产手册［M］. 北京：中国农业出版社 .

昝林森，郑同超，申光磊，等，2006. 牛肉安全生产加工全过程质量跟踪与追溯系统研发［J］. 中国农业科学，47（10）：2083-2088.

张存根，2010. 世界畜牧业生产系统概述［J］. 中国牧业通讯（1）：45-47.

赵国琦，2015. 草食动物营养学［M］. 北京：中国农业出版社 .

赵会平，张松山，孙宝忠，等，2011. 犊牛肉生产现状及其分级体系［J］. 肉类研究，25（2）：42-44.

赵仁发，2020. 生制牛排加工工艺及质量总结［J］. 食品工业，41（2）：25-28.

中国商业联合会，2004. 牛屠宰操作规程：GB/T 19477—2004［S］. 北京：中国标准出版社.

中华人民共和国农业部，2004. 肉牛饲养标准：NY/T 815—2004［S］. 北京：中国标准出版社.

AROEIRA C N，FEDDERN V，GRESSLER V，et al.，2021. A review on growth promoters still allowed in cattle and pig production［J/OL］. Livestock Science，247：104464. https：//doi. org/10. 1016/j. livsci. 2021. 104464.

CARRICK D，MICHAEL D. Encyclopedia of Meat Sciences. Elsevier，Amsterdam［M/OL］. Copyright 2004 by Danish Meat Research Institute（retired）. https：//www. elsevier. com/books/encyclopedia-of-meat-sciences/devine/978-0-08-092444-1.

CLIVE J C P，2010. Principles of Cattle Production［M］. 2nd Edition. UK，CUP，Cambridge.

COTTLE D，KAHN L，2014. Beef Cattle Production and Trade［M］. CSIRO Publishing.

FULLER W B, CLIFF G L, WU G Y, 2020. Animal Agriculture [M]. 1st Edition. Academic Press, UK.

International Red Meat Manual, 2005. Handbook of Australian Meat, 7th Edition [M/OL]. AUS-MEAT Limited. ISBN 095787936. https://www. lambandbeef. com.

HARRY T L, HILDEGARDE H, 2010. Sensory Evaluation of Food [M]. 2nd Edition. Springer Science+Business Media, LLC.

HATEM I, TAN J, GERRARD DE, 2003. Determination of animal skeletal maturity by image processing [J]. Meat Science, 65 (3): 999-1004.

Japan Meat Grading Association, 1988. Beef Carcass Standard [M/OL]. Tokyo. http://www. jmga. or. jp/.

Japan Meat Grading Association, 2008. Beef Carcass Standard [M/OL]. Tokyo. http://www. jmga. or. jp/.

JEYAMKONDAN S, KRANZLER S A, LAKSHMIKANTH A. 2001. Predicting Beef Tenderness with Computer Vision. 2001 ASAE Annual International Meeting, Paper number: 01-3063.

JOHN R, WILLIAM J, MARION L, et al., 1977. The Meat We Eat [M]. 14th Edition. Interstate Publishers, INC.

KELLEMS R O, CHURCH D C, 2006. Livestock Feeds and Feeding [M]. 5th Edition. Upper Saddle River: Prentice Hall.

KIM G D, JEONG T C, YANG H S, et al., 2015. Proteomic analysis of meat exudates to discriminate fresh and freeze-thawed porcine longissimus thoracis muscle [J]. LWT-Food Science and Technology, 62 (2): 1235-1238.

MCDONALD T P, CHEN Y R, 1990. Separating connected muscle tissue in images of beef carcass ribeyes [J]. TRANSACTIONS OF THE ASAE, 33 (6): 2059-2065.

MICHAEL D, CARRICK D, ANDRZEJ S, et al., 2014. Encyclopaedia of Meat Sciences [M]. Academic Press.

PITT R E, VAN KESSEL J S, FOX D G, et al., 1966. Prediction of ruminal volatile fatty and pH within the net carbohydrate and protein system [J]. Journal of Animal Science, 74: 226-244.

SARAH P F B, O'REILLY R A, PETHICK D W, et al., 2017. Update of Meat Standards Australia and the cuts based grading scheme for beef and sheepmeat [J]. Journal of Integrative Agriculture. 17 (7): 1641-1654.

THOMAS G F, 2016. Beef Production and Management Decisions [M]. 6th Edition. Pearson Education, Inc., New Jersey 07458.

TOMMY L, LINDA S, RHONDA K, 2015. Research Guidelines for Cookery, Sensory Evaluation, and Instrumental Tenderness Measurements of Meat [M/OL]. American Meat Science Association. 2nd Edition. https://meatscience. org.

WARRISS P D, 2000. Meat Science [M]. CABI Publishing.

彩图 5-4　牛肉预冷排酸

1A	1B	1C	2	3	4	5	6	7
								颜色比6深

彩图 6-2　澳大利亚肉色标准

注：此处显示的是各个级别最深的肉色，在此仅做参考，非真正肉色标准。

引自Handbook of Australian Meat（2005）。

0	1	2	3	4	5	6	7	8	9
									颜色比8深

彩图 6-3　澳大利亚脂肪色标准

注：此处显示的是各个级别最深的脂肪色，在此仅做参考，非真正脂肪色标准。

引自Handbook of Australian Meat（2005）。

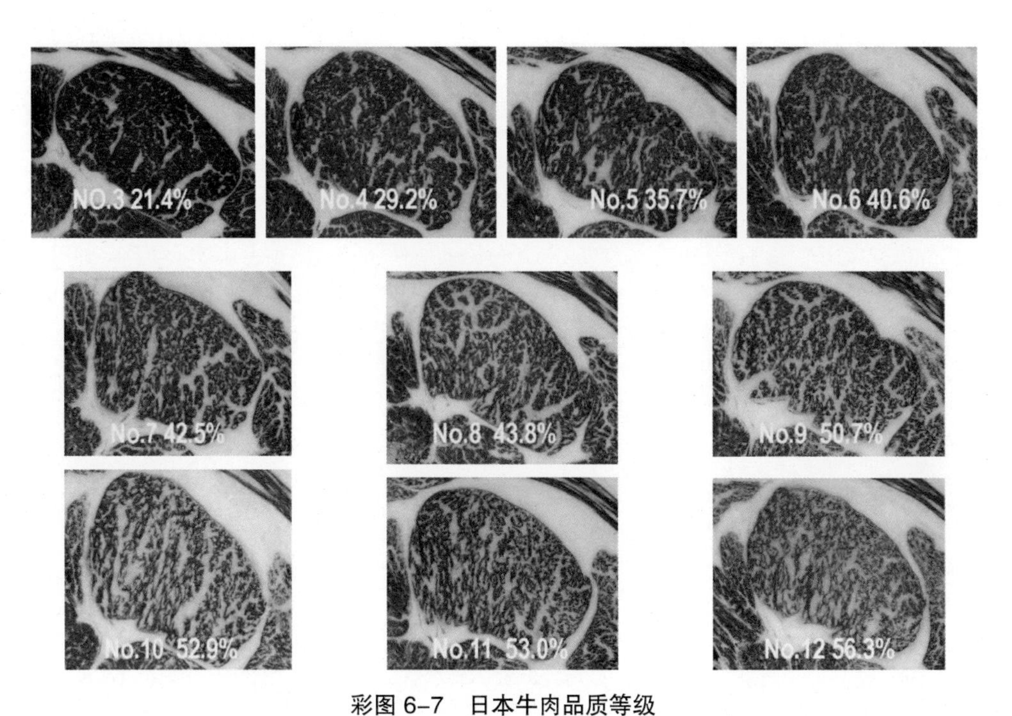

彩图 6-7 日本牛肉品质等级

注：图中数字表示该级别大理石纹牛肉最低肌内脂肪含量。

引自JMGA（2008）。

澳大利亚肉类规格管理局（AUS-MEAT）和澳大利亚肉类标准（MSA）的大理石纹参考标准

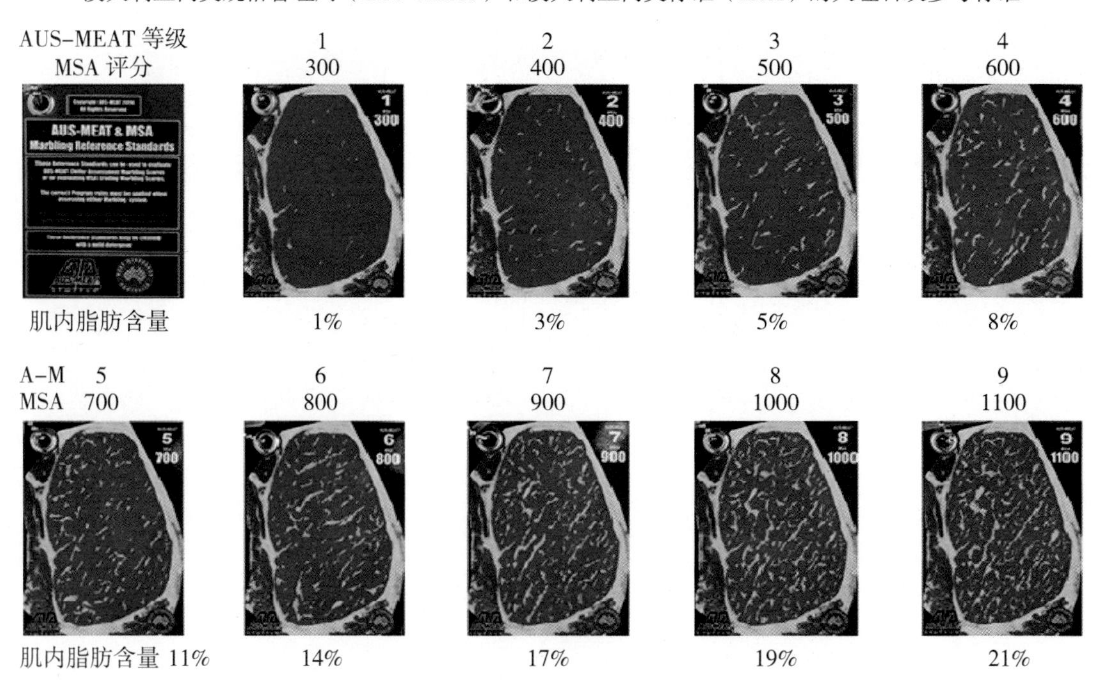

彩图 6-8 澳大利亚牛肉大理石纹标准

注：引自Beef Grading Systems In the World（2021）。https://kitchenteller.com/beef-grading-systems-chart/。